工 程 材 料

（第 3 版）

主 编　刘胜明　任 平　贺 毅

西南交通大学出版社

·成 都·

图书在版编目（CIP）数据

工程材料／刘胜明，任平，贺毅主编. —3 版. —成都：西南交通大学出版社，2022.2（2024.8 重印）
ISBN 978-7-5643-8528-6

Ⅰ.①工… Ⅱ.①刘… ②任… ③贺… Ⅲ.①工程材料－教材 Ⅳ.①TB3

中国版本图书馆 CIP 数据核字（2021）第 278723 号

Gongcheng Cailiao

工 程 材 料

（第 3 版）

主编	刘胜明 任 平 贺 毅

责任编辑　李 伟
封面设计　何东琳设计工作室

印张　19.5　　字数　485千　　　成品尺寸　185 mm×260 mm

版本　2012年2月第1版　　　　印次　2024年8月第7次
　　　2014年12月第2版
　　　2022年2月第3版

出版发行　西南交通大学出版社　　地址　四川省成都市金牛区二环路北一段111号
　　　　　　　　　　　　　　　　　　　西南交通大学创新大厦21楼

印刷　四川森林印务有限责任公司　　邮政编码　610031

网址　http://www.xnjdcbs.com　　发行部电话　028-87600564　028-87600533

书号：ISBN 978-7-5643-8528-6　　定价：48.00元

第3版前言

本书是为机械类、近机械类和材料成型及控制专业编写的一本重要技术基础课教材。本书编写是在"材料科学与工程四川省级一流专业建设"项目的资助下完成的。

本书根据高等工业学校机械工程材料及物理化学课程教学指导小组制订的教学大纲和教学要求编定，从机械工程的应用角度出发，阐明机械工程材料的基本理论，介绍材料的成分、加工工艺、组织结构与性能之间的关系，便于读者了解常用机械工程材料及其应用等基本知识，具备在岗位实践中合理选择、正确使用材料的能力。本书可作为高等院校学生学习"工程材料"课程的教材，也可供相关工程技术人员学习、参考。

本书是在西南交通大学出版社出版的张崇才教授和贺毅副教授主编的《工程材料》（2012年），以及贺毅教授、向军副教授和胡志华副教授主编的《工程材料（第2版）》（2015年）的基础上重编的。本书根据教师和学生使用情况，在章节和内容上进行了调整和增减。

本书由西华大学材料科学与工程学院刘胜明副教授（第1、10章）、向军副教授和彭娅教授（第2、9章）、李春宏副教授（第3章）、胡志华副教授（第3、7章）、贺毅教授（第5章）、刘锦云教授和金应荣教授（第6、8章）、任平博士（第4章）编写。全书由刘胜明、任平、贺毅担任主编。

限于编者的学识水平，缺点和疏漏之处在所难免，希望读者不吝赐教和批评指正。

编　者

2021年10月

第 2 版前言

本书是为机械类、近机械类和材料成型及控制专业编写的一本重要技术基础课教材。本书编写是在"材料科学与工程四川省级特色专业"和"材料科学与工程卓越工程师试点专业"项目的资助下完成的，是四川省教育厅四川省高等教育"质量工程"项目《工程材料》优秀教材建设内容之一。

本书根据高等工业学校机械工程材料及物理化学课程教学指导小组制订的教学大纲和教学要求编定。从机械工程的应用角度出发，阐明机械工程材料的基本理论，介绍材料的成分、加工工艺、组织结构与性能的关系，了解常用机械工程材料及其应用等基本知识，具备合理选择、正确使用材料的能力。本书可作为高等院校学生学习"工程材料"课程的教材，也可供有关工程技术人员学习、参考。

本书是在西南交通大学出版社出版的张崇才教授和贺毅副教授主编的《工程材料》（2012年）的基础上重编的。本书根据教师和学生使用情况，在章节和内容上进行了调整和增删。由于张崇才教授退休，经与其协商和沟通，张崇才教授不再担任《工程材料》（第 2 版）的主编，只参与其中第 10 章的编写，全体编写者对张崇才教授一直以来对本书编写的指导和支持表示衷心的感谢。

本书由西华大学材料科学与工程学院刘胜明博士（第 1 章）、向军副教授（第 2、9 章）、向朝进副教授（第 3、4 章）、胡志华副教授（第 3、7 章）、贺毅副教授（第 5 章）、刘锦云教授（第 6、8 章）和张崇才教授（第 10 章）编写。全书由贺毅、向军和胡志华担任主编。

限于编者的学识水平，缺点和不足在所难免，希望读者不吝赐教和批评指正。

编　者
2014 年 11 月

第 1 版前言

本书是为机械类、近机械类和材料成型及控制专业编写的一本重要的技术基础课教材。

在编写本书时，四川省教育厅批准了四川省高等教育"质量工程"子项目——《工程材料》优秀教材建设。本书的编写，坚持以科学发展观为指导，努力适应 21 世纪高校"推进素质教育，培养创新人才"的需要，正确把握教学改革方向，充分总结和吸纳高校教育教学经验和科研成果，博采和借鉴不同版本教材之优、之长，努力将培养学生创新意识和创新能力渗透到整个教材中，各章节尽量深入浅出，力争编写出有一定特色和新意的《工程材料》教材。

作为一名主要从事机械设计、机械制造的工程技术人员，只有较好地掌握了工程材料基本理论，工程上常用的各类材料的成分，微观组织和机械性能之间的变化规律以及各类材料的工艺性能，典型牌号及用途等知识，在工作中才能创造性地选择和使用材料，才能创造性地正确编制机械零件制造工艺。

当前，材料作为现代技术三大支柱（材料、能源与信息）之一，得到了快速的发展，新材料层出不穷。但是，迄今为止，金属材料仍是各种机械产品、工程构件应用最为广泛的材料。因此，本书着重阐述金属材料的知识，同时兼顾非金属材料，并扼要介绍了工程材料的选用和典型零件的工艺路线分析。

本书由西华大学材料科学与工程学院张崇才教授（第 1、12 章）、向军副教授（第 2、3、11 章）、向朝进副教授（第 4、6 章）、胡志华副教授（第 5、9 章）、贺毅副教授（第 7 章）和刘锦云教授（第 8、10 章）编写，全书由张崇才、贺毅担任主编。

限于编者的学识水平，疏漏和不足之处在所难免，敬请读者不吝赐教。

编　者

2011 年 12 月

目　录

1 金属材料的性能

本章提要

  材料的性能是一种参量，用于表征材料在给定外界条件下的行为。在不同的外界条件（应力、温度、化学介质）下，同一材料也会有不同的性能。材料力学是关于材料强度的一门学科，即关于材料在外加载荷（外力）作用下或载荷和环境因素（温度、介质和加载速度）联合作用下表现的变形、损伤与断裂的行为规律，及其物理本质和评定方法的学科。本章主要介绍材料在静载荷条件下的弹性变形、塑性变形、断裂过程及材料的硬度；材料在动载荷条件下的冲击韧性（冲击载荷）和疲劳强度（交变载荷）；材料的断裂韧性及其评定等。

  在选用材料时，首先必须考虑材料的有关性能，使之与构件的使用要求匹配。材料的性能一般分为使用性能和工艺性能两大类。使用性能是指材料在使用过程中所表现出来的性能，包括力学性能、物理性能和化学性能等。工艺性能是指材料在加工过程中所表现出来的性能，包括铸造性能、锻压性能、焊接性能、热处理性能和切削加工性能等。由于材料在载荷和环境因素下的性能是结构件选材的主要依据，因此本章主要介绍材料在外加载荷下的性能，对材料的物理性能、化学性能及工艺性能作简单介绍。

  材料的力学性能，也称为机械性能，是材料使用性能的重要组成部分，也是作为结构材料应具备的最主要的性能。工程材料在外力作用下所表现出来的性能，称为力学性能，主要有强度、刚度、硬度、塑性、冲击韧性、疲劳强度、断裂韧性等。工程材料在各种外力作用下所表现出来的力学性能要通过各种不同的标准试验来测定，材料的力学性能可用来判断材料在实际服役环境下将表现出来的具体效能。因此，了解材料的力学性能可为工件的选材提供依据。

1.1 材料在静载荷下的力学性能

  静载荷是指大小不变或变化过程缓慢的载荷。静载荷时，最常用的材料力学性能试验是拉伸试验和硬度试验。材料在静载荷下的力学性能主要有强度、塑性和硬度等。

1.1.1 拉伸试验

  材料承受拉伸时的力学性能指标是通过拉伸试验测定的。其过程为：将被测材料按照GB/T 228.1—2010 的要求制成标准拉伸试样（见图 1.1），在拉伸试验机上夹紧试样两端，缓慢地对试样施加轴向拉伸力，使试样被逐渐拉长，最后被拉断。通过试验可以得到拉伸力 F 与试样伸长量 ΔL 之间的关系曲线（称为拉伸曲线）。为消除试样几何尺寸对试验结果的影响，将拉伸试验过程中试样所受的拉伸力转化为试样单位截面面积上所受的力,称为应力,用 R 表示,即 $R=F/S_0$,单位符号为 MPa(即 N/mm^2);试样伸长量转化为试样单位长度上的伸长量,称为应变,用 ε 表示,即 $\varepsilon=\Delta L/L_0$,从而得到 R-ε 曲线,也称为应力-应变曲线,其形状与 F-ΔL 曲线完全一致。图 1.2 所示为退火低碳钢和铸铁的工程应力-应变曲线图。

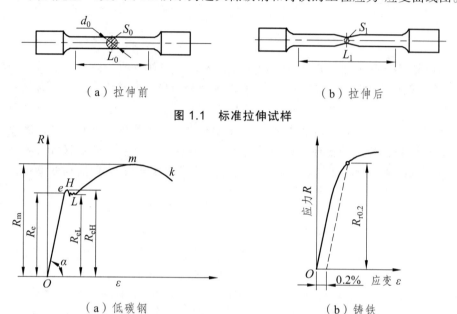

（a）拉伸前　　　　　　　　　　　　　　　（b）拉伸后

图 1.1　标准拉伸试样

（a）低碳钢　　　　　　　　　　　　　　　（b）铸铁

图 1.2　低碳钢和铸铁的应力-应变曲线

1.1.1.1　弹性与刚度

如图 1.2（a）所示,在试验时,若加载后的应力不超过 e 点,则卸载后试样会恢复原状,这种变形称为弹性变形,材料的这种不产生永久变形的能力称为弹性。不产生永久变形的最大应力,称为弹性极限,其单位符号为 MPa。

因此在图 1.2（a）中,Oe 曲线段为材料的弹性变形阶段。其中,曲线中开始的一段是直线,表示应力与应变成正比。保持这种比例关系的最大应力值,称为比例极限,其单位符号为 MPa。

弹性模量 E 是指工程材料在弹性状态下的应力与应变的比值,即 $E=R/\varepsilon$,它的单位符号也为 MPa。在图 1.2（a）中,直线部分的斜率即为低碳钢的弹性模量 E。E 越大,则使其产生一定弹性变形量的应力也越大。因此,弹性模量 E 是衡量材料产生弹性变形难易程度的指标,工程上称为材料的刚度,表征材料对弹性变形的抗力。

弹性模量 E 与原子间的作用力有关,取决于金属原子的本性和晶格类型,合金化、热处理、冷塑性变形、加载速率等对其影响都不大。提高零件刚度的方法是增大横截面面积或改变截面形状。

1.1.1.2　强　　度

材料在外力作用下抵抗变形和断裂的能力称为强度。材料的强度越大,材料所能承受的外力就越大，使用越安全。根据外力的作用方式，有多种强度指标，如抗拉强度、抗弯强度、抗剪强度、抗扭强度等。其中拉伸试验所得的屈服强度 R_e 和抗拉强度 R_m 的应用最为广泛。

如图 1.2（a）所示，若加载应力超过 e 点，则卸载后，试样的变形不能完全消失，会保留一部分永久变形，这种不能恢复的永久变形称为塑性变形。塑性变形分为三个阶段：屈服阶段、均匀塑性变形阶段和不均匀塑性变形阶段。

1. 屈服强度

在图 1.2（a）中，当应力值超过 e 点时，试样将产生塑性变形；当应力增至 H 点时，试样开始产生明显的塑性变形，在曲线上出现了水平的波折线，表明即使外力不增加，试样仍继续塑性伸长，这种现象称为屈服。发生屈服所对应的应力值即为屈服强度，用 R_e 表示。屈服强度包括下屈服强度和上屈服强度。下屈服强度是指在屈服期间，不计初始瞬时效应时的最低应力值，以 R_{eL} 表示。上屈服强度是指试样发生屈服而力首次下降前的最高应力值，以 R_{eH} 表示。对于大多数零件而言，发生塑性变形就意味着零件脱离了设计尺寸和公差的要求。

屈服现象在低碳钢、中碳钢、低合金高强度结构钢和一些有色金属等材料中可观察到，具有一定的普遍性。但多数工程材料（如强度较大或含碳量较高的高碳钢、铸铁等）没有屈服现象发生。因此 GB 228.1—2010 规定了残余伸长应力 R_r。例如，规定残余伸长率为 0.2% 时，则残余应力用 $R_{r0.2}$ 表示，即表示在卸除载荷后，试样标距部分残留的伸长率为 0.2% 时所对应的拉伸时的应力值，如图 1.2（b）所示。对于没有明显屈服现象的金属材料，可测定其残余伸长应力 $R_{r0.2}$，以代替屈服强度。在生产上把 $R_{r0.2}$ 称为条件屈服强度。

屈服强度 R_e 或条件屈服强度 $R_{r0.2}$ 是材料开始产生微量塑性变形时的应力值。对于大多数零件而言，塑性变形就意味着零件的精度下降，因而会造成失效。因此工程上屈服强度或条件屈服强度指标常是塑性材料零件设计的依据。

屈服强度是工程上最重要的力学性能指标之一。其工程意义在于：① 绝大多数零件，如紧固螺栓、汽车连杆、机床丝杠等，在工作时都不允许产生明显的塑性变形，否则将丧失其自身精度，或与其他零件的相对配合受到影响，因此屈服强度是防止材料因过量塑性变形而导致机件失效的设计和选材依据；② 根据屈服强度与抗拉强度之比（屈强比）的大小，衡量材料进一步产生塑性变形的倾向，作为金属材料冷塑性变形加工和确定机件缓解应力集中、防止脆性断裂的参考依据。

2. 抗拉强度

如图 1.2（a）所示，m 点是拉伸曲线的最高点，对应的应力是材料在破断前所能承受的最大应力，称为抗拉强度，用 R_m 表示。

对于低碳钢等塑性材料，当应力超过屈服点时，整个试样发生均匀而显著的塑性变形，并且变形抗力逐渐增加。当应力到达 m 点时，整个试样开始产生不均匀塑性变形，即试样开始局部变细，出现缩颈现象。此后，应力下降，变形主要集中在颈部，直到最后到达 k 点时，在缩颈处断裂。可见 m 点也是均匀塑性变形和非均匀塑性变形的分界点，可看成是材料产生最大均匀塑性变形的抗力。它也是零件设计和材料评定时的重要指标。

3. 断裂强度

当应力超过 m 点后，缩颈处迅速伸长，应力明显下降，在 k 点出现断裂。所对应的应力值称为断裂强度，用 R_k 表示。对于灰铸铁一类的脆性材料，如图 1.2（b）所示，在拉伸过程中没有明显的塑性变形，不产生缩颈现象，因此这时的抗拉强度就是脆性材料在静载荷下抵抗断裂的能力，相当于断裂强度。

1.1.1.3　塑　性

塑性是指材料在外力作用下产生塑性变形而不断裂的能力。常用的塑性指标有断后伸长率和断面收缩率。

1. 伸长率

伸长率是指试样拉断后标距的增长量与原始标距长度之比的百分率，用 A 表示：

$$A = \frac{L_1 - L_0}{L_0} \times 100\%$$

式中，L_0 为试样的原始标距长度；L_1 为试样拉断后的标距长度。

在材料手册中常有 A_5 和 A_{10} 两种伸长率符号（A_{10} 常简写成 A），它们分别表示 $L_0 = 5d_0$ 和 $L_0 = 10d_0$ 两种不同规格的试样测定的伸长率。由于试样拉断后的伸长，包括均匀塑性伸长和缩颈处的局部塑性伸长两部分。而缩颈处局部的相对伸长量在总伸长量中占的比例大。由此可以得出，同一材料所测得的 A_5 和 A_{10} 不一样大，其中 A_5 大，而 A_{10} 小。由此也可以得出，对于不同的材料，只有用同一种伸长率才能比较它们的塑性。

2. 断面收缩率

断面收缩率是指试样拉断处横截面面积的最大减缩量与原始横截面面积之比的百分率，用 Z 表示：

$$Z = \frac{S_0 - S_1}{S_0} \times 100\%$$

式中，S_0 为试样的原始截面面积；S_1 为试样断口处的最小截面面积。

断面收缩率 Z 不受试样标距长度的影响，因此它更能可靠地反映材料的塑性状况。

材料的断后伸长率和断面收缩率越大，材料的塑性越好，越有利于进行压力加工；也能起到通过塑性变形消耗能量，防止一旦超载而材料产生断裂。但是塑性好的材料其强度通常会较低，使用过程中容易发生变形，导致失效。因此，对材料的强度和塑性的要求要综合考虑，不能顾此失彼。

1.1.2　硬度试验

材料抵抗表面局部塑性变形的能力称为硬度，它是表征材料软硬程度的一个指标。硬度试验方法很多，大体上可分为压入法（如布氏硬度、洛氏硬度、维氏硬度等）、划痕法（如莫氏硬度）和弹性回跳法（如肖氏硬度）三类。生产中测量硬度常用的方法是静载压入法，它是用一定几何形状的压头在一定的静载荷下压入被测试的材料表面，并根据被压入的程度来测定硬度值。因此硬度是一个综合的物理量，它与强度指标和塑性指标均有一定的关系。

硬度试验所用设备简单，操作方便快捷；对大多数机件成品可直接进行检验，无须专门加工试样；一般仅在材料表面局部区域内造成很小的压痕，可视为无损检测；易于检查金属表面层的质量（如脱碳）、表面淬火和化学热处理后的表面性能。总之，硬度试验很有用处，它是产品质量检验和制定合理加工工艺最简便的主要试验方法，是材料研究最常用的试验方法。

1.1.2.1　布氏硬度

布氏硬度试验是应用最久、最广泛的压入法硬度试验之一。布氏硬度试验按照 GB/T 231.1—2018《金属材料布氏硬度试验第 1 部分：试验方法》进行，其试验测定原理如图 1.3 所示。用一直径为 D（mm）的淬火钢球或硬质合金球，在规定载荷 F 的作用下压入被测材料表面，保持一定时间后，卸除载荷，在试样表面留下球形压痕。测量出材料表面压痕的平均直径 d（mm），由此计算出压痕面积 S（mm^2）。用载荷 F 除以压痕面积 S，求得单位面积上所承受的平均应力值，即为布氏硬度，用 HB 表示。当试验压力的单位为牛顿（N）时，布氏硬度测试原理写成如下公式：

$$\text{HB (HBS 或 HBW)} = 0.102 \times \frac{F}{S} = 0.102 \frac{2F}{\pi D(D - \sqrt{D^2 - d^2})} \tag{1.1}$$

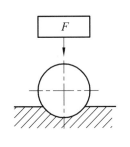
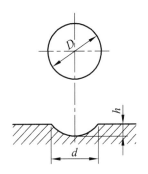
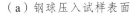

（a）钢球压入试样表面　　　　　　　（b）卸除载荷后测定压痕直径

图 1.3　布氏硬度试验测定原理

须注意在硬度值后习惯上不标注单位。

显然材料越软，压痕直径就越大，布氏硬度值就越低；反之布氏硬度值越高。

当压头为淬火钢球时，布氏硬度符号为 HBS，该方法适合于测定布氏硬度值低于 450 的金属材料；当压头为硬质合金球时，硬度符号为 HBW，该方法适合于测定布氏硬度值在 650 以下的金属材料。在实际测试时，硬度值不需通过式（1.1）计算，而根据载荷 F 及测出压痕直径 D 后查表，即可得到布氏硬度值。

布氏硬度值的表示方法为硬度值 + HBW（HBS）+ 球直径（mm）+ 载荷（kgf，1 kgf = 9.807 N）+ 保压时间（s，保压时间为 10 ~ 15 s 时不标注）。例如：120HBS10/1000/30 表示用直径为 10 mm 的淬火钢球，在 9 807 N（1 000 kgf）载荷作用下，保持 30 s，测得的布氏硬度值为 120；500 HBW5/750 表示用直径为 5mm 的硬质合金球，在 7 355 N（750 kgf）载荷作用下保持 10 ~ 15 s 测得布氏硬度值为 500。

布氏硬度试验的优点是压痕面积大，其硬度值能反映金属在较大范围内各组成相的平均性能，而不受个别组成相及微小不均匀性的影响，试验数据稳定、重复性强。其缺点是，压痕面积大，不宜测试成品件或薄片件金属的硬度；测试过程烦琐，不宜大批量检验；不宜测量硬度大于 650 HBW 的材料。布氏硬度试验法主要用于测定铸铁，有色金属及其合金，低合金结构钢，各种退火、正火及调质钢的硬度。

1.1.2.2 洛氏硬度

洛氏硬度试验按照 GB/T 230.1—2018《金属材料洛氏硬度试验第 1 部分：试验方法》进行，其试验测定原理如图 1.4 所示。用一定规格的压头，在规定的载荷下压入被测试材料的表面，撤去载荷后，根据压痕的深度来衡量材料的硬度值，其值直接从硬度计的分度盘上读出。洛氏硬度不是以测定压痕的面积来计算硬度值，而是以测量压痕深度来表示材料的硬度。显然，材料越软，压痕越深，洛氏硬度值越小；反之材料越硬，压痕越浅，洛氏硬度值越大。

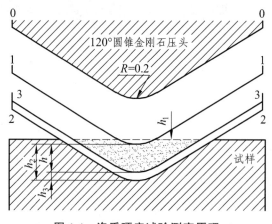

图 1.4 洛氏硬度试验测定原理

压头有两种：一种是圆锥角为 120° 的金刚石圆锥体，用于测试较硬的材料；另一种是一定直径的小淬火钢球或硬质合金球，用于测试较软的材料。

洛氏硬度符号用 HR 表示，HR 前面的数值为硬度值，HR 后面的字母为使用的标尺类型。例如，60HRC 表示用 C 标尺测定的洛氏硬度值为 60。常用的洛氏硬度有 HRA、HRB、HRC 三种标尺，它们的测试条件及应用见表 1.1。

表 1.1 常用洛氏硬度试验的标尺、试验规范和应用

标尺	硬度符号	压头类型	初始试验力 F_0 / N	主试验力 F_1 / N	总试验力 F / N	测量硬度范围	应用举例
A	HRA	120° 金刚石圆锥		490.3	588.4	20 ~ 88 HRA	硬质合金、硬化薄钢板、表面薄层硬化钢
B	HRB	ϕ1.588 mm 球	98.07	882.6	980.7	20 ~ 100 HRB	低碳钢、铜合金、铁素体可锻铸铁
C	HRC	120° 金刚石圆锥		1 373	1 471	20 ~ 70 HRC	淬火钢、高硬度铸件、珠光体可锻铸铁

洛氏硬度试验的优点是操作简便、迅速，生产效率高，适用于大量生产中的成品检验；压痕小，几乎不损伤工件表面，可对工件直接进行检验；采用不同标尺，可测定各种软硬和薄厚不一试样的硬度。其缺点是由于压痕较小，代表性差；尤其是材料中存在的偏析及组织不均匀等情况，会使所测硬度值的重复性差、分散度大；用不同标尺测得的硬度值既不能直接进行比较，又不能彼此交换。

1.1.2.3　维氏硬度

维氏硬度试验按照 GB/T 4340.1—2009《金属材料维氏硬度试验第 1 部分：试验方法》进行。其原理与布氏硬度试验测定相似，同样是根据压痕面积所承受的载荷来计算硬度值。试验所用的压头是两对面夹角为 136° 的金刚石四棱锥体，压痕为一四方锥形，如图 1.5 所示。

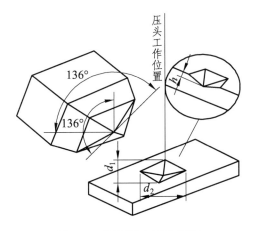

图 1.5　维氏硬度试验原理

维氏硬度的表示方法为硬度值 + HV + 载荷（kgf）+ 保压时间（s，保压时间为 10 ~ 15 s 时不标注）。例如：640HV30/20 表示在试验力 294.3 N（30 kgf）作用下，维持 20 s 测得的维氏硬度为 640。维氏硬度的单位符号为 N/mm^2，但一般不标出。

维氏硬度的特点是保留了布氏硬度和洛氏硬度各自的优点，负荷大小可任意选择，测定范围宽，既可测量由极软到极硬材料的硬度，又能相互比较；既可测量大块材料、表面硬化层的硬度，又可测量金相组织中不同相的硬度，测量精度高。其缺点是需要在显微镜下测量压痕尺寸，工作效率较低。

1.2　材料在动载荷下的力学性能

许多零件在动载荷下工作。动载荷是指由于运动而产生的作用在构件上的作用力。动载荷的主要形式有两种：一种是冲击载荷，即以很大的初速度在短时间内迅速作用在零件上的载荷；另一种是交变载荷，即载荷的大小和方向做周期性的变化。材料对动载荷的抗力，不能简单地用静载荷下的力学性能指标来衡量，必须引入新的力学性能指标。

1.2.1 冲击试验

许多机械零件和工具，在使用过程中往往受到冲击载荷的作用，如冲床的冲头、锻锤的锤杆和破碎机等。材料在冲击载荷作用下抵抗破坏的能力称为冲击韧性，简称韧性。为了评定材料的冲击韧性，需要进行冲击试验。

1.2.1.1 一次摆锤冲击试验

图 1.6 为一次摆锤冲击试验示意图，将被测试样制成如图 1.7 所示带缺口的标准试样并安放在摆锤冲击试验机的支座上，见图 1.6（a）。把重量为 G 的摆锤提高到距试样高度为 H_1 的位置，见图 1.6（b），此时摆锤势能为 GH_1，然后使其下落，冲断试样后又上升到距原试样高度为 H_2 处，摆锤剩余势能为 GH_2。冲断试样所做的功 A_k 称为冲击吸收功，其值为

$$A_k = G(H_1 - H_2)$$

其单位为焦耳（J）。试样被冲断在缺口处，若缺口原始截面面积为 S，则得冲击韧性 a_k 为

$$a_k = \frac{A_k}{S}$$

其单位符号为 J/cm^2，即把冲断单位面积所消耗的功作为材料的韧性指标。

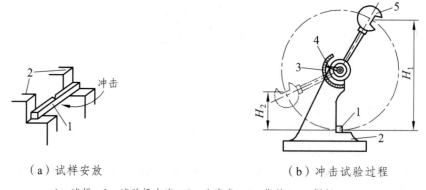

（a）试样安放 （b）冲击试验过程

1—试样；2—试验机支座；3—分度盘；4—指针；5—摆锤。

图 1.6 冲击试验测定原理

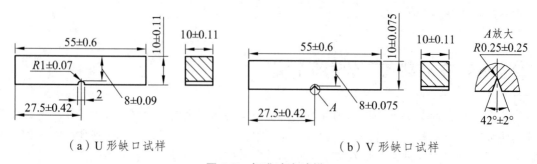

（a）U 形缺口试样 （b）V 形缺口试样

图 1.7 标准冲击试样

冲击韧性 a_k 值与材料的强度和塑性有一定关系。一般来说，强度塑性均较好的材料，a_k

值较大，反之只要强度和塑性其中之一很低，则 a_k 值也不会太大。一般把韧性值 a_k 高的材料称为韧性材料，a_k 值低的材料称为脆性材料。

这里需要指出：

（1）试样缺口的作用是在缺口附近造成应力集中，以保证试样在缺口处发生破裂。根据 GB/T 229—2020，标准试样有 U 形缺口试样和 V 形缺口试样两种，如图 1.7 所示。对于球墨铸铁和工具钢等材料，由于脆性大，常采用不带缺口的非标准试样来测定其冲击吸收功。

（2）由于是用弯曲负荷冲断材料，缺口截面上的应力分布不均匀，使塑性变形主要集中在缺口附近，即试样所吸收的冲击功主要消耗在缺口附近，因而用缺口处截面面积来平分冲击吸收功没有确切的物理意义。因此 GB/T 229—2020 规定以标准试样的冲击吸收功直接表示材料的韧性。

（3）不同种类和尺寸的试样的冲击韧性不能直接比较或换算。

1.2.1.2 小能量多次冲击试验

在实际生产中，大多数承受冲击载荷的零件都是在小能量多次冲击作用下破坏的，衡量零件抵抗小能量多次冲击能力的试验是在落锤试验机上进行的，如图 1.8 所示。带有双冲头的锤头以一定的冲击频率（如 400 次/min）冲击试样，直至冲断。多次冲击抗力指标，一般是用在一定冲击能量 A 的作用下开始出现裂纹和断裂的冲击次数 N 来表示，据此可做出材料的多冲击抗力曲线，称为 A-N 曲线，如图 1.9 所示。

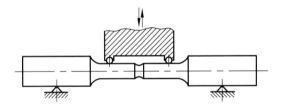

图 1.8　多次冲击试验示意图

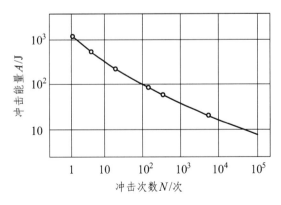

图 1.9　A-N 曲线

需要指出的是：材料抵抗大能量一次冲击的能力主要取决于其塑性，而抵抗小能量多次冲击的能力主要取决于其强度。

1.2.2 疲劳强度

1.2.2.1 交变载荷与疲劳断裂

实际应用中，许多零件如弹簧、齿轮、曲轴、连杆等都是在交变载荷作用下工作的。所谓交变载荷，是指大小和方向随时间发生周期性循环变化的载荷，其在单位面积上的平均值称为交变应力。有规律周期性变化的交变应力，称为循环应力，如图 1.10 所示。

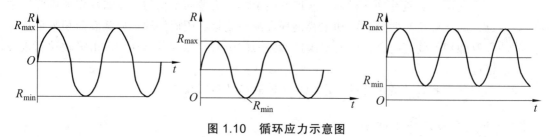

图 1.10 循环应力示意图

零件在交变载荷作用下发生断裂的现象称为疲劳断裂。疲劳断裂属于低应力脆断，其特点为：断裂时的应力远低于材料静载下的抗拉强度，甚至屈服强度；无论是韧性材料还是脆性材料，断裂前均无明显的塑性变形，是一种无预兆的、突然发生的脆性断裂，危险性极大。据统计，在机械零件的断裂失效中，80% 以上属于疲劳断裂。

零件之所以产生疲劳断裂，是由于材料表面或内部有缺陷（如表面划痕、夹渣、显微裂纹等）。这些地方的应力大于屈服强度，从而产生局部塑性变形而开裂。这些微裂纹随着应力循环次数的增加而逐渐扩展，使承受载荷的截面面积减小，最终断裂。

1.2.2.2 疲劳曲线与疲劳强度

大量试验证明，材料所受的最大交变应力 R_{max} 与断裂前的应力循环次数 N（也称疲劳寿命）的关系如图 1.11 所示。该曲线称为疲劳曲线，也称 R-N 曲线。当应力低于某一临界值时，曲线趋于水平，表明试样经无限次应力循环也不会发生疲劳断裂，所对应的应力称为疲劳极限，也叫疲劳强度，用 R_r 表示。但是，实际测试时不可能做到无限次应力循环，并且对于某些材料，它们的疲劳曲线上也没有水平部分，通常就规定某一循环周次下不发生断裂的应力为条件疲劳极限，也叫条件疲劳强度，用 R_{-1} 表示。通常规定普通钢的循环周次为 10^7，有色金属、不锈钢等的循环周次为 10^8。

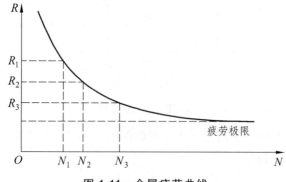

图 1.11 金属疲劳曲线

1.2.2.3　疲劳断裂的特点及改进措施

疲劳是低应力循环延时断裂，即有寿命的断裂。这种寿命随应力不同而变化的关系，可用疲劳曲线来说明，即应力高，寿命短，应力低则，寿命长，当应力低于疲劳极限时，寿命可无限长；疲劳是脆性断裂，由于疲劳的应力水平一般比屈服强度低，不管是韧性材料还是脆性材料，都是脆断，是一个长期累积损伤的过程；疲劳对缺陷（缺口、裂纹及组织缺陷）十分敏感；疲劳断裂也是裂纹萌生和扩展的过程，端口上有明显的疲劳源和疲劳扩展区。

零件的疲劳强度，除了与材料本身有关外，还可以通过以下措施来提高：

（1）改善零件结构形状，避免尖角、缺口、截面突变等，以免应力集中引起疲劳裂纹。

（2）降低零件的表面粗糙度，提高表面加工质量，尽可能减小可能成为疲劳源的表面损伤（如刀痕、擦伤、生锈等）和缺陷（如氧化、脱碳、裂纹、夹杂物等）。

（3）采用各种表面强化处理，如喷丸和滚压，可在零件表面产生残余压应力，以抵消或降低产生疲劳裂纹扩展的拉应力，从而提高零件的疲劳强度。

（4）金属的疲劳强度和抗拉强度存在一定的比例关系。例如，当钢材的抗拉强度 $R_m < 1\,400$ MPa 时，疲劳强度 R_{-1} 与抗拉强度 R_m 之比为 $0.45 \sim 0.55$。因此可通过热处理适当提高 R_m 来提高 R_{-1}。此外，选材时也可参考 R_m 来估算 R_{-1}。

1.3　材料的断裂韧性

实际生产中有的大型转轴、高压容器、船舶、桥梁等，常在其工作应力远低于屈服强度的情况下突然发生脆性断裂，这种在屈服强度以下发生脆断的现象称为低应力脆断。

大量断裂事例分析表明，低应力脆断与零件本身存在裂纹有关，是由裂纹在应力的作用下在一瞬间发生失稳扩展引起的。而这些裂纹在实际材料中是不可避免的，它可能是材料在冶炼或加工过程中产生的，也可能是零件在使用过程中产生的。在应力的作用下，这些裂纹进行扩展，一旦达到失稳状态，就会发生低应力脆断。因此，裂纹是否易于失稳扩展，就成为衡量材料是否易于断裂的一个重要指标。这种材料抵抗裂纹失稳扩展的性能称为断裂韧性。

1.3.1　应力场强度因子

由于裂纹的存在，在外力的作用下，裂纹尖端前沿附近会存在应力集中系数很大的应力场，张开型裂纹的应力场如图 1.12 所示。通过建立的应力场数学解析模型可知，裂纹尖端区域各点的应力分量除由其所处的位置决定以外，还与强度因子 K_I 有关。对于某一确定的点，其应力分量就由 K_I 决定。K_I 越大，则应力场中各应力分量也越大。因此，K_I 就可以表示应力场的强弱程度，故称为应力场强度因子。K_I 值的大小与裂纹尺寸（$2a$）和外加应力（R）有以下关系：

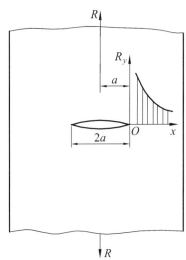

图 1.12　张开型裂纹的应力场

$$K_I = YR\sqrt{a}$$

式中，Y 为形状因子，是与裂纹形状、加载方式、试样几何形状有关的系数；R 为外加应力。

1.3.2 断裂韧性

从 K_I 的关系式可知，当外加应力 R 增加或裂纹扩展增长时，裂纹尖端的应力场强度因子也增大，所以裂纹尖端前沿应力场各处的应力值也随之成比例增加。当 K_I 增大到某一临界值，使裂纹尖端附近的内应力达到材料的断裂强度时，裂纹突然失稳扩展，发生快速脆断。这一临界 K_I 值称为材料的断裂韧性，用 K_{IC} 表示，单位符号为 MPa·m$^{1/2}$。

K_{IC} 是材料抵抗裂纹失稳扩展的力学性能指标，K_{IC} 的值越大，裂纹就越不易发生扩展，材料就越不易发生脆断。K_{IC} 是材料本身的一种特性，因此对每一种具体的材料来说，它是一个常数，可由试验测出。

K_I 和 R 对应，都是力学参量，只与载荷及试样尺寸有关，与材料无关；而 K_{IC} 和 R_m 对应，都是力学性能指标，只与材料的成分、组织结构有关，与载荷及试样尺寸无关。因此，通过调整成分、合理冶炼、正确加工和热处理，就可以大幅度提高材料的 K_{IC}。

常用的工程材料中，金属材料的 K_{IC} 值最高，复合材料次之，高分子材料和陶瓷材料最低。断裂韧性在工程中的应用可以概括为以下 3 个方面：一是设计，包括结构设计和材料选择。可以根据材料的断裂韧性，计算结构的许用应力，针对要求的承载量，设计结构的形状和尺寸；可以根据结构的承载要求、可能出现的裂纹类型，计算可能的最大应力场强度因子，依据材料的断裂韧性进行选材。二是校核，可以根据结构要求的承载能力、材料的断裂韧性，计算材料的临界裂纹尺寸，与实测的裂纹尺寸相比较，校核结构的安全性，判断材料的脆断倾向。三是材料开发，可以根据对断裂韧性的影响因素，有针对性地设计材料的组织结构，开发新材料。

本章小结

材料的力学性能，也称为机械性能，是材料使用性能的重要组成部分，也是作为结构材料应具备的最主要的性能。工程材料在外力作用下所表现出来的性能，称为力学性能，主要有强度、刚度、硬度、塑性、冲击韧性、疲劳强度、断裂韧性等。

材料的这种不产生永久变形的能力称为弹性。不产生永久变形的最大应力，称为弹性极限。弹性模量 E 是指工程材料在弹性状态下的应力与应变的比值，弹性模量 E 是衡量材料产生弹性变形难易程度的指标，工程上称为材料的刚度，表征材料对弹性变形的抗力。

材料在外力作用下抵抗变形和断裂的能力称为强度。材料的强度越大，材料所能承受的外力就越大，使用越安全。外力不增加，试样仍继续塑性伸长，这种现象称为屈服，发生屈服所对应的应力值即为屈服强度。材料在破断前所能承受的最大应力，称为抗拉强度，它也是零件设计和材料评定时的重要指标。

塑性是指材料在外力作用下产生塑性变形而不断裂的能力。常用的塑性指标有断后伸长率和断面收缩率。

材料抵抗表面局部塑性变形的能力称为硬度，它是表征材料软硬程度的一个指标。生产中测量硬度常用的方法是静载压入法，包括布氏硬度、洛氏硬度、维氏硬度。它是用一定几何形状的压头在一定的静载荷下压入被测试的材料表面，并根据被压入的程度来测定硬度值。因此硬度是一个综合的物理量，它与强度指标和塑性指标均有一定的关系。

材料在冲击载荷作用下抵抗破坏的能力称为冲击韧性，简称韧性。试样经无限次应力循环也不会发生疲劳断裂，所对应的应力称为疲劳极限，也叫疲劳强度。在屈服强度以下发生脆断的现象称为低应力脆断。低应力脆断与零件本身存在裂纹有关，是由裂纹在应力的作用下在一瞬间发生失稳扩展引起的。当 K_I 增大到某一临界值，使裂纹尖端附近的内应力达到材料的断裂强度时，裂纹突然失稳扩展，发生快速脆断，这一临界 K_I 值称为材料的断裂韧性。

表 1.2 为力学性能新旧标准符号对照表。

表 1.2 力学性能新旧标准符号对照表

GB/T 228.1—2010（新标准）		GB/T 228—1987（旧标准）	
名　称	符　号	名　称	符　号
屈服强度	R_e	屈服点	σ_s
上屈服强度	R_{eH}	上屈服点	σ_{sU}
下屈服强度	R_{eL}	下屈服点	σ_{sL}
规定残余延伸强度	R_r	规定残余延伸应力	σ_r
抗拉强度	R_m	抗拉强度	σ_b
断后伸长率	A 或 $A_{11.3}$	断后伸长率	δ_5 或 δ_{10}
断面收缩率	Z	断面收缩率	ψ

思考与练习

1. 说明下列力学性能指标的含义。

R_m　R_{-1}　$R_{r0.2}$　R_e　a_k　A_k　HBS　HRC　HV

2. 简单说明低碳钢在拉伸过程中的几个变形阶段。

3. 材料的屈服强度、抗拉强度和断裂强度是否越接近越好？

4. 比较布氏硬度、洛氏硬度和维氏硬度的优缺点，明确它们的使用对象和适用范围。

5. 材料为什么会产生疲劳？如何提高材料的疲劳强度？

6. 零件设计时，选取 R_e（$R_{r0.2}$）或者 R_m，应以什么为依据？

7. 有一碳素钢制支架刚性不足，有人说用热处理强化的方法改进，有人要另选合金钢，有人要改变零件的截面形状来解决。哪种方法合理？为什么？

8. K_{IC} 和 K_I 两者有什么关系？在什么情况下相等？

2 纯金属的结构与结晶

本章提要

本章首先介绍金属的晶体结构，提出晶格、晶胞、晶面、晶向等晶体学的一些基本概念，重点分析典型的 3 种晶体结构的特征参数，说明晶面指数和晶向指数的确定方法；然后介绍实际晶体的结构和 3 种晶体缺陷；最后介绍金属结晶的现象、结晶的热力学条件、结晶的过程、形核和长大的规律、晶粒大小及其控制方法、铸锭组织，重点阐述了金属的结晶过程和晶粒细化方法。

在外界条件固定的情况下，材料的性能取决于材料内部的构造。这种构造便是组成材料的原子种类和含量，以及它们的排列方式和空间分布。通常将前者叫作成分，后者叫作组织结构。金属的结构与其结晶过程密切相关。研究金属的结构和结晶规律，是了解金属材料的性能、正确选用金属材料、开发新材料的基础。

2.1 纯金属的晶体结构

2.1.1 晶体与非晶体

自然界中的固态物质，虽然外形各异、种类繁多，但都是由原子（离子、分子）堆积而成的。按其内部原子的堆积情况，可将物质分为晶体和非晶体两大类。

晶体是原子（离子、分子）在三维空间做有规则的周期性排列的物体。非晶体中这些质点则呈无规则排列，与处于液体的原子排列类似，故非晶体有液态固体之称。

自然界中绝大多数固体都是晶体，如常用的金属材料、半导体材料、磁性薄膜及光学材料等，而玻璃、松香、沥青等无机材料是非晶体。晶体和非晶体在一定条件下可以相互转化。例如，金属通常是晶体，但液态金属在激冷的情况下，也可变成非晶体。

由于晶体内部原子排列的规律性，有时某些晶体物质也有规则的外形，如水晶、结晶盐、天然金刚石等，但实际金属晶体一般看不到规则的外形。

晶体和非晶体还有许多差别。晶体具有固定的熔点，比如铁的熔点是 1 538 ℃，铜的熔点是 1 083 ℃；晶体还具有各向异性（指单晶），即在不同方向具有不同的性能，这是晶体内部原子规则排列的一种体现。非晶体则没有固定的熔点，而是在一个温度范围内逐渐熔化，各个方向上原子密度大致相等，表现为各向同性，即沿任何一方向的性能都是相同的。

2.1.2 金属的特征

金属原子间依靠金属键结合形成金属晶体。金属键的基本特点是电子共有化。在金属原子相互紧密接近时，由于原子间的相互作用，金属原子的价电子便从各个原子中脱离出来，成为自由电子，为整个金属所共用，形成"电子云"。金属正离子与自由电子间的静电作用，使金属原子结合起来，形成金属晶体，这种结合方式称为金属键。除铋、锑、锗、镓等亚金属为共价键结合外，绝大多数金属都以金属键形成金属晶体。

金属呈一定的晶体状态，具有良好的导电性、导热性、塑性，并呈现特有的金属光泽，具有正的电阻温度系数，这些特性都与金属键有关。良好的导电性，是由于金属在电磁力作用下，自由电子可做定向加速运动而形成电流。正的电阻温度系数是金属和非金属的本质区别。对于金属，当温度升高时，正离子的热振动加剧，阻碍了自由电子的运动，使金属电阻随温度的升高而升高，体现出正的电阻温度系数。良好的导热性，是离子的热振动以及自由电子的运动都能传递热量之故。优良的塑性，是由于金属在外力作用下发生塑性变形后，正离子与自由电子间仍能保持金属键结合。自由电子容易吸收可见光的能量，随后又将吸收的可见光能量辐射出去，从而金属不透明并且有金属光泽。呈晶体状态，是电子和离子间、离子与离子间或电子与电子间的引力和斥力相平衡的结果。

2.1.3 晶体结构

2.1.3.1 晶格、晶胞

晶体是内部原子规则排列的物体，但排列的方式有多种。晶体中原子（离子、分子）在空间的规则排列方式称为晶体结构。为便于研究和分析晶体中原子排列的规律性，通常用几何抽象的方法。首先把晶体中的原子看成刚性球体，则晶体就是由许多刚性球体按一定的规律堆垛在一起的，如图 2.1（a）所示。然后，将原子抽象为一个几何点，其位置代表原子的中心位置，这些点的空间排列称为空间点阵，将这些几何点用假想直线连接起来，构成一个三维空间的几何格架。这种形象描述原子在晶体中的排列方式的空间几何格架，称为晶格，如图 2.1（b）所示。晶格中各连线的交点称为结点或阵点。

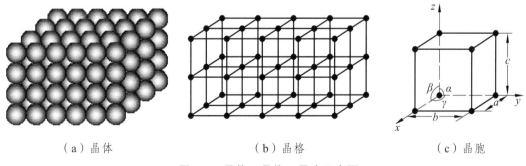

（a）晶体　　　　　　　（b）晶格　　　　　　　（c）晶胞

图 2.1　晶体、晶格、晶胞示意图

由于晶体周期性重复排列，因此，可在晶体中选取一个能代表原子在空间排列规律的最小几何单元进行分析，这种组成晶格的、能反映晶格特征的最基本的几何单元称为晶胞，如

图 2.1（c）所示。晶胞通常为平行六面体。晶胞的大小和形状可用晶胞的棱边长度 a、b、c 和棱边夹角 α、β、γ 6 个参数来表示，其中晶胞的棱边长度称为晶格常数或点阵常数。在立方晶格中，$a=b=c$，$\alpha=\beta=\gamma=90°$。晶胞在三维空间的重复堆积就构成了晶格，利用晶胞的结构就可以描述晶格和晶体结构。

2.1.3.2 典型金属的晶体结构

金属中由于原子间通过较强的金属键结合，原子趋于紧密排列，构成了少数几种高对称性的简单晶体结构。在金属元素中，约有 90% 以上的金属晶体结构都属于下列 3 种晶格形式。

1. 体心立方晶格

体心立方晶格也称 B.C.C.晶格（Body-Centered Cubic Lattice），如图 2.2 所示。在体心立方晶格的晶胞中，立方体的 8 个角上各有一个原子，在立方体的中心排列一个原子。

 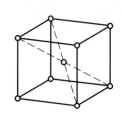 

（a）模型 （b）晶胞 （c）晶胞原子数

图 2.2 体心立方晶胞示意图

体心立方晶格具有如下特征。

① 晶格常数：$a=b=c$，$\alpha=\beta=\gamma=90°$。

② 晶胞原子数：体心立方晶胞每个角上的原子为相邻的 8 个晶胞所共有，因此实际上每个晶胞所含原子数为（$1/8 \times 8 + 1$）个 = 2 个，如图 2.2（c）所示。

③ 原子半径：因其体对角线方向上的原子彼此紧密排列，如图 2.2（a）所示，显然体对角线长度 $\sqrt{3}a$ 等于 4 个原子半径，故体心立方晶胞的原子半径 $r=\dfrac{\sqrt{3}}{4}a$。

④ 配位数：晶体结构中任何一原子周围最邻近且等距离的原子数目。配位数越大，原子排列得越紧密。显然，体心立方晶格的配位数为 8。

⑤ 致密度：晶胞中原子所占的体积与该晶胞体积之比，它也可表示晶胞中原子排列的紧密程度。体心立方晶胞中原子所占的体积为 $\dfrac{4}{3}\pi r^3 \times 2$，晶胞体积为 a^3，故其致密度为

$$\left(\frac{4}{3}\pi r^3 \times 2\right)/a^3 = \left[\frac{4}{3}\pi\left(\frac{\sqrt{3}}{4}a\right)^3 \times 2\right]/a^3 = 0.68$$

即在体心立方晶格金属中，有 68% 的体积被原子所占据，其余 32% 的体积为空隙。

⑥ 间隙半径：晶格空隙中能容纳的最大球体半径。晶胞中有两种间隙：一种是八面体间

隙，如图 2.3（a）所示，其间隙半径为 0.154r；另一种是四面体间隙，如图 2.3（b）所示，其半径为 0.291r。

属于体心立方晶格的金属有 α-Fe、Cr、Mn、Mo、W、V、Nb、β-Ti 等。

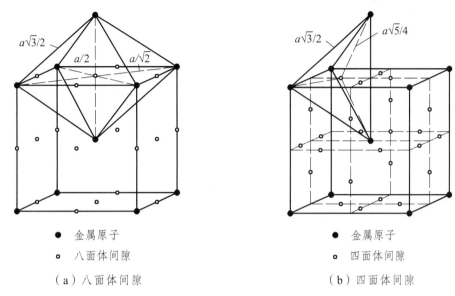

- ● 金属原子
- ○ 八面体间隙

（a）八面体间隙

- ● 金属原子
- ○ 四面体间隙

（b）四面体间隙

图 2.3　体心立方晶格中的间隙

2. 面心立方晶格

面心立方晶格也称 F.C.C.晶格（Face-Centered Cubic Lattice），如图 2.4 所示。在晶胞 8 个角及 6 个面的中心各分布着一个原子。每个面心位置的原子同时属于两个晶胞所共有，故每个面心立方晶胞中仅包含（$1/8 \times 8 + 1/2 \times 6$）个 = 4 个原子。在面对角线上，面中心的原子与该面 4 个角上的各原子相互接触，紧密排列，其原子半径 $r = \dfrac{\sqrt{2}}{4}a$，配位数为 12，致密度为

$$\left(\frac{4}{3}\pi r^3 \times 2\right)/a^3 = \left[\frac{4}{3}\pi\left(\frac{\sqrt{2}}{4}a\right)^3 \times 4\right]/a^3 = 0.74$$

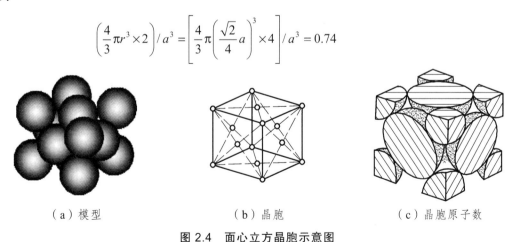

（a）模型　　　　　　　（b）晶胞　　　　　　　（c）晶胞原子数

图 2.4　面心立方晶胞示意图

四面体间隙半径为 0.225r，八面体间隙半径为 0.414r，如图 2.5 所示。

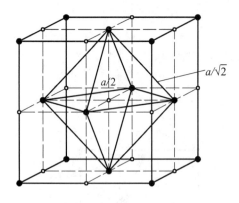 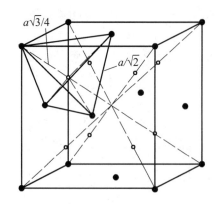

● 金属原子
○ 八面体间隙

● 金属原子
○ 四面体间隙

（a）八面体间隙

（b）四面体间隙

图 2.5　面心立方晶格中的间隙

具有面心立方晶格的金属有 γ-Fe、Al、Cu、Ni、Au、Ag、Pt、β-Co 等。

3. 密排六方晶格

密排六方晶格也称 H.C.P.晶格（Hexagonal Close-Packed Lattice），如图 2.6 所示。密排六方晶格的晶胞是六方柱体，它是由 6 个呈长方形的侧面和 2 个呈六边形的底面组成的，所以要用两个晶格常数表示：上、下底面间距 c 和六边形的边长 a，在紧密排列情况下 $c/a=1.633$。在密排六方晶胞中，在六方体的 12 个角上和上、下底面的中心各排列着一个原子，在晶胞中间还有 3 个均匀分布的原子。每个角上的原子为相邻的 6 个晶胞所共有，上、下底面中心的原子为 2 个晶胞所共有，晶胞内部 3 个原子为该晶胞独有，所以密排六方晶胞中原子数为（$12 \times 1/6 + 2 \times 1/2 + 3$）个 = 6 个。密排六方晶胞的原子半径为 $r=\dfrac{a}{2}$，配位数为 12，致密度为 0.74。四面体间隙半径为 0.225r，八面体间隙半径为 0.414r，如图 2.7 所示。

具有密排六方晶格的金属有 Mg、Zn、Be、Cd、α-Co、α-Ti 等。

（a）模型

（b）晶胞

（c）晶胞原子数

图 2.6　密排六方晶胞示意图

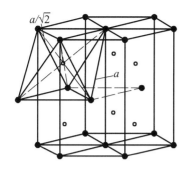

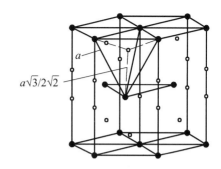

$a/\sqrt{2}$

a

$a\sqrt{3}/2\sqrt{2}$

● 金属原子
○ 八面体间隙

● 金属原子
○ 四面体间隙

（a）八面体间隙

（b）四面体间隙

图 2.7　密排六方晶格中的间隙

在晶体中，由于不同晶面和晶向上原子排列的方式和紧密程度不相同，不同方向上原子结合力的大小也就不同，所以金属晶体在不同方向上的力学、物理及化学性能也有一定的差异，此特性称为晶体的各向异性。

2.1.3.3　晶面、晶向

在晶体中，通过晶体中原子中心的平面称为晶面，任一通过晶体中原子中心的直线为原子列，其所代表的方向称为晶向。晶面和晶向可分别用晶面指数和晶向指数来表达。

1. 立方晶系的晶面指数的确定方法

（1）设定一个空间坐标系，原点应在所求晶面之外。

（2）以晶格常数 a 为长度单位，写出欲定晶面在 3 条坐标轴上的截距，所求晶面与坐标轴平行时，截距为 ∞。

（3）将所得 3 个截距之值变为倒数。

（4）再将这 3 个倒数按比例化为最小整数。

（5）将 3 个整数写在圆括号内即为晶面指数。晶面指数的一般标记为（hkl）。截距为负数时，在指数上加"－"号。

在立方晶格中，最重要的 3 种晶面是（100）、（110）、（111），如图 2.8 所示。但应注意，某一晶面指数并不只代表某一具体晶面，而是代表一组相互平行的晶面，即所有相互平行的晶面都具有相同的晶面指数。

在同一种晶格中，有些晶面虽然在空间的位向不同，但其原子的排列情况完全相同，这些晶面均属于一个晶面族，其晶面指数用大括号表示，即{hkl}。例如，在立方晶胞中（100）、（010）、（001）同属一个晶面族{100}，可以表示为

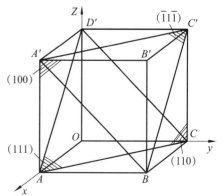

图 2.8　立方晶胞中的主要晶面

$$\{100\} = (100) + (010) + (001)$$

如图 2.9 所示。

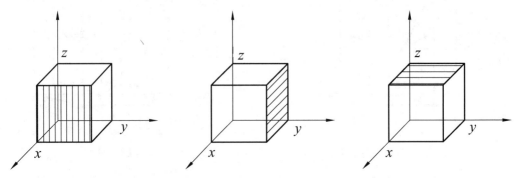

图 2.9　立方晶系的{100}晶面族

同理，{110}、{111}晶面族可表示为

$$\{110\} = (110) + (101) + (011) + (\overline{1}10) + (\overline{1}01) + (0\overline{1}1)$$
$$\{111\} = (111) + (\overline{1}11) + (1\overline{1}1) + (11\overline{1})$$

如图 2.10 和图 2.11 所示。

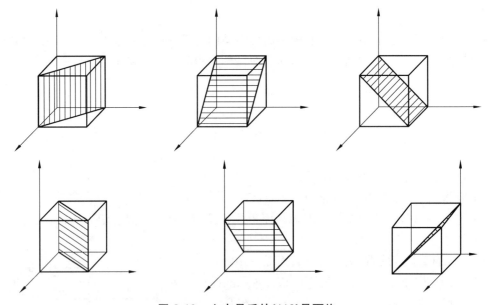

图 2.10　立方晶系的{110}晶面族

2. 立方晶系的晶向指数的确定方法

（1）设定一个空间坐标系，通过坐标原点引一条直线，使其平行于所求的晶向。

（2）求出该直线上任意一结点的 3 个坐标值。

（3）将坐标值按比例化为最小整数。

（4）将化好的整数记在方括号内即为所求的晶面指数。晶向指数的一般形式为$[uvw]$。坐标为负数时，在指数上加"－"号。

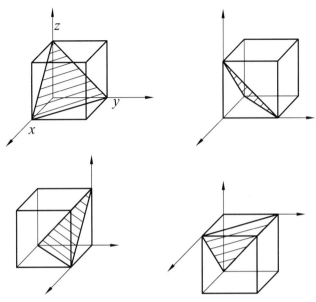

图 2.11　立方晶系的{111}晶面族

立方晶格中，最重要的 3 种晶向是[100]、[110]、[111]，如图 2.12 所示。但应注意，晶向指数所表示的不仅仅是一条直线的位向，而是表示一组原子排列相同的平行晶向，即所有相互平行的晶向，都具有相同的晶向指数。

原子排列相同但空间位向不同的所有晶向称为晶向族，用<uvw>表示。例如，在立方晶胞中，[100]、[010]、[001]同属一个晶向族<100>，可表示为

$$<100> = [100] + [010] + [001]$$

在立方晶系中，一个晶面指数与一个晶向指数数值和符号相同时，则该晶面与该晶向互相垂直，如(111)⊥[111]，如图 2.13 所示。

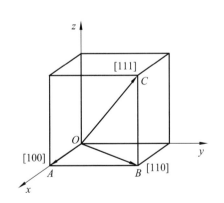

图 2.12　立方晶胞中的主要晶向

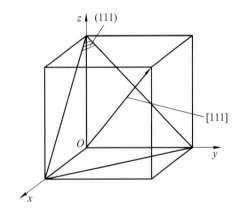

图 2.13　晶面和晶向相互垂直

3. 六方晶系晶面和晶向指数的确定

用上述方法确定六方晶系的晶面和晶向指数时，从其各晶面指数和晶向指数中，却反映不出原子排列情况相同而空间位向不同的各等同晶面和各等同晶向之间的关系。

六方晶系采用四指数法表示晶面和晶向。水平坐标轴选用相互成 120° 夹角的三坐标轴 a_1，a_2，a_3，再加上垂直轴 c，构成 4 个坐标轴系。这样确定出的六方晶系的晶面和晶向指数，就能较好地反映出各原子排列情况相同，而空间位向不同的各等同晶面和晶向之间的关系。这时可用（$hkil$）表示晶面指数，用 $[uvtw]$ 表示晶向指数。由于在二维平面最多只有两个独立的坐标，存在下列关系：

$$i=-(h+k)$$
$$t=-(u+v)$$

用 4 个坐标轴确定六方晶系的晶面指数的方法，与用 3 个坐标轴时相同，只需多确定出在 a_3 轴上的截距。它也可以先用 3 个坐标确定，再根据 $i=-(h+k)$ 的关系，加上第 4 个指数。而用 4 个坐标轴确定晶向指数时，必须从坐标原点出发，沿平行于 4 个坐标轴的方向依次移动，最后到达所求晶向上的某一结点，并应满足 $t=-(u+v)$。六方晶系的几个主要晶面和晶向如图 2.14 所示。

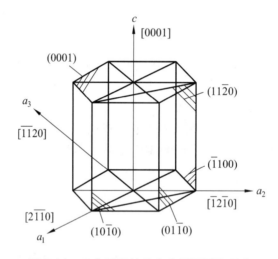

图 2.14　六方晶系的几个主要晶面和晶向

在密排六方晶格中，原子密度最大的晶面族为 {0001}，称为密排面；原子密度最大的晶向族为 <11$\bar{2}$0>，称为密排方向。

4. 密排面和密排方向

不同晶体结构中不同晶面、不同晶向上原子的排列方式和排列密度不一样。晶面上原子排列的紧密程度，可用晶面的原子密度（单位面积上的原子数）表示；晶向上原子排列的紧密程度，可用晶向的原子密度（单位长度上的原子数）表示。原子密度最大的晶面称为密排面，原子密度最大的晶向称为密排方向。由表 2.1 和表 2.2 说明，在体心立方晶格中，密排面为 {110}，密排方向为 <111>，而面心立方晶格中，密排面为 {111}，密排方向为 <110>。由于不同晶面和晶向上原子排列的方式和密度不同，它们之间的结合力的大小也不相同，因而金属晶体不同方向上的性能不同。这种性质叫作晶体的各向异性。非晶体在各个方向上性能完全相同，这种性质叫作非晶体的各向同性。

表 2.1　体心立方、面心立方晶格主要晶面的原子排列和密度

晶面指数	体心立方晶格		面心立方晶格	
	晶面原子排列示意图	晶面原子密度（原子数/面积）	晶面原子排列示意图	晶面原子密度（原子数/面积）
{100}		$\dfrac{4\times\frac{1}{4}}{a^2}=\dfrac{1}{a^2}$		$\dfrac{4\times\frac{1}{4}+1}{a^2}=\dfrac{2}{a^2}$
{110}		$\dfrac{4\times\frac{1}{4}+1}{\sqrt{2}a^2}=\dfrac{1.4}{a^2}$		$\dfrac{4\times\frac{1}{4}+2\times\frac{1}{2}}{\sqrt{2}a^2}=\dfrac{1.4}{a^2}$
{111}		$\dfrac{3\times\frac{1}{6}}{\frac{\sqrt{3}}{2}a^2}=\dfrac{0.58}{a^2}$		$\dfrac{3\times\frac{1}{6}+3\times\frac{1}{2}}{\frac{\sqrt{3}}{2}a^2}=\dfrac{2.3}{a^2}$

表 2.2　体心立方、面心立方晶格主要晶向的原子排列和密度

晶向指数	体心立方晶格		面心立方晶格	
	晶向原子排列示意图	晶向原子密度（原子数/长度）	晶向原子排列示意图	晶向原子密度（原子数/长度）
<100>		$\dfrac{2\times\frac{1}{2}}{a}=\dfrac{1}{a}$		$\dfrac{2\times\frac{1}{2}}{a}=\dfrac{1}{a}$
<110>		$\dfrac{2\times\frac{1}{2}}{\sqrt{2}a}=\dfrac{0.7}{a}$		$\dfrac{2\times\frac{1}{2}+1}{\sqrt{2}a}=\dfrac{1.4}{a}$
<111>		$\dfrac{2\times\frac{1}{2}+1}{\sqrt{3}a}=\dfrac{1.16}{a}$		$\dfrac{2\times\frac{1}{2}}{\sqrt{3}a}=\dfrac{0.58}{a}$

2.2　实际金属的晶体结构

2.2.1　多晶体结构

前面介绍的晶体结构是一种理想的结构，可看成是晶胞的重复堆砌，这种晶体称为单晶体，即原子排列的位向或方式均相同的晶体，如图 2.15（a）所示。通常使用的金属都是由很多小晶体组成的，这些小晶体内部的晶格位向是均匀一致的，但它们之间的晶格位向却彼此不同，这些外形不规则的颗粒状小晶体称为晶粒。每一个晶粒相当于一个单晶体。晶粒与晶粒之间的界面称为晶界。这种由许多晶粒组成的晶体称为多晶体，如图 2.15（b）所示。在

多晶体中，虽然每个晶粒都是各向异性的，但它们的晶格位向彼此不同，晶体的性能在各个方向相互补充和抵消，多晶体的性能在各个方向基本上是一致的。这种类似于非晶体的各向同性称为"伪各向同性"。

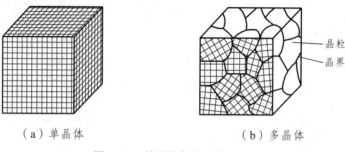

（a）单晶体 　　　　　　　　　　（b）多晶体

图 2.15　单晶体与多晶体

2.2.2　晶体缺陷

实际金属晶体内部，由于铸造、变形等多种因素的影响，其局部区域原子的规则排列往往受到干扰和破坏，不像理想晶体那样规则和完整。实际金属晶体中原子排列的这种不完整性，通常称为晶体缺陷。根据晶体缺陷在空间的几何形状及尺寸，一般将它们分为以下 3 类：点缺陷、线缺陷和面缺陷。结构的不完整性会对晶体的性能产生重大影响，特别是对金属的塑性变形、固态相变以及扩散等过程都起着重要的作用。

2.2.2.1　点缺陷

点缺陷是指在三维空间各方向上尺寸都很小，约为一个或几个原子间距的缺陷，属于零维缺陷，如空位、间隙原子、异类原子等。

晶格中某个原子脱离了平衡位置，形成空结点，称为空位［见图 2.16（a）］。位于晶格间隙之中的原子叫作间隙原子［见图 2.16（b）］。材料中总存在着一些其他元素的杂质，即异类原子，当异类原子半径比金属的半径小得多时，容易挤入晶格的间隙中，成为异类间隙原子［见图 2.16（b）］，当异类原子与金属原子的半径接近或尺寸较大时，便会取代正常结点原子而形成置换原子［见图 2.16（c）和图 2.16（d）］。在上述点缺陷中，间隙原子最难形成，而空位却普遍存在。

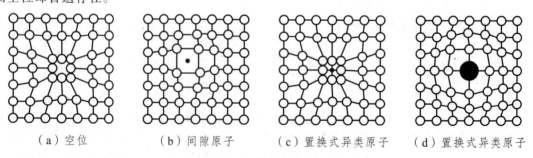

（a）空位　　　　（b）间隙原子　　　（c）置换式异类原子　　（d）置换式异类原子

图 2.16　点缺陷的类型

空位的形成主要与原子的热振动有关。当某些原子振动的能量高到足以克服周围原子的束缚时，它们便有可能脱离原来的平衡位置（晶格的结点）而迁移至别处，结果在原来的结点上形成了空位。塑性变形、高能粒子辐射、热处理等也能促进空位的形成。

由图2.16可以看出，在点缺陷附近，由于原子间作用力的平衡被破坏，使其周围的其他原子发生靠拢或撑开的不规则排列，这种变化称为晶格畸变。晶格畸变将使材料产生力学性能及物理化学性能的改变，如强度、硬度及电阻率增大，密度发生变化等。

2.2.2.2　线缺陷

线缺陷是指二维尺寸很小而第三维尺寸相对很大的缺陷，属于一维缺陷。晶体中的线缺陷通常指各种类型的位错。

位错是由晶体原子平面的错动引起的，即晶格中的某处有一列或若干列原子发生了某些有规律的错排现象。位错的基本类型有两种：刃型位错和螺型位错。

1. 刃型位错

图2.17所示为刃型位错示意图。晶体的上半部多出一个原子面（称为半原子面），它像刀刃一样切入晶体，其刃口即半原子面的边缘便成为一条刃型位错线，位错线周围会造成晶格畸变。严重晶格畸变的范围约为几个原子间距。距位错线越远，晶格畸变越小，原子排列逐渐趋于正常。

2. 螺型位错

图2.18所示为螺型位错示意图。晶体右边的上部原子相对于下部的原子向后错动一个原子间距，即右边上部相对于下部晶面发生错动，若将错动区的原子用线连起来，则具有螺旋形特征，故称之为螺型位错。

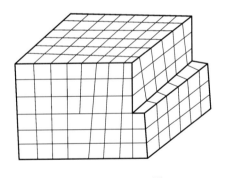
图2.17　刃型位错

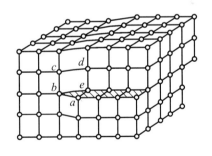
图2.18　螺型位错

不管是刃型位错还是螺型位错，从微观看都是一个晶格畸变的管道区，其管道的直径较小，只有几个原子间距，而长度较长的有几百到上万个原子间距，故称为线缺陷，可用其中心线表示。

晶体中位错的多少一般用单位体积晶体中所包含的位错线总长度表示，称为位错密度，用 ρ 表示，单位符号为 $\mathrm{cm/cm^3}$（或 $\mathrm{cm^{-2}}$）。在退火态金属中 $\rho \approx 10^6 \sim 10^8\ \mathrm{cm^{-2}}$，在大量冷变形或淬火的金属中，位错密度增加到 $10^{11} \sim 10^{12}\ \mathrm{cm^{-2}}$。

位错的存在，对金属材料的力学性能、扩散及相变等过程有着重要的影响，金属强度与位错密度之间的关系如图 2.19 所示。如果金属中不含位错，那么它将有极高的强度，目前采用一些特殊方法已能制造出几乎不含位错的结构完整的小晶体：直径为 0.05 ~ 2 μm、长度为 2 ~ 10 mm 的晶须，其变形抗力很高，例如直径 1.6 μm 的铁晶须，其抗拉强度竟高达 13 400 MN/m²，而工业上应用的退火纯铁，其抗拉强度则低于 300 MN/m²，两者相差 40 多倍。不含位错的晶须，不易塑性变形，因而强度很高，而工业纯铁中含有位错，易于塑性变形，所以强度很低。但制造不含位错的完整晶体是非常困难的。如果采用冷塑性变形等方法使金属中的位错大大提高，则金属强度也可以随之提高。金属在退火状态下位错密度低，晶体的抗拉强度最小，当经过加工变形后，位错密度增加，由于位错之间的相互作用和制约，晶体的强度便又上升。实际生产中，采用提高位错密度来提高金属强度的方法更加容易实现。

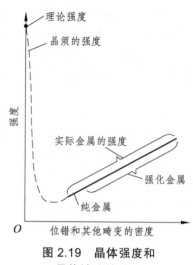

图 2.19　晶体强度和晶体缺陷的关系

2.2.2.3　面缺陷

面缺陷属于二维缺陷，它在两维方向上尺寸很大，第三维方向上尺寸却很小。最常见的面缺陷是晶体中的晶界和亚晶界。

1. 晶　界

实际的金属材料是多晶体，如图 2.20 所示。晶界是晶粒与晶粒之间的界面，由于晶界原子需要同时适应相邻两个晶粒的位向，就必须从一种晶粒位向逐步过渡到另一种晶粒位向，成为不同晶粒之间的过渡层。该过渡层有一定的厚度，如图 2.21 所示。晶界处原子排列混乱，晶格畸变程度较大。在多晶体中，晶粒间的位向差大多为 30° ~ 40°，晶界宽度一般在几个原子间距到几十个原子间距内变动。

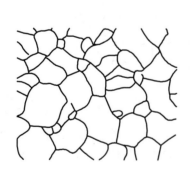

图 2.20　多晶体的晶粒形貌

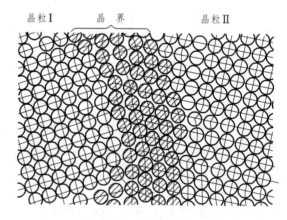

图 2.21　晶界

2. 亚晶界

多晶体里的每个晶粒内部也不是完全理想的规则排列，而是存在着很多尺寸很小（边长

为 10^{-8} m ~ 10^{-6} m）、位向差也很小（小于 1° ~ 2°）的小晶块，这些小晶块称为亚晶粒。亚晶粒之间的界面叫作亚晶界，它实际上由垂直排列的一系列刃型位错（位错墙）构成，如图 2.22 所示。

图 2.22　亚晶界

晶界和亚晶界均可以同时提高金属的强度和塑性。晶界越多，变形抗力越大，强度越高；晶界越多，晶粒越细小，金属的塑性变形能力越大，塑性越好。

2.3　金属的结晶

物质由液态转变为固态的过程称为凝固。由于液态金属凝固后一般都为晶体，所以液态金属转变为固态金属的过程也称为结晶。绝大多数金属材料都是经过冶炼后浇铸到锭模和铸模中，获得一定形状的铸锭和铸件。金属结晶过程，对铸件组织的形成和性能以及零件的最终使用性能，都有非常重要的影响。而且掌握纯金属的结晶规律，对理解合金的结晶过程和其固态相变也有很大帮助。

2.3.1　金属的结晶现象

2.3.1.1　结晶过程的宏观现象

研究液态金属结晶最常用、最简单的方法是热分析法，图 2.23 所示为其装置示意图。它是将金属放入坩埚中，加热熔化后缓慢冷却，并在冷却过程中每隔一定时间测量一次温度，然后将记录的数据绘制在温度-时间坐标系中，便得到金属的温度与时间的关系曲线，该曲线称为冷却曲线或热分析曲线，如图 2.24 所示。

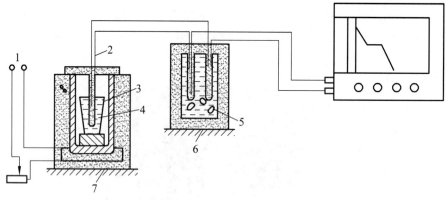

1—电源；2—热电偶；3—坩埚；4—金属；5—干冰（0 ℃）；
6—恒温器；7—电炉。

图 2.23　热分析装置示意图

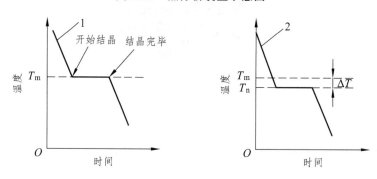

图 2.24　纯金属冷却曲线

由图 2.24 中冷却曲线 1 可知，金属液缓慢冷却时，随着热量的向外散失，温度的不断下降，当温度降到 T_m 时，开始结晶。由于结晶时放出的结晶潜热补偿了其冷却时向外散失的热量，故结晶过程中温度不变，即冷却曲线上出现了水平线段，水平线段所对应的温度 T_m 称为理论结晶温度或平衡结晶温度，也就是金属的熔点。在此温度时，液体金属与其晶体处于平衡状态，这时液体中的原子结晶到晶体上的速度与晶体上的原子溶入液体中的速度相等。结晶结束后，固态金属的温度继续下降，直到室温。

从宏观上看，处于平衡结晶温度时金属既不结晶也不熔化，晶体与液体处于平衡状态，只有温度低于理论结晶温度 T_m 的某一温度时，才能有效地进行结晶。

在实际生产中，金属结晶的冷却速度都很快。因此，金属液的实际结晶温度 T_n 总是低于理论结晶温度 T_m，如图 2.24 中冷却曲线 2 所示。这种现象称为过冷现象，理论结晶温度与实际结晶温度之差称为过冷度，以 ΔT 表示，即

$$\Delta T = T_m - T_n$$

金属结晶时的过冷度并不是一个恒定值，而与其冷却速度、金属的性质和纯度等因素有关。冷却速度越大，过冷度就越大；一般金属的纯度越高，过冷度也越大，金属的实际结晶温度就越低。

2.3.1.2 金属结晶的微观现象

研究发现，金属的结晶过程包括晶核形成和晶核长大两个基本过程。结晶时首先在液体中形成具有某一临界尺寸的晶核，然后这些晶核再不断凝聚液体中的原子继续长大。形核过程与长大过程既紧密联系又相互区别。图 2.25 示意地表示了微小体积的液态金属的结晶过程。当液态金属过冷至理论结晶温度以下的实际结晶温度时，晶核并未立即产生，而是经过一定时间后才开始出现第一批晶核。结晶开始前的这段停留时间称为孕育期。随着时间的推移，已形成的晶核不断长大，与此同时，液态金属中又产生第二批晶核。依次类推，原有的晶核不断长大，同时又不断产生新的第三批、第四批……晶核就这样在液态金属中不断形核，不断长大，使液态金属越来越少，直到各个晶体相互接触，液态金属耗尽，结晶过程便告结束。由一个晶核长成的晶体，就是一个晶粒。由于各个晶核是随机形成的，其位向各不相同，所以各晶粒的位向也不相同，这样就形成了一块多晶体金属。如果在结晶过程中只有一个晶核形成并长大，那么就形成了一块单晶体金属。

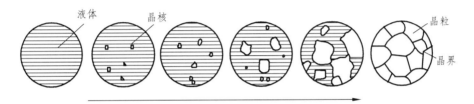

图 2.25　金属的结晶过程示意图

总之，结晶过程是由形核和长大两个过程交错重叠在一起的，对一个晶粒来说，它严格地区分为形核和长大两个阶段，但从整体上来说，两个过程是互相重叠交织在一起的。

2.3.2　结晶的热力学条件

金属结晶必须在一定的过冷条件下才能进行，这是由热力学条件决定的。热力学第二定律指出：在等温等压条件下，物质系统总是自发地从自由能较高的状态向自由能较低的状态转变。也就是说，结晶只有伴随着自由能降低的过程才能自发地进行。对于结晶过程而言，结晶能否发生，要看液相和固相的自由能谁高谁低。如果液相的自由能比固相的自由能低，那么金属将自发地从固相转变为液相，即金属发生熔化。如果液相的自由能高于固相的自由能，那么液相将自发地转变为固相，即金属发生结晶，从而使系统的自由能降低，处于更为稳定的状态。液相金属和固相金属的自由能之差，就是促使这种转变的驱动力。

恒压时，有以下热力学表达式：

$$\frac{\mathrm{d}G}{\mathrm{d}T} = -S \tag{2.1}$$

式中　G —— 体系自由能；

　　　T —— 热力学温度；

　　　S —— 熵。

熵的物理意义是表征系统中原子排列的混乱程度。温度升高，原子的活动能力提高，因而原子排列的混乱程度增加，即熵值增加，系统的自由能也就随着温度的升高而降低。图2.26是纯金属液、固两相自由能随温度变化的示意图。由图可见，液相和固相的自由能都随着温度的升高而降低。由于液态金属原子排列的混乱程度比固态金属大，即 $S_L > S_S$，也就是液相自由能曲线的斜率较固相大，所以液相自由能降低得更快些。既然两条曲线的斜率不同，那么两条曲线必然在某一温度相交，此时的液、固两相自由能相等，即 $G_L = G_S$，它表示两相可以同时共存，具有同样的稳定性，既不熔化，也不结晶，处于热力学平衡状态，这一温度就是理论结晶温度 T_m。从图中还可以看出，只有当温度低于 T_m 时，固态金属的自由能才低于液态金属的自由能，液态金属才可以自发地转变为固态金属。如果温度高于 T_m，液态金属的自由能低于固态金属的自由能，此时不但液态金属不能转变为固态，相反固态金属还要熔化成液态。由此可见，液态金属要结晶，其结晶温度一定要低于理论结晶温度 T_m，此时固态金属的自由能低于液态金属的自由能，两相自由能之差构成了金属结晶的驱动力。

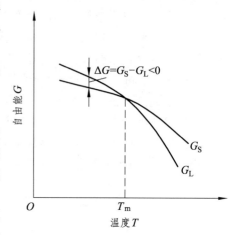

图 2.26　液态金属和固态金属自由能随温度变化示意图

要获得结晶过程所必需的驱动力，一定要使实际结晶温度低于理论结晶温度，这样才能满足结晶的热力学条件。过冷度越大，液、固两相自由能的差值越大，即结晶驱动力越大，结晶速度便越快。这就说明了金属结晶时为什么必须过冷的根本原因。

2.3.3　形核及晶核长大的规律

2.3.3.1　晶核的形成

过冷液态金属中形核有均匀形核和非均匀形核两种方式。

1.　均匀形核

在液态下，金属中存在有大量尺寸不同的短程有序的原子集团，在高于结晶温度时，它们是不稳定的，但是当温度降到结晶温度下，并且过冷度达到一定大小后，具备了结晶的条件，液体中那些超过一定大小的短程有序的原子集团开始变得稳定，不再消失，成为结晶核心。这种从液态金属中自发形成晶核的过程就称为均匀形核，又称均质形核或自发形核。

晶核的形成速度用形核率表示，形核率是指在单位时间、单位体积液相中形成的晶核数目，以 N 表示，单位符号为 $cm^{-3} \cdot s^{-1}$。形核率对实际生产十分重要，形核率高意味着单位体积内的晶核数目多，结晶结束后可以获得细小晶粒的金属材料。这种金属材料强度、硬度高，塑性、韧性也好，具有良好的综合性能。

均匀形核的形核率受两个方面因素的控制：一方面是随着过冷度的增加，结晶的驱动力增大，结果使晶核易于形成，形核率增加；另一方面，晶核的形成必须伴随着液态原子向晶核的扩散迁移，没有液态原子向晶核的迁移，临界晶核就不可能形成，但是增加液态金属的过冷度，实际结晶温度下降，就势必会降低原子的扩散能力，结果给形核造成困难，使形核率减少。这一对相互矛盾的因素决定了形核率的大小。因此形核率可用下式表示：

$$N = N_1 N_2 \tag{2.2}$$

式中　N_1——受形核驱动力影响的形核率因子；

　　　N_2——受原子扩散能力影响的形核率因子。

形核率 N 则是以上两者的综合。图 2.27（a）为 N_1、N_2 和 N 与温度关系的示意图。

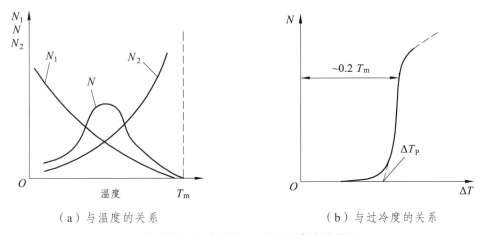

（a）与温度的关系　　　　　　　　　　（b）与过冷度的关系

图 2.27　形核率与温度及过冷度的关系

由于 N_1 主要受形核驱动力的控制，过冷度越大，则形核驱动力越大，因而形核率增加，故 N_1 随过冷度的增加，也即随温度的降低而增大。N_2 主要取决于原子的扩散能力，温度越高（过冷度越小），则原子的扩散能力越大，因而 N_2 越大。由两者综合而成的形核率 N 的曲线上出现了极大值。从该曲线可以看出，开始时形核率随着过冷度的增加而增大，当超过极大值之后，形核率又随着过冷度的增加而减小，当过冷度非常大时，形核率接近于零。这是因为温度较高、过冷度较小时，原子有足够高的扩散能量，此时的形核率主要受形核驱动力的影响，过冷度增加，形核驱动力增大，晶核易于形成，因而形核率增大；但当过冷度很大（超过极大值后）时，矛盾发生转化，原子的扩散能力转而起主导作用，所以尽管过冷度增加，但原子扩散越来越困难，形核率反而明显降低了。对于纯金属而言，其均匀形核的形核率与过冷度的关系如图 2.27（b）所示。这一试验结果说明，在到达一定的过冷度之前，液态金属中基本不形核，一旦温度降至某一温度时，形核率急剧增加，一般将这一温度称为有效成核温度，对应的过冷度称为有效过冷度 ΔT_{p}。

表 2.3 是用试验方法测出的常见金属均匀形核的有效过冷度。有人曾用数学方法进行过计算，得出金属结晶时均匀形核的有效过冷度为

$$\Delta T_{\mathrm{p}} \approx 0.2 T_{\mathrm{m}}$$

这与试验结果基本相符。在这样大的过冷度下，晶核的临界半径 $r_{\mathrm{K}} = 10^{-10}$ m，这种尺寸大小的晶核，约包含 200 个原子。

表 2.3　一些常见金属液滴均匀形核的有效过冷度

金　属	熔点 T_m/K	过冷度 ΔT/°C	$\Delta T/T_m$	金　属	熔点 T_m/K	过冷度 ΔT/°C	$\Delta T/T_m$
Hg	234.2	58	0.287	Ag	1 233.7	227	0.184
Ga	203	76	0.256	Au	1 336	230	0.172
Sn	505.7	105	0.208	Cu	1 356	236	0.174
Bi	544	90	0.166	Mn	1 493	308	0.206
Pb	600.7	80	0.133	Ni	1 725	319	0.185
Sb	903	135	0.150	Co	1 763	330	0.187
Al	931.7	130	0.140	Fe	1 803	295	0.164
Ge	1 231.7	227	0.184	Pt	2 043	370	0.181

由于一般金属的晶体结构简单，凝固倾向大，形核率在到达曲线的极大值之前即已凝固完毕，看不到曲线的下降部分。但是如果采用极快速的冷却技术，例如使冷却速度大于 10^7 ℃/s，那么就可使液态金属的过冷度远远超过其极大值，到达形核率为零的温度，这时的液态金属没有形核即凝固成固体，它的原子排列状况与液态金属相似，这种材料称为非晶态金属，又称金属玻璃。非晶态金属具有强度高、韧性大、耐腐蚀性能好、导磁性强等优良性质，引起了人们极大的兴趣和重视，是一种很有发展前途的金属材料。

2. 非均匀形核

理论和实践均已证明，均匀形核需要很大的过冷度。例如，纯铝结晶时的过冷度为 130 ℃，而纯铁的过冷度则高达 295 ℃，但实际金属结晶时，往往在不到 10 ℃ 的很小过冷度下便开始结晶。这是因为在实际液态金属中总是存在一些微小的固相杂质质点，并且液态金属在凝固时还要和型壁相接触，于是晶核就可以优先依附于这些现成的固体表面上形成，这种形核方式就是非均匀形核，又称为异质形核或非自发形核。

在实际液态金属中，总是或多或少地含有某些固体杂质（包括型壁），所以实际金属的结晶主要按非均匀形核方式进行。

非均匀形核的形核率与均匀形核相似，但除了受过冷度和温度的影响外，还受固态杂质的结构及其他一些物理因素的影响。

纯金属形核的主要障碍是形成晶核同时就会形成固液界面，这使体系自由能升高，因此均匀形核所需的过冷度较大。非均匀形核时，晶核依附于已有的界面（称为形核基底或衬底）形成，有利于减少形核时界面能变化导致的能量障碍，所以非均匀形核可以在较小的过冷度下获得较高的形核率。图 2.28 所示为均匀形核与非均

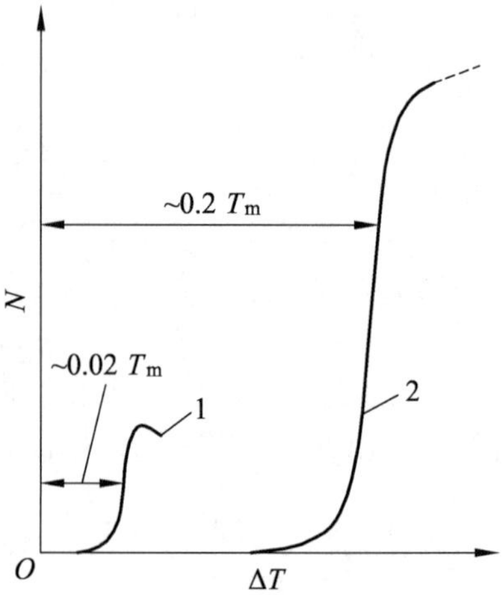

1—非均匀形核率；2—均匀形核率。

图 2.28　形核率随过冷度的变化

匀形核的形核率随过冷度变化的比较。从两者的对比可知，当非均匀形核的形核率相当大时，均匀形核的形核率还几乎是 0，并在过冷度约为 $0.02T_m$ 时，非均匀形核具有最大的形核率，这只相当于均匀形核达到最大形核率时，所需过冷度（$0.2T_m$）的 1/10。同时，随着过冷度的增大，非均匀形核的形核率可能越过最大值，并在高的过冷度处中断。这是由于非均匀形核需要合适的基底。当晶核在基底上的分布，逐渐使那些有利于新晶核形成的表面减少，可被利用的形核基底全部被晶核所覆盖时，非均匀形核也就中止了。

按照形核时能量有利条件分析，两个相互接触的晶面结构越近似，它们之间的表面能就越小，即使只在接触面的某一个方向上的原子排列配合得比较好，也会使表面能降低一些。这样的条件（结构相似、尺寸相当）称为点阵匹配原理，凡满足这个条件的界面，就可能对形核起到催化作用，它本身就是良好的形核剂，或称为活性质点。

铸造生产中，往往在浇注前加入形核剂，以增加非均匀形核的形核率，达到细化晶粒的目的。例如，锆能促进镁的非均匀形核，这是因为两者都具有密排六方晶格。镁的晶格常数为 $a = 0.320\ 22$ nm，$c = 0.519\ 91$ nm；锆的晶格常数 $a = 0.322\ 3$ nm，$c = 0.512\ 3$ nm，两者的大小很相近。而且锆的熔点（1 855 ℃）远高于镁的熔点（659 ℃）。所以，在液态镁中加入很少量的锆，就可大大提高镁的形核率。

又比如，铁能促进铜的非均匀形核，这是因为，在铜的结晶温度 1 083 ℃ 以下，γ-Fe 和 Cu 都具有面心立方晶格，而且晶格常数相近：γ-Fe 的 $a \approx 0.365\ 2$ nm，Cu 的 $a \approx 3.688$ Å。所以在液态铜中加入少量的铁，就能促进铜的非均匀形核。

应当指出，点阵匹配原理已为大量的试验所证明，但在实际应用时有时会出现例外的情况，尚有待进一步研究。

非均匀形核的形核率还受其他一系列物理因素的影响。例如，在液态金属结晶过程中进行振动或搅拌，有两种影响：一方面可使正在长大的晶体碎裂成几个结晶核心，或者是型壁附近产生的晶核被冲刷走，都能提高形核率，这种作用称为晶核的机械增核；另一方面又可使液态金属中的晶核提前形成，也能提高形核率，这种作用称为动力学成核。利用振动或搅拌来提高形核率的方法，已被大量试验结果所证明。

2.3.3.2 晶核的长大

在过冷液态金属中，晶胚一旦成核后，便立即开始长大。晶核或晶体的长大方式和速度，对金属的结晶组织有很大的影响，研究长大的规律，具有重要的实际意义。

根据热力学条件，固相自由能必须低于液相自由能才能结晶。因此，结晶必须在过冷的液相中才能进行。对形核是如此，对晶体的长大也是如此。晶核长大的过程是液态金属中的原子不断向晶体表面堆砌，液固界面不断向液态金属推移的过程，晶核要长大，就必须在液固界面前沿液体有一定的过冷，这种过冷度称为动态过冷度 ΔT_K。试验证明，晶体长大所需要的动态过冷度远小于形核所需的过冷度，对于一般金属为 0.01 ~ 0.05 ℃。

纯金属结晶时的长大形态，是指长大过程中液固界面的形态。它主要有两种类型，即平面状长大和树枝状长大。这两种长大形态主要取决于液固界面前沿液相中温度分布的特征。

1. 平面状长大

所谓平面状长大，就是液固界面始终保持平直的表面向液相中长大，长大中的晶体也一直保持规则的形态。在正的温度梯度条件下，粗糙界面结构的纯金属都具有这种平面状长大形态。

造成平面状长大形态的主要原因是，粗糙界面上的空位较多，界面的推进也没有择优取向，其界面与熔点 T_m 等温线平行，如图 2.29（b）所示。在正的温度梯度条件下，当界面上有局部微小区域偶然冒出而伸入过冷度较小的液体中时，它的长大过程就会减慢甚至停下来，周围的部分就会赶上去，冒出部分便消失，并保持等温，因此液固界面始终保持平面的稳定状态。

在正的温度梯度下，对于光滑界面结构的晶体，液固界面不呈平面状而呈台阶状（锯齿状）。这种台阶平面是固体晶体的一定晶面，与熔点 T_m 等温面呈一定角度相交，如图 2.29（a）所示。尽管如此，这种台阶也不能过多地凸向液相方向。从宏观来看，液固界面与 T_m 等温线仍保持平行。因此，这种界面的特征也相似于平面状形态的特征。

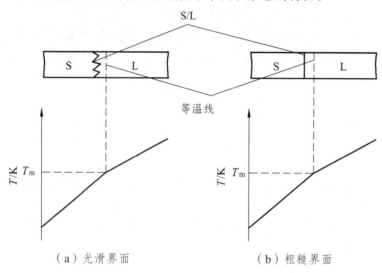

（a）光滑界面　　　　　　　　　（b）粗糙界面

图 2.29　正温度梯度下的界面形态

2. 树枝状长大形态

树枝状长大就是液固两相界面始终像树枝那样向液相中长大，并不断地分枝发展，如图 2.30 所示。

造成树枝状长大的主要原因，是在负的温度梯度下液固界面不再保持稳定状态。由于界面前沿的液体中的过冷度较大，如果界面的某一局部发展较快而偶有突出，则它将伸入过冷度更大的液体中，从而更加有利于此突出尖端向液体中的成长。虽然此突出尖端在横向也将生长，但结晶潜热的散失提高了该尖端周围液体的温度，而在尖端的前方，潜热的散失要容易得多，因而其横向长大速度远比朝前方的长大速度小，故此突出尖端很快长成一个细

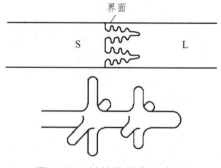

图 2.30　树枝状长大示意图

长的晶体，称为主干，即为一次晶轴或一次晶枝。在主干形成的同时，主干与周围过冷液体的界面也是不稳定的，主干上同样会出现凸出尖端，它们长大成为新的晶枝，称为二次晶轴

或二次晶枝。对于一定的晶体来说，二次晶轴与一次晶轴具有确定的角度，如在立方晶系中，二者是相互垂直的。二次晶枝发展到一定程度后，又在它上面长出三次晶枝，如此不断地枝上生枝，同时各次晶枝又在不断地伸长和壮大，由此形成如树枝状的骨架，故称为树枝晶，简称枝晶，每一个枝晶长成为一个晶粒。当所有的枝晶都严密合缝地对接起来，并且液相也消失时，就分不出树枝状了，只能看到各个晶粒的边界。如果金属不纯，则在枝与枝之间最后凝固的地方留存杂质，其树状轮廓仍然可见。如果在结晶过程中间，在形成一部分金属晶体之后，立即把其余的液态金属抽掉，这时就会看到，正在长大着的金属晶体确实呈树枝状。有时在金属锭的表面最后结晶终了时，由于晶枝之间缺乏液态金属去填充，结果就留下了树枝状的花纹。图 2.31 所示为在钢锭中所观察到的树枝晶。

图 2.31　钢锭中的树枝状晶体

不同结构的晶体，其晶轴的位向可能不同，如表 2.4 所示。面心立方晶格和体心立方晶格的金属，其树枝晶的各次晶轴均沿<100>方向长大，各次晶轴之间相互垂直。其他不是立方晶系的金属，各次晶轴彼此可能并不垂直。

表 2.4　树枝晶的晶轴位向

金　属	晶格类型	晶轴位向
Ag、Al、Au、Cu、Pb	面心立方	<100>
α-Fe	体心立方	<100>
β-Sn($c/a = 0.545\,6$)	体心立方	<110>
Mg($c/a = 1.623\,5$)	密排六方	<10$\bar{1}$0>
Zn($c/a = 1.856\,3$)	密排六方	<0001>

长大条件不同，则树枝晶的晶轴在各个方向上的发展程度也会不同，如枝晶在三维空间得以均衡发展，各方向上的一次轴近似相等，这时所形成的晶粒叫作等轴晶粒。如果枝晶某一个方向上的一次轴长得很长，而在其他方向长大时受到阻碍，这样形成的细长晶粒叫作柱状晶粒。

由于金属容易过冷，因此一般金属结晶时，均以枝状生长方式长大。

长大速度是指单位时间内晶核长大的线速度，用 G 表示，单位符号为 cm/s。晶体的长大速度主要与其生长机制有关。大量研究结果发现，具有光滑界面的非金属和具有粗糙界面的金属，它们的长大速度与过冷度的关系如图 2.32 所示。该图表明，当过冷度为零时，长大速度也为零。随着过冷度的增大，长大速度先是增大，达到极大值后，又开始减小。显然，这也是两个相互矛盾因素共同作用的结果。过冷度小时，液固两相自由能的差值较小，结晶的驱动力小，所以长大速度小。当过冷度很大时，温度过低，原子的扩散迁移困难，所以长大速度也小。当过冷度为中间某个数值时，液固两相的自由能差足够大，原子扩散能力也足够大，所以长大速度达到极大值。但对于金属来说，由于结晶温度较高，形核和长大都快，它的过冷能力小，即不等过冷到较低的温度时结晶过程已经结束，所以其长大速度一般都不超过极大值。

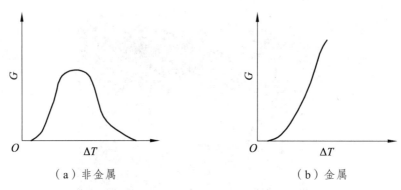

（a）非金属　　　　　　　　　　　　（b）金属

图 2.32　晶体的长大速度 G 与过冷度 ΔT 的关系

2.3.4　晶粒大小的控制

2.3.4.1　晶粒大小的概念

金属结晶后，获得由大量晶粒组成的多晶体。一个晶粒是由一个晶核长成的晶体，实际金属的晶粒在显微镜下成颗粒状。晶粒大小可用晶粒的平均直径或平均面积来表示。生产中常用晶粒度来表示晶粒大小，标准晶粒度等级分为 8 级，晶粒度等级越高，晶粒越细小。通常在放大 100 倍的金相显微镜下观察分析，用标准晶粒度图谱进行比较评级。在实际生产中，一般将 1 ~ 5 级的晶粒视为粗晶，6 ~ 8 级视为细晶，9 ~ 12 级视为超细晶。

金属的晶粒大小对其力学性能有显著影响。在常温下，晶粒越细小，金属的强度、硬度、塑性及韧性都越高。

2.3.4.2　影响晶粒大小的因素

金属的结晶过程是晶核不断形成和长大的过程，晶粒的大小取决于形核率和长大速度。显然形核率 N 越大，单位体积形成的晶核数越多，晶体的晶粒也越细小。长大速度越大，单位体积形成的晶核数越少，晶粒越粗大。因此，晶粒度取决于形核率 N 和长大速度 G 之比，比值 N/G 越大，晶粒越细小。根据分析计算，单位体积中的晶粒数目 Z_V 为

$$Z_V = 0.9 \left(\frac{N}{G} \right)^{\frac{3}{4}}$$

单位面积中的晶粒数目 Z_S 为

$$Z_S = 1.1 \left(\frac{N}{G} \right)^{\frac{1}{2}}$$

由此可见，凡是能促进形核、抑制长大的因素，都能细化晶粒；相反，凡是抑制形核、促进长大的因素，都使晶粒粗化。

2.3.4.3 细化晶粒的方法

生产中为细化晶粒，提高金属的力学性能，常采用以下方法：

1. 增大过冷度

金属结晶时的形核率 N 及长大速度 G 与过冷度密切相关，如图 2.33 所示。在一般过冷度下（图中实线部分），成核率与长大速度都随着过冷度的增加而增大；但当过冷度超过一定值后，形核率和长大速度都会下降（图中虚线部分）。随着过冷度的增加，形核率与长大速度均会增大，但前者的增大更快，因而比值 N/G 也增大，结果使晶粒细化。改变过冷度，可控制金属结晶后晶粒的大小，而过冷度可通过冷却速度来控制。在实际工业生产中，液态金属一般达不到极值时的过冷度，所以冷却速度越大，过冷度也越大，结晶后的晶粒也越细。

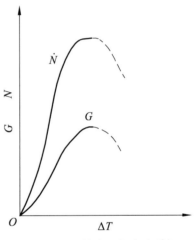

图 2.33　形核率、长大速度与过冷度的关系

在铸造生产中，采用冷却能力强的金属型代替砂型、增大金属型的厚度、降低金属型的预热温度等，均可提高铸件的冷却速度，增大过冷度。此外，提高液态金属的冷却能力也是增大过冷度的有效方法。如在浇注时采用高温出炉、低温浇注的方法也能获得细小的晶粒。

近二三十年来，随着快速凝固（冷却速度 $>10^4$ K/s）技术的发展，人们已能得到尺寸为 0.1～1.0 μm 的超细晶粒金属材料，其性能不仅强度、韧性高，而且具有超塑性、优异的耐蚀性、抗晶粒长大性、抗辐照性等，成为具有高性能的新型金属材料。

2. 变质处理

变质处理就是向液态金属中加入某些变质剂（又称孕育剂），以细化晶粒和改善组织，达到提高材料性能的目的。变质剂的作用有两种：一种是变质剂加入液态金属时，以变质剂本身或它们生成的化合物作为基底，促进非自发形核，提高形核率；另一种是加入变质剂，改变晶核的生长条件，强烈地阻碍晶核的长大，这都能达到细化晶粒的目的。如在钢水中加入钛、钒、铝，在铝合金液体中加入钛、锆等都可细化晶粒；在铁水中加入硅铁、硅钙合金，能细化石墨。

3. 振动、搅拌

在金属结晶过程中，采用机械振动、超声波振动、电磁振动等方法可增加液态金属的运动，造成正在长大的枝晶破碎，从而增加晶核数量，使晶粒细化。

2.3.5　铸锭的组织及控制

在实际生产中，液态金属是在铸锭模或铸型中凝固的，前者得到铸锭，后者得到铸件。虽然它们的结晶过程均遵循结晶的普遍规律，但是由于铸锭或铸件冷却条件的复杂性，因而给铸态组织带来很多特点。铸态组织包括晶粒的大小、形状和取向，合金元素和杂质的分布以及铸锭中的缺陷（如缩孔、气孔）等。对铸件来说，铸态组织直接影响到它的机械性能和使用寿命；对铸锭来说，铸态组织不但影响到它的压力加工性能，而且还影响到压力加工后的金属制品的组织及性能。因此，应该了解铸锭（铸件）的组织及其形成规律，并设法改善铸锭（铸件）的组织。

2.3.5.1　铸锭组织的形成

金属液体各处的结晶条件不完全相同，结晶后各处晶粒大小与形状也会不均匀。通常金属铸锭的宏观组织包括三部分：表面细等轴晶区、中部柱状晶区及心部粗等轴晶区，如图 2.34所示。

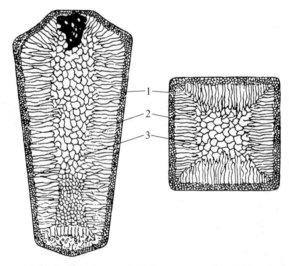

1—表面细等轴晶区；2—柱状晶区；3—心部粗等轴晶区。

图 2.34　铸锭的三个晶区示意图

1. 表面细等轴晶区

液体金属钢注入铸锭模时，由于铸锭模温度低、传热快，使表面金属受到激冷，过冷度大，同时模壁表面可能成为非均匀形核的基底，使液态金属获得很高的形核率，很快形成大量的晶核，并向各个方向生长。这样的结果就是在铸锭表面形成了一层厚度不大的细等轴晶区。

表层细晶区的形核数目取决于下列因素：模壁的形核能力以及模壁处所能达到的过冷度大小，后者主要依赖于铸锭模的表面温度、铸锭模的热传导能力和浇注温度等因素。如果铸锭模的表面温度低、热传导能力好和浇注温度较低，便可以获得较大的过冷度，从而使形核率增加，细晶区的厚度即可增大。相反，如果浇注温度高、铸锭模的散热能力小，而使其温度很快升高的话，就可大大降低晶核数目，细晶区的厚度也可相应地减小。

细等轴晶区晶粒小，致密度高，其力学性能较好，但厚度较小，一般在随后的机械加工中去除，所以对铸锭的性能影响较小。

2. 中部柱状晶区

在表面细等轴晶区形成后，铸锭模温度升高，铸锭的冷却速度降低，过冷度减小；另一方面由于金属凝固后的收缩，使细晶区和模壁脱离，形成一空气层，给液态金属的继续散热造成困难。此外，由于细晶粒覆盖了模壁表面，非自发形核也不存在，因此，液态金属中新的晶核的形核率降低，在这种条件下，散热条件控制了晶粒优先长大方向。由于垂直于模壁方向的散热最快，晶体长大速度最快，其他方向散热慢，长大也慢，而且受到长大快的晶粒阻碍，最终形成了垂直于壁面的柱状晶区。

柱状晶区各个晶粒几乎平行地长大，相互妨碍，不易产生发达的枝晶，组织比较致密。但柱状晶比较粗大，方向基本一致，具有明显的各向异性；另外，晶粒交界处容易聚集杂质与气体，受力时容易沿晶界开裂。因此，一般应尽量避免大的柱状晶区。有时柱状晶也有利用价值，如涡轮机叶片，采用定向凝固技术，使金属在结晶时形成与叶片方向一致的柱状晶，沿柱状晶方向可以承受大的荷载，其性能得到提高。再比如磁性铁合金也希望得到柱状晶，因为它的最大磁导率方向是<001>方向，而柱状晶的一次轴也正好是这一方向。

3. 心部粗等轴晶区

随着柱状晶的发展，剩余液体的温度逐渐均匀化，冷却速度越来越慢，过冷度大大减小，同时，剩余液体中富集一些杂质和折断的枝晶可作为晶核。这时各个方向的长大速度相同，加之过冷度较小，最后形成了粗大的中心等轴晶区。

与柱状晶区相比，等轴晶区的各个晶粒在长大时彼此交叉，枝叉间的搭接牢固，裂纹不易扩展；不存在明显的脆弱界面；各晶粒的取向各不相同，其性能也没有方向性，这些都是等轴晶区的优点。但其缺点是等轴晶的树枝状晶体比较发达，分枝较多，因此显微缩孔较多，组织不够致密。但显微缩孔一般均未氧化，因此铸锭经热压力加工之后，一般均可焊合，对性能影响不大。由此可见，一般的铸锭，尤其是铸件，都要求得到发达的等轴晶组织。

2.3.5.2 铸锭组织的控制

在一般情况下，金属铸锭的宏观组织有 3 个晶区，当然这并不是说，所有铸锭（件）的宏观组织均由 3 个晶区组成。由于凝固条件的复杂性，在某些情况下有的只有柱状晶区，而在另外一些情况下却只有等轴晶区，即使是具有 3 个晶区的宏观组织，其 3 个晶区所占比例也往往不相同。由于不同的晶区具有不同的性能，因此必须设法控制结晶条件，使性能好的晶区所占比例尽可能大，而使不希望的晶区所占比例尽量减少以至完全消失。例如，柱状晶的特点是组织致密，性能具有方向性，缺点是存在弱面，但是这一缺点可以通过改变铸型结构（如将断面的立角连接改为圆弧连接）来解决，因此塑性好的铝、铜等铸锭都希望得到尽可能多的致密的柱状晶。影响柱状晶生长的因素主要有以下几点：

1. 铸锭模的冷却能力

铸锭模及刚结晶的固体的导热能力越大，越有利于柱状晶的生成。生产上经常采用导热性好与热容量大的铸模材料，增大铸模的厚度及降低铸模温度等，可以增大柱状晶区。但是对于较小尺寸的铸件，如果铸模的冷却能力很大，以致整个铸件都在很大的过冷度下结晶，这时不但不能得到较大的柱状晶区，反而促进等轴晶区的发展（形核率增大）。如采用水冷结晶器进行连续铸锭时，就可以使铸锭全部获得细小的等轴晶粒。

2. 浇注温度与浇注速度

由图 2.35 可以看出，柱状晶的长度随浇注温度的提高而增加，当浇注温度达到一定值时，可以获得完全的柱状晶区。这时浇注温度或浇注速度的提高，均将使温度梯度增大，因而有利于柱状晶区的发展。

3. 熔化温度

熔化温度越高，液态金属的过热度越大，非金属夹杂物熔解得越多，非均匀形核数目就越少，从而减少了柱状晶前沿液体中形核的可能性，有利于柱状晶区的发展。

对于钢铁等许多材料的铸锭和大部分铸件来说，一般都希望得到尽可能多的等轴晶。限制柱状晶的发展，细化晶粒成为改善铸造组织、提高铸件性能的重要途径。为此应设法提高液态金属的形核率，阻止柱状晶区的发展。常用的方法有：降低浇注温度和浇注速度，减小液体的过热度，以便在液体中保留较多的非均匀形核核心，提高形核率。从图 2.36 中可以看出，浇注温度越低，晶粒尺寸越小。对于小型铸件，可用提高过冷度的方法来提高形核率；对于大型铸件，进行变质处理是最常用的方法。此外还可采用一些物理方法，如振动、搅拌等以细化晶粒。

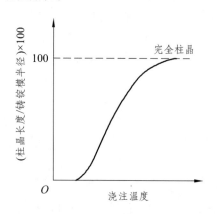

图 2.35　柱状晶的长度与浇注温度的关系

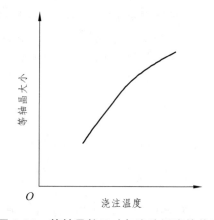

图 2.36　等轴晶粒尺寸与浇注温度的关系

本章小结

自然界的固体材料分为晶体和非晶体两类。晶体是原子（离子、分子）在三维空间周期性规则排列的固体，金属通常属于晶体，靠金属键结合在一起。

原子的规则排列方式成为晶体结构，研究金属的晶体结构可以研究对应的晶格和晶胞。大多数金属具有体心立方、面心立方和密排六方 3 种晶格类型，其致密度分别为 0.68、0.74 和 0.74，配位数为 8、12 和 12，面心立方和密排六方排列最紧密。

晶体中晶面、晶向分别用晶面指数和晶向指数表示。立方晶体中，主要的晶面是（100）、（110）、（111），主要的晶向是[100]、[110]、[111]。

实际金属是多晶体，并存在各种晶体缺陷。晶体缺陷有三种：点缺陷、线缺陷、面缺陷。点缺陷主要是空位、间隙原子；线缺陷有刃型位错和螺型位错两种基本类型；面缺陷主要指晶界、亚晶界。

金属结晶是由液体转变为晶体的过程。金属结晶是在固定的温度下进行的。结晶必须要过冷，有一定的过冷度。结晶要经过形核和晶核长大两个阶段。形核有均匀形核和非均匀形核两种，非均匀形核所需过冷度远小于均匀形核。在实际金属的结晶中，非均匀形核往往占主导地位。晶核长大有两种方式：一种是平面状长大方式，另一种是树枝状长大方式，金属一般以树枝状长大方式结晶。晶核的长大方式与结晶前沿液体的温度梯度有关。金属的晶粒大小对其性能有很大的影响，常温下晶粒越小，综合力学性能越好。细化晶粒的方法主要有：增大过冷度、变质处理和振动搅拌。铸锭组织一般由表面细等轴晶区、中部柱状晶区和心部粗等轴晶区三部分组成。

思考与练习

1. 解释下列名词。

晶体　晶格　晶胞　配位数　致密度　多晶体　晶界　空位　间隙原子　过冷现象　过冷度　形核率　变质处理　均匀形核　非均匀形核

2. 说明 3 种典型晶格类型的特点。α-Fe 、γ-Fe 、Cu、Al、Ni、Cr、W、V、Mg、Mo 分别属于什么晶格类型？

3. 晶体缺陷有哪几种？各有什么几何特征？

4. 单晶体和多晶体有什么区别？为何单晶体有各向异性，而多晶体无各向异性？

5. 试计算体心立方晶格的{100}、{110}、{111}晶面族的原子密度和<100>、<110>、<111>晶向族的原子密度，并指出其中的密排面和密排方向。

6. 常温下，已知铁的原子半径 $d = 2.54 \times 10^{-10}$ m，铜的原子半径 $d = 2.55 \times 10^{-10}$ m，求铁和铜的晶格常数。

7. 金属结晶为什么需要过冷？过冷度与冷却速度有何关系？

8. 试比较均匀形核与非均匀形核的异同点。

9. 分析纯金属生长形态与温度梯度的关系。

10. 试说明铸造生产中细化晶粒的方法。

11. 其他条件相同，试比较在下列铸造条件下铸件晶粒的大小：

（1）金属型浇注与砂型浇注。

（2）变质处理与未变质处理。

（3）铸成薄件与铸成厚件。

（4）浇注时采用振动或搅拌与不采用振动或搅拌。

12. 简述铸锭三晶区形成的原因及每个晶区的性能特点。

13. 为了得到发达的柱状晶区，应该采取什么措施？为了得到发达的等轴晶区，应该采取什么措施？

3 合金的结构与结晶

本章提要

　　本章介绍合金组织中的两类基本相：固溶体和金属间化合物，重点分析了具有匀晶相图、共晶相图、包晶相图和共析相图的二元合金的平衡结晶过程及形成的合金显微组织，并且运用杠杆定律，对平衡组织中各种相与组织组成物的相对量进行了计算。本章还介绍了 Fe-Fe₃C 相图的结构，铁碳合金的组元、基本相，分析了不同成分的铁碳合金的平衡结晶过程及各种平衡组织的形貌特征，并运用杠杆定律对相组成物和组织组成物的含量进行了计算，由此说明碳含量对铁碳合金的组织与性能的影响。

3.1 合金的结构

　　纯金属虽然具有良好的导电性、导热性，在工业上获得一定的应用，但其强度、硬度一般都较低，无法满足人类生产和生活对金属材料高性能、多品种的要求，因此实际生产中大量使用的不是纯金属，而是合金。

　　合金是指两种或两种以上的金属元素，或金属元素与非金属元素组成的具有金属特性的物质。合金具有比纯金属高的强度、硬度、耐磨性等力学性能和一些独特的物理、化学性能，可以更好地满足各种机器零件对不同性能的要求。因此，合金是工程上使用最多的金属材料。如机器中常用的碳钢是铁和碳的合金，黄铜是铜和锌的合金，焊锡是锡和铅的合金。

　　组成合金最基本的、独立的物质称为组元。通常，合金的组元就是组成合金的各种元素，但某些稳定的化合物也可以看成是组元。由两个组元组成的合金称为二元合金，由 3 个或 3 个以上组元组成的合金称为多元合金。

　　组成合金的元素相互作用会形成各种不同的相。相是指合金中具有同一化学成分、同一原子聚集状态和性能，并以界面互相分开的、均匀的组成部分。固态合金的相，可分成两大类：若相的晶体结构与某一组成元素的晶体结构相同，这种固相称为固溶体；若相的晶体结构与组成合金元素的晶体结构均不相同，这种固相称为金属化合物。纯金属一般是一个相，而合金则可能是几个相，相是合金中最基本的组织构造。合金根据其组元间的相互作用特点及原子分布特点构成了各种各样的相结构，相结构的不同种类、数量、形状、大小配置又形成了千姿百态的合金组织。合金中有两类基本相：固溶体和金属化合物。

3.1.1 固溶体

　　组成合金的元素互相溶解，形成一种与某一元素的晶体结构相同，并包含有其他元素的合金固相，称之为固溶体。其中，与合金晶体结构相同的元素称为溶剂，其他元素称为溶质。

固溶体用α、β、γ等符号表示。A、B组元组成的固溶体也可表示为 A（B），其中 A 为溶剂、B 为溶质。例如，铜锌合金中锌溶入铜中形成的固溶体一般用 α 表示，也可表示为 Cu(Zn)。

3.1.1.1　固溶体的分类

按溶质原子在溶剂晶格中的位置，固溶体可以分为置换固溶体和间隙固溶体；按溶质原子溶入固溶体中的数量（溶解度），固溶体可分为有限固溶体和无限固溶体。由于溶质原子的尺寸、性能等与溶剂原子不同，其晶格都会产生畸变，使滑移变形难以进行，因此固溶体的强度和硬度提高，塑性和韧性则有所下降。这种通过溶入某种溶质元素来形成固溶体而使金属的强度、硬度提高的现象称为固溶强化。

溶质原子占据溶剂晶格中某些结点的位置而形成的固溶体称为置换固溶体，如图 3.1（a）所示。一般当溶剂与溶质原子尺寸相近，直径差别较小时，容易形成置换固溶体，当直径差别大于 15% 时，就很难形成置换固溶体了。置换固溶体中原子的分布通常是任意的，称为无序固溶体。在某些条件下，原子成为有规则的排列，称为有序固溶体。

溶质原子进入溶剂晶格的间隙中而形成的固溶体称为间隙固溶体，如图 3.1（b）所示，其中的溶质原子不占据晶格的正常位置。一般只有溶质原子与溶剂原子的直径之比小于 0.59 时，才会形成间隙固溶体。通常，间隙固溶体都是由原子直径很小的碳、氮、氢、硼、氧等非金属元素溶入过渡族金属元素的晶格间隙中而形成的。

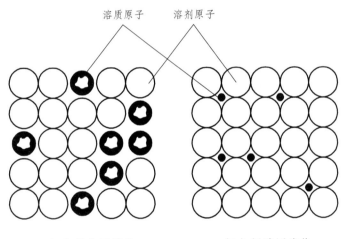

（a）置换固溶体　　　　　（b）间隙固溶体

图 3.1　固溶体示意图

固溶体中溶质的含量即为固溶体的浓度，用质量百分数或原子百分数表示。在一定的温度和压力等条件下，溶质在固溶体中的极限浓度即为溶质在固溶体中的溶解度。若超过这个溶解度有其他相形成，则此种固溶体为有限固溶体。若溶质可以任意比例溶入，即溶质的溶解度可达 100%，则此种固溶体为无限固溶体。

按溶质原子在固溶体中分布是否有规律，固溶体分无序固溶体和有序固溶体两种。溶质原子有规则分布的为有序固溶体；无规则分布的为无序固溶体。在一定条件（如成分、温度等）下，一些合金的无序固溶体可转变为有序固溶体，这种转变叫作有序化。

影响固溶体类型和溶解度的主要因素有组元的原子半径、电化学特性和晶格类型等。原子半径、电化学特性接近，晶格类型相同的组元，容易形成置换固溶体，并有可能形成无限固溶体。当组元原子半径相差较大时，容易形成间隙固溶体。间隙固溶体都是有限固溶体，并且一定是无序的。无限固溶体和有序固溶体一定是置换固溶体。

3.1.1.2 固溶体的性能

固溶体随着溶质原子的溶入，晶格发生畸变。对于置换固溶体，溶质原子较大时导致晶格膨胀引起正畸变，较小时导致晶格收缩引起负畸变，如图 3.2 所示。形成间隙固溶体时，晶格总是产生正畸变。晶格畸变随溶质原子浓度的增高而增大。晶格畸变增大位错运动的阻力，使金属的滑移变形变得更加困难，从而提高了合金的强度和硬度。这种通过形成固溶体使金属强度和硬度提高的现象称为固溶强化。固溶强化是金属强化的一种重要形式，在溶质含量适当时，可显著提高材料的强度和硬度，而塑性和韧性没有明显降低。例如，纯铜的强度为 220 MN/m^2，硬度为 40 HB，断面收缩率为 70%。当加入 1% 的镍形成单相固溶体后，强度升高到 390 MN/m^2，硬度升高到 70 HB，而断面收缩率仍有 50%。所以固溶体的综合机械性能很好，常常被用作结构合金的基体相。固溶体与纯金属相比，物理性能有较大的变化，如电阻率上升、导电率下降、磁矫顽力增大等。

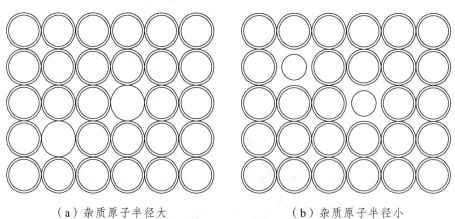

（a）杂质原子半径大　　　　　　（b）杂质原子半径小

图 3.2　置换原子引起的晶格畸变示意图

3.1.2 金属化合物

金属化合物是合金组元间相互作用所形成的一种晶格类型及性能均不同于任一组元的固相，一般可用分子式大致表示其组成。金属化合物一般有较高的熔点和硬度以及较大的脆性。金属化合物也可以溶入其他元素的原子，形成以金属化合物为基的固溶体。合金中出现化合物时，可提高强度、硬度和耐磨性，但会使塑性降低。根据金属化合物的形成规律及结构特点，常见的金属化合物可分为正常价化合物、电子化合物和间隙化合物 3 类。

3.1.2.1 正常价化合物

正常价化合物通常由金属与ⅣA、ⅤA、ⅥA族的一些元素生成，其特点是符合一般化合物的原子价规律，成分固定，并可用化学式表示，一般有 AB、A_2B、A_3B 三种类型，如 Mg_2Pb、Mg_2Sn、Mg_2Si、ZnS 等。

正常价化合物的组元电负性相差较大，周期表中位置相距较远。两组元电负性相差越大，组成的化合物就越稳定。如 Mg_2Si 的熔点为 1 102 ℃，而 Mg_2Sn 为 778 ℃，Mg_2Pb 为 550 ℃。

正常价化合物组元的电负性差将决定新相结合键的性质。电负性相差较大的化合物具有离子键，如 MgS 为典型离子化合物；电负性较为相近的 PtSn 具有较强的金属键，由此有显著的金属性质。

3.1.2.2 电子化合物

电子化合物是由 ⅠB 族或过渡族元素与 ⅡB、ⅢA、ⅣA、ⅤA 族元素结合而成的。它们不遵循原子价规律，但服从一定的电子浓度规则。电子浓度是指合金中化合物的价电子数目与原子数目的比值，即电子浓度 $C = \dfrac{价电子数}{原子数}$。

电子化合物的晶体结构取决于合金的电子浓度，例如，电子浓度为 3/2 时，为体心立方晶格，称为 β 相；电子浓度为 21/13 时，为复杂立方晶格，称为 γ 相；电子浓度为 7/4 时，为密排六方晶格，称为 ε 相。

电子化合物可以用化学式表示，但其成分可以在一定范围内变化，因此可以把它看成是以化合物为基的固溶体，如 Cu-Zn 合金中的 CuZn（β 相），其中 Zn 的含量为 36.8% ~ 56.5%。在有色金属材料中，电子化合物是重要的强化相。

电子化合物具有高的熔点和硬度，塑性较低，但若能与固溶体基体配合，能使合金特别是有色金属合金获得较好的强化效果。

3.1.2.3 间隙化合物

间隙化合物一般是由原子直径较大的过渡族金属元素（Fe、Cr、Mo、W、V 等）与原子直径较小的非金属元素（H、C、N、B 等）所组成的。其构成不遵守原子价规则，而是受原子尺寸因素所控制。

根据组成元素原子半径比值和晶体结构特征，间隙化合物又可分为间隙相和间隙化合物两类。

1. 间隙相

当非金属原子半径与金属原子半径比值小于 0.59 时，形成具有简单晶格的间隙化合物，称为间隙相，如 TiC、TiN、ZrC、VC、NbC、Fe_2N 等。间隙相具有极高的熔点、硬度和脆性，而且十分稳定。它们的合理存在，可有效地提高钢的强度、热强性、红硬性和耐磨性，是高合金钢和硬质合金中的重要组成相。

2. 间隙化合物

当非金属原子半径与金属原子半径的比值大于 0.59 时，形成的化合物具有复杂的晶体结构，称为间隙化合物。间隙化合物也具有很高的熔点、硬度和脆性，但比间隙相要稍低一些，加热时也易于分解，如钢中的 Fe_3C、$Cr_{23}C_6$、Fe_4W_2C、Cr_7C_3、Mn_3C 等。Fe_3C 是铁碳合金中的重要组成相，它具有复杂的斜方晶格。如图 3.3 所示，其中铁原子可以部分被锰、铬、钼、钨等金属原子所置换，形成以间隙化合物为基的固溶体，如(Fe、Mn)$_3$C、(Fe、Cr)$_3$C 等。

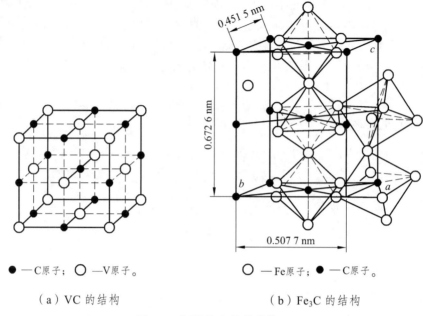

●—C原子；○—V原子。

（a）VC 的结构

○—Fe原子；●—C原子。

（b）Fe$_3$C 的结构

图 3.3　间隙化合物的结构

3.2　合金相图

3.2.1　相图概述

合金结晶后，可以形成单相的固溶体或金属间化合物，但通常会形成既有固溶体又有金属间化合物的多相组织。为了研究合金的组织与性能的关系，必须先了解合金中各种组织的形成与变化规律。合金相图表示合金系在平衡条件下，不同压力、温度、成分时的各相关系的图解。所谓平衡，是指在一定条件下合金系中参与相变过程的各相成分和相对质量不随时间而变化所达到的一种状态。此时合金系的状态稳定，不随时间而改变。合金在极其缓慢冷却的条件下的结晶过程，一般可以认为是平衡的结晶过程。

由于合金结晶通常都在常压下进行，所以常见的二元合金相图没有压力参数，仅是温度、成分两个参数的平面图形，如图 3.4 所示。图中纵坐标表示温度，横坐标表示合金成分，横坐标左右端分别表示组元 A、B，其余的每一点均表示一种合金成分,如 D 点的合金成分为含 B60%、含 A40%。坐标平面上的任意一点称为表象点，表象点的坐标值分别表示某个合金的成分和温度，E 点表示合金成分 $w_B = 40\%$，$w_A = 60\%$，温度为 500 °C。

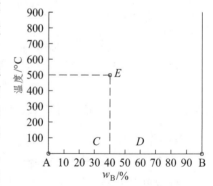

图 3.4　二元合金相图的表示方法

3.2.2　相图的建立

合金的结晶过程与纯金属相似，也包括形核和晶核长大的过程，但纯金属的结晶过程总是在某一恒定温度下进行的，而大多数合金是在某一温度范围内进行结晶，在结晶过程中各相的成分还会发生变化，所以合金的结晶过程比纯金属复杂得多，要用相图才能表示清楚。

根据相图定义可知，相图需要用两个坐标来表示平衡时的组织状态，横坐标为成分，通常用质量分数 w_B 表示；纵坐标为温度 T，单位符号为 °C。

二元合金相图一般由试验测定，常用的方法有热分析法、膨胀法、X 射线分析法等。现以 Cu-Ni 二元合金相图为例，简单介绍用热分析法建立相图的步骤：

（1）配制一系列不同成分的 Cu-Ni 合金。

例如：合金 Ⅰ，纯 Cu；

合金 Ⅱ，75%Cu + 25%Ni；

合金 Ⅲ，50%Cu + 50%Ni；

合金 Ⅳ，25%Cu + 75%Ni；

合金 Ⅴ，纯 Ni。

（2）测出每个合金的冷却曲线，找出各冷却曲线上的临界点（转折点或平台）的温度。

（3）画出温度-成分坐标系，在各合金成分垂线上标出临界点温度。

（4）将具有相同意义的点连接成线，标明各区域内所存在的相，即得到 Cu-Ni 合金相图，如图 3.5 所示。

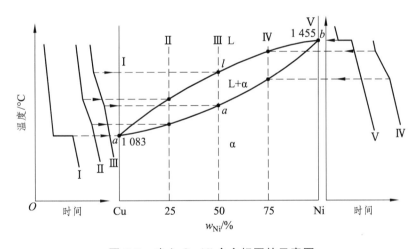

图 3.5　建立 Cu-Ni 合金相图的示意图

配制的合金数目越多，所用的金属纯度越高，热分析时冷却速度越慢，测绘出来的相图就越精确。

铜镍合金相图是比较简单的，多数合金的相图很复杂。但是，任何复杂的相图都是由几类最简单的基本相图组成的。下面介绍几种基本的二元相图。

3.2.3 几种常见的二元合金相图

3.2.3.1 匀晶相图

两组元在液态和固态下均能无限互溶，冷却时发生匀晶反应的合金系所构成的相图，称为匀晶相图，Cu-Ni、Fe-Cr、Au-Ag 等合金系的相图都属于这类相图。这类合金结晶时，都是从液相结晶出单相固溶体，这种结晶过程称为匀晶转变，其表达式为

$$L \leftrightarrow \alpha \qquad\qquad (3.1)$$

下面以 Cu-Ni 合金相图为例对匀晶相图及其合金的结晶过程进行分析。

1. 相图分析

Cu-Ni 相图为典型的匀晶相图，如图 3.6 所示。图中 *acb* 线为液相线，该线以上合金处于液相；*adb* 为固相线，该线以下合金处于固相。液相线和固相线表示合金系在平衡状态下冷却时结晶的始点和终点以及加热时熔化的终点和始点。L 为液相，是 Cu 和 Ni 形成的液体；α 为固相，是 Cu 和 Ni 组成的无限固溶体。图中有两个单相区：液相线以上的 L 相区和固相线以下的 α 相区。图中还有一个双相区：液相线和固相线之间的 L + α 相区。

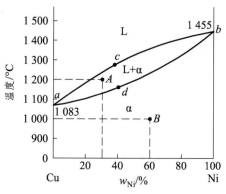

图 3.6 Cu-Ni 合金相图

2. 合金的结晶过程

（1）平衡结晶过程

以 *b* 点成分的 Cu-Ni 合金为例分析结晶过程。该合金的冷却曲线和结晶过程如图 3.7 所示。在 1 点温度以上，合金为液相 L。缓慢冷却至 1—2 温度时，合金发生匀晶反应，从液相中逐渐结晶出 α 固溶体。2 点温度以下，合金全部结晶为 α 固溶体。其他成分合金的结晶过程也完全类似。

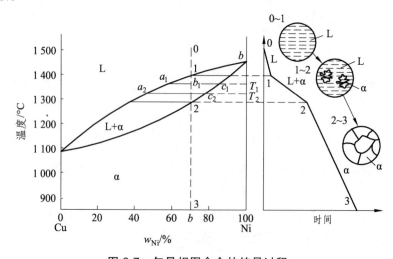

图 3.7 匀晶相图合金的结晶过程

匀晶结晶有下列特点：

① 与纯金属一样，α 固溶体从液相中结晶出来的过程，也包括生核与长大两个过程，但固溶体更趋于呈树枝状长大。

② 固溶体结晶在一个温度区间内进行，即为一个变温结晶过程。

③ 在两相区内，温度一定时，两相的成分是确定的。确定相成分的方法是：过指定温度 T_1 作水平线，分别交液相线和固相线于 a_1 点和 c_1 点，则 a_1 点和 c_1 点在成分轴上的投影点即相应为 L 相和 α 相的成分。随着温度的下降，液相成分沿液相线变化，固相成分沿固相线变化。到温度 T_2 时，L 相成分及 α 相成分分别为 a_2 点和 c_2 点在成分轴上的投影。

④ 在两相区内，温度一定时，两相的质量比是一定的。如在 T_1 温度时，两相的质量比可用下式表示：

$$Q_L / Q_\alpha = b_1 c_1 / a_1 b_1 \tag{3.2}$$

式中，Q_L 为 L 相的质量；Q_α 为 α 相的质量；$b_1 c_1$、$a_1 b_1$ 为线段长度，可用其在浓度坐标上的数字来度量。

上式还可写成：

$$Q_L \cdot a_1 b_1 = Q_\alpha \cdot b_1 c_1 \tag{3.3}$$

该式称为杠杆定律，它可被证明如下：

以图 3.8 为例，设合金的总质量为 Q_M，其 Ni 含量为 $b\%$。在 T_1 温度时，L 相中的 Ni 含量为 $a\%$，α 相中的 Ni 含量为 $c\%$，则

合金中含 Ni 的总质量 = L 相中含 Ni 的质量 + α 相中含 Ni 的质量

即 $$Q_M \cdot b\% = Q_L \cdot a\% + Q_\alpha \cdot c\% \tag{3.4}$$

又因为 $$Q_M = Q_L + Q_\alpha \tag{3.5}$$

所以 $$(Q_L + Q_\alpha) \cdot b\% = Q_L \cdot a\% + Q_\alpha \cdot c\% \tag{3.6}$$

得 $$Q_L / Q_\alpha = (c\% - b\%)/(b\% - a\%) \tag{3.7}$$

即 $$Q_L / Q_\alpha = bc / ab \tag{3.8}$$

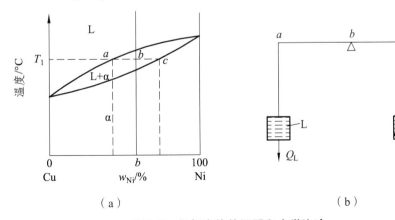

（a）   （b）

图 3.8 杠杆定律的证明和力学比喻

式（3.8）与力学中的杠杆定律完全相似，因而也被称作杠杆定律。由杠杆定律不难算出

合金中液相和固相的相对质量分别为

$$L\% = bc/ac , \quad \alpha\% = ab/ac \qquad (3.9)$$

杠杆定律的力学比喻如图 3.8 所示。

运用杠杆定律时要注意，它只适用于相图中的两相区，并且只能在平衡状态下使用。杠杆的两个端点为给定温度时两相的成分点，而支点为合金的成分点。

（2）固溶体的非平衡结晶过程

上述固溶体的结晶过程只有在极缓慢的冷却条件下，即平衡结晶条件下，才能使每个温度下的扩散过程进行完全，使液相或固相的整体处处均匀一致。然而在实际生产中，液态合金浇入铸型之后，冷却速度较大，在一定温度下扩散过程尚未进行完全时温度就继续下降了，这样就使液相尤其是固相内保持着一定的浓度梯度，造成各相内成分的不均匀。这种偏离平衡结晶条件的结晶，称为非平衡结晶。

在非平衡结晶时，液相内可以借助扩散、对流或搅拌等作用，化学成分完全均匀化，而固相内却来不及进行扩散。显然这是一种极端情况。由图 3.9 可见，成分为 C_0 的合金过冷至 t_1 温度开始结晶，首先析出成分为 α_1 的固相，液相的成分为 L_1；当温度下降至 t_2 时，析出的固相成分为 α_2，它是依附在 α_1 晶体的周围而生长的。如果是平衡结晶的话，通过扩散，晶体内部由 α_1 成分可以变化至 α_2，但是由于冷却速度快，固相内来不及进行扩散，结果使晶体内外的成分很不均匀。此时整个已结晶的固相成分为 α_1 和 α_2 的平均成分 α_2'。在液相内，由于能充分进行混合，使整个液相的成分时时处处均匀一致，沿液相线变化至 L_2。当温度继续下降至 t_3 时，结晶出的固相成分为 α_3，同样由于固相内无扩散，使整个结晶固相的实际成分为 α_1、α_2、α_3 的平均值 α_3'，液相的成分沿液相线变至 L_3。此时如果是平衡结晶的话，t_3 温度已相当于结晶完毕的固相线温度，全部液体应当在此温度下结晶完毕，已结晶的固相成分应为合金成分 C_0。但是由于是不平衡结晶，已结晶固相的平均成分不是 α_3，而是 α_3'，与合金的成分 C_0 不同，仍有一部分液体尚未结晶，一直要到 t_4 温度才能结晶完毕。此时固相的平均成分由 α_3' 变化到 α_4'，与合金原始成分 C_0 一致。

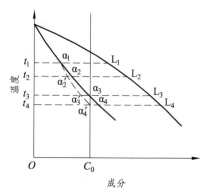

图 3.9　匀晶系合金的非平衡结晶

若把每一温度下的固相平均成分点连接起来，就得到图 3.9 虚线所示的 $\alpha_1\alpha_2'\alpha_3'\alpha_4'$ 固相平均成分线。但应当指出，固相平均成分线与固相线的意义不同，固相线的位置与冷却速度无关，位置固定；而固相平均成分线则与冷却速度有关，冷却速度越大，则偏离固相线的程度越大。当冷却速度极为缓慢时，则与固相线重合。

固溶体合金不平衡结晶使先后从液相中结晶出的固相成分不同，再加上冷速较快，不能使成分扩散均匀，结果就使每个晶粒内部的化学成分很不均匀。先结晶的部分含高熔点组元较多，后结晶的部分含低熔点组元较多，在晶粒内部存在着浓度差别，这种在一个晶粒内部化学成分不均匀的现象，称为晶内偏析。由于固溶体晶体通常呈树枝状，使枝干和枝间的化学成分不同，所以又称为枝晶偏析，如图 3.10 所示。枝晶偏析对材料的机械性能、抗腐蚀性能、工艺性能都不利。生产上为了消除其影响，常把合金加热到高温（低于固相线 100 ℃ 左右），进行长时间保温，使原子充分扩散，获得成分均匀的固溶体，这种处理称为扩散退火。

（3）合金凝固时的成分过冷现象

① 固溶体凝固时的溶质富集现象和成分过冷。

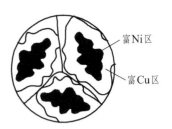

图 3.10　Cu-Ni 合金枝晶
偏析示意图

如图 3.11（a）所示为 Cu-Ni 相图，合金成分为 C_0。由相图可知，合金凝固从液相中析出的 α 固溶体含溶质（Cu）低于液相，多余的溶质排入固液界面前沿的液相中。靠 α 固溶体侧液相的温度低于距 α 固溶体较远液相的温度，固液相界面实际温度分布如图 3.11（b）所示。如果液相中不存在强烈的对流、搅拌，则界面前沿的溶质并不能迅速在液相中混合均匀，并且由于不平衡凝固，界面前沿多余的溶质也没有足够的时间向远处的液相中扩散均匀，随着固液界面向液相中推移，溶质将不断排入液相，于是在固-液界面前沿产生溶质富集，如图 3.11（c）所示。

从图 3.11（a）中可以看出，合金的熔点随溶质（Cu）的增加而降低，因此 α 固溶体前沿液相中的溶质富集造成界面前沿液相的熔点温度下降。液相的熔点温度 T_m 分布如图 3.11（d）所示。将界面前沿的实际温度分布图 3.11（b）重叠加在图 3.11（d）上，就得到图 3.11（e）所示的液相 T_m 与实际温度 T 的关系。可见，固液界面前方一定范围内的液相，其实际温度低于熔点 T_m，即在界面前方出现一个过冷区域（剖面线部分）。这种由液相中成分变化与实际温度分布共同决定的过冷，称为成分过冷。

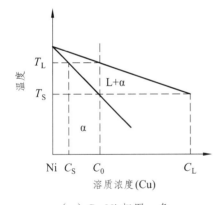

（a）Cu-Ni 相图一角

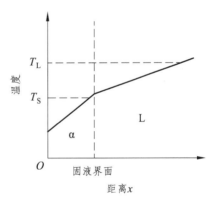

（b）实际温度分布

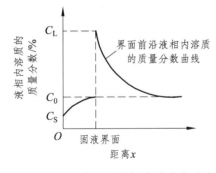

（c）固-液相界面前沿的液相溶质浓度分布曲线

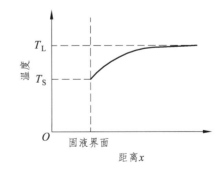

（d）固-液相界面前沿液相熔点分布曲线

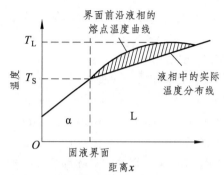

（e）固-液相界面前沿的成分过冷示意图

图 3.11 成分过冷示意图

固液界面前沿温度梯度为负值时，固溶体的长大与纯金属一样，平直的固液界面不稳定，晶体易于长成树枝晶。温度梯度为正值时，纯金属的固液界面前方没有过冷，平界面稳定，而固溶体结晶时，固液界面前方由于溶质富集可能形成成分过冷。一般合金溶质含量达到0.2% 以上时，便易出现成分过冷，所以成分过冷是实际合金凝固时的普遍现象，对晶体生长形态、铸件的宏观组织等都有很大影响。

② 成分过冷对晶体生长的影响。

从生长条件控制而言，界面推进越快，溶质富集程度越大，界面前沿液相熔点温度分布曲线越陡峭，则越有利于产生成分过冷；另一方面，界面前温度梯度越平缓，也越有利于产生成分过冷，如图 3.12 所示为温度分布对成分过冷的影响。

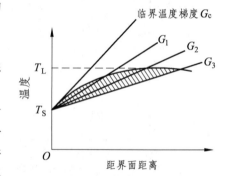

图 3.12 温度梯度对成分过冷的影响

固液界面前方温度梯度 $G \geqslant G_c$，不出现成分过冷，固溶体结晶时基本保持平固-液界面推进，晶体生长形态与纯金属类似。

温度梯度为 G_1 时，固液界面前沿有较小成分过冷区。宏观平坦界面不稳定，固相表面某些偶然凸起部分面临较大过冷而以更快速度进一步长大。由于扩散条件差，相邻凸起部分之间形成溶质富集的沟槽，溶质富集使沟槽处液相熔点温度降低，过冷度变小，沟槽处长大速度落后于凸起部分，因而沟槽不断加深。晶体生长就以这种凹凸不平的所谓胞状界面向前推进，如图 3.13 所示。以胞状界面向前推进的生长方式称为胞状生长。胞状生长的结果生成胞状晶。

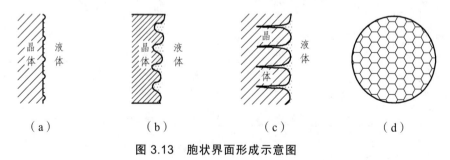

（a）　　　　（b）　　　　（c）　　　　（d）

图 3.13 胞状界面形成示意图

界面前沿成分过冷增大，如图 3.12 中 G_2 所示，则胞端部将伸向液相更远，同时，延伸的凸起侧面也产生分支，固液界面最终发展为树枝状，如图 3.14 所示。控制散热方向，使树枝晶的一次分支主干彼此平行，最终生成所谓的柱状枝晶。以上生长方式称为柱状枝晶生长。固液界面前方成分过冷区进一步加宽，如图 3.12 中 G_3，成分过冷度的极大值一旦大于非均质形核所需的过冷度，柱状枝晶生长的同时，界面前方熔体中将发生新的生核过程，这些晶核在过冷熔体中自由生长，形成等轴晶。等轴晶的存在阻止了柱状晶区向前延伸。

图 3.14　树枝状界面形成示意图

综上所述，随着成分过冷的产生及增大，固溶体晶体由平面生长方式向胞状生长、枝晶生长方式发展。更大的成分过冷其至导致等轴（枝）晶的形核与长大。

3.2.3.2　共晶相图

两组元在液态时无限互溶，而在固态时互相有限溶解，并在冷却过程中发生共晶转变的相图，称为共晶相图。Pb-Sn、Ag-Cu、Al-Si 等合金系的相图都属于这类相图。下面以 Pb-Sn 合金相图为例，对共晶相图进行分析。

1. 相图分析

图 3.15 所示为 Pb-Sn 合金二元共晶相图，图中 *adb* 为液相线，*acdeb* 为固相线。合金系有三种相：Pb 与 Sn 形成的液体 L 相，Sn 溶于 Pb 中的有限固溶体 α 相，Pb 溶于 Sn 中的有限固溶体 β 相。相图中有三个单相区（L、α、β 相区），三个双相区（L + α、L + β、β + α 相区），一条 L + α + β 的三相共存线（水平线 *cde*）。

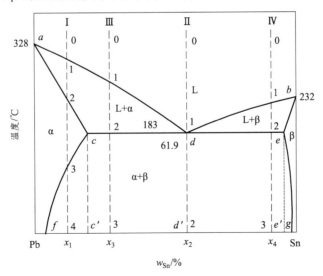

图 3.15　Pb-Sn 合金相图及成分线

d 点为共晶点，表示此点成分（共晶成分）的合金冷却到此点所对应的温度（共晶温度）时，共同结晶出 c 点成分的 α 相和 e 点成分的 β 相：$L_d = α_c + β_e$。

这种由一种液相在恒温下同时结晶出两种固相的反应叫作共晶反应。所生成的两相混合物叫作共晶体。发生共晶反应时有三相共存，它们各自的成分是确定的，反应在恒温下平衡地进行。水平线 cde 为共晶反应线，成分在 ce 之间的合金平衡结晶时都会发生共晶反应。

cf 线为 Sn 在 Pb 中的溶解度线（或 α 相的固溶线）。温度降低，固溶体的溶解度下降。Sn 含量大于 f 点的合金从高温冷却到室温时，从 α 相中析出 β 相以降低其 Sn 含量。这种由过饱和固溶体分离出另一相的过程称为脱熔转变。从固态 α 相中析出的 β 相称为二次 β，常写作 $β_{II}$。这种脱熔转变可表示为 $α → β_{II}$。

eg 线为 Pb 在 Sn 中的溶解度线（或 β 相的固溶线）。Sn 含量小于 g 点的合金，冷却过程中同样发生脱熔转变，析出二次 α：$β → α_{II}$。

相图中对应于共晶点成分的合金，称为共晶合金；成分位于共晶点以左，c 点以右的合金，称为亚共晶合金；成分位于共晶点以右，e 点以左的合金，称为过共晶合金；成分位于 c 点以左和 e 点以右的合金，称为端部固溶体合金。

2. 典型合金的平衡结晶过程

（1）合金 I。合金 I 的平衡结晶过程如图 3.16 所示。

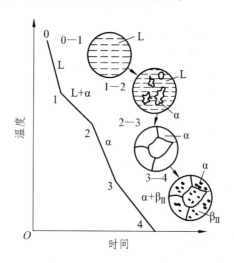

图 3.16　合金 I 的结晶过程示意图

液态合金冷却到 1 点温度以后，发生匀晶结晶过程，至 2 点温度合金完全结晶，成为 α 固溶体，随后的冷却在 2—3 点的温度区间进行，α 相不变。从 3 点温度开始，由于 Sn 在 α 中的溶解度沿 cf 线降低，从 α 中析出 $β_{II}$，到室温时 α 中 Sn 含量逐渐变为 f 点。最后合金得到的组织为 $α + β_{II}$。其组成相是 f 点成分的 α 相和 g 点成分的 β 相。运用杠杆定律，两相的相对质量为

$$α\% = 100\%(x_1 g / fg) \tag{3.10}$$

$$β\% = 100\%(f x_1 / fg) \text{ 或 } β\% = 1 - α\% \tag{3.11}$$

合金的室温组织由 α 和 β_Ⅱ 组成，α 和 β_Ⅱ 即为组织组成物。组织组成物是指合金组织中那些具有确定本质、一定形成机制和特殊形态的组成部分。组织组成物可以是单相，或是两相混合物。

合金Ⅰ的室温组织组成物 α 和 β_Ⅱ 皆为单相，所以它的组织组成物的相对质量与组成相的相对质量相等。

（2）合金Ⅱ。合金Ⅱ为共晶合金，其结晶过程如图 3.17 所示。

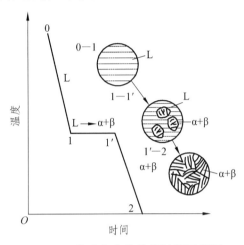

图 3.17　共晶合金的结晶过程示意图

合金从液态冷却到 1 点温度后，发生共晶反应：$L_d = \alpha_c + \beta_e$，经过一定时间到 1′时反应结束，全部转变为共晶体（$\alpha_c + \beta_e$）。从共晶温度冷却至室温时，共晶体中的 α_c 和 β_e 均发生脱熔转变，从 α 中析出 β_Ⅱ，从 β 中析出 α_Ⅱ。α 的成分由 c 点变为 f 点，β 的成分由 e 点变为 g 点；两种相的相对质量依据杠杆定律变化。由于析出的 α_Ⅱ 和 β_Ⅱ 都相应地同共晶体中的 α 和 β 相连在一起，共晶体的形态和成分不发生变化。合金的室温组织全部为共晶体，如图 3.18 所示，即只含一种组织组成物，即共晶体；而其组成相仍为 α 相和 β 相。

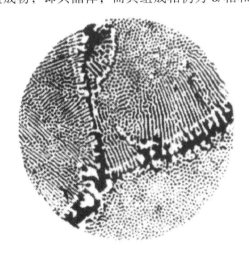

图 3.18　共晶体的组织形态

（3）合金Ⅲ。合金Ⅲ是亚共晶合金，其结晶过程如图 3.19 所示。

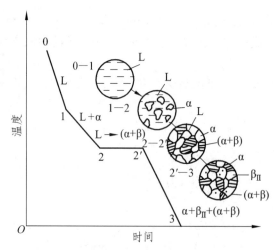

图 3.19　亚共晶合金的结晶过程示意图

合金冷却到 1 点温度后，由匀晶反应生成 α 固溶体，这是初生 α 固溶体。从 1 点到 2 点温度的冷却过程中，按照杠杆定律，初生 α 的成分沿 ac 线变化，液相成分沿 ad 线变化；初生 α 逐渐增多，液相逐渐减少。当刚冷却到 2 点温度时，合金由 c 点成分的初生 α 相和 d 点成分的液相组成。然后液相进行共晶反应，但初生 α 相不变化。经过一定时间到 2′ 点共晶反应结束时，合金转变为 $\alpha_c + (\alpha_c + \beta_e)$。从共晶温度继续往下冷却，初生 α 中不断析出 β_{II}，成分由 c 点降至 f 点；此时共晶体如前所述，形态、成分和总量保持不变。合金的室温组织为初生 $\alpha + \beta_{\mathrm{II}} + (\alpha + \beta)$，如图 3.20 所示。合金的组成相为 α 和 β，它们的相对质量为

$$\alpha\% = 100\%(x_3 g / fg) \tag{3.12}$$

$$\beta\% = 100\%(fx_3 / fg) \tag{3.13}$$

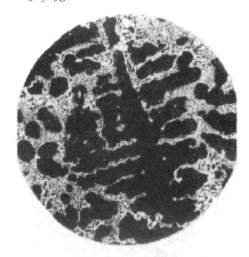

图 3.20　亚共晶合金组织

合金的组织组成物为初生 α、β_{II} 和共晶体（α + β）。它们的相对质量可两次应用杠杆定律求得。根据结晶过程分析，合金在刚冷到 2 点温度而尚未发生共晶反应时，由 α_c 和 L_d 两相组成，它们的相对质量为

$$\alpha_c\% = 100\%(2d/cd) \tag{3.14}$$
$$L_d\% = 100\%(c2/cd) \tag{3.15}$$

其中，液相在共晶反应后全部转变为共晶体（α+β），因此这部分液相的质量就是室温组织中共晶体（α+β）的质量，即

$$(\alpha+\beta)\% = L_d\% = 100\%(c2/cd) \tag{3.16}$$
$$\alpha\% = (x_3g/fg)\times\alpha_c\% \tag{3.17}$$
$$\beta_{II}\% = (fx_3/fg)\times\alpha_c\% \tag{3.18}$$

成分在 cd 之间的所有亚共晶合金的结晶过程均与合金Ⅲ相同，仅组织组成物和组成相的相对质量不同。成分越靠近共晶点，合金中共晶体的含量越多。

位于共晶点右边，成分在 de 之间的合金为过共晶合金。它们的结晶过程与亚共晶合金相似，也包括匀晶反应、共晶反应和二次结晶三个转变阶段；不同之处是初生相为 β 固溶体，二次结晶过程为 β→α_{II}。所以室温组织为 β+α_{II}+（α+β）。

3. 不平衡结晶及其组织

前面讨论了共晶系合金在平衡条件下的结晶过程，但铸件和铸锭的凝固都是不平衡结晶过程，不平衡结晶比平衡结晶更为复杂。下面仅定性地讨论不平衡结晶中的一些重要规律。

（1）伪共晶。

在平衡结晶条件下，只有共晶成分的合金才能获得完全的共晶组织。但在不平衡结晶条件下，成分在共晶点附近的亚共晶或过共晶合金，也可能得到全部共晶组织，这种非共晶成分的合金所得到的共晶组织称为伪共晶组织。

如图 3.21 所示为伪共晶示意图。从图中可以看出，在不平衡结晶条件下，由于冷却速度大，产生过冷，当液态合金过冷到两条液相线的延长线所包围的影线区时，合金液体对 α 相和 β 相都是过饱和的，既可以结晶出 α，又可以结晶出β，它们同时结晶出来就形成了共晶组织。通常将形成全部共晶组织的成分和温度范围称为伪共晶区，如图 3.21 中的阴影线区所示。当亚共晶合金Ⅰ过冷至 t_1 温度以下进行结晶时，就可以得到全部共晶组织。

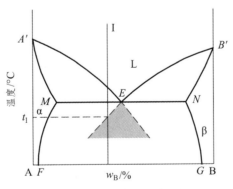

图 3.21　伪共晶示意图

伪共晶区在相图中的位置对说明合金中出现的不平衡组织很有帮助。如在 Al-Si 合金系中，共晶合金在快冷条件下结晶后会得到亚共晶组织，其原因是 Al-Si 合金系的伪共晶区偏向硅的一侧，如图 3.22 所示，这样，共晶成分的液相结晶时，只有先结晶出 α 相，α 相向液

体中排出溶质原子 Si，当液体的成分到达 b 点时，才能发生共晶转变。其结果好像共晶点向右移动了一样，共晶合金变成了亚共晶合金。

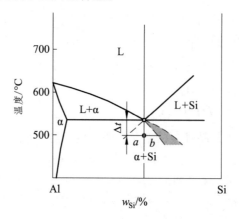

图 3.22　Al-Si 合金系伪共晶区

（2）离异共晶。

在先共晶相数量较多而共晶相组织甚少的情况下，有时共晶组织中与先共晶相相同的那一相，会依附于先共晶相上生长，剩下的另一相则单独存在于晶界处，从而使共晶组织的特征消失，这种两相分离的共晶称为离异共晶。如图 3.23 所示为 Al-Cu 铸造合金中的离异共晶组织。离异共晶可以在平衡条件下获得，也可以在非平衡条件下获得。如在合金成分偏离共晶点很远的亚共晶（或过共晶）合金中，它的共晶转变是在已存在大量先共晶相的条件下进行的。此时如果冷却速度十分缓慢，过冷度很小时，那么共晶中的 α 相如果在已有的先共晶 α 相上长大，要比重新生核再长大容易得多。这样，α 相易于与先共晶 α 相合为一体，而 β 相则存在于 α 相的晶界处。

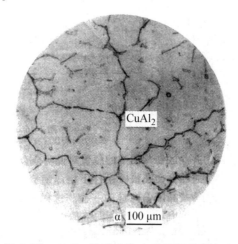

图 3.23　Al-Cu 铸造合金中的离异共晶组织

4. 比重偏析和区域偏析

（1）比重偏析

比重偏析是由组成相与熔液之间密度的差别所引起的一种区域偏析。如对亚共晶或过共晶合金来说，如果先共晶相与熔液之间的密度相差较大，则在缓慢冷却条件下凝固时，先共晶相便会在液体中上浮或下沉，从而导致结晶后铸件上下部分的化学成分不一致，产生比重偏析。例如 Pb-Sb 合金在凝固过程中，先共晶相锑的密度小于液相，因而锑晶体上浮，形成了比重偏析。铸铁中石墨漂浮也是一种比重偏析。

比重偏析与合金组元的密度差、相图结晶的成分间隔及温度间隔等因素有关。合金组元间的密度差越大，相图结晶的成分间隔越大，则初晶与剩余液相的密度差也越大；相图结晶的温度间隔越大，冷却速度越小，则初晶在液体中有更多的时间上浮或下沉，合金的比重偏析也越严重。

防止或减轻比重偏析的方法有两种：一是增大冷却速度，使先共晶相来不及上浮或下沉；二是加入第三种元素，凝固时先析出与液体密度相近的新相，构成阻挡先共晶相上浮或下沉的骨架。例如在 Pb-Sb 轴承合金中加入少量的 Cu 和 Sn，使其先形成 Cu、Sn 化合物，即可减轻或消除比重偏析。另外，热对流、搅拌也可以克服显著的比重偏析。

在生产中，有时可利用比重偏析来除去合金中的杂质或提纯贵金属。

（2）区域偏析

固溶体合金在结晶时，如果凝固从一端开始顺序进行的话，则可能产生区域偏析。共晶相图中也包含有匀晶转变，因此在结晶时也可能形成区域偏析。

① 正偏析。

铸锭（件）中低熔点元素的含量从先凝固的外层到后凝固的内层逐渐增多，高熔点元素的含量则逐渐减少，这种区域偏析称为正偏析。在不平衡结晶过程中，溶质原子在固相中基本上不扩散，则先凝固的固相中溶质原子浓度低于平均成分。如果结晶速度慢，液体内的原子扩散比较充分，溶质原子通过对流可以向远离结晶前沿的区域扩散，使后结晶液体的浓度逐渐提高，结晶结束后，铸锭（件）内外溶质浓度差别较大，即正偏析严重；如果结晶速度较快，液相内不存在对流，原子扩散不充分，溶质原子只在枝晶间富集，则正偏析较小。

正偏析一般难以完全避免，通过压力加工和热处理也难以完全改善，它的存在使铸锭（件）性能不均匀，因此在浇注时应采取适当的控制措施。

② 反偏析。

反偏析也称负偏析，与正偏析相反，是低熔点元素富集在铸锭（件）先凝固的外层的现象。这种偏析多发生在结晶范围较大的合金中。如锡青铜铸件表面出现的"锡汗"就是比较典型的反偏析，它使铸件的切削加工性能变差。

反偏析形成的原因大致是，原来铸件中心地区富集低熔点元素的液体，由于铸件凝固时发生收缩而在树枝晶之间产生空隙（此处为负压），加上温度降低使液体中的气体析出而形成压强，把铸件中心低熔点元素浓度较高的液体沿着柱状晶之间的"渠道"压至铸件的外层，形成反偏析。

5. 标注组织的共晶相图

根据以上分析，在室温下 f 点及其以左成分的合金的组织为单相 α，g 点及其以右成分的合金的组织为单相 β，f—g 之间成分的合金的组织由 α 和 β 两相组成。由于各种成分的合金冷却时所经历的结晶过程不同，组织中所得到的组织组成物及其数量是不相同的。而这是决定合金性能最本质的方面。所以为了使相图更清楚地反映其实际意义，采用组织来标注相图，如图 3.24 所示。

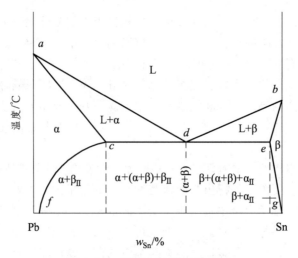

图 3.24　标注组织的共晶相图

3.2.3.3　包晶相图

两组元在液态无限互溶,在固态有限互溶,冷却时发生包晶反应的相图,称为包晶相图,如 Pt-Ag、Ag-Sn、Sn-Sb 合金相图等。

1. 相图分析

如图 3.25 所示为 Pt-Ag 合金相图。合金中存在三种相:Pt 与 Ag 形成的液体 L 相,Ag 溶于 Pt 中的有限固溶体 α 相,Pt 溶于 Ag 中的有限固溶体 β 相。e 点为包晶点。e 点成分的合金冷却到 e 点所对应的温度时发生以下反应:

$$\alpha_c + L_d = \beta_e \tag{3.19}$$

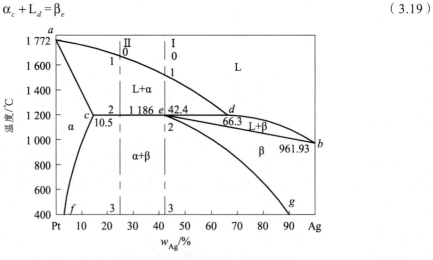

图 3.25　Pt-Ag 合金相图

这种由一种液相与一种固相在恒温下相互作用而转变为另一种固相的反应叫作包晶反应。发生包晶反应时三相共存,它们的成分确定,反应在恒温下平衡地进行。水平线 ced 为包晶反应线。cf 为 Ag 在 α 中的溶解度线,eg 为 Pt 在 β 中的溶解度线。

2. 典型合金的结晶过程

（1）合金Ⅰ。合金Ⅰ的结晶过程如图 3.26 所示。

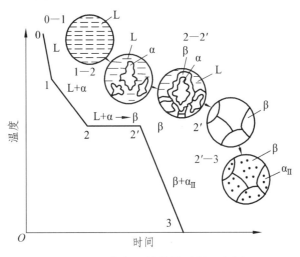

图 3.26　合金Ⅰ的结晶过程示意图

合金冷却到 1 点温度以下时结晶出固溶体 α，L 相成分沿 *ad* 线变化，α 相成分沿 *ac* 线变化。合金冷却到 2 点温度而尚未发生包晶反应前，由 *d* 点成分的 L 相与 *c* 点成分的 α 相组成。这两相在 *e* 点温度时发生包晶反应，β 相包围 α 相而形成。反应结束后，L 相与 α 相正好全部反应耗尽，形成 *e* 点成分的 β 固溶体。温度继续下降时，从 β 中析出 α_{II}。最后室温组织为 $\beta + \alpha_{II}$。其组成相和组织组成物的成分及相对质量可根据杠杆定律来确定。

在合金结晶过程中，如果冷速较快，包晶反应时原子扩散不能充分进行，则生成的 β 固溶体中会发生较大的偏析。原 α 处 Pt 含量较高，而原 L 区 Pt 含量较低。这种现象称为包晶偏析。包晶偏析可通过扩散退火来消除。

（2）合金Ⅱ。合金Ⅱ的结晶过程如图 3.27 所示。

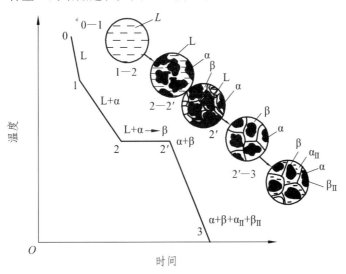

图 3.27　合金Ⅱ的结晶过程示意图

液态合金冷却到 1 点温度以下时结晶出 α 相，刚至 2 点温度时合金由 d 点成分的 L 相和 c 点成分的 α 相组成，两相在 2 点温度发生包晶反应，生成 β 固溶体。与合金 I 不同，合金 II 在包晶反应结束之后，仍剩余有部分 α 固溶体。在随后的冷却过程中，β 和 α 中将分别析出 α_{II} 和 β_{II}。所以最终组织为 $\beta+\alpha+\alpha_{II}+\beta_{II}$。

3.2.3.4 其他相图

1. 共析相图

如图 3.28 所示，下半部为共析相图，其形状与共晶相图类似。按照一般规律分析，d 点成分的合金从液相经过匀晶反应生成 γ 相后，继续冷却到 d 点温度时，在此恒温下发生共析反应，同时析出 c 点成分的 α 相和 e 点成分的 β 相：$\gamma_d = \alpha_c + \beta_e$。即由一种固相转变成完全不同的两种相互关联的固相，这两相混合物称为共析体。共析相图中各种成分合金的结晶过程与共晶相图相似，但因共析反应是在固态下进行的，所以共析产物比共晶产物要细密得多。

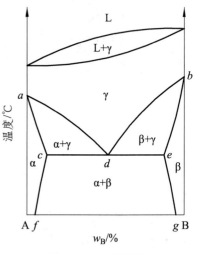

图 3.28　共析相图

2. 含有稳定化合物的相图

在某些组元构成的相图中，常形成一种或几种稳定化合物。这些化合物具有一定的化学成分、固定的熔点，且熔化前不分解，也不发生其他化学反应。例如 Mg-Si 合金，就能形成稳定化合物 Mg_2Si。图 3.29 为 Mg-Si 合金相图，属于含有稳定化合物的相图。在分析这类相图时，可把稳定化合物看成一个独立的组元，并将整个相图分割成几个简单相图。因此，Mg-Si 相图可分为 $Mg-Mg_2Si$ 和 Mg_2Si-Si 两个相图来进行分析。

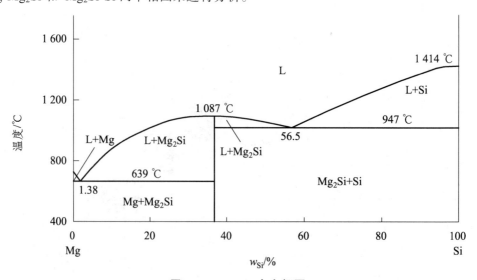

图 3.29　Mg-Si 合金相图

3.3 合金的性能与相图的关系

相图是合金成分、温度和平衡相之间关系的图解。根据合金的成分及温度，可以了解该合金存在的平衡相、相的成分及其相对含量。掌握了相的性质及合金的结晶规律，可以大致判断合金结晶后的组织和性能。因此，相图是研究合金的重要工具，对材料的选用及加工工艺的制定起着重要的指导作用。

3.3.1 合金的使用性能与相图的关系

相图与合金在平衡状态下的性能之间有一定的联系。图 3.30 所示为各类合金相图与合金力学性能及物理性能之间的关系。对于匀晶系合金而言，合金的性能与溶质的溶入量有关，溶质的溶入量越多，晶格畸变越大，合金的强度和硬度越高。若 A、B 两组元的强度大致相同，则合金的最高强度点应约在溶质浓度 50% 之处；若 B 组元的强度明显高于 A 组元，则其强度的最大值偏向 B 组元一侧。合金塑性的变化规律与上述规律相反，合金的塑性值随着溶质浓度的增加而降低。

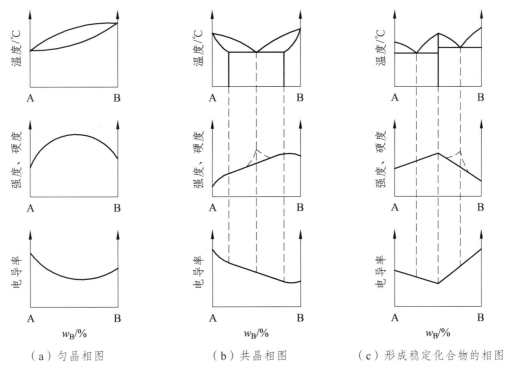

（a）匀晶相图　　　　（b）共晶相图　　　　（c）形成稳定化合物的相图

图 3.30　合金的使用性能与相图的关系示意图

固溶体的电导率随着溶质的增加而下降。这是由于随着溶质浓度的增加，晶格畸变增大，从而增加了合金中自由电子运动的阻力。同理可以推测，热导率随合金成分的变化规律与电导率相同，而电阻的变化却与之相反。工业上常采用 Ni 成分为 50% 的 Cu-Ni 合金作为制造加热元件、测量仪表及可变电阻器的材料。

共晶相图的端部均为固溶体，其成分与性能之间的关系同上。相图的中间部分为两相混合物，在平衡状态下，当两相的大小和分布都比较均匀时，合金的性能大致是两相性能的算术平均值。例如硬度：$HB = \alpha\% \cdot HB\alpha + \beta\% \cdot HB\beta$，即合金的力学性能和物理性能与成分之间的关系呈直线变化。

对组织较为敏感的某些性能（如强度、硬度等）与组成相或组织组成物的形态有很大关系。组成相或组织组成物越细密，其强度和硬度将偏离直线而出现峰值，如图 3.30（b）、（c）中的虚线所示。具有包晶转变与共析转变的合金系也会形成两相混合物，其组织与性能的关系也具有上述规律；当形成化合物时，则在性能与成分曲线上的化合物成分处出现尖锐的极大值或极小值，如图 3.30（c）所示。

3.3.2 合金的工艺性能与相图的关系

图 3.31 所示为合金的铸造性能与相图的关系。纯组元和共晶成分合金的流动性好，缩孔集中，铸造性能好。相图中液相线与固相线之间的距离越小，合金液的结晶温度范围越窄，对铸造质量就越有利。合金的液相线与固相线间隔越大，形成枝晶偏析的倾向性就越大，同时先结晶出的树枝晶阻碍未结晶液体的流动，降低其流动性，增多分散缩孔。所以，铸造合金常选共晶或接近共晶的成分。

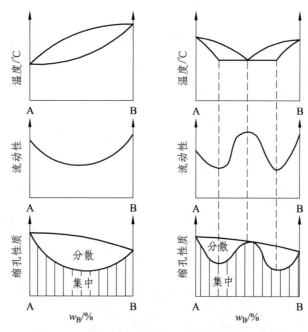

图 3.31 合金的工艺性能与相图的关系示意图

单相合金的锻造性能好。合金为单相组织时，变形抗力小，变形均匀，不易开裂，因而变形能力大。双相组织的合金变形能力差一些，特别是组织中存在较多很脆的化合物相时。

3.4 铁碳合金和铁碳相图

钢和铸铁是国民经济和国防工业生产中最重要的一大类金属材料，它们是以铁为基，主要由铁和碳组成的合金。了解铁碳合金成分与组织、性能的关系，有助于我们更好地研究和使用钢铁材料。工业用钢和铸铁除铁、碳外，还含有其他元素。碳是钢和铸铁中最重要的元素之一，为了研究方便，可以有条件地把碳钢和铸铁看成铁碳二元合金，在此基础上再去考查所含其他元素的影响，故本节主要研究铁碳二元合金。

铁碳相图是研究钢和铸铁的基础，对钢铁材料的应用以及热加工和热处理工艺的制定也具有重要的指导意义。铁和碳可以形成一系列化合物，如 Fe_3C、Fe_2C、FeC 等。Fe_3C 的碳含量为 6.69%。碳含量超过 6.69% 的铁碳合金脆性很大，没有实用价值，所以有实用意义并被深入研究的只是 $Fe-Fe_3C$ 部分，通常称为 $Fe-Fe_3C$ 相图（见图 3.32），此时相图的组元为 Fe和 Fe_3C。

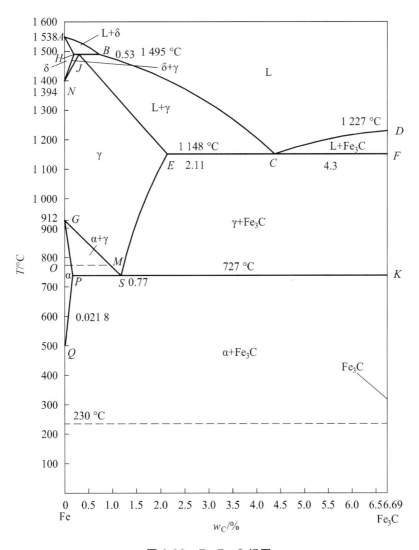

图 3.32 $Fe-Fe_3C$ 相图

3.4.1 铁碳合金的组元与基本相

3.4.1.1 铁碳合金的组元

1. Fe

铁是元素周期表上第 26 个元素，相对原子质量为 55.85，属于过渡族元素。铁在常压下于 1 538 ℃ 熔化，2 740 ℃ 汽化。铁的密度是 7.87 g/cm³。

固态的铁，在不同温度范围具有不同的晶体结构（多形性）。铁在室温下具有体心立方点阵，称为 α 铁，它是铁磁性的。

一般工业纯铁在室温时的力学性能如下：

屈服强度（R_e）：100 ~ 170 MPa；

抗拉强度（R_m）：180 ~ 230 MPa；

伸长率（A）：30% ~ 50%；

面缩率（Z）：70% ~ 80%；

冲击韧度（a_k）：128 ~ 196 J/cm²；

硬度：50 ~ 80 HB。

总的来看，在室温下纯铁非常柔韧，易变形，强度、硬度低，随着温度升高，在 770 ℃ 发生 α 铁的磁性转变。在 770 ℃（居里点）以上，α 铁由铁磁性转变为顺磁性。在铁碳相图中，α 铁的磁性转变称为 A_2 转变，转变温度（770 ℃）标为 A_2。在发生磁性转变时，铁的点阵并不改变，磁性转变不属于相变。

非铁磁性的 α 铁能保持稳定到 912 ℃，在此温度以上可转变为具有面心立方点阵的铁，称为 γ 铁。α-Fe $\rightleftarrows$ γ-Fe 转变称为 A_3 转变，转变的平衡临界点称为 A_3 点。

温度继续升高，超过 1 394 ℃ 时，纯铁再次转变为体心立方点阵的铁，称为 δ 铁，它能一直保持稳定到铁的熔点 1 538 ℃。γ-Fe $\rightleftarrows$ δ-Fe 转变称为 A_4 转变，平衡临界点称为 A_4 点。在 1 538 ℃ 以上，纯铁由固态变为液态。

大部分纯金属固态下只有一种晶体结构，但也有少数纯金属（如 Fe、Mn、Ti、Co、Sn、Zr 等）固态下在不同温度或不同压力范围内具有不同的晶体结构，这种性质称为晶体的多晶性。具有多晶性的金属在温度或压力变化时，由一种晶体结构转变为另一种晶体结构的过程称为多晶性转变或同素异构转变。当发生同素异构转变时，金属的许多性能将发生突变。同素异构转变对金属能否通过热处理来改变其性能具有重要意义。

纯铁的多晶性转变有很大的意义。因为钢的性能的多样化是由于能够对它进行合金化热处理，而合金化的基础和热处理的可能性来源于铁碳合金的固态相变，后者来源于铁的多晶性转变。

纯铁从液态缓慢冷却到室温得到的冷却曲线如图 3.33 所示。

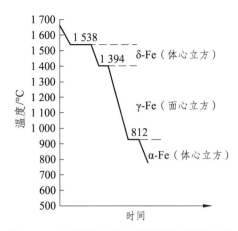

图 3.33　纯铁的冷却曲线及晶体结构变化

2. Fe_3C

Fe_3C 是 Fe 与 C 的一种具有复杂结构的间隙化合物（见图 3.34），通常称为渗碳体，可用符号 Cm 来表示。渗碳体具有金属特性，属于复杂间隙化合物。

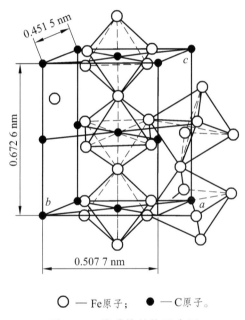

○—Fe原子；　●—C原子。

图 3.34　渗碳体结构示意图

渗碳体的熔点为 1 227 ℃，在 230 ℃ 以下具有铁磁性，通常用 A_0 表示此临界点。

渗碳体能溶解其他元素形成固溶体。这种以渗碳体为基的固溶体称为合金渗碳体，写作 $(Fe，Me)_3C$。合金钢中常有合金渗碳体出现。

渗碳体的力学性能特点是硬而脆，大致性能如下：

抗拉强度（R_m）：30 MPa；

伸长率（A）：0；

面缩率（Z）：0；

冲击韧度（a_k）：0；

硬度：800 HB。

渗碳体根据生成条件不同，有条状、网状、片状、粒状等形态，对铁碳合金的力学性能有很大影响。

渗碳体是一个亚稳定相，在高温长时间保温的条件下，渗碳体会按照以下反应发生分解，形成石墨：

$$Fe_3C \longrightarrow 3Fe + C（石墨）$$

可见，铁碳相图具有双重性，即一个是 $Fe-Fe_3C$ 亚稳系相图，另一个是 Fe-C（石墨）稳定系相图，两种相图各有不同的适用范围。

3. C

碳在铁碳合金中有 3 种存在形式：

① 碳作为间隙原子溶入纯铁的 3 种同素异晶体中，形成 3 种间隙固溶体。

② 超过固溶体的固溶度后，C 与 Fe 形成化合物。

③ C 以游离态的石墨存在（$Fe-Fe_3C$ 相图中无石墨）。

3.4.1.2　铁碳合金中的相

$Fe-Fe_3C$ 相图中除了液相 L 和化合物 Fe_3C 外，还有碳溶于铁形成的几种间隙固溶体相：

1. δ 相

δ 相又称高温铁素体，是碳在 δ-Fe 中的间隙固溶体，呈体心立方晶格，在 1 394 ~ 1 538 ℃ 内存在，在 1 495 ℃ 时溶碳量最大，为 0.09%。

2. γ 相

γ 相常称奥氏体，用符号 A 或 γ 表示，是碳在 γ-Fe 中的间隙固溶体，呈面心立方晶格，在 727 ~ 1 495 ℃ 内存在。奥氏体中碳的固溶度较大，在 1 148 ℃ 时溶碳量最大达 2.11%。奥氏体的强度较低，硬度不高，易于塑性变形。

3. α 相

α 相也称铁素体，用符号 F 或 α 表示，是碳在 α-Fe 中的间隙固溶体，呈体心立方晶格，在 912 ℃ 以下存在。铁素体中碳的固溶度极小，室温时约为 0.000 8%，600 ℃ 时为 0.005 7%，在 727 ℃ 时溶碳量最大，为 0.021 8%。铁素体的性能特点是强度低、硬度低、塑性好。其力学性能与工业纯铁大致相同。

3.4.2　铁碳合金相图

3.4.2.1　相图分析

$Fe-Fe_3C$ 相图中各点的温度、碳含量及含义见表 3.1。代表符号属通用，不能随意改变。

表 3.1　Fe-Fe₃C 相图中各点的温度、碳含量及含义

符　号	温度/°C	碳含量（质量）/%	含　义
A	1 538	0	纯铁的熔点
B	1 495	0.53	包晶转变时液态合金的成分
C	1 148	4.30	共晶点，共晶转变 $L_C \xrightarrow{1\,148\,°C} \gamma_E + Fe_3C$
D	1 227	6.69	Fe₃C 的熔点
E	1 148	2.11	碳在 γ-Fe 中的最大溶解度
F	1 148	6.69	Fe₃C 的成分
G	912	0	γ-Fe ↔ α-Fe 同素异构转变点（A_3）
H	14 95	0.09	碳在 δ-Fe 中的最大溶解度
J	1 495	0.17	包晶点，包晶转变 $L_B + \delta_H \xrightarrow{1\,495\,°C} \gamma_J$
K	727	6.69	Fe₃C 的成分
N	1 394	0	δ-Fe ↔ γ-Fe 同素异构转变点（A_4）
P	727	0.021 8	碳在 α-Fe 中的最大溶解度
S	727	0.77	共析点（A_1），共析转变
Q	600	0.005 7	600 °C 时碳在 α-Fe 中的溶解度
Q	室温	0.000 8	室温时碳在 α-Fe 中的溶解度

1. Fe-Fe₃C 相图中的恒温转变

相图中 *ABCD* 为液相线，*AHJECFD* 为固相线。

Fe-Fe₃C 相图由包晶反应（左上部）、共晶反应（右上部）和共析反应（左下部）三部分连接而成。3 条水平线分别表示 3 个恒温转变。

（1）包晶转变。

水平线 *HJB* 为包晶转变线，*J* 点为包晶点，表达式为

$$L_B + \delta_H \xleftrightarrow{1\,495\,°C} \gamma_J$$

进行包晶转变时，奥氏体沿 δ 相与液相的界面形核，并向 δ 相和液相两个方向长大。包晶点成分的铁碳合金，包晶转变结束时，δ 相和液相同时转变完，成为单相奥氏体。含碳量为 $w_C = 0.09\% \sim 0.17\%$ 的合金，由于 δ 相的量较多，当包晶转变结束后，液相耗尽，仍残留一部分 δ 相，这部分 δ 相在随后的冷却过程中，通过固溶体的同素异晶转变而变成奥氏体。含碳量为 $w_C = 0.17\% \sim 0.53\%$ 的合金，由于 δ 相的量较少，液相较多，所以在包晶转变结束后，仍残留一部分液相，这部分液相在随后的冷却过程中通过匀晶转变结晶成奥氏体。

含碳量为 $w_C < 0.09\%$ 的合金，在按匀晶转变结晶为 δ 固溶体后，继续冷却时将在 *NH* 与 *HJ* 线之间发生固溶体的同素异晶转变，变为单相奥氏体。含碳量为 $w_C = 0.53\% \sim 2.11\%$ 的合金，液相按匀晶转变也变为单相奥氏体。

总之，含碳量为 $w_C < 2.11\%$ 的合金在冷却过程中，都可在一定温度区间内得到单相奥氏体组织。但对于高合金钢来说，合金元素的扩散较慢，可能造成严重的包晶偏析。

对于含合金元素较少的铁碳合金而言，由于包晶转变温度高，碳原子扩散较快，包晶偏析并不严重。

（2）共晶转变。

水平线 ECF 为共晶转变线，C 点为共晶点，表达式为

$$L_C \xleftrightarrow{1\,148\,℃} \gamma_E + Fe_3C$$

共晶转变产物是奥氏体与渗碳体的机械混合物，称为莱氏体，用符号 Ld（或 Le）来表示。含碳量为 2.11%～6.69% 的铁碳合金降温时到达 1 148 ℃，都要发生共晶转变。莱氏体中的渗碳体由共晶转变得到，故称为共晶渗碳体。

金相显微镜下莱氏体中的奥氏体呈粒状（或卵状）分布于渗碳体的基底上，莱氏体含碳量为 4.3%。由于渗碳体硬而脆，所以莱氏体是塑性很差也很硬的组织。该组织冷却至室温时，则称为低温莱氏体（变态莱氏体），用符号 Ld′（或 Le′）来表示，其组织形态如图 3.35 所示。

（3）共析转变。

水平线 PSK 为共析转变线，也称为 A₁ 线，S 点为共析点，表达式为

$$\gamma_S \xleftrightarrow{727\,℃} \alpha_P + Fe_3C$$

共析转变产物是铁素体与渗碳体的机械混合物，称为珠光体，用符号 P 来表示。含碳量为 0.021 8%～6.69% 的铁碳合金降温到 727 ℃ 时，都要发生共析转变。珠光体中的渗碳体由共析转变得到，故称为共析渗碳体。

珠光体组织中 α 与 Fe₃C 两相呈层片状交替排列，其组织形态如图 3.36 所示，珠光体含碳量为 0.77%。珠光体组织中较厚的层片为铁素体，较薄的层片为渗碳体。

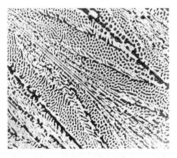
图 3.35　莱氏体组织形态

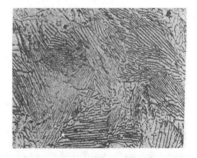
图 3.36　珠光体组织形态

一般金相显微镜放大倍数不足（400～500），不能分辨被腐蚀的 Fe₃C 层片两侧相界，Fe₃C 层片看起来就成了一条黑线。放大倍数更低（100～200）时，两相层片也难以分辨，珠光体组织区域呈现大块的灰黑色。

2. 三条特性曲线

（1）GS 线。

GS 线是冷却时奥氏体向铁素体转变的开始线，或加热时，铁素体向奥氏体转变的终了线。由于这条曲线在共析线以上，故又称为先共析铁素体开始析出线，习惯上称为 A₃ 线，或 A₃ 温度。

（2）ES 线。

ES 线是碳在奥氏体中的溶解度曲线。铁碳合金冷却至温度低于此线时，如果奥氏体的含

碳量在 *ES* 线以右，则奥氏体处于过饱和状态，碳以渗碳体形式从过饱和奥氏体中析出。由奥氏体中析出的次生渗碳体又称二次渗碳体，记为 Fe_3C_{II}，故 *ES* 线也称为次生渗碳体开始析出线，习惯上称为 A_{cm} 线，或 A_{cm} 温度。

（3）*PQ* 线。

PQ 线是碳在铁素体中的溶解度曲线。当铁素体自 727 °C 冷却至室温时，如果铁素体的含碳量在 *PQ* 线以右，则铁素体处于过饱和状态，将从过饱和铁素体中析出三次渗碳体，记为 Fe_3C_{III}，故 *PQ* 线又称为三次渗碳体开始析出线。Fe_3C_{III} 量极少，可以忽略不计。

3.4.2.2 典型铁碳合金的平衡结晶过程

根据 Fe-Fe$_3$C 相图，将铁碳合金按含碳量分为 3 类 7 种：

（1）工业纯铁。

工业纯铁含碳量小于等于 0.021 8%。

（2）碳（素）钢。

碳（素）钢又分为亚共析钢（含碳量为 0.021 8% ~ 0.77%）、共析钢（含碳量为 0.77%）、过共析钢（含碳量为 0.77% ~ 2.11%）。

（3）白口铸铁。

白口铸铁又分为亚共晶白口铸铁（含碳量为 2.11% ~ 4.3%）、共晶白口铸铁（含碳量为 4.3%）、过共晶白口铸铁（含碳量为 4.3% ~ 6.69%）。

根据碳的存在状态可将铸铁分为白口铸铁和灰口铸铁。按 Fe-Fe$_3$C 相图结晶的铸铁，除了固溶以外，碳全部以 Fe$_3$C 形式存在，断口呈银白色，故称白口铸铁。白口铸铁性能硬而脆。若铸铁中部分或全部碳以石墨形态存在时，断口呈暗灰色，称为灰口铸铁。现结合 Fe-Fe$_3$C 相图（见图 3.37）分析典型铁碳合金的平衡结晶过程及室温下的组织。

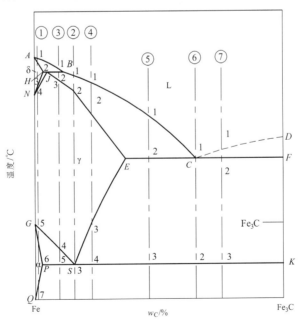

图 3.37 典型铁碳合金在 Fe-Fe$_3$C 相图中的位置

1. 工业纯铁

高温冷却时，工业纯铁在各个温度区间的转变过程及室温下的组织如下：

合金①在液相状态缓慢冷却到 1 点后，开始发生匀晶转变，从液相中通过形核、长大析出 δ 固溶体。在冷却过程中，δ 固溶体的量逐渐增多，其成分沿固相线 *AH* 变化；同时，液相的量逐渐减少，其成分沿液相线 *AB* 变化，至 2 点合金全部结晶为 δ。

在 2—3 点的温度区间内是 δ 固溶体的冷却过程，无组织转变。

从 3 点开始，发生固溶体的同素异晶转变，δ 逐渐转变为 A（在 δ 晶界形核并长大），至 4 时全部转变成奥氏体。

在 4—5 点的温度区间内是奥氏体的冷却过程，无组织转变。

自 5 点开始，又发生固溶体的同素异晶转变，A 逐渐转变为 F（在 A 晶界形核并长大），至 6 点时全部转变成铁素体。

在 6—7 点的温度区间内是铁素体的冷却过程，无组织转变。

7 点以下，F 处于过饱和状态，发生脱溶转变，从过饱和的 F 晶界析出三次渗碳体。

工业纯铁的冷却曲线和平衡结晶过程如图 3.38 所示。因此工业纯铁的室温平衡组织（见图 3.39）为铁素体和三次渗碳体。铁素体呈白色块状；三次渗碳体量极少，呈小白片状，分布于铁素体晶界处。若忽略三次渗碳体，则组织全为铁素体。

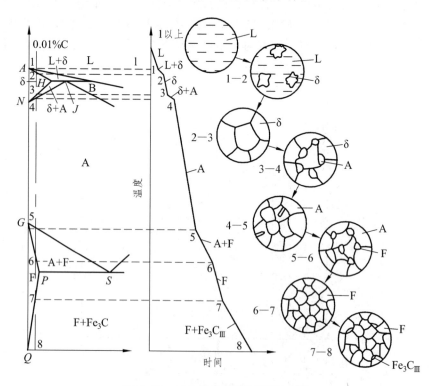

图 3.38　工业纯铁结晶过程示意图

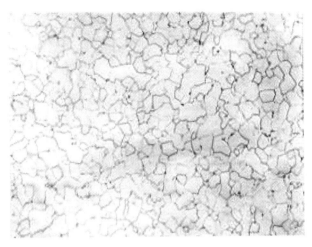
图 3.39　工业纯铁的室温平衡组织

在室温下,三次渗碳体含量最大的是 $w_C = 0.0218\%$ 的铁碳合金,其含量可用杠杆定律求出:

$$w_{Fe_3C_{\mathrm{III}}} = \frac{0.0218 - 0.0008}{6.69 - 0.0008} \times 100\% = 0.33\%$$

2. 共析钢

从高温液态冷却时:

合金②在液相状态缓慢冷却到 1 点后,开始发生匀晶转变,从液相中结晶出奥氏体,至 2 点全部结晶完。

在 2—3 点的温度区间内是奥氏体的冷却过程,无组织转变。

冷却到 3 点(共析温度)时,A 开始发生恒温的共析转变,形成珠光体($\alpha + Fe_3C$),至 3′点共析转变结束,奥氏体全部转变为珠光体。

从 3′点继续冷却至室温,P 的内部在发生相变(从 P 中的过饱和 F 相中析出少量的 Fe_3C_{III} 相),但没有单独的组织生成。

共析钢的冷却曲线和平衡结晶过程如图 3.40 所示。因此共析钢的室温平衡组织全部为珠光体,珠光体呈层片状(见图 3.36)。

3. 亚共析钢

合金③在液相状态缓慢冷却到 1 点后,开始发生匀晶转变,从液相中通过形核、长大析出 δ 固溶体。在冷却过程中, δ 固溶体的成分沿固相线 AH 变化;同时,液相的成分沿液相线 AB 变化。

至 2 点(包晶温度)时 δ 固溶体的成分在 H 点,剩余液相的成分在 B 点,开始发生恒温的包晶转变,形成成分为 J 点的奥氏体,至 2′点包晶转变结束,此时还有剩余的液相。

在 2′—3 点剩余的液相将发生匀晶转变直接结晶为奥氏体。包晶与匀晶转变得到的奥氏体是同一种组织,混合在一起。

在 3—4 点的温度区间内是奥氏体的冷却过程,无组织转变。

自 4 点开始,发生固溶体的同素异晶转变,优先从奥氏体晶界析出先共析铁素体,奥氏体和铁素体的成分分别沿 GS 和 GP 线变化,至 5 点此转变结束。

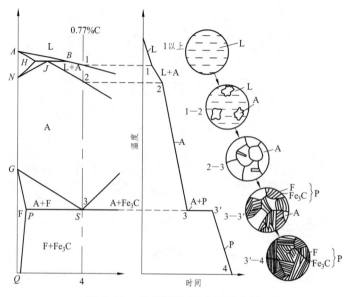

图 3.40　共析钢结晶过程示意图

到达 5 点（共析温度）时，剩余奥氏体的成分变化至 S 点，铁素体成分变化至 P 点，剩余成分为 S 点的奥氏体发生恒温的共析转变，形成成分为 S 点的珠光体，至 5′点共析转变结束，奥氏体全部转变为珠光体，而铁素体保持不变。

5′点以下，从过饱和铁素体中析出三次渗碳体，但由于三次渗碳体析出量极少，可以忽略不计。

亚共析钢的冷却曲线和平衡结晶过程如图 3.41 所示。最后的组织为铁素体和珠光体，铁素体呈白色块状；珠光体呈层片状，放大倍数不高时呈黑色块状。碳含量大于 0.6% 的亚共析钢，室温平衡组织中的铁素体常呈白色网状，包围在珠光体周围。亚共析钢中含碳量越高，则室温组织中珠光体量越多，如图 3.42 所示。

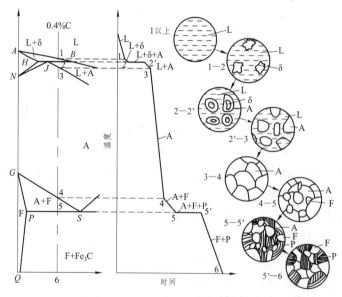

图 3.41　亚共析钢结晶过程示意图

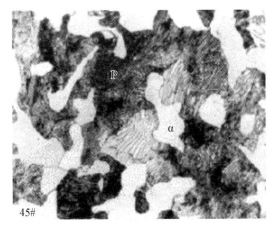
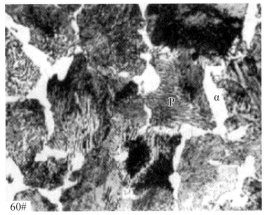

（a）0.45%C   （b）0.60%C

图 3.42　亚共析钢的室温平衡组织

利用杠杆定律可以分别计算出钢中的组织组成物的含量（以 $w_C = 0.40\%$ 的亚共析钢为例）：

$$w_F = \frac{0.77 - 0.40}{0.77 - 0.0218} \times 100\% = 49.5\%$$

$$w_P = 1 - 49.5\% = 50.5\%$$

同样，也可以计算出相组成物的含量：

$$w_F = \frac{6.69 - 0.40}{6.69 - 0.0008} \times 100\% = 94.0\%$$

$$w_{Fe_3C} = 1 - 94.0\% = 6.0\%$$

亚共析钢的碳含量可由其室温组织来估算。若将铁素体中的碳含量忽略不计，则钢中的碳含量全部在珠光体中，因此由钢中珠光体的质量分数可求出钢中的碳含量：

$$w_C = w_P \times 0.77\%$$

4. 过共析钢

合金④从 1—3 点的转变过程和共析钢一样。

从 3 点开始，发生脱溶转变，优先从过饱和奥氏体的晶界析出先共析二次渗碳体，呈网状分布，奥氏体和二次渗碳体的成分分别沿 ES 和 FK 线变化，至 4 点时脱溶转变结束。

到 4 点（共析温度）时，剩余奥氏体的成分到达 S 点，发生恒温的共析转变，形成珠光体，共析转变至 4′点结束，奥氏体全部转变为珠光体，而二次渗碳体保持不变。

4′点以下，组织冷却不变。

过共析钢的冷却曲线和平衡结晶过程如图 3.43 所示。室温平衡组织为二次渗碳体和珠光体。在显微镜下，二次渗碳体呈网状，分布在层片状珠光体周围，如图 3.44 所示。

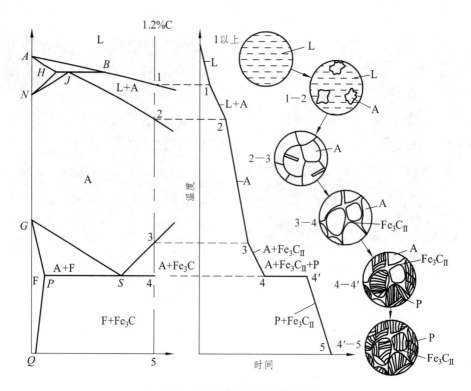

图 3.43　过共析钢结晶过程示意图

图 3.44　过共析钢的室温平衡组织

在过共析钢中，二次渗碳体的含量随钢的含碳量的增加而增加，当含碳量较多时，除了沿奥氏体晶界呈网状分布外，还在晶内呈针状分布。当含碳量达到 2.11% 时，二次渗碳体的含量达到最大值，其含量可用杠杆定律计算出：

$$w_{Fe_3C_{II}} = \frac{2.11 - 0.77}{6.69 - 0.77} \times 100\% = 22.6\%$$

5. 共晶白口铸铁

合金⑤成分为 C 点的液相缓慢冷却到 1 点（共晶温度）时，发生恒温的共晶转变，生成成分为 C 点的莱氏体，至 1′点共晶转变结束，液相全部转变为莱氏体。

从 1—2 点，莱氏体中的过饱和奥氏体相不断析出二次渗碳体相，并与共晶渗碳体混合在一起，故没有单独组织生成，莱氏体中的奥氏体相的成分沿 ES 线变化。

到 2 点（共析温度）时，莱氏体中剩余的奥氏体相的成分变化到 S 点，发生恒温的共析转变，形成珠光体，至 2′ 点此转变结束，莱氏体中的奥氏体相全部转变为珠光体，此时莱氏体由 P、Fe_3C_{II} 和 $Fe_3C_{共晶}$ 组成，即低温莱氏体，故 2—2′ 点发生的转变实际上是莱氏体转变为低温莱氏体。

2′ 点以下，组织冷却不变（低温莱氏体中的珠光体中析出少量三次渗碳体相）。

共晶白口铸铁的冷却曲线和平衡结晶过程及莱氏体组织形态如图 3.45 所示。室温平衡组织为低温莱氏体，如图 3.35 所示。

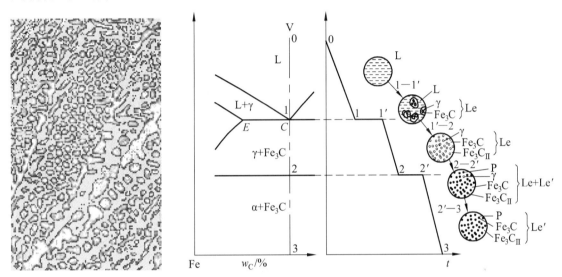

图 3.45　Ld 组织及共晶白口铸铁结晶过程示意图

6. 亚共晶白口铸铁

合金⑥在液态缓慢冷却到 1 点后，开始发生匀晶转变，从液相中结晶出奥氏体，液相和奥氏体的成分分别沿 BC 和 JE 线变化，至 2 点匀晶转变结束，奥氏体的成分变化到 E 点，剩余液相的成分变化到 C 点。

到 2 点（共晶温度）时，剩余成分为 C 点的液相发生恒温的共晶转变，形成莱氏体。至 2′ 点时共晶转变结束，液相全部转变为莱氏体。

自 2—3 点，从过饱和初生奥氏体（匀晶转变产物）晶界析出先共析二次渗碳体，呈网状分布；同时莱氏体中的过饱和奥氏体相也析出二次渗碳体，并与共晶渗碳体混合在一起。奥氏体的成分均沿 ES 线变化至 S 点。

到 3 点（共析温度）时，剩余成分为 S 点的初生奥氏体发生共析转变，形成珠光体，初生奥氏体中析出的二次渗碳体保持不变；同时莱氏体也转变为低温莱氏体（实际上是莱氏体中的成分为 S 点的奥氏体转变为低温莱氏体中的珠光体）。至 3′ 点时共析转变结束，初生奥氏体全部转变为珠光体，莱氏体全部转变为低温莱氏体。

3′ 点以下，组织冷却不变。

亚共晶白口铸铁的冷却曲线和平衡结晶过程如图 3.46 所示。室温平衡组织为珠光体、二次渗碳体和低温莱氏体。网状二次渗碳体分布在粗大树枝状珠光体的周围，低温莱氏体则由条状或粒状珠光体和渗碳体基体组成，如图3.47所示。

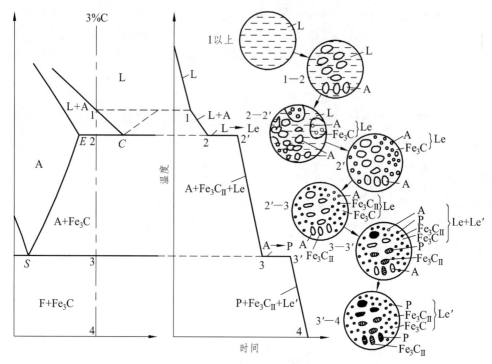

图 3.46　亚共晶白口铸铁结晶过程示意图

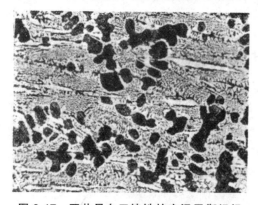

图 3.47　亚共晶白口铸铁的室温平衡组织

利用杠杆定律可以分别计算出亚共晶白口铸铁中的组织组成物的含量（以 $\omega_C = 3.0\%$ 的亚共晶白口铸铁为例）。

当刚冷却到共晶温度（尚未发生共晶转变）时，初晶奥氏体的含量为

$$w_A = \frac{4.3 - 3.0}{4.3 - 2.11} \times 100\% = 59.4\%$$

此时剩余的液体随后全部转变为莱氏体，莱氏体随后又全部转变为低温莱氏体，故低温莱氏体的含量为

$$w_{Ld'} = \frac{3.0 - 2.11}{4.3 - 2.11} \times 100\% = 40.6\%$$

初晶奥氏体随后析出二次渗碳体后，剩余的初晶奥氏体全部转变为珠光体。从初晶奥氏体中析出的二次渗碳体的含量为

$$w_{Fe_3C_{II}} = \frac{2.11 - 0.77}{6.69 - 0.77} \times 59.4\% = 13.4\%$$

则珠光体的含量为

$$w_P = 1 - 40.6\% - 13.4\% = 46.0\%$$

7. 过共晶白口铸铁

过共晶白口铸铁的室温平衡组织为一次渗碳体和低温莱氏体。一次渗碳体呈长条状，低温莱氏体的形貌则如前所述（见图 3.48）。

根据以上对典型铁碳合金组织转变的分析，可画出以下按组织分区的 $Fe\text{-}Fe_3C$ 相图（见图 3.49）。

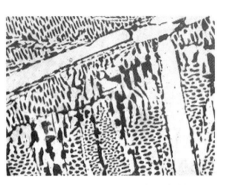

图 3.48 过共晶白口铸铁的室温平衡组织

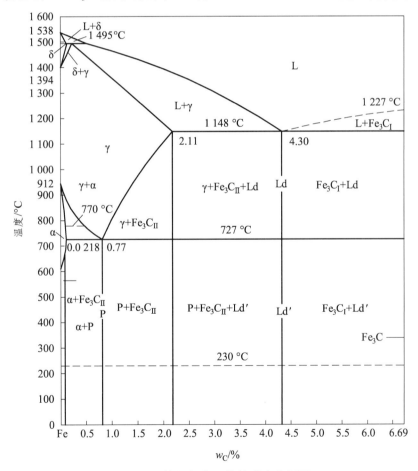

图 3.49 按组织分区的铁碳合金相图

3.4.3 铁碳合金成分、组织与性能的关系

3.4.3.1 成分与组织的关系

由 Fe-Fe₃C 相图可知，铁碳合金的室温平衡组织都由 F 相和 Fe₃C 相组成，随着含碳量的增加，F 相的量逐渐减少，Fe₃C 相的量逐渐增多，其变化呈线性关系，见图 3.50（c）。改变含碳量，不仅组成相的质量分数会发生变化，而且产生不同的结晶过程，导致组成相的形态、分布变化，从而改变了铁碳合金的组织。随着含碳量的增加，室温组织按下列顺序变化：

$$F+Fe_3C_{III}、F+P、P、P+Fe_3C_{II}、P+Fe_3C_{II}+Ld'、Ld'、Ld'+Fe_3C_I、Fe_3C_I$$

组成相的相对含量及组织形态的变化，会对铁碳合金性能产生很大的影响。

3.4.3.2 成分与性能的关系

由于铁素体是软韧相，而渗碳体是硬脆相，故铁碳合金的力学性能取决于铁素体与渗碳体两相的相对量及其相互分布特征。

铁碳合金的性能与成分的关系如图 3.50（d）所示。

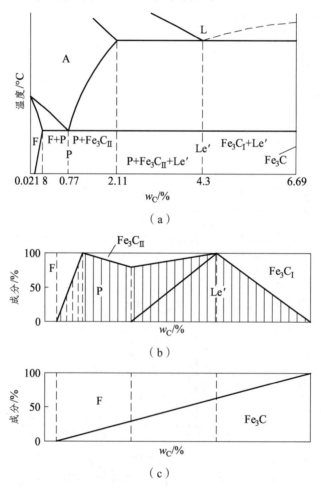

（a）

（b）

（c）

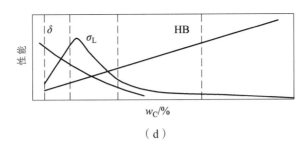

（d）

图 3.50 铁碳合金的成分-组织-性能的对应关系

随着含碳量的增加,铁碳合金中硬度高的渗碳体相增多,硬度低的铁素体相减少,所以合金的硬度呈直线关系增大。

强度是一个对组织形态很敏感的性能。珠光体是铁素体与渗碳体层片交互排列形成的两相组织,渗碳体细片分布在软韧的铁素体基体上,起到强化作用,因此珠光体有较好的综合性能。珠光体的层片越细,强度越高。亚共析钢随着含碳量的增加,珠光体量增加,因而强度增大。但当含碳量超过共析成分后,由于强度很低的 Fe_3C_{II} 沿晶界出现,合金强度的增大变慢,到含碳量高于 0.9% ~ 1.0% 后,由于晶界析出的 Fe_3C_{II} 数量增多而呈连续网状分布,导致强度迅速降低。当含碳量达到 2.11% 时,组织中出现莱氏体,强度降到很低。

铁碳合金的塑性完全由铁素体相来提供。所以随着含碳量的增加,铁素体量不断减少,合金的塑性连续降低。到合金成为白口铸铁时,塑性降到接近于零。为了保证工业用钢具有足够的强度和适当的塑性、韧性,其含碳量一般不超过 1.3% ~ 1.4%。

对于白口铸铁,由于组织中存在莱氏体,而莱氏体是以渗碳体为基体的硬脆组织,故白口铸铁具有很大的脆性,但硬度和耐磨性很高。对于某些表面要求高硬度和耐磨的零件,如犁铧、冷铸轧辊等,常用白口铸铁制造。

3.4.4 铁碳合金相图的应用

Fe-Fe$_3$C 相图在生产中具有重大的实际意义,主要应用在钢铁材料的选用和加工工艺的制定两个方面。

3.4.4.1 在钢铁材料选用方面的应用

Fe-Fe$_3$C 相图中标明的成分、组织与性能的关系,为钢铁材料的选用提供了依据。

纯铁的强度低,不宜用作结构材料,但其磁导率高,矫顽力低,可用作软磁材料,即用作功能材料,如做电磁铁的铁心等。建筑结构和各种型钢需用塑性、韧性好的材料,因此选用碳含量较低的低碳钢。各种机械零件要求综合力学性能好,应选用碳含量适中的中碳钢。各种工具要求硬度高和耐磨性好,则选用碳含量高的高碳钢制作。白口铸铁硬度高、脆性大,但其耐磨性好,铸造性能优良,适用于做要求耐磨、不受冲击、形状复杂的铸件。

3.4.4.2 在切削加工工艺方面的应用

金属材料的切削加工性可从允许的切削速度、切削力、表面粗糙度等几个方面进行评价,材料的化学成分、硬度、韧性、导热性以及金属的组织结构和加工硬化程度等对其均有影响。

钢中的含碳量对切削加工性能有一定的影响。低碳钢中的铁素体较多，塑性、韧性较好，切削加工时产生的切削热较大，容易黏刀，并且切屑不易折断，影响表面粗糙度，因此切削加工性能不好。高碳钢中渗碳体多，硬度较高，严重磨损刀具，切削加工性能也差。中碳钢中的铁素体与渗碳体的比例适当，硬度和塑性也比较适中，其切削加工性能较好。一般认为，钢的硬度大致为 250 HB 时切削加工性能较好。

珠光体的渗碳体形态同样影响切削加工性能。亚共析钢的组织是铁素体和层片状珠光体，具有较好的切削加工性能；若过共析钢的组织为层片状珠光体和二次渗碳体，则其切削加工性能很差；若其组织是由粒状珠光体组成，即可改善切削加工性能。

3.4.4.3 在铸造工艺方面的应用

根据 Fe-Fe₃C 相图可确定合金的浇注温度（一般液相线以上 50 ~ 100 ℃），如图 3.51 所示。

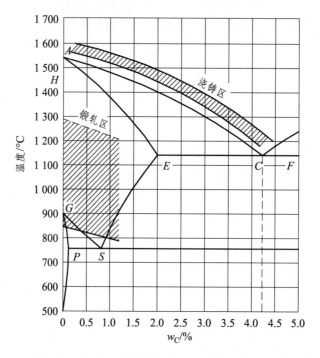

图 3.51　Fe-Fe₃C 相图与铸造、锻轧工艺的关系

从相图上可以看出，共晶成分和接近共晶成分的铸铁的铸造性能好，因为它们的凝固温度区间小，因而铸造时流动性好，分散缩孔少，可以获得致密的铸件，所以铸铁在生产上很多是选在共晶成分附近。铸钢生产中，碳含量规定为 0.15% ~ 0.6%，因为这个范围内钢的结晶温度区间较小，铸造性能好。但总的来说，铸钢的铸造性能不如铸铁。

3.4.4.4 在热锻、热轧工艺方面的应用

钢处于奥氏体单相状态时强度较低，塑性较好，便于塑性变形，因此钢锻造、轧制选在单相奥氏体区内进行，如图 3.51 所示。一般始锻、始轧温度控制在固相线以下 100 ~ 200 ℃内，不得过高，以免钢材氧化严重和发生奥氏体晶界熔化。亚共析钢热加工终止温度多控制

在 *GS* 线以上一点，以避免变形时出现大量铁素体，形成带状组织而使韧性降低。过共析钢变形终止温度应控制在 *PS* 线以上一点，以便把呈网状析出的二次渗碳体打碎。终止温度太高，再结晶后奥氏体晶粒粗大，使热加工后的组织也粗大；终止温度太低，塑性差，导致产生裂纹。一般始锻温度为 $1\,150 \sim 1\,250\,^{\circ}\mathrm{C}$，终锻温度为 $750 \sim 850\,^{\circ}\mathrm{C}$。

3.4.4.5 在热处理工艺方面的应用

Fe-Fe$_3$C 相图对制定热处理工艺具有重要的意义。一些热处理工艺如退火、正火、淬火的加热温度都是根据 Fe-Fe$_3$C 相图确定的，这将在热处理后续章节中详细阐述。

在运用 Fe-Fe$_3$C 相图时应注意以下两点：

① Fe-Fe$_3$C 相图只反映铁碳二元合金中相的平衡状态，如含有其他元素，相图将发生变化。

② Fe-Fe$_3$C 相图反映的是平衡条件下铁碳合金中相的状态，若冷却或加热速度较快，其组织转变就不能只用相图来分析了。

本章小结

按照晶体结构特点，合金中的相可以分为固溶体和金属间化合物两大类。

二元合金相图反映二元系合金平衡条件下温度、成分和相的组成关系。由合金表象点在相图中的位置可以确定该合金在给定温度下的平衡相。某温度两相平衡时，两个相的化学成分可以用（恒温）水平线与两相区的相界线交点确定，该温度两个相的质量百分数可用杠杆定律计算。杠杆定律只适用于两相区。温度变化时，两个平衡相的成分分别沿两条相界线变化。三相平衡区是一条水平线，它与三个单相区点接触。二元系合金的共晶转变、包晶转变都是恒温转变，三个确定成分的相在确定温度下发生转变。

相图反映平衡条件下合金的相组成和组织组成，实际应用时，应注意非平衡条件下合金的相和组织状态与相图的差异。

铁碳相图是实际生产中应用最广泛、最重要的相图。Fe-Fe$_3$C 相图中有 5 个相：液相 L、高温铁素体 δ、奥氏体 γ、铁素体 α 和渗碳体 Fe$_3$C。其中 δ、γ、α 为固溶体基体，Fe$_3$C 为金属间化合物。Fe-Fe$_3$C 相图中还有 3 条恒温转变线：包晶转变 $\mathrm{L}+\delta \to \gamma$，共晶转变 $\mathrm{L} \to \gamma + \mathrm{Fe_3C}$ 和共析转变 $\gamma \to \alpha + \mathrm{Fe_3C}$。共晶转变的产物称为莱氏体 Ld（室温时转变为低温莱氏体 Ld′），共析转变的产物称为珠光体 P，二者均为两相机械混合物。

思考与练习

1. 固态合金相结构的主要类型是什么？它们在结构和性能上有何不同？在合金组织中各起什么作用？

2. 试比较间隙固溶体、间隙相和间隙化合物的结构和性能特点。

3. 固溶体和金属化合物在成分、结构、性能等方面有什么差异？

4. 如何根据相图判定合金的力学性能和工艺性能？

5. 30 kg 纯铜与 20 kg 纯镍熔化后慢冷至 1 250 ℃，确定：

（1）合金的组成相及相的成分；

（2）相的质量分数。

6. 示意画出含 70%Sn 的 Pb-Sn 合金平衡结晶过程的冷却曲线。画出室温平衡组织示意图，并在相图中标注组织组成物。

7. 计算上题中组成相的质量分数以及各种组织组成物的质量分数。

8. 铋（Bi）熔点为 271 ℃，锑（Sb）熔点为 630 ℃，两组元液态和固态均无限互溶。缓冷含 50%Bi 的合金在 520 ℃ 时开始析出成分为 87%Sb 的 α 固溶体，80%Bi 的合金在 400 ℃ 时开始析出 64%Sb 的 α 固溶体，由以上条件：

（1）示意画出 Bi-Sb 相图，并标出各线和各相区名称；

（2）由相图确定 40%Sb 合金的开始结晶和结晶终了温度，并求出它在 400 ℃ 时平衡相的化学成分和相的质量分数。

9. 为什么 γ-Fe 和 α-Fe 的比容不同？一块质量一定的铁在 912 ℃ 发生 γ-Fe → α-Fe 转变时，其体积如何变化？

10. 分析 w_C = 0.2%、w_C = 0.6%、w_C = 1.2%，w_C = 3.0% 的铁碳合金从液态平衡冷却至室温的转变过程，用冷却曲线和组织示意图说明各阶段的组织，并分别计算室温时相组成物和组织组成物的含量。

11. 计算铁碳合金中二次渗碳体和三次渗碳体的最大可能含量。

12. 分别计算低温莱氏体中共晶渗碳体、二次渗碳体、共析渗碳体的含量。

13. 为了区分两种弄混的碳钢，工作人员分别截取了 A、B 两块试样，加热至 850 ℃ 保温后以极慢的速度冷却至室温，观察金相组织，结果如下：

A 试样的先共析铁素体的面积为 41.6%，珠光体区域面积为 58.4%；

B 试样的网状二次渗碳体的面积为 7%，珠光体区域面积为 93%。

设铁素体与渗碳体的密度基本相同，室温时铁素体含碳量几乎为 0。试估算 A、B 两种碳钢的含碳量。

14. 根据 Fe-Fe$_3$C 相图，说明产生下列现象的原因：

（1）含碳量为 1.0% 的钢比含碳量为 0.5% 的钢硬度高。

（2）室温下，含碳量为 0.8% 的钢的强度比含碳量为 1.2% 的钢高。

（3）低温莱氏体的塑性比珠光体的塑性差。

（4）在 1 100 ℃，含碳量为 0.4% 的钢能进行锻造，含碳量为 4.0% 的生铁不能锻造。

（5）钢铆钉一般用低碳钢制成。

（6）钳工锯含碳量为 0.8%、1.0%、1.2% 的钢比锯含碳量为 0.1%、0.2% 的钢费力，锯条容易磨钝。

（7）钢适宜通过压力加工成型，而铸铁适宜通过铸造成型。

15. 同样形状的一块 w_C = 0.15% 的碳钢和一块白口铸铁，不作成分化验，有什么方法区分它们？

4 金属的塑性变形及再结晶

本章提要

本章研究金属材料在塑性变形过程和再结晶退火过程中微观组织及力学性能的变化。塑性变形部分以单晶体、多晶体塑性变形行为和微观机制为基础，分析讨论微观结构和力学性能之间的关系。塑性变形后金属的位错密度增加，产生加工硬化，能量升高，组织不稳定，在加热过程中会发生回复、再结晶和晶粒长大。在回复与再结晶部分简述了变形金属在退火过程当中的微观组织和力学性能变化的一般规律，在此基础上，提出了热加工的概念。

金属材料从最初的铸锭到最终的可应用工件要经过一系列塑性变形和热处理过程，材料在加工成预期外形的同时，需要调控内部的微观组织（宏观偏析、晶粒尺寸、织构和析出相等），使材料满足使用性能的需求。塑性变形是一个能量输入的过程，其中大部分的能量以热能的形式散失掉了，约 1% 的能量以晶体缺陷的形式储存在材料中，称为储存能。因此，形变材料的自由能往往会增加，使材料处于不稳定的状态。此外，塑性变形产生的晶体缺陷会增加材料的强度，降低材料的塑性。随着应变量的增加，材料的脆性逐渐增加，最终导致材料的失效断裂。

为了改善材料的塑性，需要对材料进行退火处理，目的是通过释放储存能、减少晶体缺陷的方式，使材料的强度降低、塑性增加，这个过程称为回复与再结晶。不论塑性变形还是回复与再结晶过程，均显著地改变材料的微观结构和力学性能。研究与分析这些过程的实质与规律，不仅可以改进金属材料的加工工艺和提高产品质量，而且对充分挖掘金属材料力学性能潜力也有重大意义。

4.1 金属的塑性变形

在金属塑性变形过程中，一个有趣的现象是材料的硬度和强度随着应变的增加而逐渐增加，即存在加工硬化。研究表明，经过塑性变形后，金属材料的强度与位错密度的平方根呈线性正相关，而形变过程中位错的累积速率取决于材料塑性变形的微观机制。不同材料的微观变形机制既有各自的特点，又存在共同的规律。研究材料在塑性变形过程中的微观结构的演变对认识和理解材料的加工硬化现象具有重要的意义。本节内容从简单的单晶体的塑性变形入手，逐步深入到复杂的多晶体的塑性变形，介绍一些基本的规律、特征以及结论。

4.1.1 单晶体的塑性变形

单晶体金属塑性变形的基本方式有两种：滑移和孪生。其中，滑移为主要的变形方式，通常在滑移难以进行的时候激活孪生变形。

4.1.1.1　滑　移

1. 滑移与位错

滑移是指晶体的一部分在切应力的作用下沿着一定晶面（滑移面）和该晶面中的一定方向（滑移方向）相对于另一部分发生滑动。最初人们认为滑移是晶体的一部分相对于另一部分做整体的相对滑动，即刚性滑移，如图 4.1 所示。但根据刚性滑移力学模型计算完整单晶体的切变强度比试验测定结果高出 2~3 个数量级，表明刚性滑移不符合实际情况。

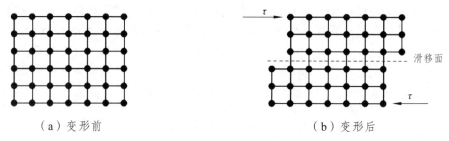

（a）变形前　　　　　　　　　　　　（b）变形后

图 4.1　金属单晶体在切应力作用下的刚性滑移

后来提出了晶体中存在位错的假设，在切应力的作用下位错发生滑动，从而协调宏观应变。之后在透射电子显微镜中证实了位错的存在，因此位错理论的提出是先于试验观测的。图 4.2 为刃型位错在切应力的作用下滑移的过程，半原子面在滑移面上沿着滑移方向一步一个原子间距地移动，最终滑移出晶体表面形成高度为一个原子间距的小台阶。对比图 4.1 和图 4.2 可以发现，两种滑移机制初始状态和最终状态相同，都实现了晶体两部分一个原子间距的相对滑动。但刚性滑移需要同时克服整个滑移面上的原子键，而位错滑移机制存在一系列的中间过渡态，位错运动过程中仅仅需要克服位错线周围的原子键。显然，基于位错滑移机制计算得出的切变强度要小得多，并且符合试验测试结果。

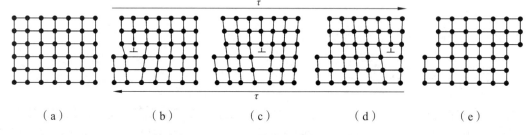

（a）　　　　　（b）　　　　　（c）　　　　　（d）　　　　　（e）

图 4.2　刃型位错滑移过程示意图

2. 滑移系与临界分切应力

材料的宏观变形是位错沿着滑移面和滑移面内的滑移方向运动，因此一个滑移面（晶面）和滑移方向（晶向）的组合称为滑移系。但晶体中存在多个晶面与晶向的组合，位错沿着哪个滑移面和滑移方向进行滑移呢？图 4.2（b）~（d）表明，当位错处于能量相对较低的平衡位置，从一个平衡位置移动到另一个平衡位置的过程中会跨过一个能量较高的势垒，也就是说位错的运动会受到晶格的阻力，这个力称作派纳力（τ_{P-N}）。除了受到派纳力的阻碍之外，位错的运动还会受到它与点缺陷（固溶原子的钉扎）、线缺陷（位错的交割）、面缺陷（晶界、孪晶界的塞积）以及第二相粒子等的交互作用的阻碍。只有当外力在该滑移系上的分切应力 τ

达到所有阻碍力的总和 τ_k 时，位错的滑移才能启动，τ_k 即为位错滑移的临界分切应力。其中，τ_{P-N} 的计算公式如下：

$$\tau_{P-N} = \frac{2G}{1-\mu} e^{-\frac{2\pi a}{(1-\mu)b}} \tag{4.1}$$

式中，G 为剪切模量；μ 为泊松比；a 为滑移面间距；b 为位错柏氏矢量（滑移方向原子间距）。

派纳力随着滑移面间距的减小和滑移方向原子间距的增加呈现指数型增加。显然，最密排晶面和最密排方向上位错运动受到的派纳力最小，滑移系最容易开动。金属中常见的晶体结构包含体心立方结构、面心立方结构和密排六方结构。它们的密排面分别是 {110}、{111} 和 {0001}，密排方向分别为 <111>、<110> 和 <11$\bar{2}$0>，所以滑移系的数量分别为 12、12 和 3个，如表 4.1 所示。在其他条件基本相同的情况下，滑移系越多越有利于协调塑性变形，该金属的塑性也越好，其中滑移方向对塑性变形的贡献尤为重要。因此面心立方晶格的铝、铜要比体心立方晶格的 α-Fe 的塑性更好，同时由于密排六方晶格的镁的滑移系最少，并且柏氏矢量没有 <0001> 方向的分量，不能协调该方向上的应变，所以塑性最差。

表 4.1　三种常见金属晶格的滑移系

晶格类型	体心立方	面心立方	密排六方
滑移系示意图			
滑移面数量	{110}×6	{111}×4	{0001}×1
滑移方向数量	<111>×2	<110>×3	<11$\bar{2}$0>×3
滑移系数量	6×2 = 12	4×3 = 12	1×3 = 3

3. 软硬取向与施密特因子

由于晶体的对称性，金属中的滑移系有很多，我们需要弄清楚晶体在实际变形过程中具体启动哪些滑移系？如图 4.3（a）所示，一个横断面面积为 A 的单晶体受外力 F 的单向拉伸作用，正应力 σ 为 F/A，F 与滑移面和滑移方向的夹角分别为 φ 和 λ，滑移面的面积为 $A/\cos\varphi$，外力 F 在滑移方向上的分力为 $F\cdot\cos\lambda$，所以滑移方向上的分切应力为

$$\tau = \frac{F \cdot \cos\lambda}{A/\cos\varphi} = \frac{F}{A}\cos\lambda\cos\varphi = \sigma\cos\lambda\cos\varphi \tag{4.2}$$

只有外力在某个滑移系的分切应力 τ 大于临界分切应力 τ_k 时，滑移系才会启动。图 4.3（b）将外力 F 的方向投射到面心立方晶胞当中，图中 φ 和 λ 分别为外力 F 与（111）[1$\bar{1}$0]滑移系中滑移面法向[111]和滑移方向[1$\bar{1}$0]的夹角，根据方程式（4.2）可以计算出该滑移系上的分切应力 τ。依据这个方法可以得到外力 F 在面心立方晶体其余 11 个滑移系的分切

应力。显然，外力 F 一定时，$\cos\lambda\cos\varphi$ 越大，分切应力 τ 越大。滑移系 $\cos\lambda\cos\varphi$ 的大小取决于外力 F 与晶粒的相对取向，故称作取向因子或施密特因子。在单向拉伸试验中，随着外力的逐渐增加，施密特因子大的滑移系的分切应力 τ 首先达到 τ_k。因此，拥有较大施密特因子取向的晶粒更容易激活位错的运动而发生屈服，这种取向称为软取向，反之则称为硬取向。

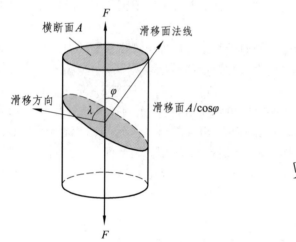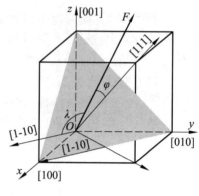

（a）外力 F 在样品坐标系中的分解　　　　　（b）外力 F 在晶体坐标系中的分解

图 4.3　单向拉伸单晶体的切应力分析图

4. 晶面的转动

在单向拉伸时，单晶体发生滑移，外力 F 将发生错动，形成力偶，迫使滑移面向拉伸轴平行方向转动，如图 4.4 所示。同时在滑移面内，晶体的滑移方向与滑移面内的最大切应力方向不重合，也会形成力偶，使滑移方向趋向于最大切应力方向。详细的应力分析如图 4.5 所示。

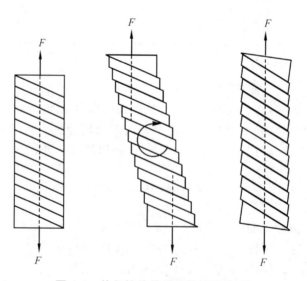

图 4.4　单向拉伸单晶体转动示意图

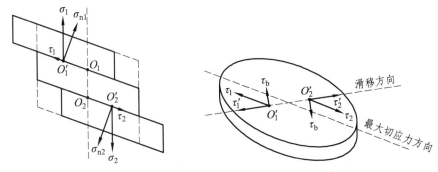

图 4.5　单向拉伸单晶体转动的受力分析示意图

5. 形变不均匀性

将表面经过抛光的单晶体金属进行适量塑性变形,试样表面粗糙度增加,在光学显微镜下可以观察到相互平行的线条状迹线,如图 4.6(a)所示。当采用更高倍数的电子显微镜观察时,可以发现每一条光学显微镜中的迹线都是由许多密集且相互平行的更细小的滑移线组成的,所以光学显微镜观察到的迹线称作滑移带。电子显微镜中观察到的滑移线实际上是位错滑移出晶体表面留下的台阶。图 4.6(b)揭示了滑移带、滑移线和滑移台阶的关系,表明滑移带之间的平均间距大约为 10 000 个原子间距,滑移线之间的间距大约是 100 个原子间距,滑移台阶高度大约为 1 000 个原子间距。因此,可以看出晶体的塑性变形是不均匀的,滑移只是集中在一些晶面上,而滑移带或滑移线之间的晶体片层并未发生变形,只是彼此之间发生相对错动。

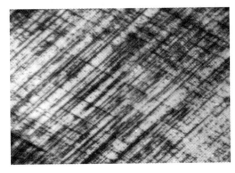

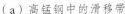

（a）高锰钢中的滑移带　　　　　　　（b）滑移带和滑移线示意图

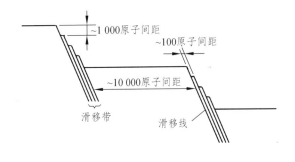

图 4.6　高锰钢中的滑移带及滑移带和滑移线示意图

4.1.1.2　孪　生

孪生是另一种常见的变形方式,但孪生所需要的临界切应力比滑移大得多,因此孪生只在滑移难以进行的时候发生。孪生变形过程的原子迁移及晶格位向改变如图 4.7 所示。可以看出孪生是在切应力的作用下,晶体的一部分沿着一定的晶面(孪生面)和一定的晶向(孪生方向)相对于另一部分做均匀切变。每一层原子迁移的距离正比于它到孪生面的距离。孪晶带的晶格与基体呈镜面对称,孪生过后晶体的取向发生了改变,有利于位错滑移的再次启动。因此,尽管孪生本身对应变协调的贡献较小,但通过改变取向促进滑移的方式在塑性变形过程当中起重要作用,有利于材料的塑性。此外,孪生面上的原子同时属于基体和孪晶,孪晶界属于共格界面,能量较低。

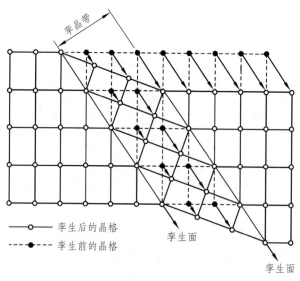

图 4.7　孪生示意图

4.1.1.3　滑移和孪生的差异

滑移和孪生是塑性变形的两种基本形式，二者的结果都是一部分相对于另一部分发生相对位移，但它们有本质区别：

（1）孪生变形是一部分相对于另一部分发生了均匀切变，切变前后晶体结构不发生改变。而滑移变形则是不均匀的，一方面滑移面内应变集中在位错附近，另一方面滑移面间的形变集中在部分滑移面上，导致滑移带和滑移线的形成。

（2）孪生变形后，晶体变形部分和未变形部分呈镜面对称，晶体取向发生改变；而滑移仅是发生相对错动，晶体位向并未改变。

（3）孪生对塑性变形的贡献比滑移小得多。

4.1.2　多晶体的塑性变形

在实际中使用的材料大多数都不是单晶体，而是由不同尺寸和取向的晶粒组成的多晶体材料。相对于单晶体，多晶体的体系更加复杂，主要表现在 3 个方面：

（1）各晶粒的取向不同，如果晶粒取向在空间上近似随机分布，即织构随机，则材料在宏观上各方向性能相近，表现出各向伪同性；反之，如果某个取向方向的晶粒含量明显增多，则材料在宏观上各方向性能不同，表现出各向异性。

（2）晶粒之间由晶界连接，有 2~3 个原子层的厚度，原子排布相对无序。

（3）多晶材料的平均晶粒尺寸会影响材料的晶界含量，晶粒尺寸越小，单位体积中的晶界含量越高，这也会影响材料的塑性变形和力学性能。

尽管每个晶粒的变形方式仍然是滑移和孪生，多晶体的塑性变形具有一些新的特征和规律：

1. 各晶粒不能同时变形

前面讲到单晶体的塑性变形与晶粒的取向相关，软取向的晶粒容易变形，硬取向的晶粒不容易变形。在多晶体当中，同时存在着软取向晶粒和硬取向晶粒。软取向晶粒随着外力的增加首先开始变形，而硬取向晶粒仍处于弹性变形状态。随着软取向晶粒的变形，内部的位错滑移至晶界，由于晶界原子排布混乱且晶粒之间的取向不同，位错不能穿过晶界，导致位错在晶界的塞积，晶界处的应力增加，如图 4.8 所示。在外应力和内应力的共同作用下，有可能使相邻晶粒的分切应力达到临界应力，激活相应的滑移系，从而使应变传递到相邻晶粒。当有大量的晶粒发生变形之后，材料在宏观上就表现出屈服现象。此外，晶粒在变形过程中伴随着晶面的转动，晶粒滑移系的活性也随之变化，有的晶粒会硬化，有的晶粒则会软化。所以，多晶体的变形是一批批晶粒逐步发生的，从少量晶粒开始逐步扩大到大量晶粒，从不均匀变形，逐步发展到比较均匀的变形。

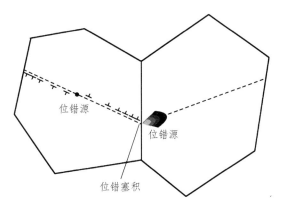

图 4.8　位错塞积示意图

2. 变形的不均匀性

多晶体变形的不均匀性主要表现在两个方面：一方面是晶粒之间的变形不均匀，取向有利于变形的晶粒应变大于不利于变形取向的晶粒；另一方面则是晶粒内部的变形不均匀，除了类似单晶体的滑移面激活的不均匀之外，由于晶界对位错的阻碍，导致晶粒内部的变形高于晶界。

3. 晶粒之间的协调变形

多晶体在塑性变形过程中要保持基体的连续性，所以每个晶粒的变形都受到相邻晶粒的制约，不允许各晶粒像单晶体一样任意变形，否则就会出现裂纹而发生断裂。为了满足协调变形，使晶粒的形状在相互制约的情况下自由变化，需要启动至少 5 个独立的滑移系。

4.1.3　塑性变形对组织和性能的影响

从宏观角度来看，塑性变形就是材料在外力作用下使外形发生不可恢复的变形过程；从微观的角度来看，塑性变形就是组成材料的各晶粒在材料连续性条件的制约下按照某种方式分配整体宏观应变的协调变形。材料的微观组织在变形过程中发生显著的变化，因而材料的力学性能也会随之发生显著改变。本节将简单介绍塑性变形过程中，材料的微观组织和力学性能的基本变化规律。

4.1.3.1 塑性变形对金属显微组织的影响

1. 晶界含量增加，形成纤维组织

金属在塑性变形过程中，内部晶粒的形状也会沿着变形方向被拉长或者压扁，随着形变量的增加，晶粒形貌的变化越明显，如图 4.9 所示。显然，随着晶粒的变形，单位体积内晶界含量逐渐增加，当形变量很大时，各晶粒的晶界变得模糊不清，并且可以观察到晶粒为纤维状分布，称为纤维组织，如图 4.10 所示。形成这种纤维组织的时候，那些分布在晶界的夹杂物和不可变形的金属间化合物也呈条带状分布。需要注意的是，每个晶粒的变形是不一样的，容易变形的晶粒变形量较大，而不易变形的晶粒变形量较小。

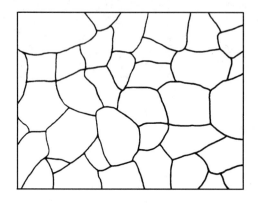
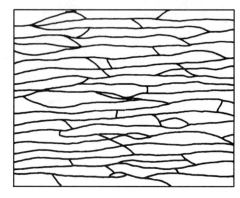

（a）塑性变形前　　　　　　　　　　　　　　（b）塑性变形后

图 4.9　晶粒形状在塑性变形前后的变化

（a）变形 10%　　　　　　　　（b）变形 50%　　　　　　　　（c）变形 90%

图 4.10　冷轧高锰钢的光学显微组织

2. 晶粒结构细化，内部形成取向差

要满足多晶体在相邻晶粒的限制下实现自由协调变形的要求，至少需要开动 5 个独立的滑移系。然而在实际晶体的塑性变形中，几乎不能观察到晶体晶粒各部分均匀地启动 5 个滑移系。那么晶粒要怎么实现协调变形呢？塑性变形过程中，晶粒受到各相邻晶粒的共同作用而发生变形。由于各相邻晶粒的取向、大小不一样且形变不均匀，晶粒内各局部晶块受力不均匀，使各晶块启动不同的滑移系，近似满足启动 5 个滑移系的需求。这样在不同滑移系的作用下，各晶块围绕不同轴旋转不同的角度，从而出现取向差。该取向差随着形变量的增加而增加，最终导致微观组织的细化和分裂，形成亚晶。为了协调亚晶之间的取向差，亚晶界面上形成了高密度位错墙，晶格严重畸变，而亚晶内部由于变形比较均匀而相对完整，如图4.11 所示。

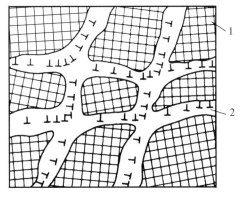

1—晶格较完整的亚晶块；2—严重畸变亚晶界。

图 4.11　形变亚晶结构示意图

3. 晶粒择优取向，形成织构

前面分析了单晶体单向拉伸变形过程中，随着形变量的增加，晶面会发生转动，最终使滑移面趋向平行于拉伸轴，使滑移方向趋向于最大切应力方向。类似地，在多晶体变形当中，尽管变形比较复杂，各晶粒的受力不同且时刻发生变化，当形变量很大时，仍然会导致绝大多数的晶粒的晶面或晶向大体趋向一致，即发生了晶体的择优取向，这种结构称为形变织构。

4.1.3.2　塑性变形对金属性能的影响

既然塑性变形引起金属组织结构的变化，也必然引起性能的变化。

1. 加工硬化

金属在发生塑性变形时，随着形变量的增加，材料的强度和硬度增加，而塑性和韧性下降，这种现象称为加工硬化或者形变强化。

为什么塑性变形会使材料产生加工硬化现象呢？材料的塑性变形主要通过位错的滑移完成，而位错的滑移需要克服一定临界分切应力才能启动。显然，临界分切应力越高，材料的强度越高，反之材料的强度越低。在塑性变形过程中伴随着以下变化，材料的位错密度增加，位错之间相互作用形成位错缠结；晶界含量增加；晶粒内部出现取向差，形成亚晶并逐渐细化，从而形成亚晶界，亚晶界为高密度的位错墙；位错难以穿过晶界和亚晶界而在界面处塞积。这些都会阻碍位错的运动，增加位错运动的阻力，即增加了材料的临界分切应力，导致加工硬化，使强度增加。

加工硬化具有很重要的意义。首先，可以利用加工硬化来提高金属的强度和硬度。这对不能热处理方法强化的材料尤为重要，如某些铜合金和铝合金。其次，加工硬化有利于材料的均匀变形。这是由于实际金属的内部是不均匀的（晶粒的形貌、大小、取向等），塑性变形总是优先在容易变形的晶粒中进行，这部分晶粒的强度就会提高，继续变形将会在未变形或者变形量少的晶粒中进行。这也使得许多金属制品能够通过塑性变形的方法生产。例如，冷拉钢丝时，由于加工硬化才能得到粗细均匀的钢丝；易拉罐在冲压成型时，由于加工硬化才能得到厚薄均匀的罐体。再次，加工硬化还能在一定程度上提高金属零件和构件在使用过程中的安全性。这是由于金属零件或构件万一出现偶然过载，发生了少量塑性变形后，由于加工硬化提高材料的强度，阻碍了形变的进一步发生。

加工硬化也有不利的方面。它使金属的塑性降低，变形抗力增加，导致金属进一步加工变形困难。例如，铜或银在旋压成型过程中越来越硬，以至于再变形就会发生开裂，需要安排多次中间退火过程，恢复其塑性。

2. 各向异性

金属在经过大形变量的塑性变形后，材料的性能由各向伪同性变为各向异性，即纤维组织的纤维方向的强度和塑性明显高于垂直方向。这主要是由于金属在塑性变形过程中发生了择优取向，形成织构，即晶粒取向在空间上不再随机分布，所以材料表现出类似于单晶体的各向异性。当材料在变形前就具有明显的织构时，由于不同方向上的塑性差别很大，将导致各个方向上的变形不均匀。例如，用有织构的板材冲压成型杯形产品时，造成工件边缘不齐，壁厚不均匀的制耳现象，如图 4.12 所示。当然织构也存在其特殊应用的地方。例如，硅钢片的<100>晶向的磁化率最高，而轧制过后正好可以形成<100>方向平行于轧制方向的织构，在实际应用当中我们只需要使磁力线与轧制方向平行即可节省材料和降低铁损。

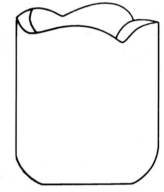

图 4.12　冷冲压的制耳现象

4.1.3.3　残余内应力

塑性变形在外力作用下发生变形，金属内部会形成内应力抵抗塑性变形，这种除去外力之后仍保留于金属内部的应力，称为残余内应力，简称内应力。残余内应力按照其作用范围，可分为三类：

1. 第一类内应力：宏观内应力

由于金属内部变形不均匀，而造成在宏观范围内相互平衡的内应力叫作宏观内应力，故其应力平衡范围包括整个工件。例如，金属材料在进行弯曲变形时，材料的一边被拉伸，另一边被压缩；变形超过弹性极限后发生塑性变形，当去除外力后，被拉伸的一边受到压应力，而被压缩的一边受到拉应力。

宏观内应力与外应力叠加通常会降低工件的承载能力。此外，工件在使用过程中，因宏观内应力的变化，使其平衡状态受到破坏而引起工件的变形。因此，宏观内应力通常是有害的，应予以消除。但生产上也可以通过控制宏观内应力的方向，使之与工作应力相反，以提高材料的承载能力。例如，工件采用滚压或者喷丸处理之后，在表面形成压应力，使其疲劳强度增加。

2. 第二类内应力：微观内应力

它是由晶粒或亚晶粒之间的变形不均匀性产生的，其作用范围与晶粒尺寸相当，即在晶粒或亚晶粒之间保持平衡。这种内应力有时可达到很大的数值，甚至可能造成显微裂纹并导致工件破坏。

3. 第三类内应力：晶格畸变内应力

它是由于工件在塑性变形中形成的大量点阵缺陷（如空位、间隙原子、位错等）引起的，其作用范围是几十至几百纳米。变形金属中储存能的绝大部分（80%～90%）用于形成点阵畸变。这部分能量提高了变形晶体的能量，使之处于热力学不稳定状态，故它有一种使变形金属重新恢复到自由焓最低的稳定结构状态的自发趋势，并导致塑性变形金属在加热时的回复及再结晶过程。

显然，金属塑性变形产生的位错等缺陷就是引起第三类内应力的基本原因，也是引起加工硬化的根本原因。

4.2 塑性变形金属在退火时的组织性能变化

金属经过塑性变形后，内部的晶体缺陷显著增加，缺陷附近的晶格发生畸变，使原本处于完整晶格结点上的原子偏离低能量的平衡位置而能量升高，最终导致材料的整体吉布斯自由能增加。因此，材料处于不稳定状态，从热力学的观点来看，材料具有自发消除晶体缺陷恢复其原有组织结构状态的倾向；从动力学的角度来看，在室温下原子的扩散能力通常很低，这种转变速率很低，所以这种不稳定的组织结构可以在室温下长期保存。如果将塑性变形后的金属进行加热处理，原子的热运动加剧，原子的扩散能力增加，达到一定程度时，材料向稳定化转变的速率显著增加，其内部结构会发生一系列组织结构和性能的变化。按照加热温度由低到高的顺序（或组织转变的先后顺序），可以将这种变化分为回复、再结晶和再结晶后的晶粒长大三个阶段。回复与再结晶过程十分复杂，影响因素众多，在这里我们仅对一些共性的规律进行简单介绍。

4.2.1 回　复

当加热温度较低时，原子短距离扩散，可使晶体中的一些缺陷互相抵消或者合并，从而减小晶体缺陷的数量和晶格的畸变程度。例如，单个点缺陷运动到界面（晶界或者小角度界面）处消失；空位彼此合并形成双空位，降低体系的能量；空位和间隙原子合并；同一滑移面上的异号位错合并相互抵消；不同滑移面上的同号位错通过多边形化降低能量，等等，如图 4.13 所示。

回复阶段晶粒内部缺陷数量减少（主要是点缺陷），晶格的畸变程度减轻，使第一、二类残余应力显著减少，物理性能（如电阻率）和化学性能（如耐蚀性能）部分恢复到塑性变形之前的状态。但从晶粒尺度来看，材料的显微组织没有发生显著变化，仍然保留纤维组织的形貌，晶粒内部仍然保留有大量的位错，特别是亚晶的尺寸变化不大，总体位错密度尚未显著减少。因此，造成材料加工硬化的第三类应力没有显著降低，材料的力学性能变化不大，强度和硬度略有下降，塑性和韧性稍有回升。

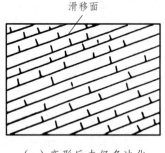
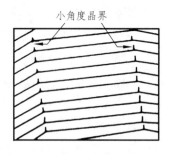

（a）变形后未经多边化   （b）多边化后

图 4.13　多边化过程示意图

工程上的去应力退火就是利用回复现象。去应力退火的目的是，在保留材料加工硬化某些方面（材料的强度不明显降低）的情况下，减小第一、二类内应力，改善某些理化性能。

4.2.2　再结晶

当温度升高到某一温度（准确地说是某一较窄的温度范围），塑性变形金属的力学性能和理化性能急剧变化，加工硬化完全消除，性能恢复到塑性变形之前的状态；显微组织也发生显著改变，由严重畸变拉长的晶粒重新变为完全无畸变的等轴晶粒，这就是再结晶。

试验观察发现，再结晶是先形成一个无畸变的晶核，然后晶核通过吞噬形变基体逐渐长大的过程，如图 4.14 所示。当大量再结晶晶核长大，彼此相遇，完全吞噬掉形变基体之后，再结晶过程结束，继续保温则会过渡到再结晶晶粒长大阶段。因此，再结晶过程类似于凝固结晶过程，都分为形核和长大两个阶段。需要注意的是，结晶是温度低于凝固温度时液相转变为固相的过程，转变驱动力固相和液相的吉布斯自由能的差值；而再结晶前后，金属的晶体结构和化学成分没有发生变化，所以再结晶不是相变过程，其驱动力为形变基体的弹性畸变能。

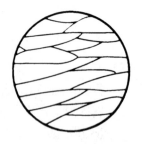
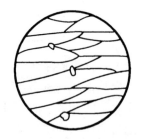
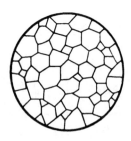

图 4.14　再结晶过程示意图

再结晶形核过程需要克服较大的能垒，所以在位错密度比较高、晶格畸变严重的位置（如晶界、剪切带等）产生，因为这些区域储存能高，原子重排形成无畸变晶格的驱动力大，否则难以进行。晶核的长大过程是通过原子的扩散，迁移到能量较低的平衡位置，造成再结晶晶粒与形变基体的界面逐渐迁移，最终形变基体完全消失。

再结晶过后，材料重新形成了无畸变的等轴晶粒，完全消除了三类残余应力，这个过程称作"再结晶退火"。工程上常通过再结晶退火，消除材料的加工硬化，以便进一步加工成型。

例如，在冷拉钢丝时，如果总形变量很大，中间要安排几次再结晶退火消除加工硬化，以便进一步拉拔。

4.2.3 晶粒长大

金属再结晶过程结束后，一般得到细小均匀的等轴晶粒。但如果继续升高温度或者延长保温时间，大的晶粒会逐渐吞噬周围较小的晶粒长大，使金属的力学性能降低。这是因为晶界也是一种面缺陷，使系统能量升高。晶粒会自发合并长大，通过减少单位体积晶界含量来降低系统的总能量，使组织趋于更为稳定的状态。从整体角度来看，晶粒长大的驱动力为总界面能的降低；从晶粒长大的微观过程来看，造成界面迁移的直接原因是晶界具有不同的曲率，界面向曲率中心迁移会降低界面面积，从而降低界面能，如图 4.15 所示。显然，晶粒长大是原子扩散的过程，所以通常温度是影响晶粒长大的主要因素。温度越高，原子扩散越快，晶界迁移越快，晶粒越易粗化。除此之外，第二相粒子、合金微量元素和杂质原子会通过钉扎晶界的方式阻碍晶界的迁移，降低晶粒长大的速率。

晶粒长大除了以上晶粒均匀正常长大以外，在某些特殊的情况下，少量晶粒具有明显的长大优势，通过吞噬其余小晶粒形成粗大的晶粒，而其余晶粒不易长大，最终形成晶粒尺寸分布极其不均匀的显微组织，这种现象称为二次再结晶，如图 4.16 所示。例如：当形变量较低时（2%～10%），再结晶晶粒可能异常长大，这个形变量称作"临界形变量"。在此形变量下，金属的形变不均匀，形变量较大的晶粒发生再结晶形成细小的晶粒；形变量小的晶粒，不发生再结晶，晶粒尺寸较大。此时，这种不发生再结晶的大晶粒直接进入长大阶段，晶粒尺寸明显大于刚刚再结晶的晶粒，故具有明显的生长优势，通过吞并周围细小晶粒异常长大。二次再结晶往往会使金属的强度、硬度、塑性和韧性等机械性能显著降低，所以在实际生产中需要避免二次再结晶的发生。

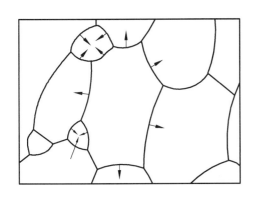
图 4.15 晶粒长大时晶界移动示意图

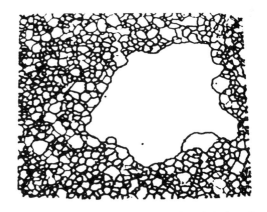
图 4.16 Fe-3%Si 二次再结晶的异常长大现象

4.3 塑性变形与再结晶的关系

通过前面的学习我们已经清楚，塑性变形在使金属发生变形的同时还会使金属内部的缺陷（点、线和面缺陷）密度显著增加，系统的储存能升高，使金属处于热力学不稳定状态。回复与再结晶的驱动力正是这一部分升高的储存能。再结晶分为形核与长大两个过程，其中形核过程需要克服较大的能垒，往往在晶格畸变较大以及能量较高的位置形核，晶核的长大同样受到晶格畸变程度的影响。所以，金属形变过后，储存能的大小与分布将显著影响再结晶过程。而储存能的大小与分布取决于金属的微观组织演变，不同的金属塑性变形过程中的微观组织具有不同的特征，这又取决于金属的结构、成分、变形温度和变形方式等。所以只有对材料的形变过程有了充分的认识和理解之后，才能更好地掌握再结晶过程。

研究材料的变形与再结晶的最终目的在于指导实际生产，通过制定合理的形变热处理工艺流程，获得一定的微观组织，从而满足工件的尺寸和性能的需求。在工程上，重点关注材料发生再结晶的温度以及发生再结晶后的晶粒尺寸，这对制定再结晶退火工艺和保证金属的性能非常重要。

1. 再结晶温度

再结晶温度是指发生再结晶现象的最低退火温度。金属塑性变形的变形量越大，产生的位错等晶体缺陷越多，组织越不稳定，储存能越高，越容易克服形核能垒，在较低的温度就能发生再结晶。因此，再结晶的温度随着形变量的增加而降低，如图 4.17 所示。一方面，当形变量较小时，储存能较低，再结晶过程受到热力学因素的控制，不能克服形核能垒，即使金属加热到熔点也不会发生再结晶；另一方面，当再结晶温度随形变量的增加降低到一定值时，再结晶过程主要受到动力学因素的控制，当退火温度低于此温度时，原子扩散困难，尽管进一步增加形变量，金属的储存能进一步增加，仍然难以发生再结晶。一般，当形变量达到 70% 时，再结晶温度达到最低值并趋于稳定。因此，工程上通常规定经过大变形量（＞70%）后的金属在保温 1 h 内完成再结晶（转变量＞95%）的温度，称为再结晶温度。大量试验证明，纯金属的最低再结晶温度 $T_{再}$ 与其熔点 $T_{熔}$ 之间存在以下关系：

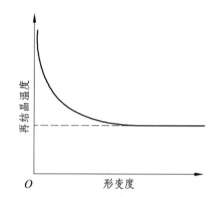

图 4.17　再结晶温度与形变度的关系

$$T_{再} = (0.35 \sim 0.4)T_{熔} \tag{4.3}$$

式中，温度值的单位为开尔文（K）。

除了形变量对再结晶温度有影响以外，金属的纯度和第二相粒子也会影响再结晶温度。当金属中含有少量杂质或合金元素（如 W、Mo 等）时，由于这些元素阻碍基体金属原子的扩散，而使再结晶温度升高。但是，当杂质或者合金元素较多时，继续增加它们的浓度往往不能继续升高再结晶温度，有时反而会降低再结晶温度。第二相粒子对再结晶温度的影响可以分为两种情况：（1）当粒子尺寸较大，间距较大时，促进再结晶，降低再结晶温度；（2）当粒子尺寸较小，间距较小时，抑制再结晶，升高再结晶温度。

2. 晶粒尺寸

晶粒尺寸对金属的力学性能有较大的影响。所以，有时候利用塑性变形加再结晶退火的形变热处理工艺，减小金属的平均晶粒尺寸，可提升金属的强度和韧性。再结晶后的晶粒尺寸主要受到形核率、晶核分布以及晶核长大过程的影响。塑性变形的形变量对晶粒尺寸的影响如图 4.18 所示。当形变量很小时，晶格畸变很小，不足以引起再结晶形核，所以不会发生再结晶，晶粒大小没有变化。当形变量达到 2%~10% 时，再结晶可以形核，但由于材料的变形不均匀，形核率低且晶核分布不均匀，如前所述，导致二次再结晶的发生，使晶粒尺寸变大，这个形变量称为"临界变形度"。所以，金属材料一般要避免在临界变形度范围内塑性变形，以免产生粗大的晶粒。当形变量大于临界变形度之后，随着形变量的增加，金属材料的变形越来越趋于均匀，使得再结晶形核率高且分布均匀，因此再结晶后的晶粒尺寸逐渐变小。但当变形量很大时（>70%），在某些金属中，由于晶粒织构的影响，造成晶粒长大不均匀，也会使一些晶粒异常长大，导致二次再结晶的发生，最终导致晶粒尺寸粗化。所以，工业上冷轧金属薄板时，常用 30%~60% 的变形度。

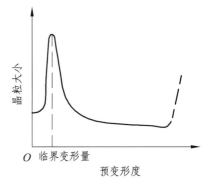

图 4.18　再结晶晶粒尺寸与
形变量的关系

除了形变量对再结晶晶粒尺寸有影响以外，加热温度、保温时间、原始晶粒尺寸（形变前的晶粒尺寸）和夹杂物也会影响再结晶后的晶粒尺寸。加热温度越高，保温时间越长，原始晶粒尺寸越大，再结晶晶粒尺寸越大。反之，再结晶晶粒尺寸越小。夹杂物对再结晶晶粒长大有一定的阻碍作用，会减小晶粒尺寸；但当夹杂物分布不均匀时，可能导致二次再结晶的发生，使晶粒粗化。

4.4　金属的热变形

金属在再结晶温度以上的加工变形称为热变形，工业上又俗称热加工。金属的热变形可以看成是两个过程的组合：一方面像冷加工一样形成晶体缺陷，使晶粒伸长，导致加工硬化；另一方面又发生了回复与再结晶，消除晶体缺陷，形成新的等轴晶粒，即退火软化。这种回复与再结晶和变形同时发生的过程称为动态回复和动态再结晶。

4.4.1　动态回复

动态回复是在塑性变形过程中发生的回复。变形产生的位错增殖和累积造成的加工硬化被滑移面内异号位错的对消、位错胞胞壁锐化形成亚晶和亚晶的合并等软化作用抵消。因此，动态回复过程对应的应力应变曲线中的应力不随应变增加而增加，如图 4.19 所示。动态回复是热激活的过程，高层错能金属在热变形中更容易发生动态回复，甚至将能量释放到不足以发生再结晶。由于动态回复主要是变形晶粒内部结构的变化，晶粒不发生再结晶，仍呈纤维状，热变形后迅速冷却，可以保留伸长的晶粒和等轴亚晶的组织。故动态回复组织比再结晶组织的强度高。

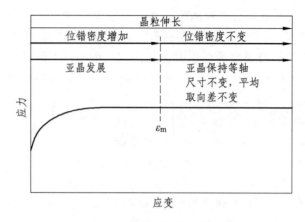

图 4.19　动态回复的应力应变曲线

4.4.2　动态再结晶

动态再结晶是在塑性变形过程中发生的再结晶。动态再结晶同样是热激活的过程，中低层错能金属动态回复较慢，释放储存能速率慢，动态回复不能完全抵消形变产生的位错增殖累积，当超过某一形变量时发生动态再结晶。

如图 4.20 所示，应变速率会影响动态再结晶的应力应变曲线的形貌。当应变速率较高时，应力应变曲线可以分为三个阶段：（Ⅰ）应力随应变增加而增加，这一阶段没有发生动态再结晶，动态回复不能完全抵消加工硬化，故应力增加；（Ⅱ）这一阶段开始再结晶，加工硬化率降低，当再结晶软化超过加工硬化时，应力开始降低；（Ⅲ）这一阶段再结晶软化和加工硬化达到平衡，为稳态流变，故应力保持不变。当应变速率较低时，由于位错的增加速率较低，动态再结晶后，需要进一步累积位错，才能发生下一次动态再结晶。因此，此时动态回复和动态再结晶交替进行，应力应变曲线为波浪状。动态再结晶和静态再结晶相比较具有反复形核、有限长大的特征，故晶粒尺寸较细。此外，动态再结晶晶粒内部包含亚晶，位错密度较高。所以，动态再结晶组织比静态再结晶组织的强度高。

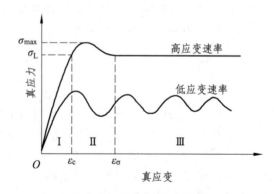

图 4.20　动态再结晶的应力应变曲线

4.4.3　热变形对组织和性能的影响

1. 改善铸锭组织和性能

热加工可以使铸态金属与合金中的组织和缺陷得到明显改善。例如，焊合气孔和疏松；使粗大的树枝晶或柱状晶破碎；使粗大的夹杂物或第二相被击碎并重新分布，最终实现材料组织致密、成分均匀、晶粒细化，提升力学性能。

2. 形成加工流线

热加工后，材料中的夹杂物沿着变形方向呈链状（脆性夹杂物）或带状（塑性夹杂物）分布，形成流动状的纤维组织，称为加工流线。加工流线的方向性分布导致材料出现各向异性，沿流线方向的塑性、韧性明显高于垂直方向。所以，合理调控流线分布可以提升结构件的性能。如图 4.21 所示，锻造曲轴的流线分布更为合理，其力学性能明显优于切削加工的曲轴。

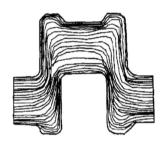

（a）切削加工的曲轴　　　　　　（b）锻造的曲轴

图 4.21　锻钢曲轴中的流线分布

3. 形成带状组织

热加工后，多相合金中的各相沿着变形方向交替分布，这种组织称为带状组织。通常，带状组织不仅降低强度，还降低塑性和冲击韧性，对性能极为不利。为防止和消除带状组织，可以避免在两相区变形、减少夹杂物含量和采用高温扩散退火。对于已经出现带状组织的材料，可以通过在单相区正火热处理消除。

本章小结

本章介绍了材料的塑性变形和回复与再结晶，这两个过程可以理解为两个相反的过程。塑性变形是金属在外力作用下的一个能量输入的过程，一部分能量以晶体缺陷的形式储存在金属中，使系统的储存能升高，导致材料的强度增加，塑性减小；回复与再结晶是在原子获得一定的扩散速率之后，自发地消除金属内部的晶体缺陷，减少金属的储存能，使材料的强度减小，塑性增加。

滑移和孪生是塑性变形的两个基本方式，要激活这两种变形机制，需要克服一定的临界剪切应力。其中，孪生的临界剪切应力明显高于滑移的临界剪切应力。所以滑移是主要的变形方式，孪生只有在滑移难以进行的时候才激活。

单晶体的塑性变形相对简单。多晶体的塑性变形是不同取向的晶粒在相互制约下的协调变形。所以多晶体的塑性变形更加复杂，也有一些新的特征和规律，如各晶粒的变形不同时、不均匀以及协调变形。总体来讲，金属的塑性变形使位错密度增加，晶粒内部结构细化分裂形成亚结构，产生加工硬化和残余应力。多晶体在大应变量变形后还会出现晶粒的择优取向，即形成织构。

形变金属在加热后，自发发生回复与再结晶，使晶体缺陷减少，金属的组织与性能恢复到变形之前，该过程的驱动力为形变过程中系统增加的储存能。所以形变过程产生的储存能的大小与分布显著影响回复与再结晶过程。在较低形变度和较高形变度退火时均有可能引起金属的二次再结晶，所以工程上对材料的变形范围一般控制在 30%~60%。

热加工的定义为，当变形温度高于再结晶温度时，塑性变形产生的加工硬化和回复与再结晶过程的退火软化同时进行，相互抵消，不伴随加工硬化的变形。因此，金属大变形量下的塑性变形可以持续进行。但是热加工不能简单地看作是塑性变形加再结晶。

思考与练习

1. 解释下列名词。

滑移　孪生　加工硬化　回复　再结晶

2. 简述滑移和孪生的区别。

3. 多晶体塑性变形有什么特点？

4. 简述冷变形对金属组织结构和性能的影响。

5. 简述回复与再结晶退火过程中组织和性能的变化。

6. 再结晶和凝固结晶有何不同？

7. 指出下列名词的主要区别：

（1）再结晶与二次再结晶；

（2）去应力退火和再结晶退火；

（3）热加工与冷加工。

8. 简述形变量对再结晶温度和再结晶晶粒尺寸的影响。

9. 为了获得细小晶粒的再结晶组织，制定形变热处理工艺时需要注意什么问题？

10. 举例说明加工硬化、回复、再结晶退火在工业上的应用。

5 钢的热处理

本章提要

　　钢的热处理是通过各种特定的加热和冷却方法，使钢件获得工程技术上所需性能的各种工艺过程的总体。本章简要介绍了钢的热处理原理和常见的热处理工艺。热处理原理是指钢在加热过程中的奥氏体化过程以及随后冷却时的过冷奥氏体的转变过程。过冷奥氏体的转变较为复杂，不同的转变产物会导致同一成分钢的不同性能，因此本章重点讨论了过冷奥氏体在不同温度范围内的转变过程与转变产物的组织形态和性能，即较为详细地介绍了珠光体转变、马氏体转变、贝氏体转变及其组织形态与性能。热处理工艺主要介绍钢的普通热处理和表面热处理，即钢的退火、正火、淬火和回火以及表面淬火和化学热处理（渗碳、氮化等）。

　　钢的热处理是将钢在固态下加热、保温和冷却，以改变整体或表面组织，从而获得工件所需要性能的一种加工工艺，其示意图见图 5.1。

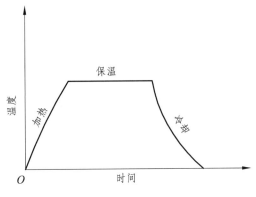

图 5.1　热处理工艺曲线示意图

　　热处理是提高零件使用性能，延长零件使用寿命，充分发挥钢材潜力，改善钢材工艺性能的重要途径，在机械制造业中应用极为广泛。重要的机械零件都需要进行热处理，例如，汽车拖拉机工业中 70% ~ 80% 的零件需要进行热处理，机床零件中 60% ~ 70% 需要进行热处理，而工模具几乎百分之百需要进行热处理。

　　热处理之所以能有效改变钢的性能，主要是由于钢在加热、保温和冷却过程中，其内部组织发生了一系列规律性变化。钢中组织转变的规律通常被称为热处理原理。而根据热处理原理制定的具体加热温度、保温时间、冷却方式等参数就是热处理工艺。常用的热处理工艺可分为普通热处理（退火、正火、淬火和回火）和表面热处理（表面淬火和化学热处理）等，下面分别予以介绍。

5.1 钢的热处理原理

5.1.1 钢在加热时的组织转变

加热是热处理的第一道工序，为了在热处理后获得所需性能，大多数热处理工艺都要将钢加热到临界温度以上，获得全部或部分奥氏体组织，通常把钢加热获得奥氏体的转变过程称为"奥氏体化"。加热时形成的奥氏体组织的状况，如化学成分、晶粒大小及成分均匀性等会直接影响奥氏体冷却转变过程及转变后的组织和性能。

5.1.1.1 转变温度

根据 Fe-Fe₃C 相图，共析钢加热超过 PSK 线（A_1）时，完全转变为奥氏体；而亚共析钢和过共析钢必须加热到 GS 线（A_3）和 ES 线（A_{cm}）以上，才能全部获得奥氏体。而实际热处理加热和冷却时的相变是在不完全平衡的条件下进行的，实际相变温度与平衡相变点之间有一定差异，加热时相变只有在平衡临界点以上才能进行，冷却转变只有在平衡临界点以下才能进行。通常将加热的临界温度标为 A_{c1}、A_{c3}、A_{ccm}，冷却的临界温度标为 A_{r1}、A_{r3}、A_{rcm}。实际的临界温度不是固定的，它与平衡临界点的偏离随加热和冷却速度的提高而增大。图 5.2表示加热和冷却速度为 0.125 ℃/min 时对临界点的影响。

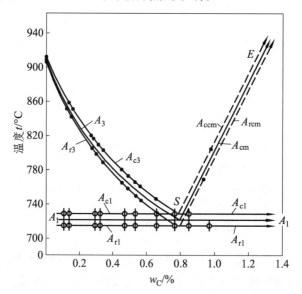

图 5.2　加热和冷却速度对临界点 A_1、A_3、A_{cm} 的影响（加热和冷却速度为 0.125 ℃/min）

5.1.1.2 奥氏体的形成

1. 形成过程

奥氏体的形成是通过形核及长大两个基本过程来完成的。以共析钢为例，其原始组织为珠光体，当加热到 A_{c1} 以上时，将发生珠光体向奥氏体的转变，其转变过程可以描述为四个阶段，如图 5.3 所示。

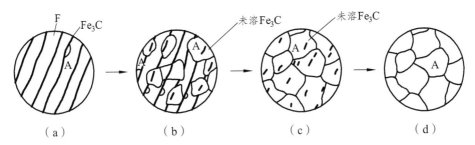

图 5.3 共析钢奥氏体形成过程示意图

第一阶段：奥氏体晶核的形成。钢加热到 A_{c1} 以上时，珠光体变得不稳定，经过一段孕育期，首先在铁素体和渗碳体的界面形成奥氏体晶核，因为该界面的碳浓度不均匀，原子排列也不规则，处于能量较高状态，在结构和成分上为奥氏体形核提供了有利条件。

第二阶段：奥氏体的长大。奥氏体形成以后，它一侧与渗碳体相接触，另一侧与铁素体相接触。与渗碳体相接处含碳量较高，而与铁素体相接处含碳量较低。因此，奥氏体中的含碳量是不均匀的，在奥氏体中出现了碳浓度梯度，引起碳在奥氏体中不断由高浓度向低浓度扩散，随着碳扩散的进行，破坏了奥氏体形成时碳浓度的界面平衡，造成奥氏体与铁素体相接处的碳浓度增高以及奥氏体与渗碳体相接处的碳浓度降低。为了恢复界面上碳浓度平衡，势必促使铁素体向奥氏体转变，以及渗碳体的不断溶解。这样，碳浓度破坏平衡和恢复平衡的反复循环过程，使得奥氏体逐渐向渗碳体和铁素体两方面推移而实现奥氏体的长大。

第三阶段：残留渗碳体的溶解。在奥氏体晶粒长大过程中，由于渗碳体的晶体结构和含碳量与奥氏体之差远大于同体积的铁素体，所以，铁素体向奥氏体转变的速度往往比渗碳体的溶解要快，铁素体总是比渗碳体消失得早。在铁素体完全消失后，仍残留有一定量的渗碳体，它们只能在随后的保温过程中逐渐溶入奥氏体中，直至完全消失。

第四阶段：奥氏体成分的均匀化。当残留渗碳体全部溶解后，奥氏体的碳浓度仍然是不均匀的，在原来渗碳体处含碳量较高，而在原来铁素体处含碳量较低。需继续延长保温时间，通过碳原子的扩散，使奥氏体中的含碳量逐渐趋于均匀。

亚共析钢和过共析钢的奥氏体形成过程与共析钢基本相同，但其完全奥氏体化的过程有所不同。对于亚共析钢和过共析钢来说，加热至 A_{c1} 以上并保温足够长的时间，只能使原始组织中的珠光体完成奥氏体化，仍会保留先共析铁素体或先共析渗碳体，这种奥氏体化过程被称为"不完全奥氏体化"。只有进一步加热至 A_{c3} 或 A_{ccm} 以上保温足够长的时间，才能获得均匀的单相奥氏体，这被称为非共析钢的"完全奥氏体化"。

2. 影响奥氏体转变的因素

奥氏体的形成速度取决于加热温度和速度、钢的成分、原始组织，即一切影响形核与长大、影响碳扩散的因素，都将影响奥氏体的转变速度。

（1）加热温度。

随着加热温度的提高，碳原子扩散速度增大，碳化物的溶解及奥氏体的均匀化都进行得快。所以，奥氏体形成速度加快。

（2）加热速度。

在连续加热时，加热速度越快，过热度越大，奥氏体形成温度越高，转变的温度范围越宽。因此，完成转变所需的时间就越短。

（3）钢中含碳量。

碳含量增加时，渗碳体增多，铁素体与渗碳体的相界面积增大，奥氏体形成的基底增多，因而奥氏体的核心增多，转变速度加快。

（4）合金元素。

合金元素的加入，不改变奥氏体形成的基本过程，但显著影响奥氏体的形成速度。除钴、镍外，大多数合金元素都会减慢碳在奥氏体中的扩散速度，同时，合金元素本身在奥氏体中的扩散速度也较碳慢。所以，合金钢的奥氏体化过程大多比碳钢慢，加热温度一般较碳钢高些，保温时间更长些。

（5）原始组织。

在钢的成分相同时，组织中珠光体越细，渗碳体片间距越小，奥氏体形成速度就越快。

5.1.1.3 奥氏体晶粒大小及影响因素

钢在加热后形成的奥氏体组织，特别是奥氏体晶粒大小直接影响冷却转变后钢的组织和性能。奥氏体晶粒均匀而细小，冷却后奥氏体转变产物的组织也均匀细小，其强度、韧性、塑性都比较高，尤其对淬火、回火钢的韧性具有很大影响。因此，加热时总是力求获得均匀细小的奥氏体晶粒。

1. 奥氏体晶粒度

奥氏体的晶粒大小用晶粒度来衡量。奥氏体有三种不同概念的晶粒度：

（1）起始晶粒度：珠光体刚全部转变成奥氏体时的晶粒度，一般情况下是比较细小的。

（2）本质晶粒度：钢在规定加热条件下（加热温度 930 ℃ ± 10 ℃、保温 8 h），冷却后测得的晶粒度。它表示钢在上述规定加热条件下奥氏体晶体长大的倾向。奥氏体晶粒迅速长大者，称为本质粗晶粒钢；奥氏体晶粒不明显长大者，称为本质细晶粒钢，如图 5.4 所示。

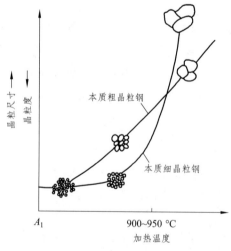

图 5.4 本质细晶粒钢和本质粗晶粒钢的晶粒长大倾向

（3）实际晶粒度：在具体加热条件下实际获得的奥氏体晶粒度，它直接影响冷却转变后的晶粒大小和性能。

生产上一般用比较的方法，通过标准晶粒度等级图来评定钢的奥氏体晶粒大小。晶粒度通常分为8级，1～4级为粗晶粒，5～6级为细晶粒，超过8级为超细晶粒。

2. 影响奥氏体晶粒度的因素

（1）加热温度和保温时间。奥氏体刚形成时晶粒是细小的，随着加热温度升高，晶粒将逐渐长大。奥氏体晶粒长大，伴随着晶界总面积的减少，使体系能量较低。所以在高温下，奥氏体晶粒长大是一个自发过程。温度越高，晶粒长大越明显。在一定的温度下，保温时间越长，奥氏体晶粒也越粗大。

（2）钢的成分。奥氏体中的碳含量增高时，晶粒长大的倾向增大。若碳以未溶碳化物的形式存在，则它有阻碍晶粒长大的作用。钢中的大多数合金元素（除 Mn 以外）都有阻碍奥氏体晶粒长大的作用。其中能形成稳定碳化物的元素（如 Cr、W、Mo、Ti、V、Nb 等）和能生成氧化物、氮化物的元素（如适量的 Al），因其碳化物、氧化物和氮化物在晶界的弥散分布，强烈阻碍奥氏体晶粒长大，而使晶粒保持细小。

（3）加热速度。加热温度相同时，加热速度越快，过热度越大，奥氏体的实际形成温度越高，形核率的增加大于长大速度，使奥氏体晶粒越细小。生产上常采用快速加热短时保温工艺来获得超细化晶粒。

5.1.2 钢在冷却时的组织转变

钢的加热转变是为了获得均匀、细小的奥氏体晶粒，为随后的冷却转变做组织准备。因为大多数零件都在室温下工作，钢的性能最终取决于奥氏体冷却转变后的组织，钢从奥氏体状态的冷却过程是热处理的关键工序。钢奥氏体化后的冷却方式有两种：

（1）等温冷却。将奥氏体化后的钢迅速冷却到临界点以下的给定温度，进行保温，使其在该温度下恒温转变，如图 5.5 曲线 1 所示。

（2）连续冷却。将奥氏体化后的钢以某种速度连续冷却，使其在临界点以下变温连续转变，如图 5.5 曲线 2 所示。

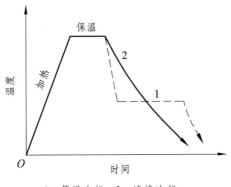

1—等温冷却；2—连续冷却。

图 5.5　热处理的两种冷却方式

5.1.2.1　过冷奥氏体的冷却转变

处于 A_1 温度以下的奥氏体称为过冷奥氏体，过冷奥氏体不稳定，随着转变温度的降低，将发生以下转变：

1.珠光体转变

在 $A_1 \sim 550 \, ^\circ\text{C}$ 之间，转变产物为珠光体，也称为高温转变。

珠光体是铁素体与渗碳体的机械混合物，渗碳体是层状分布在铁素体基体上的。奥氏体在 A_1 至 $550 \, ^\circ\text{C}$ 温度范围内转变温度较高，铁原子和碳原子有较充分的扩散条件，因此，奥氏体向珠光体转变是一种扩散型的形核、长大过程，是通过碳原子、铁原子的扩散和晶体结构的重构来实现的。如图 5.6 所示，首先，在奥氏体晶界或缺陷密集处生成渗碳体晶核，并依靠周围奥氏体不断供给碳原子而长大；与此同时，渗碳体晶核周围的奥氏体中碳含量逐渐降低，为形成铁素体创造了有利的浓度条件，最终从结构上转变为铁素体。在铁素体转变过程中，因其溶碳能力较低，必将过剩碳排移到相邻的奥氏体中，使相邻奥氏体中碳含量升高，这又为生成新的渗碳体创造了有利条件。上述过程反复进行，奥氏体就逐渐转变成渗碳体和铁素体片层相间的珠光体组织。

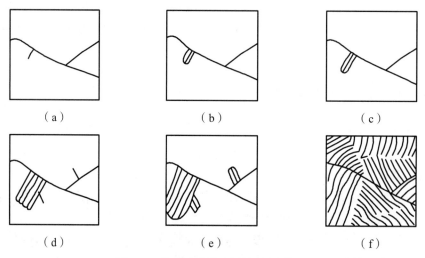

（a）　　　　　　　　（b）　　　　　　　　（c）

（d）　　　　　　　　（e）　　　　　　　　（f）

图 5.6　片状珠光体形成机制示意图

随着转变温度的降低，过冷度加大，所形成的珠光体片层变薄、变细、变密。按片层间距的大小，珠光体组织可分为珠光体（P）、索氏体（S）和屈氏体（T）。它们之间并无本质区别，只是珠光体片较粗，索氏体片较细，屈氏体片最细。随着片层间距减小，钢的塑性变形抗力增大，强度和硬度增大，同时塑性和韧性也有所改善。表 5.1 列出了过冷奥氏体高温转变组织的形成温度和性能。

表 5.1　过冷奥氏体高温转变产物的形成温度和性能

组织名称	表示符号	形成温度范围/℃	硬度	能分辨其片层的放大倍数
珠光体	P	$A_1 \sim 650$	< 25 HRC	< 500×
索氏体	S	650～600	25～35 HRC	>1 000×
屈氏体	T	600～550	35～40 HRC	>2 000×

2. 贝氏体转变

在 $550\,°C \sim M_s$ 之间，转变产物为贝氏体（B），也称为中温转变。

贝氏体是渗碳体分布在碳过饱和的铁素体基体上的两相混合物。

奥氏体向贝氏体的转变温度较低，铁原子扩散困难，只有碳原子有一定的扩散能力，因而贝氏体转变为半扩散型。由于奥氏体分解时，碳原子扩散不能充分进行，致使铁素体呈过饱和状态，渗碳体也比较细小。贝氏体形态因转变温度不同而不同，通常将 $550 \sim 350\,°C$ 形成的羽毛状贝氏体称为上贝氏体，$350\,°C \sim M_s$ 之间形成的黑针状贝氏体称为下贝氏体。

上贝氏体的形成过程如图 5.7 所示，首先在奥氏体晶界上碳含量较低的地方生成铁素体晶核，然后向奥氏体晶粒内沿一定方向成排长大，在铁素体长大时，因碳有一定的扩散能力，它扩散到周围的奥氏体中，使其富碳。当铁素体片间奥氏体中碳浓度增大到足够高时，便析出小条状或小片状渗碳体，断续地分布在铁素体片之间，形成羽毛状上贝氏体组织，如图 5.8 所示。由于下贝氏体在较低温度下形成，铁素体晶核只能沿奥氏体的一定晶向呈针状长大，而且碳原子不能长距离扩散，只能在针状铁素体内沿一定晶面以细粒状或短杆状碳化物沉淀析出，如图 5.9 所示。在光学显微镜下，下贝氏体为黑色针状或竹叶状组织，如图 5.10 所示。

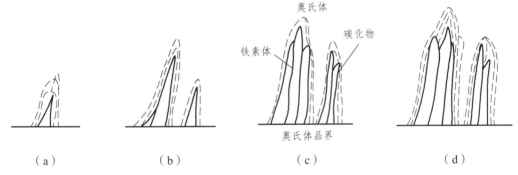

| （a） | （b） | （c） | （d） |

图 5.7　上贝氏体形成机制示意图

图 5.8　上贝氏体形态

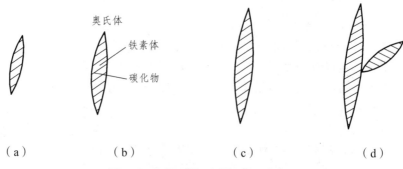

奥氏体

铁素体

碳化物

（a） （b） （c） （d）

图 5.9 下贝氏体形成机制示意图

图 5.10 下贝氏体形态

显然，下贝氏体的铁素体针细小，无方向性，碳的过饱和度大，位错密度高，且碳化物分布均匀，弥散度大。所以，下贝氏体组织强度、硬度高，韧性好，具有优良的综合力学性能，应用价值高。而上贝氏体的铁素体较宽，塑性变形抗力较低，同时渗碳体分布在铁素体片之间，容易引起脆断。所以强度和韧性都差。

3. 马氏体转变

在 $M_s \sim M_f$ 之间（M_s 为奥氏体向马氏体转变的开始温度，M_f 为奥氏体向马氏体转变的终了温度），转变产物为马氏体（M），也称低温转变。

马氏体是碳在 α-Fe 中的过饱和固溶体。

马氏体转变也是一个形核与长大的过程，但由于转变发生在极大的过冷度之下，马氏体转变有着不同于其他转变的特点：

① 无扩散性。马氏体转变是在很大的过冷度下进行的，转变温度低，转变时没有铁原子和碳原子的扩散，只发生 γ-Fe $\rightarrow$ α-Fe 的晶格改组。所以，马氏体的含碳量就是转变前奥氏体中的含碳量。过饱和的碳使马氏体的晶格由体心立方变为体心正方（ $a = b < c$ ， $\alpha = \beta = \gamma = 90°$ ）。

② 在不断降温的条件下形成。马氏体形成速度极快，瞬时形成，瞬间长大。马氏体数量

的增加不能依靠在恒温下通过已有的马氏体的长大来进行，而是在 $M_s \sim M_f$ 温度范围内连续冷却过程中，新马氏体随转变温度下降而不断形成来进行。如果冷却中断，则奥氏体向马氏体的转变也停止。新形成的马氏体要撞击原先形成的马氏体，易造成微裂纹，使马氏体变脆，对高碳马氏体影响更大。

③ 马氏体转变时体积膨胀。在钢中，奥氏体的比容最小，马氏体的比容最大。因此，奥氏体向马氏体转变时，必然发生体积膨胀，造成很大的内应力，这往往也是钢热处理时出现变形和裂纹的原因之一。马氏体转变时的体积膨胀，还将对尚未转变的奥氏体造成很大压力，阻碍其继续转变，因而马氏体转变通常不能进行彻底，总有一部分奥氏体被留下来。这部分奥氏体成为残余奥氏体。淬火钢中的马氏体有两种主要类型：一类是片状马氏体，另一类是板条状马氏体，如图 5.11 所示。片状马氏体在光学显微镜下呈现针叶状，用透射电子显微镜观察，片状马氏体内的亚结构主要是孪晶。板条状马氏体是由平行的一束束长条状晶体组成，具有板条状特征，板条状马氏体内的亚结构主要是高密度的位错。含碳量大于 1.0% 的奥氏体淬火时，几乎全部形成片状马氏体，而含碳量小于 0.3% 的奥氏体几乎只形成条状马氏体，含碳量为 0.3% ～ 1.0% 的奥氏体则形成两种马氏体的混合组织。所以片状马氏体又称高碳马氏体，或孪晶马氏体。板条状马氏体又称低碳马氏体，或位错马氏体。

（a）板条状马氏体　　　　　　　　（b）片状马氏体

图 5.11　马氏体形态

马氏体的性能与其含碳量和组织形态密切相关。马氏体的硬度，取决于马氏体的含碳量，含碳量越高，晶格的正方度和晶格畸变越大，硬度越高。片状马氏体内有微细孪晶，加之存在大量因马氏体高速形成时互相撞击而产生的显微裂纹，以及较大的淬火应力，致使塑性、韧性下降，脆性上升，因而片状马氏体的性能特点是硬而脆。板条状马氏体内有高密度位错，几乎不存在显微裂纹，淬火应力也小，所以不仅强度高，而且有良好的塑性和韧性，具有较高的强韧性。

5.1.2.2　过冷奥氏体等温转变动力学图和连续冷却转变动力学图

1. 共析钢过冷奥氏体等温转变动力学图

图 5.12 是共析钢的等温转变动力学图。它反映了奥氏体在冷却时的转变温度、时间与转变组织、转变量的关系，称为 TTT 曲线。根据曲线的形状，该曲线也称 C 曲线。

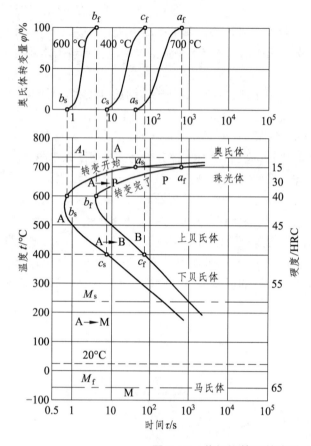

（a）不同温度下的等温转变动力学曲线

（b）等温转变动力学图（C曲线）

图5.12 共析钢等温转变动力学图（C曲线）

从图 5.12 中看出，在 A_1 以上，奥氏体是稳定的，不发生转变；在 A_1 以下，奥氏体处于过冷状态，称为过冷奥氏体。过冷奥氏体不稳定，要发生转变，不同等温条件下转变后的组织分别为珠光体、贝氏体和马氏体。图中左边一条曲线是珠光体和贝氏体等温转变开始线；右边一条曲线是珠光体和贝氏体等温转变终了线。在等温转变开始线左方是过冷奥氏体区，等温转变终了线右方是转变结束区，在两条曲线之间是转变区，M_s 和 M_f 之间为马氏体转变区。

由图可知，在 A_1 以下，过冷奥氏体并不立即转变，都有一个孕育期。过冷奥氏体的稳定性取决于孕育期的长短，而孕育期的长短随等温温度的改变而改变。在曲线的"鼻尖"处（约550 ℃）孕育期最短，过冷奥氏体稳定性最小，转变速度最快，此处对应的温度称为鼻温。在鼻温以上，孕育期随等温温度下降而变短，过冷奥氏体的稳定性降低，转变速度变快；在鼻温以下，孕育期随等温温度下降而变长，过冷奥氏体稳定性增加，转变速度变慢。

过冷奥氏体转变速度随温度变化的规律，是由两个相互矛盾的因素造成的：随着温度降低，奥氏体与其转变产物的自由能差 ΔF（即转变驱动力）增大，转变速度增大；另一方面转变所必要的原子扩散能力 D 降低，转变速度减小。这两个相互矛盾因素共同作用的结果，在某个温度（即"鼻尖"处）出现转变速度最大值（见图5.13）。

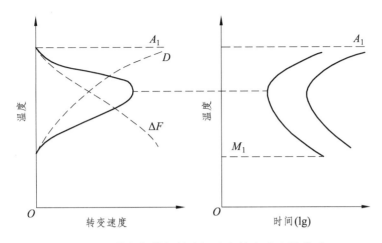

图 5.13　共析钢等温转变温度和转变速度的关系

2. 影响 C 曲线的因素

C 曲线揭示了过冷奥氏体在等温冷却时组织转变的规律。各种因素对奥氏体等温转变的影响，都会反映在 C 曲线图上。C 曲线越向右移，表明过冷奥氏体越稳定，奥氏体的转变速度越慢。由于多数钢的 M_f 温度在室温以下，故 M_s 和 M_f 点的降低，会使一般淬火只冷至室温的钢中残余奥氏体量增加。影响 C 曲线的因素很多，主要有：

（1）含碳量。随着奥氏体中含碳量的增加，奥氏体的稳定性增大，C 曲线的位置向右移，这是一般规律。但在正常加热条件下，亚共析钢的 C 曲线随含碳量的增加而向右移；过共析钢的 C 曲线则随含碳量的增加而向左移。这是因为，过共析钢的含碳量增加，未溶渗碳体量增多，它们能作为结晶核心促使奥氏体分解，故在碳钢中，共析钢的过冷奥氏体最稳定。

亚共析钢、过共析钢与共析钢不同，在奥氏体转变为珠光体之前。有先共析铁素体或渗碳体析出，所以亚共析钢 C 曲线的左上部多一条先共析铁素体析出线，过共析钢多一条二次渗碳体析出线，如图 5.14 所示。

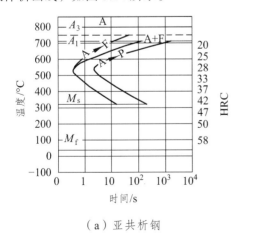

（a）亚共析钢

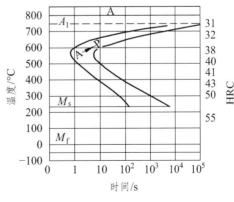

（b）共析钢

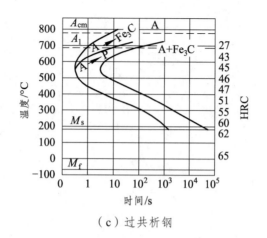

（c）过共析钢

图 5.14 碳含量对碳钢 C 曲线的影响

此外，奥氏体中含碳量越高，M_s 点越低，例如，亚共析钢的 M_s 点温度一般在 300 ℃ 以上，而过共析钢的 M_s 点已降低到 200 ℃ 以下。

（2）合金元素。除 Co 以外的几乎所有合金元素溶入奥氏体后，都能增加奥氏体的稳定性，使 C 曲线不同程度地右移，某些合金元素当达到一定含量时，还改变 C 曲线的形状。绝大多数合金元素均使 M_s 温度降低。

（3）加热温度和保温时间。随着加热温度的提高和保温时间的延长，奥氏体晶粒长大，晶界面积减少，奥氏体成分更加均匀，这些都不利于过冷奥氏体的转变，从而提高了奥氏体的稳定性，使 C 曲线右移。对于过共析钢与合金钢，影响其 C 曲线的主要因素是奥氏体的成分。

3. 过冷奥氏体的连续冷却转变动力学图（CCT 曲线）

生产中较多的情况是采用连续冷却方式，所以，研究钢的连续冷却转变动力学图更有实际意义。图 5.15 为共析钢的连续冷却转变动力学图。P_s 线为过冷奥氏体转变为珠光体的开始线，P_f 线为转变终了线，两线之间为转变区，KK' 线为转变的终止线，当冷却到此线时，过冷奥氏体中止转变。

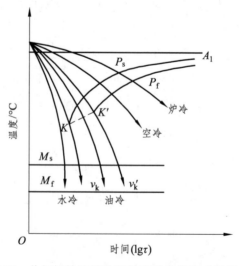

图 5.15 共析钢的连续冷却转变动力学图（示意图）

由图 5.15 可知，共析钢以大于 v_k 的速度冷却时，由于遇不到珠光体转变线，奥氏体将全部转变为马氏体。v_k 为获得全部马氏体的最小冷却速度，称为上临界冷却速度（一般也称为临界冷却速度）。C 曲线位置越靠右，v_k 越小，钢越容易得到马氏体。冷却速度小于 v_k' 时，钢将全部转变为珠光体。v_k' 称为下临界冷却速度。v_k' 越小，获得珠光体所需的时间越长。冷却速度处于 $v_k \sim v_k'$ 之间时，在达到 KK' 线之前，奥氏体部分转变为珠光体，从 KK' 线到 M_s 点，剩余的奥氏体停止转变，直到 M_s 点以下，才开始转变为马氏体，经过 M_f 点后，马氏体转变结束。

4. 连续冷却转变动力学图和等温转变动力学图的比较

在图 5.16 中，实线为共析钢的等温转变动力学图，虚线为共析钢的连续冷却转变动力学图，由图可知：

① 连续冷却转变动力学图位于等温转变动力学图的右下方，表明连续冷却时，奥氏体完成珠光体转变的温度要低些，时间要长些，连续转变的临界冷却速度也要低些。

② 连续冷却转变动力学图中没有奥氏体转变为贝氏体的部分，所以共析钢在连续冷却时得不到贝氏体组织，贝氏体组织只能在等温处理时得到。

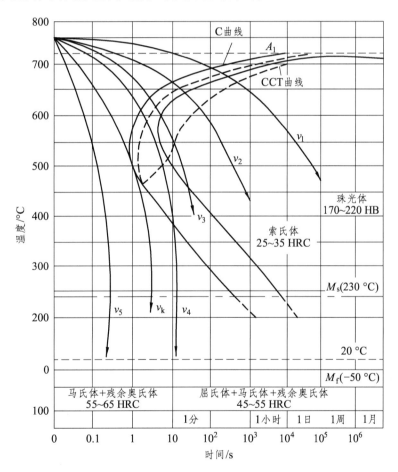

图 5.16 共析钢的等温转变动力学图和连续冷却转变动力学图的比较及转变组织

5. 连续冷却转变动力学图和等温转变动力学图的应用

连续冷却转变动力学图（CCT 曲线）与等温冷却转变动力学图（TTT 曲线）的上半部差别不明显，其高温转变组织和性能也相近，加之等温冷却转变动力学图的测定比较容易，且现有曲线资料较齐全，所以生产上常以等温冷却转变动力学图定性地、近似地分析连续转变过程。其方法是将冷却曲线画在该种钢的 TTT 曲线上，根据它与 TTT 曲线相交的位置，就可大致估计在这一冷却速度下将获得什么组织。

图 5.16 中，v_1、v_2、v_3、v_4、v_5 为共析钢的五种连续冷却速度，v_1 相当于在炉内冷却时的情况，与 C 曲线相交在 700 ~ 650 ℃ 内，转变产物为珠光体。v_2 和 v_3 相当于两种不同速度空冷时的情况，与 C 曲线相交于 650 ~ 600 ℃，转变产物为索氏体和屈氏体。v_4 相当于油冷时的情况，该冷却速度先与 C 曲线的转变开始线相交，但不和转变结束线相交，未转变的奥氏体通过 M_s 线到达室温，其最终转变产物为屈氏体、马氏体和残余奥氏体。v_5 相当于水冷时的情况，不与 C 曲线相交，直接通过 M_s 线冷却至室温，转变产物为马氏体和残余奥氏体。

上述根据 C 曲线分析的结果，与根据 CCT 曲线分析的结果基本上是一致的。

5.1.3　钢在回火时的组织转变

将淬火钢加热到 A_{c1} 以下的某一温度，保温一定时间，然后冷却到室温的热处理工艺叫作回火。

淬火钢一般不直接使用，必须进行回火，这是因为：

① 淬火后，除低碳钢之外，大多数得到的是硬而脆的马氏体组织，并存在较大的淬火应力，使用时容易使工件产生变形和开裂。

② 淬火马氏体和残余奥氏体都是不稳定组织，在工作中会发生分解，导致零件尺寸发生变化而失去精度。

③ 为了获得要求的强度、硬度、塑性和韧性，以满足不同零件的使用要求。

5.1.3.1　钢在回火时的组织转变

共析钢淬火后得到的是不稳定的马氏体和残余奥氏体，它们有着向稳定组织转变的自然倾向。回火加热能促进这种自发的转变过程。根据转变发生的过程和形成的组织，回火可分为四个阶段。

第一阶段：马氏体分解。将淬火钢在 100 ℃ 以下回火时，马氏体中的碳原子只发生偏聚。在 100 ~ 200 ℃ 加热时，马氏体中的部分碳以 ε 碳化物的形式析出，使马氏体过饱和度减小，正方度减小，残余应力和脆性降低。ε 碳化物是极细的并与母体保持共格联系的薄片。这种由过饱和 α 固溶体与高度弥散的 ε 碳化物组成的组织称为回火马氏体。

第二阶段：残余奥氏体分解。继续加热到 200 ~ 300 ℃，马氏体不断分解为回火马氏体，体积缩小，降低了对残余奥氏体的压力，使其在此温度区内迅速转变为马氏体或者下贝氏体。因为残余奥氏体从 200 ℃ 开始分解，到了 300 ℃ 基本完成，得到的下贝氏体不多，所以，此阶段的组织仍主要是回火马氏体。

第三阶段：回火屈氏体的形成。当温度继续升高到 300 ~ 400 ℃ 时，因碳原子的析出扩散能力增大，过饱和度较低的 α 固溶体很快转变为铁素体，这时的铁素体仍保留马氏体的针状形态，而亚稳定的 ε 碳化物也逐渐转变为稳定的渗碳体，并与母相失去共格关系，同时淬火的内应力也大大消除。此阶段所形成的针状铁素体与细粒状渗碳体组成的混合物叫作回火屈氏体。

第四阶段：碳化物的聚集长大和 α 固溶体的回复再结晶。继续升高温度，细粒状渗碳体将不断聚集长大，在 400 ℃ 以上时，聚集球化，同时由于针状铁素体内位错密度很高，与冷塑性变形的金属相似，在 400 ℃ 以上加热时，会发生回复与再结晶过程，形成多边形等轴晶粒。在 500 ℃ 以上形成多边形铁素体和粒状渗碳体的混合组织，称为回火索氏体。

5.1.3.2 淬火钢回火后的组织和性能

淬火钢回火后的组织可分为回火马氏体、回火屈氏体、回火索氏体。

1. 回火马氏体

回火马氏体由极细的 ε 碳化物和低过饱和度的 α 固溶体组成。在光学显微镜下，高碳回火马氏体呈暗色针状组织，不能分辨出 ε 碳化物的存在，仍然保持着原淬火马氏体的片状形态；低碳回火马氏体也保持原板条状形态；中碳回火马氏体为二者混合。回火马氏体与马氏体相比，硬度下降不大，仍然具有高的硬度和耐磨性。高碳回火马氏体的硬度一般为 58 ~ 64 HRC。

2. 回火屈氏体

回火屈氏体由针状（或条状）铁素体基体和弥散分布的细粒状渗碳体组成。在光学显微镜下，尚不能分辨其中的粒状渗碳体，见图 5.17，只有在电子显微镜下才能观察到大量细粒状渗碳体分布在针状铁素体基体中。回火屈氏体具有高的弹性极限和屈服强度，同时也有一定韧性，硬度一般为 35 ~ 45 HRC。

3. 回火索氏体

回火索氏体是多边形铁素体基体和粒状渗碳体的混合组织，其中渗碳体颗粒较回火屈氏体中的粗一些，但用金相显微镜仍然不能分辨出来，见图 5.18，只有在电子显微镜下可以看出渗碳体粒子已明显聚集长大。回火索氏体强度、硬度、塑性和韧性都较好，具有优良的综合力学性能，硬度一般为 25 ~ 35 HRC。

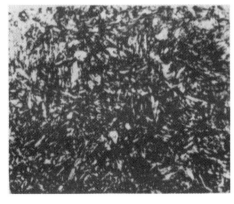

图 5.17 回火屈氏体

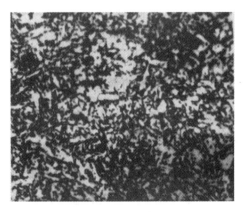

图 5.18 回火索氏体

40 钢的机械性能随回火温度变化的规律如图 5.19 所示。强度和硬度随回火温度的升高而降低，塑性随回火温度的升高而升高（但超过 650 °C 时反而下降）。

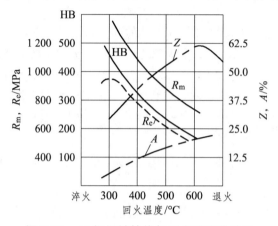

图 5.19　40 钢机械性能与回火温度的关系

5.1.3.3　回火脆性

回火温度升高时，钢的冲击韧性变化规律如图 5.20 所示。在 250～400 °C 和 450～650 °C 两个温度区间，冲击韧性明显下降，这种脆化现象称为钢的回火脆性。

1. 低温回火脆性（第一类回火脆性）

在 250～400 °C 之间回火时出现的脆性叫作低温回火脆性。几乎所有的钢都存在这类脆性，这是一种不可逆的回火脆性。产生这类回火脆性的主要原因是：在 250 °C 以上回火时，碳化物薄片沿马氏体条或片的晶界析出，破坏了马氏体之间的连续性，降低了韧性。避免这类脆性的措施是：不在该温度范围内回火。

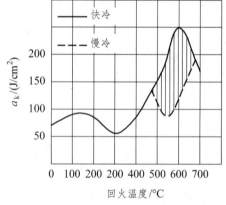

图 5.20　钢的韧性与回火温度的关系

2. 高温回火脆性（第二类回火脆性）

含 Cr、Ni、Si、Mn 等元素的钢，在 450～650 °C 长期保温或回火后慢冷出现的回火脆性称为高温回火脆性。若重新在此温度范围回火后快冷，则不出现脆性，故又称可逆回火脆性。为避免高温回火脆性，对中小截面零件回火后应快冷（水冷或油冷），对大截面零件则应加入少量能抑制晶界偏聚的合金元素 Mo 或 W。

5.2　钢的普通热处理

钢常用的热处理工艺大致分类如下：

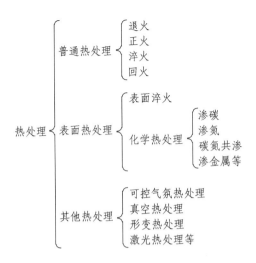

5.2.1 退 火

将金属或合金加热到适当温度，保持一定时间，然后缓慢冷却的热处理工艺称为退火。

按照退火目的和要求的不同，退火可分为很多种。下面只介绍机械制造中用得最多的几种，它们的加热温度范围和工艺曲线如图 5.21 所示。

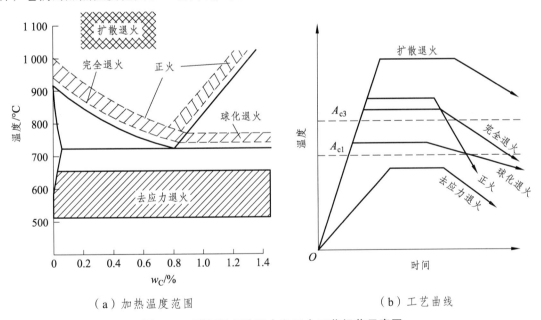

（a）加热温度范围　　　　　　　（b）工艺曲线

图 5.21　碳钢的各种退火和正火工艺规范示意图

5.2.1.1 完全退火

将钢或钢件完全奥氏体化，随之缓慢冷却，获得接近平衡组织的退火工艺称为完全退火。

完全退火的目的是通过完全重结晶，使钢的原始粗大不均匀组织细化，得到接近平衡状态的组织，以提高性能或降低钢的硬度，改善切削加工性能。由于冷却速度缓慢，一般还可以消除以前加工过程中形成的内应力。

完全退火的加热温度一般选为 A_{c3} 以上 20～30 ℃，这样的温度既可以使晶粒细化，又利于奥氏体成分的均匀化。

完全退火主要用于含碳 0.3%～0.6% 的亚共析钢锻件和铸件，退火后获得铁素体和珠光体组织。过共析钢不宜采用完全退火，因为加热到 A_{ccm} 以上缓冷时，沿奥氏体晶界会析出二次渗碳体，使钢的韧性、切削加工性能大大降低，并可能在以后的热处理中引起开裂。

完全退火所需时间长，特别对某些奥氏体较稳定的合金钢更是如此。如果在 A_1 以下，珠光体形成温度等温停留，使之进行等温转变，称为等温退火。等温退火不仅使退火时间缩短，还可获得更加均匀的组织。

45 钢锻造及完全退火后的机械性能见表 5.2。

表 5.2 45 钢经锻造及完全退火后的机械性能比较

性 能	R_m/MPa	R_c/MPa	A/%	Z/%	a_k/(J·cm^{-2})	HB
锻造后	650～750	300～400	5～15	20～40	200～400	≤229
完全退火后	600～700	300～350	15～20	40～50	400～600	≤207

5.2.1.2 球化退火

使钢中碳化物球状化而进行的退火工艺称为球化退火。

球化退火的目的是使钢中的二次渗碳体及共析渗碳体球化。钢中碳化物的球状化可以提高钢的塑性、韧性，改善切削加工性能，并为以后的淬火做好组织准备，减少最终热处理时的变形开裂倾向。

球化退火主要用于含碳量大于 0.6% 的各种高碳钢和高碳合金钢等。图 5.22 是 T12 钢球化退火后的显微组织：在铁素体基体上分布着细小均匀的球状渗碳体。这种由铁素体和球状渗碳体组成的机械混合物叫作粒状珠光体。

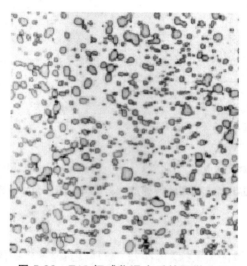

图 5.22 T12 钢球化退火后的显微组织

球化退火一般采用随炉加热，加热温度为 A_{c1} + (10～30 ℃)，短时间保温，在随后的缓冷或在 A_{r1} – (20～30 ℃) 的等温过程中，从奥氏体内直接析出球状共析渗碳体。对于过共析钢，如果其组织为珠光体和网状二次渗碳体，应在球化退火前，先进行一次正火处理，消除网状碳化物，以利于球化进行。

5.2.1.3 扩散退火

扩散退火是将钢锭或铸钢件加热到略低于固相线的温度，长时间保温，然后缓慢冷却，以消除化学成分不均匀现象的一种热处理工艺。扩散退火加热温度通常为 A_{c3} 以上 $150 \sim 300\ ^\circ\mathrm{C}$，具体加热温度视钢种及偏析程度而定，保温时间一般为 $10 \sim 15\ \mathrm{h}$。

扩散退火后钢的晶粒非常粗大，需要再进行完全退火或正火。由于高温扩散退火生产周期长、消耗能量大、生产成本高，所以一般不轻易采用。

5.2.1.4 去应力退火

为了去除由于塑性变形加工、焊接等而造成的残余应力以及铸件内存在的残余应力而进行的退火称为去应力退火。

冷热加工过程中形成的残余应力的大小、方向、分布对工件尺寸的稳定性和力学性能有很重要的影响，这种内应力和后续工艺过程中产生的应力叠加，易使工件发生变形和开裂，残余拉应力还是应力腐蚀破坏的主要原因。

去应力退火的加热温度在 A_{c1} 以下某一温度（一般在 $500 \sim 600\ ^\circ\mathrm{C}$）保温一段时间后，缓慢冷却。应力主要靠保温和随炉缓冷而消失，加热温度越高，消除内应力越充分，保温时间也越短。为了不致在冷却时再次产生新的内应力，去应力后的冷却速度应尽量缓慢。去应力退火过程中没有组织转变。

5.2.2 正 火

将钢材或钢件加热到 A_{c3} 或（A_{ccm}）以上 $30 \sim 50\ ^\circ\mathrm{C}$，保温适当的时间后，在空气中冷却的热处理工艺称为正火。把钢件加热到 A_{c3} 以上 $100 \sim 150\ ^\circ\mathrm{C}$ 的正火则称为高温正火。

正火与退火的主要区别在于，正火的冷却速度较大，正火后所得组织与材料的成分及原始组织有关，一般为片间距较小的索氏体，强度、硬度较好，韧性也较好，且先共析相（铁素体或渗碳体）的数量显著减少。对于含碳 $0.6\% \sim 1.4\%$ 的碳钢，正火后甚至不出现先共析相，而全部为伪索氏体，因此，钢经正火后的机械性能比退火后提高。

正火一般应用于以下几个方面：

（1）作为预先热处理。所有钢铁材料通过正火，均可使晶粒细化。原始组织有严重网状二次渗碳体的过共析钢，经过正火处理后可消除，以保证球化退火质量。

（2）作为最终热处理。对于力学性能要求不高的结构钢零件，经正火后所获得的性能足以满足使用要求的，可用正火作为最终热处理。

（3）改善切削加工性能。对于低碳钢或低碳合金钢，经完全退火后硬度太低，一般均在 $170\ \mathrm{HB}$ 以下，因此切削加工性能不好。而用正火，则可提高其硬度，从而改善切削加工性能。所以，对低碳钢和低合金钢，多用正火来代替完全退火，作为预备热处理。

5.2.3 钢的淬火

钢的淬火、回火是最重要的热处理基本工序。淬火与不同温度的回火相结合，不仅可以显著提高钢的强度和硬度，而且还可以获得不同强度、硬度、塑性、韧性的良好配合，满足服役条件不同的零件对力学性能的要求。它们通常作为获得钢件最终性能的热处理，故称为最终热处理。

将钢加热到 A_{c3} 或 A_{c1} 点以上某一温度，保持一段时间，然后以适当的速度冷却，获得马氏体和（或）贝氏体组织的热处理工艺称为淬火。

5.2.3.1 钢的淬火工艺

1. 淬火温度的确定

① 亚共析钢的淬火温度一般为 A_{c3} 以上 30～50 ℃，淬火后获得均匀细小的马氏体组织。如果温度过高，会因奥氏体晶粒粗大而得到粗大的马氏体组织，使钢的力学性能恶化，特别是塑性、韧性降低；如果淬火温度低于 A_{c3}，淬火组织中会保留未溶铁素体，使钢的强度、硬度下降。

② 过共析钢、共析钢的淬火温度一般为 A_{c1} 以上 30～50 ℃，这个加热温度限制了奥氏体的含碳量，减少了淬火组织中的残余奥氏体数量。淬火后获得均匀细小的马氏体和未溶粒状渗碳体（共析钢为均匀细小的马氏体）组织，未溶渗碳体的存在有利于淬火钢的硬度及耐磨性。

2. 加热时间的确定

加热时间由升温时间和保温时间组成。由零件入炉温度升至淬火温度所需的时间为升温时间，并以此作为保温时间的开始；保温时间是指零件透烧及完成奥氏体化过程所需要的时间。加热时间受加热炉类型、功率、炉温、装炉量以及工件的尺寸、形状和材质成分等因素的影响，可根据经验公式来估算，或由试验来确定。生产中往往要通过试验确定合理的加热及保温时间，以保证工件质量。

3. 淬火冷却介质

冷却是淬火工艺中最重要的工序，它必须保证工件得到马氏体组织。因此，淬火的冷却速度就必须大于材质的临界冷却速度（v_k），而快冷又总是不可避免地要造成很大的内应力，以致引起工件的变形和开裂。如何解决这一矛盾呢？根据碳钢的奥氏体等温转变动力学图知道，淬火要得到马氏体组织，只要工件冷却曲线不与 C 曲线相交即可。也就是说，在 650 ℃以上时，在保证不形成珠光体类型组织的前提下，可以尽量缓冷。而在 650～400 ℃ 内必须快冷，以躲开 C 曲线的鼻尖，保证不产生非马氏体相变。在 400 ℃ 以下，又可以缓冷，特别是在 300～200 ℃ 以下发生马氏体转变时，尤其不应快冷，以减轻马氏体转变时的相变应力。这样一条淬火冷却曲线如图 5.23 所示。虽然到目前为止，我们还没能找到一种能符合理想淬火冷却曲线要求的冷却介质，但该图为我们提供了解决问题的思路。

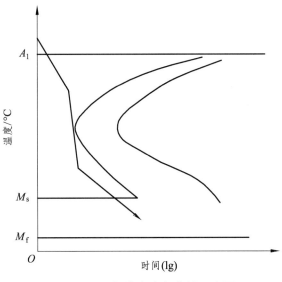

图 5.23 理想淬火冷却曲线示意图

常用的淬火冷却介质是水、盐或碱的水溶液和各种矿物油、植物油。此外，还有熔融状态的碱浴、硝盐浴等。冷水及盐水在 650～550 ℃的冷却能力最大，冷却速度分别为 600 ℃/s 和 >1 000 ℃/s，这对保证淬火能力较差的碳钢的淬硬有利。但在需要缓冷的 300～200 ℃内，冷却能力相当大，达到 270～300 ℃/s，因此易造成零件的变形和开裂。所以水及水溶液一般用于尺寸不大、形状简单、变形要求不严格的碳钢零件淬火，如螺钉、销子、垫圈等。

油也是一种常用的淬火介质，目前工业上用得较多的是各种矿物油。它的主要优点是在 300～200 ℃内的冷却能力比水小得多，只有 30 ℃/s，从而大大降低了淬火工件变形和开裂的倾向；缺点是在 600～550 ℃内，冷却能力较低（150 ℃/s），对碳钢件及截面尺寸较大的低合金钢件不易淬透，主要用于形状复杂的中小型合金钢零件的淬火，也可用加热到一定温度的熔融状态的碱、硝盐、盐作淬火介质。在高温区，熔融碱液的冷却能力比油强而比水弱，而熔融硝盐的冷却能力则比油略弱；在低温区，它们的冷却能力都比油弱，这样的冷却性质，既能保证过冷奥氏体向马氏体转变，而不发生中途分解，又能大大减少工件的变形和开裂倾向。因此，这类介质主要用于分级淬火和等温淬火，主要用来处理截面不大、形状复杂、对变形要求严格的合金工具钢工件。

4. 淬火方法

① 单介质淬火法。它是将钢件奥氏体化后，放入一种淬火介质中连续冷却至室温的淬火方法，如图 5.24 曲线 1 所示。这种方法操作简单、经济，容易实现机械化、自动化，在各种淬火介质中，它应用得最为广泛。淬火介质可用水、油、水溶性淬火介质等。为保证淬火硬度并防止变形、开裂，应根据钢件的截面尺寸和钢件的淬透性合理地选择淬火介质。

② 双介质淬火，又称双液淬火或控时淬火。它是将钢件奥氏体化后，先浸入一种冷却能力强的介质，在钢件还未到达该淬火介质的温度之前即取出，马上浸入另一种冷却能力弱的介质中冷却。例如，先水后油、先水后空气等的淬火方法，如图 5.24 曲线 2 所示，它近似于理想冷却。这种方法多用于碳素工具钢及大截面合金工具钢要求淬硬层较深零件的淬火。采用双液淬火必须严格控制钢件在水中的停留时间，要求操作者必须有丰富的经验和熟练的技术。

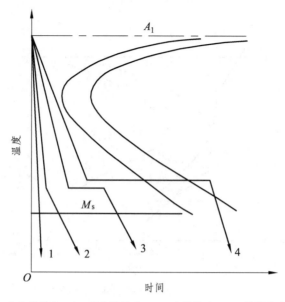

1—单介质淬火；2—双介质淬火；3—分级淬火；4—等温淬火。

图 5.24 不同淬火方法示意图

③ 马氏体分级淬火。将钢件奥氏体化后，随之浸入温度稍高或稍低于钢的 M_s 点的液态介质（熔融盐或熔融碱）中，保持适当时间，待钢件的内、外层都达到介质温度后取出空冷，以获得马氏体组织的淬火工艺，称之为马氏体分级淬火，有时也称分级淬火，如图 5.24 曲线 3 所示。分级淬火能有效减少热应力和相变应力，降低钢件的变形和开裂倾向，所以可用于形状复杂和截面不均匀工件的淬火。由于受熔盐冷却能力的限制，它只适应处理小尺寸零件（碳钢件直径小于 10 ~ 12 mm；合金钢直径小于 20 ~ 30 mm），常用于刀具的淬火。

④ 贝氏体等温淬火。将钢材或钢件加热奥氏体化后，随之快冷到下贝氏体转变区间（260 ~ 400 ℃）等温保持，使奥氏体转变为下贝氏体的淬火工艺，称之为贝氏体等温淬火，有时也称等温淬火。淬火后出炉空冷，如图 5.24 曲线 4 所示。等温淬火的显著特点是，在保证有较高强度和硬度的同时，还保持有很高的韧性，同时，淬火后变形显著减少。表 5.3 为共析碳钢等温淬火和普通淬火、回火后力学性能及组织的比较。

表 5.3 含碳 0.74% 的碳钢等温淬火与淬火、回火力学性能及组织的比较

热处理	HRC	R_m / MPa	A /%	Z /%	a_k /(J·cm^{-2})	组 织
310 ℃ 等温淬火	50.4	1 950	1.9	34.5	60.9	B$_下$ + 少量 A$_残$
淬火，350 ℃ 回火	50.2	1 700	0.3	0.7	5.1	M$_回$

⑤ 深冷处理。钢件淬火冷却到室温后，继续在 0 ℃ 以下的介质中冷却的热处理工艺称为深冷处理，也称为冷处理。许多淬火钢的马氏体转变终止温度（M_f）低于室温，故室温下的淬火组织中保留有一定数量的残余奥氏体。为使残余奥氏体继续转变为淬火马氏体，则要将淬冷至室温的零件继续冷却到 0 ℃ 以下进行深冷处理，所以，深冷处理实际上是淬火过程的继续，如图 5.25 所示。深冷处理主要用于含碳量大于 0.6% 的碳钢、渗碳钢零件以及工具钢、轴承钢、高合金钢制造的要求尺寸稳定性很高的精密工件，如量具、精密轴承、油泵油

嘴件、精密丝杠等，以提高硬度、耐磨性和尺寸稳定性。深冷处理后必须进行回火（保温 4 ~ 10 h）处理，以获得更稳定的回火马氏体组织，并使残余奥氏体进一步稳定化，同时使淬火应力及磨削应力充分消除。深冷处理常用的冷却介质列于表 5.4 中。

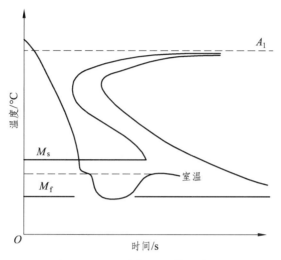

图 5.25　深冷处理工艺示意图

表 5.4　深冷处理常用的冷却介质

冷却剂	到达温度/°C	冷却剂	到达温度/°C
液　氮	− 192	干冰和酒精	− 78
液　氧	− 182	液化乙烷	− 88.5
液化乙烯	− 103	液化丙烷	− 42

5.2.3.2　钢的淬透性

1. 淬透性的基本概念

由于在绝大多数情况下，对钢件进行淬火处理的目的是获得马氏体，所以，钢的淬透性是指钢在淬火时获得马氏体的能力，是在规定条件下决定钢材淬硬深度和硬度分布的特性。它是钢材本身固有的属性，由钢的过冷奥氏体稳定性决定，表现为临界冷却速度的大小。淬透性的高低用标准试样在规定条件下淬火能淬透的深度或全部淬透的最大直径表示。在实践中，如何确定淬透层深度呢？按理，淬透层深度应是全部淬成马氏体区域的宽度，但实际上，工件淬火后，从表面一定深度开始到心部，马氏体数量是逐渐减少的。从金相组织上看，全马氏体层和含有部分非马氏体的区域之间并无明显的界限，淬火组织中混有少量非马氏体组织（5% ~ 10% 的屈氏体），其硬度值也无明显变化。因此，用金相检验和硬度测量法来确定淬透层深度都比较困难。当淬火组织中马氏体和非马氏体组织各占一半时，即在所谓的半马氏体区，显微组织观察极为方便，硬度变化最为剧烈（见图 5.26）。为测试方便，通常规定从工件表面至半马氏体区的距离为淬透层深度，半马氏体区的硬度称为测定淬透层深度的临界硬度。研究表明，钢中半马氏体区的硬度主要取决于钢的含碳量，而与合金元素关系不大。这样，根据不同碳含量钢的半马氏体区硬度（见图 5.27），利用测定的淬火工件截面上硬度分布曲线（见图 5.28），即可方便地测定淬透层深度。

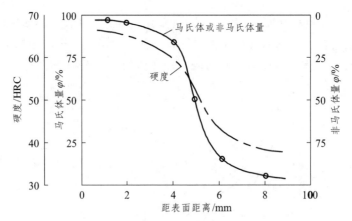

图 5.26　淬火工件截面上马氏体量与硬度的关系（$w_C = 0.8\%$）

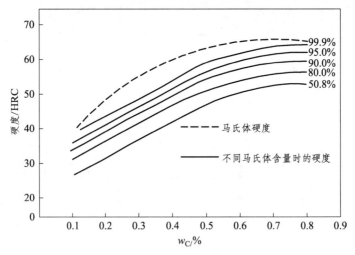

图 5.27　钢中半马氏体含量不同时硬度和含碳量的关系

近年来有人认为，在淬火钢中存在 50% 不同的非马氏体组织时，钢的力学性能会有很大差异，因而建议用从淬火工件表面至 50% 马氏体区的距离作为淬透性的判据。

应当注意，钢的淬透性与实际工件的淬透层深度是不同的概念。淬透性是钢在标准条件下测得的一种工艺性能，是钢的固有属性，是确定的，可比较的。而实际工件的淬透层深度是指在具体条件下测定的半马氏体区至工件表面的深度，是变化的，它与钢的淬透性、工件尺寸及淬火介质的冷却能力等许多因素有关。例如，在其他条件相同的条件下，淬透性高的钢，其淬透层深度也大；同一种钢在相同介质中淬火，小件比大件的淬透层深；一定尺寸的同一种工件，水淬比油淬的淬透层深；工件的体积越小，表面积越大，则淬火时的冷却速度越快，淬透层越深。绝不能说，同一种钢水淬时比油淬时淬透性好，小件比大件的淬透性好。

钢的淬透性和淬硬性也是不同的概念。淬硬性是指钢在正常淬火条件下，以超过临界冷却速度冷却形成的马氏体组织所能达到的最高硬度。这个硬度值越高，钢的淬硬性也就越好。淬硬性主要取决于马氏体的含碳量，马氏体含碳量越高，钢的淬硬性越好。

2. 影响淬透性的因素

钢的淬透性实质上取决于其过冷奥氏体稳定性的高低，表现为临界冷却速度的大小。因而凡是影响临界冷却速度大小，也就是影响 C 曲线位置的因素均影响其淬透性。其中主要是化学成分，特别是溶于奥氏体中的合金元素的种类及含量，其次取决于奥氏体的均匀性、晶粒大小及是否存在第二相等。

3. 淬透性的测定及表示方法

淬透性的测定方法很多，目前应用得最广泛的淬透性试验方法是"淬透性的末端淬火试验方法"，简称端淬试验。试验时，先将标准试样加热至奥氏体化温度，停留 30 ~ 40 min，然后迅速放在端淬试验台上喷水冷却。图 5.28（a）为末端淬火试验方法示意图。待试样全部冷透后，测出试样长度方向上的硬度变化数据，由此绘成硬度随水冷端距离的变化曲线，如图 5.28（b）所示，这条曲线称为淬透性曲线。由于钢材成分的波动和晶粒度的差异，淬透性曲线实际上为一波动范围的淬透性带，如图 5.29 所示。

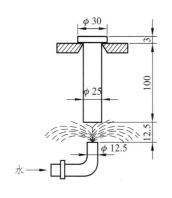
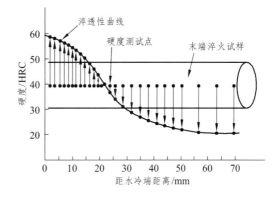

（a）试样尺寸及冷却方法　　　　　　（b）淬透性曲线的测定

图 5.28　用末端淬火法测定钢的淬透性

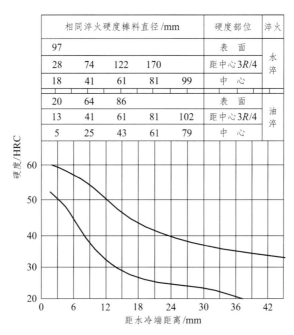

相同淬火硬度棒料直径 /mm					硬度部位	淬火
97					表　面	水淬
28	74	122	170		距中心 3R/4	
18	41	61	81	99	中　心	
20	64	86			表　面	油淬
13	41	61	81	102	距中心 3R/4	
5	25	43	61	79	中　心	

图 5.29　40Cr 钢的淬透性带

127

根据 GB/T 225—2006 规定，钢的淬透性值用 J××-d 表示。J 表示末端淬火的淬透性，×× 表示硬度值，或为 HRC 或为 HV_{30}，d 表示从测量点至淬火端面的距离。例如，淬透性值 J35-15 表示距淬火端面 15 mm 处试样的硬度值为 35 HRC；淬透性值 JHV450-10 表示距淬火端面 10 mm 处试样的硬度值为 450 HV_{30}。

4. 淬透性曲线的应用

利用淬透性曲线时，必须知道末端淬火试样上距水冷端距离不同处的冷却速度和在不同介质中冷却时，不同直径的圆棒形工件横截面上冷却速度的分布，并将它们联系起来，得到对应于同一冷却速度，端淬试样上距水冷端距离和不同直径圆棒横截面中相应位置的关系曲线，如图 5.30 所示。

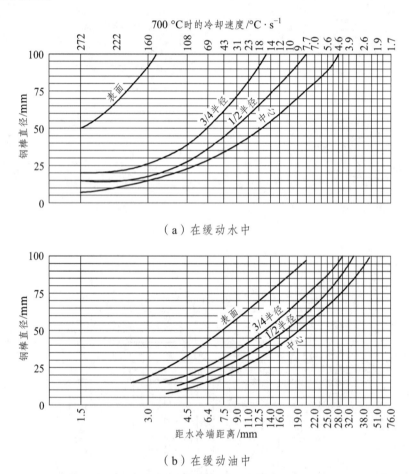

图 5.30　末端淬火距离和淬火时圆棒直径与其横截面中相应位置的关系

① 根据淬透性曲线比较不同钢种的淬透性。利用淬透性曲线［见图 5.31（a）］和钢的半马氏体区硬度曲线［见图 5.31（b）］，找出不同钢的半马氏体区所对应的至水冷端距离，该距离越大，钢的淬透性越好。

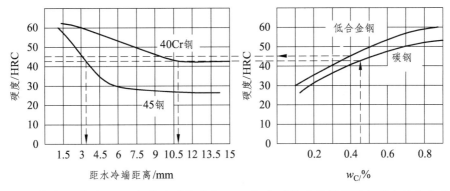

（a）45 钢和 40Cr 钢的淬透性曲线　　（b）半马氏体区硬度与碳含量的关系曲线

图 5.31　利用淬透性曲线比较钢的淬透性

② 确定钢的临界淬火直径。热处理中常用临界淬火直径来具体衡量钢的淬透性。临界淬火直径是指钢在某种介质中淬火时，心部能得到半马氏体组织的最大直径，用 D_0 表示。D_0 可由试验来确定，也可用淬透性曲线来确定。以 45 钢为例，从图 5.31 中可找出半马氏体区对应的端淬距离为 3 mm，然后在图 5.30 中，横坐标 3 mm 处向上做一垂线，与图 5.31（a）"中心"曲线相交，交点的纵坐标 18 mm 即为 45 钢水淬时的临界淬火直径。

用上述方法还可求出棒料横截面上距表面不同距离处和末端淬火试样上端淬火距离不同的各点具有相同淬火硬度的棒料直径，这样一些数据，在手册中常被列在淬透性曲线上部的表中，如图 5.29 所示。

③ 确定钢件截面上的硬度分布。例如，为绘制直径 50 mm 的 40MnB 钢轴在水淬后沿截面硬度分布曲线，可先在图 5.30 中，纵坐标上 50 mm 处向右引一水平线，与图中各曲线相交，求出各交点的横坐标，即找出了和该轴横截面上各点处冷却速度相当的距水冷端距离，然后由 40MnB 钢的淬透性曲线（见图 5.32）查出对应的硬度值，即可做出该轴水淬后沿截面的硬度分布曲线，如图 5.33 所示。

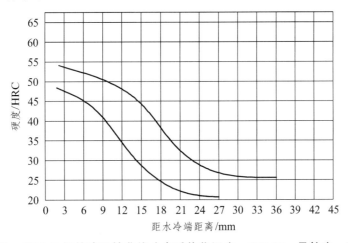

图 5.32　40MnB 钢的淬透性曲线（奥氏体化温度：880 ℃；晶粒度：7 级）

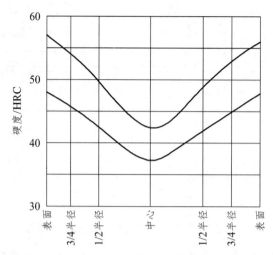

图 5.33　φ500 mm40MnB 钢水淬后沿截面的硬度分布曲线

　　④ 合理选用钢材。例如，选用汽车直径φ60 mm 某轴的钢材，按技术要求：表面硬度 > 50 HRC，距表面 1/4R 处硬度 > 45 HRC，经查几种钢材的淬透性曲线，发现 40CrMn 钢（见图 5.34）能满足要求，因此选用它。具体做法是：先从图 5.31 中查出相当于φ60 mm 水淬圆棒表面，距表面 1/4R 处所对应的端淬距离分别为 2 mm、7.5 mm，然后根据 40CrMn 钢的淬透性曲线求得淬透性值 J52/60-2 和 J45/56-7.5，表明选用 40CrMn 钢制造φ60 mm 某轴经水淬后表面硬度为 52 ~ 60 HRC，距表面 1/4R 处硬度为 45 ~ 56 HRC，达到了技术要求。

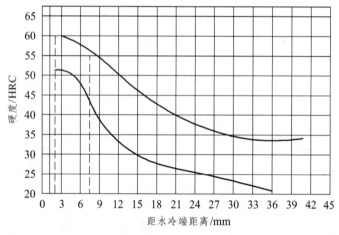

图 5.34　40CrMn 钢的淬透性曲线（奥氏体化温度：840 °C）

5.2.4　钢的回火

　　钢在淬火后，再加热到 A_{c1} 点以下的某一温度，保温一定时间，然后冷却到室温的热处理工艺称为回火。重要的工件都要经淬火和回火处理，在保证淬火质量的前提下，回火就决定了钢在使用状态下的组织和性能，而组织和性能主要取决于回火温度。按照回火温度和所获得的组织及性能的特点，一般将回火分为低温回火、中温回火和高温回火。

1. 低温回火

低温回火的加热温度为 150~250 ℃，主要是为了降低淬火应力及脆性，而保持钢在淬火后获得的高硬度（一般为 48~64 HRC）和高耐磨性。低温回火组织为回火马氏体。低温回火主要用于处理各种高碳工具、冷作模具、滚动轴承、精密量具以及经渗碳淬火和表面淬火的零件。

2. 中温回火

中温回火的加热温度为 350~500 ℃，得到回火屈氏体组织，它具有高的弹性极限和屈服强度，同时又具有足够的塑性和韧性，硬度为 35~45HRC，主要用于处理各类弹簧和弹性元件。

3. 高温回火

高温回火的加热温度为 500~650 ℃，得到回火索氏体组织，它具有良好的综合力学性能，即强度、塑性、韧性都比较好，且达到较恰当的配合，硬度一般为 25~35 HRC。一般习惯把淬火和高温回火相结合的热处理工艺称为调质处理，它广泛用于各种重要的结构零件，特别是在交变载荷下工作的连杆、螺栓、齿轮和轴类零件等。

5.3 钢的表面热处理

5.3.1 钢的表面淬火

表面淬火是仅对工件表面进行淬火的工艺。齿轮、凸轮、曲轴及各种轴类等零件，在扭转、弯曲等交变载荷下工作，并承受摩擦和冲击，其表面要比心部承受更高的应力。因此，要求零件表面应具有高的强度、硬度和耐磨性，心部应具有一定的强度，足够的塑性和韧性。这类零件一般先进行正火或调质处理，再采用表面淬火工艺，可以达到这种表面硬、心部韧的性能要求。根据工件表面加热热源的不同，钢的表面淬火方法主要有感应加热表面淬火、火焰加热表面淬火、电接触加热表面淬火等，本节主要介绍常用的感应加热表面淬火。

5.3.1.1 感应加热表面淬火

1. 感应加热表面淬火的基本原理

当感应线圈中通以交变电流时，在其内部和周围便产生和电流频率相同的交变磁场。把工件放入感应器中，则在工件内部产生感应电流，因集肤效应，在几秒内可使工件表面温度上升至 800~1 000 ℃，而心部仍接近室温。图 5.35 表示工件与感应器的位置及工件截面上电流密度的分布。感应器用紫铜管制作，内通冷却水。为使工件加热均匀，工件要不停地转动并上下移动，以便对所要淬火的整个表面进行加热。当表层温度上升至淬火温度时，便立即喷水冷却（合金钢浸油淬火），使工件表面淬硬，而心部仍保持原有的组织和性能。淬火后进行 180~200 ℃ 低温回火。生产中也常常采用自回火，即在工件冷却到 200 ℃ 时停止喷水，利用工件内部的余热使表层升温，达到回火目的。

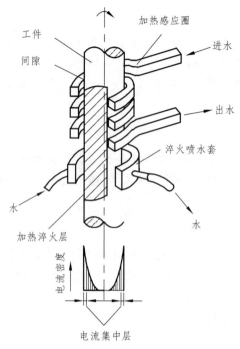

图 5.35　感应加热表面淬火示意图

2. 感应加热表面淬火的分类

根据电流频率的不同，可将表面加热表面淬火分为三类：

（1）高频感应加热表面淬火：常用电流频率为 200 ~ 300 kHz，一般淬硬层深度为 0.5 ~ 2.5 mm，主要用于中小型零件，如中小模数齿轮和中小尺寸的轴类零件的表面淬火。

（2）中频感应加热表面淬火：常用电流频率为 2 500 ~ 8 000 Hz，一般淬硬层深度为 2 ~ 10 mm，主要用于要求淬硬层较深的零件，如发动机曲轴、凸轮轴、大中模数齿轮、较大尺寸的轴和钢轨、道岔的表面淬火。

（3）工频感应加热表面淬火：电流频率为 50 Hz，一般淬硬层深度为 10 ~ 20 mm，主要用于大直径零件，如轧辊、大型压力机柱塞、火车及起重机车轮的表面淬火，也可用于较大直径零件的穿透加热，进行正火或调质处理。

3. 感应加热表面淬火适用的钢种

感应加热表面淬火，通常用于中碳钢或中碳合金结构钢（如 40、45、50、40Cr、40MnB）制造的机床、汽车及拖拉机齿轮、轴等零件。这类零件的预先热处理，一般采用正火或调质处理，重要零件选用调质处理，一般零件选用正火处理。感应加热表面淬火，也可用于由碳素工具钢和低合金工具钢制造的承受较小冲击载荷的工具、量具，还可用于球铁曲轴、凸轮轴及灰铸铁床身件，以提高它们的耐磨性。目前，国内外还广泛采用低淬透性钢进行高频淬火，用于解决中小模数齿轮因整齿淬硬而使心部韧性变差的表面淬火问题。

4. 感应加热表面淬火的特点

① 感应加热升温速度快，钢的奥氏体化是在较大的过热度（A_{c3} 以上 80 ~ 150 ℃）下进行的，因此，奥氏体形核多，且不易长大，使淬火后获得细小的隐晶马氏体组织，工件的表

面硬度比普通淬火高 2 ~ 3 HRC。

② 淬火后，由于马氏体转变产生的体积膨胀，使工件表面层产生很大的残余压应力，显著提高了工件的疲劳强度。小尺寸零件可提高 2 ~ 3 倍，大件可提高 20% ~ 30%。

③ 由于加热速度快，没有保温时间，工件一般不产生氧化和脱碳。又由于内部未被加热，故工件的淬火变形也小。

④ 加热温度和淬硬层深度易于控制，便于实现机械化和自动化。

由于具有以上特点，感应加热表面淬火适用于批量生产形状简单的工件，在热处理生产中得到了广泛的应用。

5.3.1.2 火焰加热表面淬火

应用氧-乙炔（或其他可燃气）火焰对零件表面进行快速加热，随之喷液淬火冷却，从而获得一定厚度淬硬层的工艺称为火焰加热表面淬火（见图 5.36）。淬火冷却介质通常用水，其压力要稳定。对于形状复杂、变形要求小、含碳量高的工件或合金钢工件，应采用较缓和的冷却剂，如 30 ~ 40 ℃ 的温水、聚乙烯醇水溶液、乳化液和压缩空气等。调节烧嘴和工件间的距离、烧嘴的移动速度以及烧嘴和喷液管之间的距离可获得不同厚度的淬硬层。火焰加热表面淬火的工艺规定，一般由试验来决定。

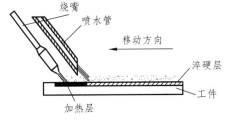

图 5.36　火焰加热表面淬火示意图

用手工进行表面淬火时，由于方法简便，无须特殊设备，故成本低，但生产效率也低，工件表面往往存在不同程度的过热，淬火质量也不够稳定，因此主要用于单件、小批生产或大型零件，如大型齿轮、轴、轧辊、大锤等。

火焰加热表面淬火后应及时回火，以消除过大的残余应力，防止开裂，并将硬度调整到符合要求，按照工件大小和技术要求，可采用炉内回火、火焰回火或自回火。

5.3.2　钢的化学热处理

将钢置于一定的活性介质中保温，使一种或几种元素渗入工件表面，从而改变表面层的化学成分、组织和性能的热处理工艺称为化学热处理。表面淬火只是通过改变钢的表层组织来改变钢的性能，而化学热处理则能同时改变钢的表层成分和组织，因而能更有效提高表层性能，并赋予它新的性能。因此，化学热处理已成为目前热处理工艺中一个最活跃的领域，也是发展最快的一类热处理工艺。化学热处理能有效提高钢件表层的硬度、耐磨性、耐蚀性、抗氧化性及疲劳强度等。化学热处理的种类很多，根据渗入元素的不同，可分为渗碳、渗氮、碳氮共渗、多元共渗、渗金属等多种处理工艺。

化学处理是由以下三个基本过程组成的：

（1）活性原子的产生。加热时，通过介质分解或离子转变得到渗入元素的活性原子。

（2）表面吸收。活性原子被吸附并溶入工件表面，形成固溶体，超过溶解度时还能形成化合物。

（3）原子扩散。溶入原子在浓度梯度作用下，由表层向内扩散，形成一定厚度的扩散层。

5.3.2.1 钢的渗碳

为了增加钢件表层的含碳量和获得一定的碳浓度梯度,将钢件在渗碳介质中加热并保温,使碳原子渗入表层的化学热处理工艺称为渗碳。它是目前机械制造工业中应用最广泛的一种化学热处理工艺。

1. 渗碳方法

按照使用时渗碳剂的不同状态,渗碳法可分为气体渗碳、固体渗碳和液体渗碳三种,常用的是前两种,尤其是气体渗碳。气体渗碳法渗碳层碳浓度可以随意控制。渗碳质量高,渗碳后可进行直接淬火,生产效率高,劳动条件好,易于实现机械化和自动化。

(1)气体渗碳。如图5.37所示,将工件置于密封的气体渗碳炉内,加热到$900 \sim 950 \, ℃$,使钢奥氏体化,向炉内滴入易分解的有机液体(如煤油、苯、甲醇、醋酸乙醇等),或直接通入渗碳气体,通过在钢的表面进行以下反应,生成活性碳原子:

$$2CO \longrightarrow CO_2 + [C]$$

$$CO + H_2 \longrightarrow H_2O + [C]$$

$$C_nH_{2n} \longrightarrow nH_2 + n[C]$$

$$C_nH_{2n+2} \longrightarrow (n+1)H_2 + n[C]$$

活性碳原子溶入高温奥氏体中,然后向工件内部扩散,实现渗碳。

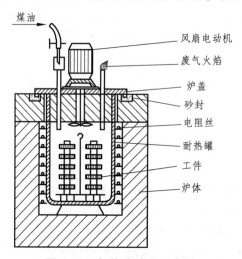

图5.37 气体渗碳法示意图

(2)固体渗碳。将零件用固体渗碳剂埋入渗碳箱内,加盖并用耐火泥密封。然后放入炉中加热至$900 \sim 950 \, ℃$,保温渗碳。随炉试样供工艺控制和质量检查之用。固体渗碳剂主要由一定粒度的固体炭和催渗剂组成。常用的固体炭为木炭,常用的催渗剂为碳酸钡、碳酸钠等碳酸盐。木炭提供所需的活性碳原子,碳酸盐起催渗作用。反应如下:

$$C + O_2 \longrightarrow CO_2$$

$$BaCO_3 \longrightarrow BaO + CO_2$$

$$CO_2 + C \longrightarrow 2CO$$

在渗碳温度下，CO 不稳定，在钢件表面分解，生成活性碳原子：

$$2CO \longrightarrow CO_2 + [C]$$

活性碳原子被钢件表面吸收，而后向内部扩散，实现渗碳。

固体渗碳的渗碳速度慢，生产率低，劳动条件差，质量不易控制，在多数场合下，已被气体渗碳所代替。但由于它具有操作简单、设备简易的优点，特别适用于单件或小批量生产，至今仍在一些工厂中使用。

2. 渗碳工艺

渗碳工艺参数主要有渗碳温度和渗碳时间等。要保证渗碳质量，正确选择工艺参数是很重要的。

（1）渗碳温度。在渗碳过程中，加热温度越高，碳在奥氏体中的溶解度越高，从而提高渗碳速度和渗层深度。但过高的渗碳温度会导致奥氏体晶粒显著长大，使渗碳体的组织和性能恶化，并增加工件的变形，缩短设备的使用寿命。故加热温度通常选在 900～950 ℃，即 A_{c3} + 50～80 ℃。

（2）保温时间。保温时间取决于对渗碳层厚度的要求。保温时间越长，渗层越厚，但随着保温时间的延长，渗层厚度的增速会逐渐减慢。低碳钢渗碳后缓冷至室温的显微组织如图 5.38 所示。表层为珠光体与二次渗碳体混合的过共析组织，中间为过渡区。一般规定从表面到过渡区组织的一半处的深度为渗碳层厚度。

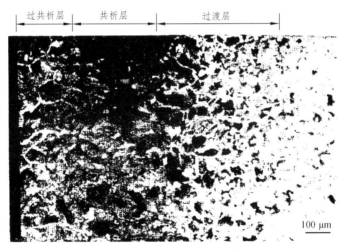

图 5.38 低碳钢渗碳缓冷后的组织

渗碳零件所要求的渗碳层厚度，随零件具体尺寸及工件条件的不同而定。渗层含碳量最好在 0.85%～1.05%。含碳量过低，淬火、低温回火后得的回火马氏体硬度低，耐磨性差；含碳量过高，渗层中出现大量块状或网状渗碳体，易引起脆性，造成渗层剥落。同时，由于残余奥氏体数量的过度增加，也使表面硬度、耐磨性以及疲劳强度降低。

（3）渗碳后的热处理。为了充分发挥渗碳层的作用，零件在渗碳后，必须进行热处理，常用的热处理工艺有如下几种：

① 直接淬火 + 低温回火。渗碳后的工件从渗碳温度降至淬火冷却起始温度后，直接进行淬火冷却，称为直接淬火。淬火后，接着进行低温回火。工艺曲线如图 5.39 所示。一般情况下，淬火前应预冷，目的是减少淬火变形，并使表面残余奥氏体量因碳化物的析出而减少，硬度提高。预冷温度通常稍高于钢件心部的 A_{r3}，对心部要求强度不高，而要求变形极小时，可以预冷到稍高于 A_{r1} 的温度。直接淬火法经济简便、生产率高，但高温长时间渗碳后直接淬火晶粒易粗大，一般适用于性能要求不高和本质细晶粒钢零件。

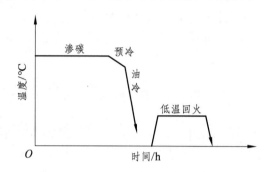

图 5.39　直接淬火 + 低温回火工艺

② 一次淬火 + 低温回火。零件渗碳后炉冷或空冷至室温，再重新加热到临界温度以上保温后进行淬火，称为一次淬火，接着进行低温回火。工艺曲线如图 5.40 所示。淬火温度根据工件要求而定。对心部性能要求高的工件，淬火温度选稍高心部的 A_{c3} 点，这样可使心部组织细化，不出现游离铁素体。心部组织为低碳马氏体或屈氏体及索氏体，从而获得较高的强度和硬度，强度和韧性的配合也好，这种淬火工艺又称为心部细化淬火。对于要求表面有较高硬度和高耐磨性，而心部不要求高强度的工件，则选稍高于 A_{c1} 的温度淬火。淬火后心部存在大量先共析铁素体，强度、硬度都比较低，而表面则有相当数量的未溶先共析碳化物，残余奥氏体较少，所以硬度高、耐磨性好。这种淬火方法又称为渗碳层细化淬火。

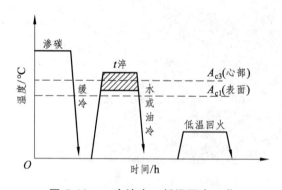

图 5.40　一次淬火 + 低温回火工艺

③ 两次淬火 + 低温回火。渗碳缓冷后再进行两次淬火（见图 5.41），这是一种同时保证心部和表面都获得高性能的方法。第一次淬火的目的是改善心部组织，同时消除表层的网状碳化物。第二次淬火的目的是使表层获得隐晶马氏体和均匀分布的细粒状渗碳体，以保证渗碳层的高强度、高耐磨性。两次淬火工艺比较复杂，生产效率低，成本高，变形及脱碳增加，故只用于对表面和心部性能要求都很高的重要渗碳件。

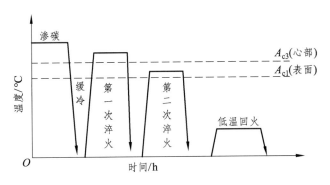

图 5.41 两次淬火 + 低温回火工艺

渗碳件淬火后，都要进行 160 ~ 180 ℃ 的低温回火，回火后表层为细小片状回火马氏体和少量未溶碳化物组织，硬度为 58 ~ 64 HRC。心部组织取决于钢的淬透性，淬透性低的钢，如 15、20 钢，心部组织为铁素体和珠光体，硬度相当于 10 ~ 15 HRC；淬透性高的低碳合金钢，如 20CrMnTi 钢，心部组织为回火低碳马氏体和铁素体，硬度为 35 ~ 45 HRC，并具有较高的强度和韧性。

5.3.2.2 渗 氮

在一定温度下（一般在 A_{c1} 以下）使活性氮原子渗入工件表面的化学热处理工艺称为渗氮，通常称为氮化。其目的是提高表面硬度和耐磨性，并提高疲劳强度和抗腐蚀性。

1. 渗氮工艺

目前应用最广的是气体渗氮法。它是利用氨气被加热时分解出的活性氮原子被钢吸收并溶入表面，在保温过程中向内扩散，形成渗氮层。氨的分解反应如下：

$$2NH_3 \longrightarrow 3H_2 + 2[N]$$

氨的分解在 200 ℃ 以上开始，因为氨在铁素体中有一定的溶解能力，所以渗氮温度一般不超过 A_1，为 500 ~ 600 ℃。渗氮结束后，炉冷到 200 ℃ 以后停止供氨，工件出炉。

2. 渗氮的特点

（1）渗氮处理温度低（低于相变点），故工件变形很小。

（2）渗氮时间长，一般为 20 ~ 50 h，氮化层厚度为 0.2 ~ 0.5 mm。耗时长是渗氮的主要缺点，为了缩短时间，采用二段氮化法，其工艺曲线如图 5.42 所示。第一阶段使表层获得高的氮含量和硬度；第二阶段在稍高温度下保温，加速氮的扩散，缩短渗氮周期。

（3）钢在氮化后无须进行淬火，氮化层便具有很高的硬度（1 000 ~ 1 100 HV），且在 600 ~ 650 ℃ 保持不下降，所以具有很高的耐磨性和热硬性，并且有较高的疲劳强度和抗腐蚀能力。为了提高工件心部的强韧性，渗氮前必须进行调质处理。

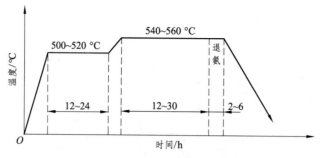

图 5.42　38CrMoAl 钢二段渗氮工艺

5.3.2.3　碳氮共渗

在一定温度下，将碳、氮同时渗入工件表层奥氏体中，并以渗碳为主的化学热处理称为碳氮共渗，常用的是气体碳氮共渗。

气体碳氮共渗的温度一般为 820 ~ 880 ℃，共渗层表面含碳量为 0.7% ~ 1.0%，含氮量为 0.15% ~ 0.5%。气体碳氮共渗的零件，经淬火 + 低温回火后，共渗层表面组织为细片状含碳、氮回火马氏体和适量粒状碳氮化合物及少量残余奥氏体。

碳氮共渗同渗碳相比，不仅加热温度低，零件变形小，生产周期短，而且渗层具有较高的耐磨性、疲劳强度，并兼有一定的抗腐蚀能力。但碳氮共渗的气氛较难控制，容易造成工件氢脆等。

以渗氮为主的低温碳氮共渗，也称为"软氮化"，处理温度一般不超过 570 ℃，处理时间仅为 1 ~ 3 h。与一般渗氮相比，渗氮层硬度较低，脆性较小。软氮化常用于处理模具、量具、高速钢刀具及耐磨零件。

其他几种表面处理工艺的特点及应用见表 5.5。

表 5.5　几种表面热处理新工艺

种　类	工艺要求	优　点	缺　点	应　用
离子氮化	在真空炉中通入少量氮气，以工件为阴极、炉壁为阳极，加上高压直流电，氮气电离成正的氮、氢离子，高能量的氮离子以很大的速度撞击工件表面，动能转变为热能，使之加热到 450 ~ 650 ℃，氮离子捕获电子形成氮原子，渗入表面形成氮化层	氮化层韧性、疲劳极限较高，变形较小，还能用于碳钢、铸铁和有色金属，氮化时间短	成本高，质量不稳定，测温困难	已应用于某些飞机发动机零件上
激光加热表面淬火	大功率激光器以产生的激光束，照射到工件表面上，进行超高速加热，当激光束移去后，又依靠工件本身的传热作用自激冷却，获得淬火效果。由于激光斑尺寸很小，故工件表面的淬火效果必须靠激光束在其上做扫描运动来实现	处理过程极快，工件变形极小，硬度、耐磨性和疲劳强度更高	存在回火软区。设备功率不够稳定，生产不够安全，成本较高	主要用于汽车和机床工业的各种零件上

种 类	工 艺 要 求	优 点	缺 点	应 用
碳氮硼三元共渗	将工件放入液体盐浴中，该盐浴由尿素、碳酸钠、硼酸、氯化钾和苛性钾五种成分，按一定比例组成，在 740~880 ℃ 之间，盐浴中生成的碳、氮、硼活性原子，共同渗入工件表面，形成共渗层。共渗后，可直接进行淬火	显著提高表面硬度和耐磨性，也能提高耐磨蚀能力，变形也较小	溶盐中存在氰酸盐，毒性大，对操作人员身体健康有害，盐浴的稳定性不够理想	已应用于压裂车阀座，磷肥装置鼓风机叶片上
碳化钛气相沉积	将工件置于氢气下，并加热到 900~1 100 ℃，再以氢气作载流气体将四氯化钛和甲烷气体带入反应罐中，它们在工件表面上发生气相化学反应，从而生成碳化钛，沉积在表面上形成一层覆膜	覆层硬度极高，摩擦系数较低，能显著提高工件寿命	钢件易出现氢脆，且氢具有爆炸性，废气中有 HCl 成分，易引起公害	已应用于刀具、工模具上
氮化钛离子喷镀	在真空室中通入氮气，带负高压的工件周围形成一个阴极放电的等离子区，工件因气体正离子轰击而加热，同时用电子枪加热阳极上的钛并使之蒸发，当钛原子移至等离子区内时，被气体离子、电子碰撞而电离成正离子，飞向工件，与氮离子反应生成氮化钛，沉积成覆层	沉积速率高，溅射性好，附着力强	真空下操作，零件不能很大；对夹具材料、形状、布置要求较高	

本章小结

钢的加热转变由四个基本过程组成，即奥氏体的形核、奥氏体晶核的长大、残余渗碳体的溶解及奥氏体成分的均匀化。奥氏体化速度与加热温度、加热速度、钢的成分及原始组织等因素有关。奥氏体晶粒大小用晶粒度表示，有三种不同概念的晶粒度，即起始晶粒度、实际晶粒度和本质晶粒度。影响奥氏体实际晶粒度的因素主要为加热温度、保温时间、加热速度和钢的化学成分等。

根据过冷奥氏体转变温度的不同，转变产物可分为珠光体、贝氏体、马氏体三种。较高温度下发生的珠光体转变是一个扩散性相变；较低温度下发生的马氏体转变是一个无扩散性相变；在珠光体与马氏体转变温度之间发生的贝氏体是一个半扩散性相变。一般情况下，珠光体为片层状组织，珠光体转变温度的不同，导致珠光体片间距和珠光体团尺寸的不同，可分为珠光体、索氏体和屈氏体。贝氏体根据转变温度和组织形态的不同分为上贝氏体和下贝氏体。马氏体根据其含碳量、组织形态及亚结构的差异，分为板条状马氏体和针片状马氏体。

淬火钢在回火过程中随着温度的升高会发生马氏体分解、残余奥氏体分解、碳化物类型转变、碳化物聚集长大和 α 相再结晶。一般情况下，淬火钢的回火温度越高，强度、硬度越低，塑性、韧性越好。

钢的退火是为了均匀成分和组织、细化晶粒、降低硬度、消除应力，常用的退火工艺有完全退火、球化退火、扩散退火和去应力退火。正火与退火的目的相似。与退火相比，相同成分的钢正火后力学性能较高；而且正火生产效率高，成本低，工业生产中宜尽量用正火代替退火。

亚共析钢淬火加热温度为 $A_{c3}+(30\sim50)\ °C$，共析钢和过共析钢的淬火加热温度为 $A_{c1}+(30\sim50)\ °C$，最常用的淬火方法为单介质淬火、双介质淬火、马氏体分级淬火和贝氏体等温淬火。钢的淬透性是指钢在淬火时获得马氏体的能力，在本质上取决于过冷奥氏体的稳定性，其大小可用钢在一定条件下淬火获得淬透层的深度表示。钢的淬硬性是指钢在淬火时的硬化能力，用淬火后马氏体所能达到的最高硬度表示，钢的淬硬性主要取决于马氏体中的含碳量。

钢淬火后要及时回火。根据回火温度的不同，回火工艺分为低温回火、中温回火和高温回火。淬火钢经低温回火得到回火马氏体组织，中温回火后得到回火屈氏体组织，高温回火后得到回火索氏体组织。应注意淬火钢在两个温度区间回火时易出现回火脆性现象。

采用表面淬火和化学热处理（渗碳、氮化等）可有效提高钢件表面的硬度和耐磨、耐蚀性能，与其他热处理工艺的恰当配合，可使钢件心部具有高的强韧性的同时表面还具有高硬度和高耐磨性。

思考与练习

1. 名词术语解释。

完全退火　去应力退火　球化退火　正火　淬火　回火　深冷处理　淬透性　淬硬性　淬火应力　热应力　组织应力　直接淬火　预冷淬火　双介质淬火　马氏体分级淬火　贝氏体等温淬火　调质处理

2. 试述亚共析钢和过共析钢淬火加热温度的选择原则。为什么过共析钢淬火加热温度不能超过 A_{ccm} 线？

3. 正火与完全退火的主要区别是什么？生产中如何正确选择正火及完全退火？

4. 淬火的目的是什么？亚共析钢、共析钢及过共析钢淬火加热温度应如何选择？试从获得的组织及性能方面加以说明。

5. 说明 45 钢试样（ϕ10 mm）经下列温度加热、保温，并在水中冷却得到的室温组织：700 °C、760 °C、840 °C、1 100 °C。

6. 有两个含碳 1.2% 的碳钢薄试样，分别加热到 780 °C 和 860 °C，并保温相同时间，使之达到平衡状态，然后以大于 v_k 的冷却速度冷至室温。试问：

（1）哪个温度加热淬火后马氏体晶粒较粗大？

（2）哪个温度加热淬火后马氏体含碳量较多？

（3）哪个温度加热淬火后残余奥氏体较多？

（4）哪个温度加热淬火后未溶碳化物较少？

（5）你认为哪个温度淬火合适？为什么？

7. 下列场合宜采用何种热处理方法（不解释原因）？

（1）提高低碳钢的切削加工性能。

（2）降低高碳工模具钢的硬度，以便切削加工，且为最终淬火做组织准备。

（3）为表面淬火工件（要求心部具有良好的综合机械性能）做组织准备。

（4）纠正 60 钢锻造过热的粗大组织，为切削加工做准备。

（5）降低冷冲压件的硬度，提高塑性，以便进一步拉伸。

（6）消除灰口铸铁的白口组织，降低其硬度。

（7）消除某量规在研磨过程中产生的应力，稳定尺寸。

8. T8 钢的过冷奥氏体按图 5.43 所示方式冷却，试分析冷却后的室温组织？

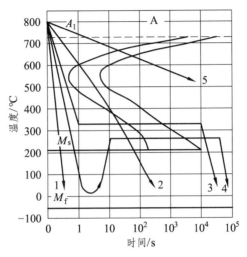

图 5.43　T8 钢过冷奥氏体冷却方式

9. 甲乙两厂生产同一批零件，材料均选用 45 钢，硬度要求 220 ~ 250 HB。甲厂采用正火，乙厂采用调质，都达到硬度要求。试分析甲、乙两厂产品组织和性能的差别。

10. 钢的淬硬层深度通常是怎样规定的？用什么方法测定钢的淬透性？怎样表示钢的淬透性值？

11. 拟用 T10 钢制造形状简单的车刀，工艺路线为：锻造—热处理—机加工—热处理—磨加工，试指出热处理名称和作用。

12. 有一 φ10 mm，20 钢制工件，经渗碳热处理后空冷，随后进行正常的淬火、回火处理，试分析工件在渗碳空冷后及淬火回火后，由表面到心部的组织。

13. 某型号柴油机的凸轮轴，要求凸轮表面有高的硬度（HRC > 50），心部具有良好的韧性（a_k > 40 J/cm^2），原采用 45 钢调质处理再在凸轮表面进行高频淬火，最后低温回火，现因工厂库存的 45 钢已用完，只剩 15 钢，拟用 15 钢代替。试说明：

（1）原 45 钢各热处理工序的作用。

（2）改用 15 钢后，仍按原热处理工序进行能否满足性能要求？为什么？

（3）改用 15 钢后，为达到所要求的性能，在心部强度足够的前提下应采用何种热处理工艺？

6 工业用钢

本章提要

工业用钢按成分分为碳素钢和合金钢，按用途分为结构钢和工具钢。本章分别介绍了碳素结构钢、优质碳素结构钢、碳素工具钢的牌号、成分、性能及应用。分析钢中的合金元素与铁及碳的相互作用、合金元素对 Fe-Fe₃C 相图的影响、合金元素对钢的热处理和强韧性及工艺性能的影响。同时，分别介绍了合金结构钢、合金工具钢、特殊性能钢的分类、牌号、成分、热处理特点及性能和常用钢种的用途，并分析了部分典型零件的生产工艺流程。

6.1 碳素钢

6.1.1 碳素钢的成分和分类

碳素钢是在平衡状态下，含碳量 $w_C \leqslant 2.11\%$ 的铁基合金。由于原料及冶炼工艺的原因，碳素钢中还常存有 Mn、Si、S、P、O、N、H 等元素。其中 Mn、Si 对钢的基体有固溶强化作用，对钢的性能有利。但 S 形成的夹杂物，分布在晶界上，熔点低，使钢在热加工时产生热脆现象，对钢的性能有害。P 在低温时易偏聚在晶界上，使钢产生冷脆现象。O、N、H 等微量元素也会使钢的强度、塑性、韧性降低，都是有害元素。

碳素钢的分类方法有多种，按碳含量分为低碳钢 $w_C \leqslant 0.25\%$、中碳钢 $0.25\% < w_C \leqslant 0.6\%$、高碳钢 $w_C > 0.6\%$，按冶金质量（S、P 含量）分为普通碳素钢、优质碳素钢、高级优质碳素钢，按用途分为碳素结构钢、碳素工具钢。

6.1.2 碳素结构钢

碳素结构钢有普通碳素结构钢和优质碳素结构钢两类。

普通碳素结构钢大量用于建筑和工程用构件，少量用于制造普通机器零件，占钢总产量的 70% ~ 80%。由于普通碳素结构钢冶炼简单，价格低廉，焊接性和冷成型性优良，能满足一般构件的要求，所以工程上用量很大。

根据国家标准 GB/T 700—2006 的规定，普通碳素结构钢的牌号由代表屈服强度的字母（Q）、屈服强度数值、质量等级符号（A、B、C、D）、脱氧方法符号 4 个部分按顺序组成。例如，Q235A 表示屈服点最小值是 235 MPa、质量为 A 级的碳素结构钢。各钢的牌号和化学成分见表 6.1，力学性能见表 6.2。

表 6.1　碳素结构钢的牌号、等级和化学成分（摘自 GB/T 700—2006）

牌号	统一数字代号	等级	厚度（或直径）/mm	化学成分（质量分数）/%，不大于				
				C	Si	Mn	P	S
Q195	U11952	—	—	0.12	0.30	0.50	0.035	0.040
Q215	U12152	A	—	0.15	0.35	1.20	0.045	0.050
	U12155	B						0.045
Q235	U12352	A	—	0.22	0.35	1.40	0.045	0.050
	U12355	B		0.20				0.045
	U12358	C		0.17			0.040	0.040
	U12359	D		0.17			0.035	0.035
Q275	U12752	A	—	0.24	0.35	1.50	0.045	0.050
	U12755	B	≤40	0.21			0.045	0.045
			>40	0.22				
	U12758	C	—	0.20			0.040	0.040
	U12759	D	—	0.20			0.035	0.035

表 6.2　碳素结构钢的力学性能指标（摘自 GB/T 700—2006）

牌号	等级	屈服强度 R_{eH}/(N/mm²)，不小于						抗拉强度 R_m/(N/mm²)	伸长率/%，不小于					冲击试验（V形缺口）	
		厚度（或直径）/mm							厚度（或直径）/mm					温度/℃	冲击吸收功（纵向）/J 不小于
		≤16	>16~40	>40~60	>60~100	>100~150	>150~200		≤40	>40~60	>60~100	>100~150	>150~200		
Q195	—	195	185	—	—	—	—	315~430	33	—	—	—	—	—	—
Q215	A	215	205	195	185	175	165	335~450	31	30	29	27	26	—	—
	B													+20	27
Q235	A	235	225	215	215	195	185	370~500	25	24	23	22	21	—	—
	B													+20	27
	C													0	
	D													−20	
Q275	A	275	265	255	245	225	215	410-540	22	21	20	18	17	—	—
	B													+20	27
	C													0	
	D													−20	

　　Q195 不分等级，Q215 分为A、B 两个等级，Q235、Q275 分为 A、B、C、D 四个等级。等级越高，碳、磷、硫的质量分数的上限越低。

　　通常所用的钢材品种有热轧钢板、钢带、钢管、槽钢、角钢、扁钢、圆钢、钢轨、钢筋、钢丝等，可用于桥梁、建筑物等构件，也可用于受力较小的机械零件。其中 Q195 和 Q215 就具有优良的塑性和焊接性能，通常加工成型材用作桥梁、钢结构或者铁丝、冷冲压件等。Q235 等级的钢有一定强度和良好的塑性、韧性，可用作垫圈、圆销、拉杆等。Q275 钢强度高，可用作轧辊、刹车带、铁路钢轨高强度接头螺栓和螺母等。

普通碳素结构钢常以热轧、控轧或正火状态供货，一般不经热处理强化。但对某些重要零件也可以进行调质、渗碳等处理，以提高其使用性能。

6.1.3 优质碳素结构钢

GB/T 699—2015 规定，正常含 Mn 量的优质碳素结构钢以两位数字表示其牌号。这两位数字表示的是钢的平均含碳量，以 0.01% 为单位，如 45 钢的含碳量为 0.45%。

较高含 Mn 量的优质碳素结构钢以两位数字 + "Mn" 表示其牌号，如 65Mn。

优质碳素结构钢的牌号、化学成分见表 6.3。高级优质钢在牌号后加 "A"（统一数字代号最后一位数字改为 "3"）；特级优质钢在牌号后加 "E"（统一数字代号最后一位数字改为 "6"）。优质钢、高级优质钢、特级优质钢的硫、磷含量不同，见表 6.4。

表 6.3 常用优质碳素结构钢的化学成分（摘自 GB/T 699—2015）

序号	统一数字代号	钢号	化学成分/%					
			C	Si	Mn	Cr	Ni	Cu
						不大于		
1	U20152	15	0.12 ~ 0.19	0.17 ~ 0.37	0.35 ~ 0.65	0.25	0.30	0.25
2	U20202	20	0.17 ~ 0.24	0.17 ~ 0.37	0.35 ~ 0.65	0.25	0.30	0.25
3	U20302	30	0.27 ~ 0.35	0.17 ~ 0.37	0.50 ~ 0.80	0.25	0.30	0.25
4	U20402	40	0.37 ~ 0.45	0.17 ~ 0.37	0.50 ~ 0.80	0.25	0.30	0.25
5	U20452	45	0.42 ~ 0.50	0.17 ~ 0.37	0.50 ~ 0.80	0.25	0.30	0.25
6	U20502	50	0.47 ~ 0.55	0.17 ~ 0.37	0.50 ~ 0.80	0.25	0.30	0.25
7	U20552	55	0.52 ~ 0.60	0.17 ~ 0.37	0.50 ~ 0.80	0.25	0.30	0.25
8	U20602	60	0.57 ~ 0.65	0.17 ~ 0.37	0.50 ~ 0.80	0.25	0.30	0.25
9	U20652	65	0.62 ~ 0.70	0.17 ~ 0.37	0.50 ~ 0.80	0.25	0.30	0.25
10	U20702	70	0.67 ~ 0.75	0.17 ~ 0.37	0.50 ~ 0.80	0.25	0.30	0.25
11	U21152	15Mn	0.12 ~ 0.19	0.17 ~ 0.37	0.70 ~ 1.00	0.25	0.30	0.25
12	U21202	20Mn	0.17 ~ 0.24	0.17 ~ 0.37	0.70 ~ 1.00	0.25	0.30	0.25
13	U21302	30Mn	0.27 ~ 0.35	0.17 ~ 0.37	0.70 ~ 1.00	0.25	0.30	0.25
14	U21402	40Mn	0.37 ~ 0.45	0.17 ~ 0.37	0.70 ~ 1.00	0.25	0.30	0.25
15	U21452	45Mn	0.42 ~ 0.50	0.17 ~ 0.37	0.70 ~ 1.00	0.25	0.30	0.25
16	U21502	50Mn	0.48 ~ 0.56	0.17 ~ 0.37	0.70 ~ 1.00	0.25	0.30	0.25
17	U21652	65Mn	0.62 ~ 0.70	0.17 ~ 0.37	0.90 ~ 1.20	0.25	0.30	0.25

表 6.4 优质碳素结构钢的硫、磷含量（摘自 GB/T 699—2015）

组　别	P	S
	不大于，%	
优质钢	0.035	0.035
高级优质钢	0.030	0.030
特级优质钢	0.025	0.020

优质碳素结构钢通常以热轧或热锻状态交货，也可以热处理（退火、正火或高温回火）状态或特殊表面状态交货。

GB/T 699—2015 还规定了用热处理（正火）毛坯制成的试样测定的纵向力学性能，见表 6.5。

表 6.5 优质碳素结构钢的力学性能（摘自 GB/T 699—2015）

序号	牌号	试样毛坯尺寸/mm	推荐热处理/°C			力学性能					钢材交货状态硬度 HBW10/3 000 不大于	
			正火	淬火	回火	R_m/MPa	R_{eL}/MPa	A/%	Z/%	KU_2/J		
						不小于					未热处理钢	退火钢
1	15	25	920			375	225	27	55		143	
2	20	25	910			410	245	25	55		156	
3	30	25	880	860	600	490	295	21	50	63	179	
4	40	25	860	840	600	570	335	19	45	47	217	187
5	45	25	850	840	600	600	355	16	40	39	229	197
6	50	25	830	830	600	630	375	14	40	31	241	207
7	55	25	820	820	600	645	380	13	35		255	217
8	60	25	810			675	400	12	35		255	229
9	65	25	810			695	410	10	30		255	229
10	70	25	790			715	420	9	30		269	229
11	15Mn	25	920			410	245	26	55		163	
12	20Mn	25	910			450	275	24	50		197	
13	30Mn	25	88	860	600	540	315	20	45	63	217	187
14	40Mn	25	860	840	600	590	355	17	45	47	229	207
15	45Mn	25	850	840	600	620	375	15	40	39	241	217
16	50Mn	25	830	830	600	645	390	13	40	31	255	217
17	65Mn	25	830			735	430	9	30		285	229

优质碳素结构钢主要用于较重要的机械零件，如齿轮、轴、连杆、弹簧等。

低碳的 08、10 钢常用于冷冲压件；15～20 钢可用于冲压件、焊接件、容器、渗碳零件。

用作渗碳件时，在渗碳后，需进行淬火、低温回火的热处理。此时，其表层组织为高碳回火马氏体、淬火未溶的碳化物、残余奥氏体；心部组织为低碳回火马氏体，未淬透时还有少量屈氏体。

中碳的 30~50 钢常用于轴类、连杆、螺栓等零件。这类零件需进行淬火、高温回火的调质处理。热处理后的组织为回火索氏体。

中高碳的 60~70 钢常用于弹簧类等零件。这类零件需进行淬火、中温回火的热处理。热处理后的组织为回火屈氏体。

较高含 Mn 量的钢用作截面稍大或强度稍高的零件。

6.1.4 碳素工具钢

碳素工具钢简称碳工钢，基本上都是优质钢或高级优质钢。各牌号碳工钢淬火加热温度大体相同，因而淬火后的硬度基本相同，均为 62 HRC 左右。随着牌号的增大，钢中的含碳量增多，钢的耐磨性增加，而塑性、韧性则有所降低。

GB/T 1298—2008 规定了碳工钢的牌号、化学成分及退火态硬度，见表 6.6。牌号后加 "A" 者为高级优质钢。其 S、P 的含量分别为 $w_S \leqslant 0.02\%$，$w_P \leqslant 0.030\%$。

表 6.6　碳工钢的牌号及化学成分、退火态硬度及应用（摘自 GB/T 1298—2008）

牌号	化学成分/%					退火钢硬度 /HB，不大于	应用
	C	Mn	Si	S	P		
T7	0.65~0.74	≤0.40	≤0.35	≤0.030	≤0.035	187	承受撞击、振动、韧性较好，硬度中等的工具，如小尺寸风动工具（冲头、凿子）
T8	0.75~0.84			≤0.030	≤0.035		切削刀口在工作中不变热、硬度和耐磨性较高的工具，如木材加工用的铣刀、埋头钻
T8Mn	0.80~0.90	0.40~0.60		≤0.030	≤0.035		
T9	0.85~0.94			≤0.030	≤0.035	192	硬度、韧性较高，但不受强烈冲击振动的工具，如割草机刀片、收割机中的切割零件
T10	0.95~1.04			≤0.030	≤0.035	197	切削条件较差，耐磨性较高，且不受强烈振动，要求韧性及锋刃的工具，如钻头、丝锥
T11	1.05~1.14	≤0.40		≤0.030	≤0.035	207	制造钻头、丝锥、手用锯金属的锯条、形状简单的冲头、阴模、剪边模和剪冲模
T12	1.15~1.24			≤0.030	≤0.035		冲击小、切削速度不高、高硬度的各种工具，如铣刀、车刀、切烟丝刀、锉刀、锯片
T13	1.25~1.35			≤0.030	≤0.035	217	要求极高硬度但不受冲击的工具，如刮刀、硬石加工用的工具、锉刀、雕刻工具等

T7 ~ T8 钢，韧、塑性较好，用于中硬度、较高韧性的工具，如凿子、石钻等；T9、T10、T11 钢用于中韧性、高硬度的工具，如钻头、丝锥、车刀等；T12、T13 钢有极高的硬度与耐磨性，但韧性低，用于量具、锉刀、精车刀等。

碳工钢容易锻造及切削加工，价格便宜。但碳工钢的红硬性差，当工作温度 ≥250 ℃ 时，硬度和耐磨性迅速下降；碳工钢的淬透性低，淬火临界直径 $\phi < 10$ mm，不能用作大尺寸的刃具；淬火时，碳工钢的变形及开裂倾向大。

碳工钢一般锻造性较好，锻压比一般要大于 4，终锻温度 A_{cm} 以下 800 ℃ 较适宜。热加工后应快速冷至 600 ~ 700 ℃ 后再缓冷，以避免析出粗大或网状碳化物。

碳工钢的预先热处理一般采用球化退火处理。具体的工艺参数为：

T7 ~ T9 钢：加热至 750 ~ 770 ℃，保温 2 ~ 4 h，冷至 650 ~ 680 ℃ 等温 4 ~ 6 h。

T10 ~ T13 钢：加热至 740 ~ 750 ℃，保温 2 ~ 4 h，冷至 680 ~ 700 ℃ 等温 4 ~ 6 h。球化退火后的组织为粒状珠光体。

碳素工具钢应在淬火及低温回火后使用。

碳素工具钢正常淬火温度为 A_{c_1} + 30 ~ 50 ℃，属于不完全淬火，淬火后的组织为马氏体 + 残余奥氏体 + 未溶碳化物。各牌号碳工钢的淬火加热温度及淬火后的硬度见表 6.7。对于工具钢，淬火时过热会使晶粒长大，奥氏体中溶入过多的碳化物，在冷却过程中极易沿晶界析出，将引起强度及塑性剧烈下降，是非常有害的。

碳素工具钢淬火以后内应力很大，容易开裂。为此，碳工钢在淬火后应立即进行回火。碳素工具钢的回火温度范围见表 6.7。具体回火温度视硬度要求而定，硬度高，回火温度用下限，硬度低，回火温度用上限。回火时间一般为 1 ~ 2 h，若回火时间过短，淬火应力消除不足，往往在随后磨削时产生裂纹。回火后的组织为回火马氏体 + 残余奥氏体 + 碳化物。

表 6.7　碳素工具钢的淬火加热温度、回火温度及硬度

钢　号	淬火温度/℃		硬度/HRC		回火温度/℃	硬度/HRC
	水　冷	油　冷	水　冷	油　冷		
T7	780 ~ 800	800 ~ 820	62 ~ 64	59 ~ 61	200 ~ 250	55 ~ 60
T8、T9	760 ~ 770	780 ~ 790	63 ~ 65	60 ~ 62	150 ~ 240	55 ~ 60
T10 ~ T12	770 ~ 790	790 ~ 810	63 ~ 65	61 ~ 62	200 ~ 250	62 ~ 64
T13	770 ~ 790	790 ~ 810	63 ~ 65	62 ~ 64	150 ~ 270	60 ~ 64

6.2　合金结构钢

6.2.1　合金钢概述

钢是铁基合金，钢中除 Fe 元素外，还有以下 4 类元素：

常存元素：C、Si、Mn、P、S，即钢中的五大元素；

偶存元素：由于矿石、废钢中含有的、在冶炼及工艺操作时带入钢中的元素，如 Cu 等；

隐存元素：原子半径较小的非金属元素，如 H、O、N 等；

合金元素：为保证获得所要求的组织结构、物理-化学和力学性能而特别添加到钢中的化学元素。

钢中除基本元素碳以外，相对于合金元素，不是"特别添加"的元素，又称为"杂质"或"残余元素"。同一元素既可作为杂质，又可作为添加的合金元素，一般根据其含量而定。如 P，一般看作杂质元素，其含量 ≤0.05%，在耐蚀钢中，P 含量可达 0.06% ~ 0.15%，可看作是提高耐蚀性的合金元素。

元素在钢中有以下四种存在形态：

（1）以固溶体的溶质形式存在，可以溶入铁素体、奥氏体和马氏体中。

（2）形成强化相，如形成碳化物或金属间化合物等。

（3）形成非金属夹杂物，如氧化物（Al_2O_3、SiO_2 等）、氮化物（AlN）和硫化物（MnS、FeS 等）。

（4）以游离态存在，如碳以石墨状态存在。

元素以固溶体的溶质形式和强化相的形式存在，对钢的性能将产生有利的作用。而元素以非金属夹杂物的形式存在，则对钢的性能产生有害作用，应在冶炼时尽量减少钢中的非金属夹杂物。元素以游离态存在，一般也有害，应尽量避免。

元素以哪种形式存在，主要取决于元素的种类、含量、冶炼方法及热处理工艺等。

6.2.1.1　合金元素与铁和碳的相互作用

合金元素加入钢中后，可以改变铁的同素异晶转变温度 A_3 和 A_4，从而使"Fe-Me"二元相图出现扩大 γ 相区和缩小 γ 相区两大类型。合金元素也可依此分为奥氏体形成元素和铁素体形成元素两大类。

（1）奥氏体形成元素（又称扩大 γ 相区元素或 γ 稳定化元素）

它们使 A_3 点降低，A_4 点升高，在较宽的成分范围内，促使奥氏体形成，即扩大了 γ 相区。这类合金元素都能与 γ-Fe 形成固溶体。锰（Mn）、镍（Ni）、钴（Co）等能与 γ-Fe 形成无限固溶体，而与 α-Fe 形成有限固溶体，当合金元素超过某一限量后，可在室温得到稳定的 γ 相。如图 6.1（a）所示。碳（C）、氮（N）、铜（Cu）、锌（Zn）、金（Au）与 γ-Fe 形成有限的固溶体，与 α- Fe 形成更加有限的固溶体，如图 6.1（b）所示。

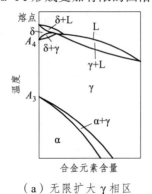
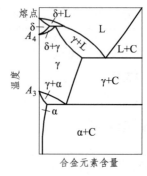

（a）无限扩大 γ 相区　　　　　　（b）有限扩大 γ 相区

图 6.1　合金元素对 γ 相区的影响（扩大 γ 相区）

（2）铁素体形成元素（又称缩小 γ 相区元素或 α 稳定化元素）

它们使 A_3 点升高，A_4 点降低，在较宽的成分范围内，促进铁素体形成。铬（Cr）、钒（V）、钼（Mo）、钨（W）、钛（Ti）、硅（Si）、铝（Al）、磷（P）等元素，使 γ 相区缩小到一个很小的面积，形成由 γ + α 两相区封闭的 γ 相区，如图 6.2（a）所示。硼（B）、铌（Nb）、钽（Ta）、锆（Zr）等元素，使 γ 相区缩小，但并未完全封闭，如图 6.2（b）所示。

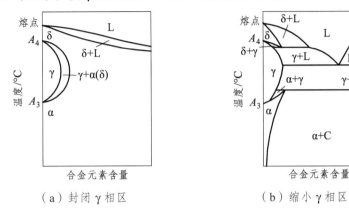

（a）封闭 γ 相区　　　　　　　　（b）缩小 γ 相区

图 6.2　合金元素对 γ 相区的影响（缩小 γ 相区）

由于合金元素对 Fe-Me 二元相图的影响不同，则通过控制钢中合金元素的种类和含量可获得所需要的组织。如欲发展奥氏体钢时，需向钢中加入大量的 Ni、Mn、N 等奥氏体形成元素；欲发展铁素体钢时，需向钢中加入大量的 Cr、Si、Al、Ti 等铁素体形成元素。同时向钢中加入两类元素时，其作用往往相互抵消。但也有例外，如 Cr 是铁素体形成元素，在钢中同时加入 Cr 和 Ni 时却促进奥氏体的形成。

合金元素与碳的相互作用主要表现在是否易于形成碳化物，或者形成碳化物倾向性的大小上。碳化物是钢中的基本强化相，它们的种类、数量、形状、大小及其在基体中的分布情况，对钢的力学性能和加工工艺性能有强烈的影响。

合金元素按照与碳的相互作用，可分为两大类：

（1）非碳化物形成元素：包括 Ni、Co、Al、Cu、Si、N、P、S 等，它们不能与碳相互作用而形成碳化物，但可溶入 Fe 中形成固溶体，或者形成金属间化合物等其他化合物。其中硅反而能起促进碳化物分解（称为石墨化）的作用。

（2）碳化物形成元素：Fe、Mn、Cr、W、Mo、V、Zr、Nb、Ti、Ta 等，它们均可与碳作用，在钢中形成碳化物。它们均属于元素周期表中的过渡族元素。

钢中常用的合金元素，按形成碳化物的强弱，又常分成以下三类：

Zr、Ti、Nb、V：强碳化物形成元素。

W、Mo、Cr：中等强度碳化物形成元素。

Mn、Fe：弱碳化物形成元素，但 Mn 极易溶入 Fe_3C 中，无独立碳化物出现。

碳化物的类型有 MeC 型和 Me_2C 型简单点阵的碳化物、复杂六方结构的 Me_6C 型合金碳化物、合金渗碳体等。

MeC 型和 Me_2C 型碳化物有 VC、TiC、NbC、W_2C、Mo_2C 等，复杂点阵结构的碳化物有复杂立方的 $Cr_{23}C_6$，复杂六方的 Cr_7C_3 和正交晶系的 Fe_3C 等。

当合金元素含量不足以形成自己特有的碳化物时，则形成 Me_6C 型合金碳化物，如 Fe_3W_3C、Fe_4W_2C、Fe_3Mo_3C 等。

当合金元素含量很少时，则只能形成合金渗碳体，如 $(FeCr)_3C$、$(FeMn)_3C$。

碳化物的硬度比相应的纯金属要高出数十倍到上百倍，熔点一般也较相应的纯金属高，特别是 MeC 型和 Me_2C 型碳化物的熔点，一般在 3 000 ℃ 左右。常用纯金属与碳化物的硬度及熔点见表 6.8。碳化物硬度越高，熔点越高，则稳定性越强。

表 6.8 纯金属与碳化物的硬度及熔点

纯金属	Ti	Nb	Zr	V	Mo	W	Cr	α- Fe
硬度/HV	230	300	300	140	350	400	220	80
碳化物	TiC	NbC	ZrC	VC	Mo_2C	WC	$Cr_{23}C_6$	Fe_3C
硬度/HV	3 200	2 055	2 840	2 094	1 480	1 730	1 650	860
熔点/℃	3 140	3 480	3 350	2 830	2 410	2 755	1 580	1 650

碳化物的稳定性高低对钢的性能有很重要的意义。碳化物稳定性高，可使钢在高温下工作并保持其较高的强度和硬度，则钢的红硬性、热强性好。相同硬度条件下，碳化物稳定性高的钢，可在更高温度下回火，使钢的塑性、韧性更好。因此合金钢较相同硬度的碳钢，综合力学性能好。碳化物的稳定性高，在高温和应力作用下不易聚集长大，也不易因原子扩散作用而发生合金元素的再分配，则钢的抗扩散蠕变性能好。

碳化物的稳定性高低对钢的热处理也有很重要的影响。合金碳化物稳定性高，合金钢奥氏体化的温度要高，保温时间要延长。碳化物的稳定性过高，加热时不溶于奥氏体，随后冷却时加速奥氏体的分解，降低了钢的淬透性；碳化物的稳定性低，加热时溶于奥氏体中，增大了过冷奥氏体的稳定性，则可提高淬透性。碳化物的稳定性高，淬火钢的回火稳定性高。

6.2.1.2 合金元素对 Fe-Fe₃C 相图的影响

Fe-Fe₃C 相图是对碳素钢进行热处理时选择加热温度的依据。合金钢实质上是三元或多元合金，应建立三元或多元合金相图，作为研究合金钢中相和组织转变的基础。但是三元合金相图，尤其是多元合金相图研究得很少，实际应用上，仍以"Fe-C"二元合金相图为基础，考虑合金元素对 Fe-Fe₃C 相图的影响。

奥氏体形成元素，随其含量的增加，使 F-Fe₃C 相图中的 E 点和 S 点向左、下方移动，GS 线下沉，即降低 A_3 点，同时也使共析温度 A_1 点降低，使 γ 相区向左下方移动，如图 6.3 所示。当 Ni、Mn 含量足够高时，可使 γ 相扩展到室温以下，得到奥氏体钢。

铁素体形成元素，随其含量的增加，使 F-Fe₃C 相图中的 E 点和 S 点向左、上方移动，GS 线上移，即提高 A_3 点，同时也使 A_1 点提高，使 γ 相区向左上方缩小，如图 6.4 所示。当 Cr 含量足够时，可使 γ 相区消失，得到铁素体钢。

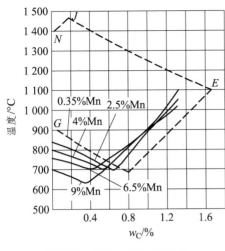
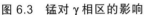

图 6.3　锰对 γ 相区的影响

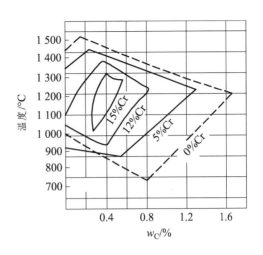

图 6.4　铬对 γ 相区的影响

所有合金元素均使 S 点左移，这意味着共析点的碳浓度移向低碳方向，使共析体中的含碳量降低，即合金钢中含碳量不到 0.77%，就属于过共析钢，而有 Fe_3C_{II} 析出，如 w_C = 0.4% 的 40Cr13 钢已不是亚共析钢，而是过共析钢。

共析体中的含碳量降低还表明，合金钢加热至略高于 A_{c1} 点时，所得到的奥氏体中的含碳量总比碳钢低。

所有的合金元素也均使 E 点左移，这意味着出现共晶产物——莱氏体的含碳量从 2.11%，向低碳方向移动，合金钢中含碳量不到 2%，就会出现共晶莱氏体，例如，高速钢 W18Cr4V 的 w_C = 0.7% ～ 0.8%，其铸态组织中，就出现了合金莱氏体。

6.2.1.3　合金元素对钢在加热和冷却时转变的影响

（1）对钢在加热时转变过程的影响

将钢加热到 A_1 点以上发生奥氏体相变时，合金元素并未改变奥氏体的形成机理，但合金元素将影响钢中奥氏体的形成、碳化物的溶解、奥氏体成分均匀化、奥氏体晶粒长大这四个相变基本过程的速度。

奥氏体形成元素降低 A_1 点，相对增加了过热度，也就增大了奥氏体的形成速度。

铁素体形成元素升高 A_1 点，则相对减慢了奥氏体的形成速度。

另一方面碳化物形成元素，降低碳在奥氏体中的扩散系数 D_c^γ，减慢奥氏体形成速度，非碳化物形成元素 Ni、Co 增大碳在奥氏体中的扩散系数 D_c^γ，增大奥氏体的形成速度。

奥氏体形成后，还残留有一些碳化物，残留碳化物溶解进奥氏体中，有如下一些规律：

在同一温度下，稳定性越高的碳化物，溶解度越低，要使其溶解到奥氏体中，加热温度要求越高，如 Cr 为 800 ～ 900 ℃，W 为 1 000 ℃，V 为 1 200 ℃ 才开始溶解。

当钢中有多种碳化物时，最早溶入奥氏体的，是稳定性最差的碳化物，最后溶入的是稳定性最高的碳化物。$(Fe,Cr)_3C$、$(Cr,Fe)_{23}C_6$、$(Cr,Fe)_7C_3$ 稳定性依次递增，则依次溶解。

合金元素在钢中的溶解度越大，越有用。Cr、Mo、V 的碳化物在钢中有较大的溶解度，是最有用的合金碳化物。

Ti、Nb、V 的碳化物的溶解度随温度的降低而下降，数量足够时，随着温度降低，将沉淀析出，带来析出强化效应。

钢中的合金元素在原始组织中的分配是不均匀的，碳化物形成元素大部分处于碳化物中，非碳化物形成元素则几乎都处于铁素体中。最初形成的奥氏体，其成分并不均匀，而且由于碳化物的不断溶入，不均匀程度更加严重，因而，合金钢奥氏体形成后，除了碳的均匀化外，还进行着合金元素的均匀化。由于合金元素在奥氏体中的扩散系数是碳的 1/10 000 ~ 1/1 000，所以合金钢的奥氏体均匀化过程都比碳钢慢，其加热保温时间要比碳钢长，这样才能保证奥氏体达到需要的均匀化程度。

奥氏体晶粒易长大的钢，其过热敏感性就强，热处理时加热温度就难掌握；晶粒粗大的钢，其力学性能不良，塑性、韧性较低，一般钢产品希望得到细晶粒的组织。

合金元素对奥氏体晶粒长大的影响可归纳如下：

强碳化物形成元素，如 Ti、V、Zr、Nb 等，显著地阻碍奥氏体晶粒长大，起细化晶粒作用；W、Mo、Cr 阻止奥氏体晶粒长大作用中等。

Al 含量少时，仅以非金属夹杂物形式（AlN）存在，阻止奥氏体晶粒长大，当含量较高，溶入固溶体时，则促使奥氏体晶粒粗化；Si、Ni、Co、Cu 轻微阻止奥氏体晶粒长大；Mn、P 则促使奥氏体晶粒长大；间隙原子 C、N、B 促使奥氏体晶粒长大。

（2）合金元素对过冷奥氏体分解的影响

合金元素会影响过冷奥氏体等温转变曲线——C 曲线（TTT 图）的位置和形状。

非碳化物形成元素，只改变 C 曲线的位置，不改变 C 曲线的形状，Ni、Si、Cu 使 C 曲线右移，Al、Co 使 C 曲线左移。

碳化物形成元素，既改变 C 曲线的位置，也改变 C 曲线的形状，使珠光体转变和贝氏体转变分开，有多种类型。

合金元素，除 Co、Al 外均延迟珠光体和贝氏体的转变。

按照单个元素对珠光体相变速度作用的方向和强度可排列如下：

B、Mo、Mn、W、Cr、Ni、Cu、Si、V ┆ Al、Co

强　　　推迟珠光体转变作用　　　弱　　弱　加速　强

不论哪一种合金元素，对贝氏体转变的滞缓作用都比该元素对珠光体的作用小。按照单个元素对贝氏体相变速度作用的方向和强度可排列如下：

Mn、Cr、Ni、Si、Mo、W、V、Cu ┆ Al、Co

强　　推迟贝氏体转变作用　　　弱　　弱　加速　强

合金元素对珠光体及贝氏体转变影响的意义：推迟珠光体和贝氏体转变（使 C 曲线右移），即提高了过冷奥氏体的稳定性，降低了钢的临界冷却速度，提高了钢的淬透性。在钢中最常用的提高淬透性的元素是：Mn、Cr、Ni、Si、Mo、B。

B、Mo 强烈推迟珠光体转变，推迟贝氏体作用较弱，这两个元素共同作用，可获得贝氏体钢。

合金元素只有溶入奥氏体中才能起上述作用，否则未溶碳化物或夹杂物将起非均质晶核的作用，促进过冷奥氏体转变，使 C 曲线左移。

除 Co，Al 外，大多数固溶于奥氏体的合金元素均使 M_s 和 M_f 点降低，按其影响程度由强到弱排序为 C、Mn、Cr、Ni、Mo、W、Si。

合金元素降低 M_s 的意义：M_s 点越低，淬火钢中马氏体的转变量越少，残余奥氏体数量越多，相同含碳量下，合金钢中的残余奥氏体比碳钢多。残余奥氏体多，则钢的硬度将下降。

6.2.1.4　对淬火钢回火转变的影响

回火过程是使钢获得预期性能的关键工序。淬火钢的组织主要是马氏体和残余奥氏体（过共析钢中有未溶碳化物），这两种组织在热力学上都是不稳定的。在回火加热时，随着回火温度的升高，钢中必然产生一系列逐步趋向稳定的组织状态的变化，淬火钢回火时可能发生的组织状态变化有：马氏体的分解，碳化物的形成、转变及聚集长大；α 相的回复与再结晶，残余奥氏体的转变等。合金元素的存在，使进行回火转变的这几个过程的温度范围都相应地有所提高，从而使合金钢显示出较高的回火稳定性。

在 200 ℃ 以下，合金元素对马氏体的分解速度几乎没有影响。

在 200 ℃ 以上，碳化物形成元素，强烈推迟马氏体的分解。因为它们对碳有较强的亲和力，阻碍碳从马氏体中析出，V、Nb 的作用强于 Cr、Mo、W 的作用。

马氏体分解温度范围：碳钢 100～300 ℃，合金钢 300～500 ℃。

非碳化物形成元素和弱碳化物形成元素 Mn 不推迟马氏体的分解。

马氏体开始分解时，首先形成 ε-碳化物（Fe_xC），且与 α 相保持共格关系，随着回火温度的提高，两者的共格关系陆续破坏。碳钢中的 ε-碳化物于 260 ℃ 转变为 Fe_3C，合金钢中的 ε-碳化物则转变为合金渗碳体。合金元素中唯有 Si 和 Al 推迟这一转变，使转变温度升高到 350 ℃。

回火温度高于 α 相再结晶温度后，非碳化物形成元素从渗碳体中向 α 相扩散，碳化物形成元素从 α 相中向渗碳体中扩散，并在渗碳体中扩散和富集，超过该元素在渗碳体中的饱和浓度后，便发生由渗碳体向特殊碳化物的转变过程。即

$$\text{ε-碳化物} \rightarrow \text{合金渗碳体} \rightarrow \text{特殊碳化物}$$

提高回火温度，碳化物核心开始聚集长大，此温度对碳钢为 350～400 ℃，合金钢为 450～600 ℃。

在淬火钢组织中，总有一定数量的残余奥氏体，绝大多数合金元素（Co、Al 除外），均降低 M_s 点，增加淬火钢中的奥氏体量。中碳结构钢残余奥氏体一般为 3%～5%，个别可达 10%～15%，低碳马氏体的板条相界处也可以存在 2%～3% 的残余奥氏体薄膜，高速钢残余奥氏体量可达 20%～40%。

中、低合金钢，残余奥氏体在 M_s～A_1 温度区间回火时，转变产物与过冷奥氏体在 A_1～M_s 温度区间恒温分解产物相似，在较高温度范围内，残余奥氏体转变为珠光体，在中温区，残余奥氏体转变为贝氏体。

高合金钢，残余奥氏体能在回火冷却过程中转变为马氏体。因为在回火保温中，残余奥氏体中析出了特殊碳化物，使碳和合金元素贫化，M_s 点升高，在回火冷却中残余奥氏体转变为马氏体，使钢的硬度提高，这种现象称为二次淬火。

淬火钢回火时，α 相还会发生回复与再结晶，其过程类似于冷变形钢加热时所发生的情

况（因为淬火后的位错密度与冷变形后的位错密度均高达 $10^8 \sim 10^{10}/mm^2$），其区别仅在于原始组织结构不同。

合金元素能不同程度地提高 α 相的再结晶温度，见表 6.9，使 α 相的马氏体形态和其中碎化了的嵌镶块结构保留到更高的温度，对保持回火组织的强度、提高钢的热强性都有重要贡献。

表 6.9　不同合金元素对铁素体再结晶温度的影响

合金元素含量	α-Fe	0.1%C	2%Ni	2%Si	1%Mn	2%Cr	1.5%W	2%Mo
再结晶温度/°C	520	550	550	550	575	630	655	650

淬火合金钢回火时，有两个相反的因素影响着强度，一方面由于马氏体分解产生弱化作用，另一方面特殊碳化物质点的弥散析出导致钢的强化，当强化作用大于弱化作用时，在 $\sigma\text{-}T_{回火}$，$HRC\text{-}T_{回火}$ 曲线上出现一个峰值，称为二次硬化峰（见图 6.5）。

淬火钢在回火时出现的硬度回升现象称为二次硬化。原因主要是特殊碳化物的弥散硬化，二次淬火也是高合金钢出现二次硬化现象的原因。

直接形核方式析出的特殊碳化物，就是弥散析出的，因此 V、Nb、Ti、Mo、W 和高 Cr 钢中均显示二次硬化效应。

弥散质点的数量越多，二次硬化效应越大，即合金元素的含量越高，二次硬化效应越显著。

二次硬化峰也与回火时残余奥氏体→马氏体（二次淬火）相联系，如高速钢的回火。

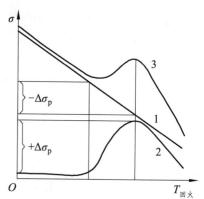

图 6.5　淬火钢回火时，由于马氏体分解（1）和弥散碳化物质点析出（2）引起的强度变化及其总效果（3）

淬火钢在一定温度范围内回火时，表现出明显的脆化现象，即回火脆性。合金钢中有两类回火脆性。

第一类回火脆性：在较低回火温度 250 ~ 350 °C 内发生，又称"低温回火脆性"，不可逆，与回火后冷速无关，在产生回火脆性温度保温后，不论快冷、慢冷，钢都具有低的冲击韧性，不可能用热处理和合金化的方法消除，但 Mo、W、V、Al 可稍减弱此脆性，并将此温度推向高温，碳钢这一温度区间为 250 ~ 350 °C，Cr、Mo、W 可将其推迟至 300 ~ 400 °C，Si 最显著，使之延迟到 400 ~ 450 °C（1% ~ 1.5%Si）。

第二类回火脆性：淬火钢在 450 ~ 650 °C 回火时产生的脆化现象，又称"高温回火脆性"，它是可逆的，与回火后的冷却速度有关。回火后慢冷则产生脆性，回火后快冷则不产生或大大减轻脆性，已产生了回火脆性的钢，重新回火快冷则可消除已产生的脆性。

第二类回火脆性产生的原因是，一定元素偏聚于晶界，从而降低了晶界的结合力，使钢表现出脆性。产生偏聚的元素有 H、N、O、Si、P、S 等。

根据合金元素对第二类回火脆性的作用，可将其分为三大类：

增加回火脆性敏感性的元素：Mn、Cr、Ni（与其他元素一起加入时）P、V 等，它们或与偏聚元素一起偏聚或促进其他元素偏聚；

无明显影响的元素：Ti、Zr、Si、Ni（单一元素作用时）；

降低回火脆性敏感性的元素：Mo、W，它们有抑制有害元素偏聚的作用。

回火脆性是一种使钢材韧性明显降低而易脆断的不良现象，因此工业上必须防止或避免回火脆性的产生。

第一类回火脆性，与钢的成分的关系不大，只能采用不在发生脆性的温度范围内回火来避免。第二类回火脆性，必须防止或消除有害杂质在晶界上的偏聚。对于小尺寸工件，回火后应快冷（水冷或油冷）；对于大尺寸工件，可加入 Mo、W 等合金元素，以降低回火脆性敏感性，提高冶金质量，尽可能降低钢中的有害元素含量，这也是降低回火脆性敏感性的有效措施。

6.2.1.5 合金元素对钢的强韧性的影响

结构材料的强度和韧性，常常是一对矛盾，提高了强度，塑性和韧性往往会降低。

金属材料的基本强化机制主要有固溶强化、界面强化（细晶强化）、析出强化（沉淀强化）、位错强化（加工硬化）等。

在实际强化金属时，常常同时采用多种强化机制。

金属强化机制的作用，通常是通过添加合金元素来实现的，因此也称作合金强化。下面给出一组数据看看合金强化的效果。

Fe 单晶体：$R_e = 28$ MPa；Fe 多晶体：$R_e = 140$ MPa；低碳钢：$R_e = 180 \sim 340$ MPa，$R_m = 320 \sim 600$ MPa；普通低合金钢：$R_m = 1\,600$ MPa；高合金结构钢：$R_m = 2\,500 \sim 3\,000$ MPa。

由此可以看出合金强化的效果是非常显著的。

合金化提高强度的机制，对于金属基体（钢主要为铁素体），由固溶强化、界面强化（细化晶粒）机制起作用；对于第二相来说，其形态不同，则起作用的机制不同，主要有析出强化（弥散质点）和界面强化（如两相合金珠光体等）机制。

（1）合金元素对铁素体的强化作用

铁素体是钢的基本组成相之一，在结构钢中其所占比例可高达 95%，合金元素对铁素体的强化作用机制有固溶强化和界面强化 2 种。

图 6.6 所示为合金元素的浓度对低碳铁素体屈服强度的影响。从图 6.6 中可见：C、N 是钢中重要的强化元素。间隙溶质原子（C、N）的强化效应远比置换溶质原子强烈，其强化作用相差 10 ~ 100 倍。但在室温下，它们在铁素体中的溶解度十分有限，固溶强化作用受到限制。Si、Mn、Cr、Ni、Mo 等的固溶强化作用不可忽视。

多种元素同时存在时，强化作用可叠加，使总强化效果增大，尤其是 Si、Mn。

Al、Nb、V、Ti、Zr 等元素，形成细小难溶的第二相质点，阻碍奥氏体晶界移动，可细化铁素体晶粒。

正火、反复快速奥氏体化及控制轧制等也可细化晶粒。

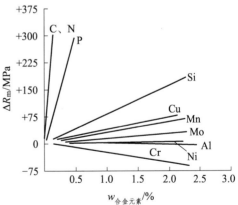

图 6.6 合金元素在低碳铁素体钢中的强化效果

（2）合金元素对钢中第二相强化作用的影响

合金元素对钢中第二相的大小、形态及分布都有影响。

合金元素以弥散的第二相形式在钢中析出时，将产生析出强化作用。例如，马氏体时效钢 18Ni 加入 Ti 和 Mo 等元素，在时效时析出 Fe_2Mo、Ni_3Ti、Ni_3Mo 等金属间化合物强化相，可以获得良好的析出强化效果。钢中加入 V、Ti、W、Mo、Nb 等元素，在淬火回火时可析出弥散分布的特殊碳化物质点，产生二次硬化，也使钢强化。

合金元素使两相合金的界面细化，也能产生界面强化作用，使合金的强度提高，如珠光体。α 相的 R_m = 230 MPa，而珠光体的 R_m = 750 MPa，提高了 3 倍多。

加入合金元素 Cr，Mn、Mo、W、V 等增加过冷奥氏体稳定性，使 C 曲线右移，在同样的冷却条件下，可得到细片状珠光体，相界面增加，可达到强化目的。

合金元素在强化铁素体的同时，将降低其塑性和韧性，固溶强化效果越大，塑、韧性下降越多，所以溶质的浓度应控制。图 6.7 所示为合金元素对铁素体韧脆转变温度（断口形貌转折温度 T_{50}）的影响。多数合金元素处于低浓度范围时，稍稍降低 T_{50}，当其含量增大时，将逐步升高 T_{50}。只有 Ni 在所有浓度情况下，均降低 T_{50}。能降低 T_{50} 的合金浓度界限，V、Cr、Si 均小于 1%，Mn 小于 2%。

所以合金化的一般原则是"少量多元"。

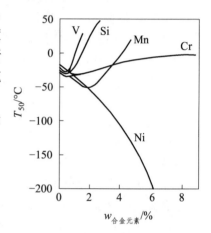

图 6.7　合金元素对铁素体
T_{50} 转折温度的影响

6.2.1.6　合金元素对钢的工艺性能的影响

（1）对铸造性能的影响

铸造性能是指钢在铸造时的流动性、收缩特点、偏析等方面的综合性能，它主要与钢的固相线和液相线温度高低及结晶温区的大小有关。

合金元素对铸造性能的影响，主要取决于它们对 $F-Fe_3C$ 相图的影响，使固、液相线的温度越低及结晶温区越窄，则铸造性能愈好。

Cr、Mo、V、Ti、Al 等元素在钢中形成高熔点碳化物或氧化物质点，增大了钢的黏度，降低了流动性，使铸造性能恶化。

（2）对塑性加工性能的影响

塑性加工分热加工和冷加工。

热加工工艺性能通常由热加工时钢的塑性和变形抗力、可加工温度范围、抗氧化能力、对热加工后冷却的要求等来评价。

合金元素溶入固溶体中或在钢中形成碳化物（Cr、W、Mo），都使钢的热变形抗力提高，热塑性明显下降，从而使热加工性能降低。若碳化物弥散分布，对塑性影响不大（如 Nb、Ti、V 的碳化物）。

合金元素一般会降低钢的导热性，使钢的淬透性提高，增加钢热加工时的开裂倾向。

总的说来，合金钢的热加工工艺性能比碳钢要差得多，加热和冷却都必须缓慢进行。

冷加工工艺性能主要包括钢的冷变形能力和钢件表面质量两方面。合金元素溶入固溶体中或在钢中形成碳化物都提高钢的冷加工硬化率，使钢变硬、变脆，易开裂或难于继续变形。

碳含量的增高，使钢的延伸性能变坏，所以，冷冲压钢都是低碳钢。

Si、Cr、V、Cu 等会降低钢的深冲性能，Nb、Ti、Zr 和 Re 因能改善碳化物的形态，从而可提高钢的冲压性能。

（3）对焊接性能的影响

焊接性能是指钢的可焊性和焊接区的使用性能，主要由焊后开裂的敏感性和焊接区的硬度来评判。焊缝区在焊后冷却时，越易形成马氏体，则焊后开裂的敏感性越高，焊接区的硬度越高，焊接性能越差。

碳显著增加钢的淬透性，而且使马氏体的比容增加，故碳的质量分数对钢的焊接性能影响最大。焊接性能好的钢都是低碳钢。合金元素都提高钢的淬透性，促进脆性组织（马氏体）的形成，使焊接性能变坏。合金元素质量分数越高，焊接性能越差。合金元素对钢的焊接性能的影响可与碳的作用相比较，而以碳当量[C]表示。

常采用的计算公式有：

$$[C] = C + \frac{Mn}{4} + \frac{Si}{4} \quad （适用于其他元素可忽略的情况）$$

$$[C] = C + \frac{Mn}{6} + \frac{Cr+Mo+V}{5} + \frac{Ni+Cu}{15} \quad （适用于含碳量较高的钢种）$$

$$[C] = C + \frac{Mn}{20} + \frac{Si}{30} + \frac{Ni}{60} + \frac{Cr}{20} + \frac{Mo}{15} + \frac{V}{10} + \frac{Cu}{20} + 5B \quad [适用于含碳量较低$$

$$（0.07\% \sim 0.22\%C）的钢种]$$

公式中元素符号表示质量百分数。通常认为，[C] < 0.35%，焊接性能良好；[C] > 0.4%，焊接有困难，焊接前应于 100 ～ 200 ℃ 进行预热；[C] > 0.6% 的钢必须预热，同时在整个焊接过程中工件应保持在 200 ～ 400 ℃，焊后立即正火。

但钢中含有少量 Nb、Ti、Zr 和 V，形成稳定的碳化物，使晶粒细化并降低淬透性，可改善钢的焊接性能。

（4）对切削性能的影响

切削性能主要表示钢被切削加工的难易程度和加工表面的质量好坏，通常由切削抗力大小、刀具寿命、表面光洁度和断屑性等因素来衡量。

切削性能与钢的硬度密切相关，钢最适合于切削加工的硬度为 170 ～ 230 HB。硬度过低，切削时易黏刀，形成刀瘤，加工表面光洁度差；硬度过高，切削抗力大，刀具易磨损。

一般合金钢的切削性能比碳钢差，但适当加入 S、P、Pb 等元素可以大大改善钢的切削性能。

（5）对热处理工艺性能的影响

热处理工艺性能反映热处理的难易程度和热处理产生缺陷的倾向，主要包括淬透性、过热敏感性、回火脆化倾向和氧化脱碳倾向等。

合金钢的淬透性高，淬火时可以采用比较缓慢的冷却方法，不但操作比较容易，而且可以减少工件的变形和开裂倾向。

氧化脱碳倾向含 Si 钢最明显，其次是含 Ni 钢和含 Mo 钢。加入 Mn、Si 会增大钢的过热敏感性。

6.2.1.7　合金钢的定义与分类

合金钢是指在化学成分上特别添加合金元素，用以保证一定的生产和加工工艺以及所要求的组织与性能的铁基合金。

合金钢的分类方法有很多种，常用的有以下几种：

（1）按用途合金钢可分为：

① 合金结构钢：主要用于制造重要的机械零件和工程构件的钢，包括低合金高强度结构钢、调质钢、弹簧钢、渗碳钢、滚动轴承钢等。

② 合金工具钢：主要用于制造重要的工具及模具的钢，包括刃具钢、模具钢、量具钢等。

③ 特殊性能钢：主要用于制造有特殊物理、化学、力学性能要求的钢，包括不锈钢、耐热钢、耐磨钢等。

（2）按合金元素的含量合金钢可分为：

① 低合金钢：钢中合金元素总的质量分数 $w_{Me} \leqslant 5\%$。

② 中合金钢：钢中合金元素总的质量分数 $5\% < w_{Me} \leqslant 10\%$。

③ 高合金钢：钢中合金元素总的质量分数 $w_{Me} > 10\%$。

（3）按冶金质量（主要依据对钢中杂质元素 S、P 的含量限制分类）合金钢可分为：

① 普通质量钢：钢中杂质元素 S、P 的含量分别为 $w_S \leqslant 0.050\%$，$w_P \leqslant 0.045\%$。

② 优质钢：钢中杂质元素 S、P 的含量分别为 $w_S \leqslant 0.035\%$，$w_P \leqslant 0.035\%$

③ 高级优质钢：钢中杂质元素 S、P 的含量分别为 $w_S \leqslant 0.025\%$，$w_P \leqslant 0.025\%$。

④ 特级优质钢：钢中杂质元素 S、P 的含量分别为 $w_S \leqslant 0.015\%$，$w_P \leqslant 0.025\%$。

在给钢产品命名时，往往把成分、质量和用途分类方法结合起来，如优质碳素结构钢、合金工具钢等。

6.2.1.8　合金钢的编号原则

合金钢的编号原则在 GB/T 221—2008《钢铁产品牌号表示方法》中给予了规定。

一般原则为

$$平均碳含量 + 合金元素符号 + 合金元素平均含量$$

平均碳含量——以数字表示，不同种类的钢，其单位不同。结构钢以万分之一（0.01%）为一个单位；工具钢以千分之一（0.1%）为一个单位。

合金元素符号——以汉字或化学元素符号表示。

合金元素平均含量——以 1% 为一个单位，含量 ≤1.5%，不标出。

高级优质钢，在钢号尾部加符号"A"。特级优质钢，在钢号尾部加符号"E"。

例：12CrNi3A、9SiCr。

滚动轴承钢的编号为特例：

$$GCr \times \times$$

"G"——"滚"字汉语拼音的第一个字母,表示专用钢;

"Cr"——合金元素铬的化学符号;

"××"——铬含量,以 0.1% 为单位,而含碳量不标出。

例:GCr15。

6.2.1.9 合金结构钢的分类

合金结构钢按用途分为构件用钢和机器零件用钢。构件用钢主要采用低合金高强度结构钢,机器零件用钢主要有调质钢、弹簧钢、滚动轴承钢及渗碳钢。

6.2.2 低合金高强度结构钢

低合金高强度结构钢是指在普通碳素结构钢的基础上,加入少量的合金元素,以提高钢的屈服强度(提高 50%~100%)和改善综合性能(塑性、韧性、冷加工成型及焊接性能)为目的的一类钢种。它是为了适应大型工程结构件减轻结构质量,提高使用可靠性及节约钢材的需要而发展起来的。其特点为低碳、低合金、高强度,尤其是屈服强度大大高于碳含量相同的普通碳素结构钢,使其具有承载大、自重轻、综合性能好的优点,目前已广泛用于制造桥梁、车辆、船舶、石油化工容器、建筑钢筋等。

6.2.2.1 低合金高强度结构钢的性能要求

高强度:构件用钢一般是在热轧状态或正火状态供应用户使用,故为减轻结构自重,要求提高热轧状态下的屈服强度。如将 R_e 由 250 MPa 提高到 350 MPa,即可使构件自重减轻 20%~30%,节省钢材,降低成本。

良好的塑性与韧性:为了避免发生脆断,同时使冷弯、焊接工艺容易进行,通常要求延伸率 $A > 18\% \sim 20\%$,断面收缩率 $Z > 50\%$;室温冲击韧性大于 $600 \sim 800$ kJ/m^2;在 -40 ℃ 或经时效处理后, α_k 值下降不得低于室温 α_k 值的 50%。

良好的工艺性能和耐大气腐蚀性:为了满足工艺上的要求,低合金高强度结构钢应具有良好的冷变形性能,如冷弯、拉深等,以及焊接性能。一般应保证碳当量小于 0.35%。对可焊性要求高时,还应对钢中氢、磷、硫和砷等元素含量加以控制。另外,还需耐大气腐蚀,否则须涂漆保护。

低的时效敏感性和韧脆转变温度:应变时效与淬火时效常常是导致钢力学性能发生不利的变化,并在使用中出现开裂的主要原因。一般认为碳、氮、硅、铜等元素使时效敏感性增大,而铝、钒、钛、铌等可使时效敏感性减小。许多构件是在低温下工作,为避免低温脆断,低合金高强度结构钢应具有较低的韧脆转变温度,以保证构件在较低的使用温度下,仍具有良好的韧性。试验测试结果表明,钢中每增加 1% 的珠光体量,脆性转化温度升高 2.2 ℃。所以碳含量宜低不宜高。

经济性要求:低合金高强度结构钢用量很大,在加入合金元素时应充分考虑国内资源条件。一般认为其合金化特点应是多组元微量合金化,合金元素总量不超过 3%。

6.2.2.2 低合金高强度结构钢的化学成分

低碳：由于韧性、焊接性和冷成型性方面的要求较高，故低合金高强度结构钢的碳含量不超过 0.2%。试验证明，随着含碳量的增加，钢的强度得以提高，但脆性增大，焊接性和冷变形性都变坏。如 w_C 由 0.1% 增至 0.2%，抗拉强度提高 60 MPa，韧脆转变温度升高 33 ℃。

主加合金元素锰：锰属于复杂立方点阵，其点阵类型及原子尺寸与 α-Fe 相差较大，因而锰的固溶强化效果较强。锰是奥氏体形成元素，能降低奥氏体向珠光体转变的温度范围并减缓其转变速度，因而可细化珠光体，提高钢的强度和硬度。另一方面，锰的加入可使 Fe-C 状态图中 "S" 点左移，使基体中珠光体数量增多，因而可使钢在相同含碳量下，珠光体量增多，致使强度不断提高。锰还能降低钢的韧脆转变温度。但锰的含量要控制在 2% 以内。

辅加合金元素铝、钒、钛、铌、铜、稀土元素等：在低合金高强度结构钢中加入少量的 Al 形成 AlN 细小质点以细化晶粒，这样既可提高强度，又可降低韧脆性转变温度 T_k。加入微量的钒、钛、铌等元素既可在钢中形成细碳化物和碳氮化合物，产生沉淀强化作用，还可细化晶粒，从而使强韧性得以改善。另外，为改善钢的耐大气腐蚀性能，应加入铜和磷。否则有时就要用涂料等来保护构件。加入微量稀土元素可以脱硫去气，净化钢材，并改善夹杂物的形态与分布，从而改善钢的力学性能和工艺性能。

综上所述，低合金高强度结构钢合金化的原则是：低碳，合金化时以锰为基础，适当加入铝、钒、钛、铌、铜、磷及稀土等元素。其发展方向是多组元微量合金化。

6.2.2.3 常用钢种

GB/T 1591—2018《低合金高强度结构钢》规定钢的牌号由代表屈服点的汉语拼音字母（Q）、屈服强度数值、质量等级符号（A、B、C、D、E）三部分按顺序排列来表示，如 Q345D。低合金高强度结构钢的牌号、化学成分及夏比冲击性能见表 6.10、拉伸性能见表 6.11。

由表 6.10 可见，Q345、Q390、Q420 有 5 个质量等级，Q460、Q500、Q550、Q620、Q690 有 3 个质量等级。质量等级越高，硫、磷含量越严格，钢材的冶金质量要求越高。牌号越高，钢材的强度等级越高，硅、锰、铬、镍等元素的上限越高。Q460、Q500、Q550、Q620、Q690 中可以加入钼、硼，以使钢材在热轧或正火后能获得部分贝氏体组织，以提高钢的强度。

较低强度级别的低合金高强度结构钢中，以 Q345 最具代表性。该钢使用状态的组织为细晶粒的铁素体-珠光体，强度比普通碳素结构钢 Q235 高 20%～80%，耐大气腐蚀性能高 20%～38%。用它来制造工程结构时，质量可减轻 20%～30%，且低温性能较好。但比低碳钢的缺口敏感性大、疲劳强度低、焊接时易产生裂纹。

钢中的 S、P 含量对韧性影响显著，钢的质量等级越高，对其含量的要求越严，高洁净钢的生产工艺即可满足此方面的要求。

Q420 是中等级别强度钢中使用最多的钢种，钢中加入 V 之后，生成钒的氮化物，可细化晶粒，又有析出强化的作用，使强度有较大提高，尤其是高温强度，而且韧性、焊接性以及低温韧性也较好，被广泛用于制造桥梁、锅炉、船舶等大型结构。

表 6.10 低合金高强度结构钢的牌号与化学成分及冲击能量（摘自 GB/T 1591—2018）

牌号	质量等级	C	Si	Mn	P	S	Nb	V	Ti	Cr	Ni	Cu	N	Mo	B	Als	试验温度/°C	冲击吸收能量（KV_2）/J 公称厚度（直径、边长）：12～150 mm
					不大于											不小于		
Q345	A	≤0.20	≤0.50	≤1.70	0.035	0.035	0.07	0.15	0.20	0.30	0.50	0.30	0.012	0.10	—	—	—	—
	B				0.035	0.035											20	≥34
	C	≤0.18			0.030	0.030										0.015	0	
	D				0.030	0.025											−20	
	E				0.025	0.020											−40	
Q390	A	≤0.20	≤0.50	≤1.70	0.035	0.035	0.07	0.20	0.20	0.30	0.50	0.30	0.015	0.10	—	—	—	—
	B				0.035	0.035											20	≥34
	C				0.030	0.030										0.015	0	
	D				0.030	0.025											−20	
	E				0.025	0.020											−40	
Q420	A	≤0.20	≤0.50	≤1.70	0.035	0.035	0.07	0.20	0.20	0.30	0.80	0.30	0.015	0.20	—	—	—	—
	B				0.035	0.035											20	≥34
	C				0.030	0.030										0.015	0	
	D				0.030	0.025											−20	
	E				0.025	0.020											−40	
Q460	C	≤0.20	≤0.60	≤1.80	0.030	0.030	0.11	0.20	0.20	0.30	0.80	0.55	0.015	0.20	0.004	0.015	0	≥34
	D				0.030	0.025											−20	
	E				0.025	0.020											−40	
Q500	C	≤0.18	≤0.60	≤1.80	0.030	0.030	0.11	0.12	0.20	0.60	0.80	0.55	0.015	0.20	0.004	0.015	0	≥55
	D				0.030	0.025											−20	≥47
	E				0.025	0.020											−40	≥31
Q550	C	≤0.18	≤0.60	≤2.00	0.030	0.030	0.11	0.12	0.20	0.80	0.80	0.80	0.015	0.30	0.004	0.015	0	≥55
	D				0.030	0.025											−20	≥47
	E				0.025	0.020											−40	≥31
Q620	C	≤0.18	≤0.60	≤2.00	0.030	0.030	0.11	0.12	0.20	1.00	0.80	0.80	0.015	0.30	0.004	0.015	0	≥55
	D				0.030	0.025											−20	≥47
	E				0.025	0.020											−40	≥31
Q690	C	≤0.18	≤0.60	≤2.00	0.030	0.030	0.11	0.12	0.20	0.60	0.80	0.55	0.015	0.20	0.004	0.015	0	≥55
	D				0.030	0.025											−20	≥47
	E				0.025	0.020											−40	≥31

表 6.11 常用低合金高强度结构钢的拉伸性能（摘自 GB/T 1591—2018）

拉伸试验

牌号	质量等级	下屈服强度 R_{eL}/MPa（以下公称厚度，直径、边长）									抗拉强度 R_m/MPa（以下公称厚度，直径、边长）							断后伸长率 A/%（公称厚度，直径、边长）					
		≤16 mm	>16～40 mm	>40～63 mm	>63～80 mm	>80～100 mm	>100～150 mm	>150～200 mm	>200～250 mm	>250～400 mm	≤40 mm	>40～63 mm	>63～80 mm	>80～100 mm	>100～150 mm	>150～250 mm	>250～400 mm	≤40 mm	>40～63 mm	>63～100 mm	>100～150 mm	>150～250 mm	>250～400 mm
Q345	A、B	≥345	≥335	≥325	≥315	≥305	—	—	—	—	470～630	470～630	470～630	470～630	—	—	—	≥20	≥19	≥19	—	—	—
Q345	C	≥345	≥335	≥325	≥315	≥305	≥285	≥275	≥265	—	470～630	470～630	470～630	470～630	450～600	450～600	—	≥20	≥19	≥19	≥18	≥17	—
Q345	D、E	≥345	≥335	≥325	≥315	≥305	≥285	≥275	≥265	≥265	470～630	470～630	470～630	470～630	450～600	450～600	450～600	≥21	≥20	≥20	≥19	≥18	≥17
Q390	A、B、C、D、E	≥390	≥370	≥350	≥330	≥330	≥310	—	—	—	490～650	490～650	490～650	490～650	470～620	—	—	≥20	≥19	≥19	≥18	—	—
Q420	A、B、C、D、E	≥420	≥400	≥380	≥360	≥360	≥340	—	—	—	520～680	520～680	520～680	520～680	500～650	—	—	≥19	≥18	≥18	≥18	—	—
Q460	C、D、E	≥460	≥440	≥420	≥400	≥400	≥380	—	—	—	550～720	550～720	550～720	550～720	530～700	—	—	≥17	≥16	≥16	≥16	—	—
Q500	C、D、E	≥500	≥480	≥470	≥450	≥440	—	—	—	—	610～770	600～760	590～750	540～730	—	—	—	≥17	≥17	≥17	—	—	—
Q550	C、D、E	≥550	≥530	≥520	≥500	≥490	—	—	—	—	670～830	620～810	600～790	590～780	—	—	—	≥16	≥16	≥16	—	—	—
Q620	C、D、E	≥620	≥600	≥590	≥570	—	—	—	—	—	710～880	690～880	670～860	—	—	—	—	≥15	≥15	≥15	—	—	—
Q690	C、D、E	≥690	≥670	≥660	≥640	—	—	—	—	—	770～940	750～920	730～900	—	—	—	—	≥14	≥14	≥14	—	—	—

注：当屈服不明显时，可测量 $R_{p0.2}$ 代替下屈服强度。宽度不小于 600 mm 的扁平材，拉伸试验取横向试样；宽度小于 600 mm 的扁平材、型材及棒材取纵向试样，断后伸长率最小值相应提高 1%（绝对值）；厚度 >250～400 mm 的数值适用于扁平材。

6.2.2.4　热处理特点

低强度等级的钢一般在热轧、控轧状态下交货，用户一般不需要再进行专门的热处理，在有特殊需要时，如为了改善焊接性能，可进行一次正火处理。使用状态下的显微组织一般为铁素体加索氏体。

高强度等级的钢材常以正火、正火轧制、正火加回火状态交货，也有以热机械轧制或热机械轧制加回火状态交货。此时应严格控制碳当量。

6.2.3　调质钢

调质钢就是经过调质处理后，能获得良好的综合力学性能的钢种，广泛用于制造内燃机、电力机车、船舶、汽车、机床和其他机器上的各种重要的承受循环载荷的零件，如齿轮、连杆、传动轴和蜗杆等。

调质件在使用过程中，大多数承受多种工作载荷，受力情况比较复杂，要求该结构钢具有高的综合力学性能，即强度与塑性、韧性有最佳配合。

6.2.3.1　成分特点

钢的成分要保证良好的综合力学性能，从钢种来说，只要选择中碳范围并能保证足够的淬透性即可。

中碳：含碳量一般在 0.25% ~ 0.50%，以 0.4% 居多。含碳量过低，不易淬硬，回火后强度不够，或者强度虽可满足，但需加入大量合金元素，造成钢材成本较高；而选用高碳合金钢，只会使材料的塑性、韧性变差。

主要加入提高淬透性的元素：如 Cr、Mn、Ni、Si、B（Cr、Mn、B 可单独加入，Ni、Si 在我国不单独加入，而是复合加入）。调质件的性能与钢的淬透性密切相关，尺寸较小时，碳素调质钢与合金调质钢的性能相差不多，但当零件截面尺寸较大而不能淬透时，其性能与合金钢相比差别就大了。45 钢与 40Cr 钢调质处理后的性能相比，40Cr 的性能水平比 45 钢高多了。合金元素 Cr、Mn、Ni、Si 除了提高淬透性外，还能形成合金铁素体，提高钢的强度。

加入防止第二类回火脆性的元素：含 Ni、Cr、Mo 的合金调质钢，高温回火慢冷时易产生第二类回火脆性。合金调质钢一般用于制造大截面零件，用快冷来抑制这类回火脆性往往有困难。在钢中加入 Mo、W 可以防止第二类回火脆性和提高回火抗力，其合适的质量分数约为 $w_{Mo} = 0.15\%$ ~ 0.30% 或 $w_W = 0.8\%$ ~ 1.2%。

6.2.3.2　热处理特点

预备热处理：调质钢在调质前的预备热处理，目的是消除带状组织，细化晶粒，调整硬度，便于切削加工，并为淬火做好组织准备。

对于低合金钢，可进行正火或退火处理。对于高合金钢，则在正火后还要进行高温回火处理，以使正火得到的马氏体组织转变为回火索氏体组织。

最终热处理：调质件一般在粗加工后、精加工之前进行淬火加高温回火热处理。淬火加热温度一般是：碳钢加热到 A_{c3} 以上 30 ~ 50 ℃，合金钢加热到 850 ℃ 左右。碳钢一般用水淬，合金调质钢淬透性较高，一般都用油淬，淬透性特别大时甚至可以空冷，这样可以减少热处理缺陷。调质件的回火温度为 500～650 ℃，调质后钢的组织是回火索氏体。

调质后的零件还可进行表面淬火和化学热处理，如软氮化，以提高其疲劳强度和耐磨性。

6.2.3.3 常用钢种

调质钢分为碳素调质钢和合金调质钢，碳素调质钢有 45、40 钢等。合金调质钢的种类很多，常用钢种的牌号见表 6.12。按淬透性大小，大致可将此种钢分为三类：

（1）低淬透性合金调质钢：这类钢的油淬临界直径为 30～40 mm，最典型的钢种是 40Cr，广泛用于制造一般尺寸的重要零件。40MnB、40MnVB、45Mn2 钢是为了节约铬而发展的代用钢，其淬透性不太稳定，切削加工性能也差一些。

（2）中淬透性合金调质钢：这类钢的油淬临界直径为 40～60 mm，含有较多的合金元素，典型钢种有 35CrMo、40CrNi、30CrMnSi 等，用于制造截面较大的零件，如曲轴、连杆等。加入钼不仅可提高淬透性，而且可防止第二类回火脆性。

（3）高淬透性合金调质钢：这类钢的油淬临界直径为 60～100 mm，多半是铬镍钢。铬、镍的适当配合，可大大提高淬透性，并获得优良的机械性能，如 37CrNi3，但对回火脆性十分敏感，因此不宜作大截面零件。铬镍钢中加入适当的钼，如 40CrNiMo 钢，不但具有好的淬透性，还可消除第二类回火脆性，用于制造大截面、重载荷的重要零件，如汽轮机主轴、叶轮、航空发动机轴等。

40Cr 钢制作拖拉机连杆螺栓工艺路线为下料→锻造→退火（或正火）→粗加工→调质→精加工→装配。

技术要求：调质处理后组织为回火索氏体，硬度 30～38 HRC。

根据热处理技术要求，制定热处理工艺曲线，如图 6.8 所示。

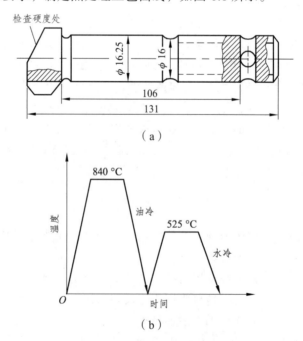

（a）

（b）

图 6.8　连杆螺栓及其热处理工艺

表6.12 常用调质钢的牌号、成分、热处理、性能及用途（摘自 GB/T 699—2015、GB/T3077—2015）

类别	钢号	主要化学成分 w/%								热处理			机械性能（不小于）					退火状态/HBW	应用举例
		C	Mn	Si	Cr	Ni	Mo	V	其他	淬火/°C	回火/°C	毛坯尺寸/mm	R_m/MPa	R_{eL}/MPa	A/%	Z/%	KU_2/J		
	45	0.42~0.50	0.50~0.80	0.17~0.37	—	—	—	—	—	830~840 水	580~640 空	<100	≥600	≥355	≥16	≥40	≥39	197	主轴、曲轴、齿轮、柱塞等
低淬透性钢	40MnB	0.37~0.44	1.10~1.40	0.17~0.37	—	—	—	—	B0.0005~0.0035	850 油	500 水、油	25	980	785	10	45	47	207	主轴、曲轴、齿轮、柱塞等
	40MnVB	0.37~0.44	1.10~1.40	0.17~0.37	—	—	—	0.05~0.10	B0.0005~0.0035	850 油	520 水、油	25	980	785	10	45	47	207	可代替40Cr及部分代替40CrNi作重要零件，也可代替38CrSi作重要销钉
中淬透性钢	40Cr	0.37~0.44	0.50~0.80	0.17~0.37	0.80~1.10	—	—	—	—	850 油	520 水、油	25	980	785	9	45	47	207	作重要调质件，如轴类件、连杆螺栓、进气阀和重要齿轮等
	38CrSi	0.35~0.43	0.30~0.60	1.00~1.30	1.30~1.60	—	—	—	—	900 油	600 水、油	25	980	835	12	50	55	255	作载荷大的轴类的重要调质件
	30CrMnSi	0.27~0.34	0.80~1.10	0.90~1.20	0.80~1.10	—	—	—	-	880 油	520 水、油	25	1080	885	10	45	39	229	高强度钢，高速载荷上的重要摩擦片等
	35CrMo	0.32~0.40	0.40~0.70	0.17~0.37	0.80~1.10	—	0.15~0.25	—	—	850 油	550 水、油	25	980	835	12	45	63	229	重要调质件，如曲轴及代替40CrNi作大截面轴类件
高淬透性钢	38CrMoAl	0.35~0.42	0.30~0.60	0.20~0.45	1.35~1.65	—	0.15~0.25	—	Al0.70~1.10	940 水、油	640 水、油	30	980	835	14	50	71	229	作氮化零件，如高压阀门、缸套等
	37CrNi3	0.34~0.41	0.30~0.60	0.17~0.37	1.20~1.60	3.00~3.50	—	—	—	820 油	500 水、油	25	1130	980	10	50	47	269	作大截面并要求高强度、高韧性的零件
	40CrMnMo	0.37~0.45	0.90~1.20	0.17~0.37	0.90~1.20	—	0.20~0.30	—	—	850 油	600 水、油	25	980	785	10	45	63	217	相当于40CrNiMo的高级调质钢
	40CrNiMoA	0.37~0.44	0.50~0.80	0.17~0.37	0.60~0.90	1.25~1.65	0.15~0.25	—	—	850 油	600 水、油	25	980	835	12	55	78	269	作高强度轴，如航空发动机轴，在<500°C作的喷气发动机承载零件

6.2.4 弹簧钢

弹簧钢是一种专用结构钢，主要用于制造各种弹簧和弹性元件。弹簧是利用弹性变形吸收能量以减缓机械振动和冲击的作用，或依靠弹性储存能来起驱动作用，在工作中既要传递或吸收载荷，又不能产生永久变形，如气门弹簧、高压液压泵上的柱塞弹簧、喷嘴簧等。

6.2.4.1 成分特点

中、高碳：合金弹簧钢的含碳量一般在 0.45% ~ 0.70%，这是为了保证高的弹性极限、屈服强度和疲劳强度。

加入提高淬透性的元素：主要加入的元素是硅、锰，其目的是提高淬透性、强化铁素体基体和提高回火稳定性，同时也提高屈强比。硅对提高钢的弹性极限有明显的效果，但高硅量的钢有石墨化倾向，并在加热时易于脱碳。锰在钢中易使钢产生过热敏感性。所以在弹簧钢中同时还加入少量的碳化物形成元素 Cr、Mo、W、V 等，进一步提高淬透性，防止钢在加热时晶粒长大和脱碳，增加回火稳定性及耐热性。

6.2.4.2 常用钢种

我国常用弹簧钢的化学成分、热处理、力学性能和用途列于表 6.13 中。在实际应用中，可根据使用条件和弹簧的尺寸选择合适的钢种。

合金弹簧钢按所加合金元素可分为：

（1）以 Si、Mn 为主要合金元素的合金弹簧钢

代表性钢种有 60Si2Mn 等。这类钢的价格便宜，淬透性明显优于碳素弹簧钢。这类钢主要用于汽车、拖拉机上的板簧和螺旋弹簧。硅锰弹簧钢是应用很广的弹簧钢，这是因为硅显著提高钢的弹性极限和屈强比，提高回火稳定性，并能与锰相配合提高淬透性。60Si2Mn 是一种常用于制造铁道车辆、汽车拖拉机上承受较大负荷的扁形弹簧和直径为 20 ~ 25 mm 的螺旋弹簧，油淬即可淬透。60Si2Mn 的使用温度不能超过 250 ℃。

（2）含 Cr、V、W 等元素的合金弹簧钢

典型钢种为 50CrVWA，复合金化，不仅大大提高钢的淬透性，而且还提高钢的高温强度、韧性和热处理工艺性能。这类钢可制作在 350 ~ 400 ℃ 温度下承受重载的较大弹簧，如阀门弹簧、高速柴油机的气门弹簧等。50CrVA 是一种较高级的弹簧钢，因钒的作用，这种钢在热处理加热时不易过热，无石墨化现象，回火稳定性很好，适用于制作截面在 30 mm 以下的高负荷重要弹簧及在 300 ℃ 以下工作的各种弹簧。

6.2.4.3 热处理特点

由于弹簧钢对疲劳强度要求很高，热处理时的表面脱碳，会大大降低疲劳强度，因此弹簧钢的加热温度和保温时间必须严格控制。弹簧按加工和热处理可分为两类：

（1）热成型弹簧

用热轧钢丝或钢板制成，然后淬火和中温（450 ~ 550 ℃）回火，获得回火屈氏体组织，具有很高的屈服强度，特别是高弹性极限，并有一定的塑性和韧性，一般用来制作较大型的弹簧。

表 6.13 常用弹簧钢的牌号、成分、热处理、性能及用途（摘自 GB/T 1222—2016）

钢号	主要成分 w/%					热处理		机械性能				应用范围
	C	Mn	Si	Cr	其他	淬火/°C	回火/°C	抗拉强度 R_m/(N/mm²)	屈服强度 R_{eL}/(N/mm²)	断后伸长率 $A(A_{11.3})$/%	断面收缩率 Z/%	
65	0.62~0.70	0.50~0.80	0.17~0.37	≤0.25		840（油）	500	980	785	（9）	35	截面＜15 mm 的小弹簧
70	0.62~0.75	0.50~0.80	0.17~0.37	≤0.25		830（油）	480	1 030	835	（8）	30	
85	0.82~0.90	0.50~0.80	0.17~0.37	≤0.25		820（油）	480	1 130	980	（6）	30	
65Mn	0.62~0.70	0.90~1.20	0.17~0.37	≤0.25		830（油）	540	980	785	（8）	30	截面≤25 mm 的弹簧，例如车箱缓冲卷簧
55SiMnVB	0.52~0.60	1.00~1.30	0.70~1.00	≤0.35	V0.08~0.16; B0.000 5~0.004	860（油）	460	1 375	1 225	（5）	30	
60Si2Mn	0.56~0.64	0.60~0.90	1.60~2.00	≤0.35		870（油）	440	1 570	1 375	（5）	20	
60Si2Cr	0.56~0.64	0.40~0.70	1.40~1.80	0.70~1.00		870（油）	420	1 765	1 570	6	20	
60Si2CrV	0.56~0.64	0.40~0.70	1.40~1.80	0.90~1.20	V0.1~0.2	850（油）	410	1 860	1 665	6	20	
55SiCr	0.51~0.59	0.50~0.80	1.20~1.60	0.50~0.80		850（油）	410	1 450~1 750	$R_{p0.2}$ 1 300	6	25	截面≤30 mm 的重要弹簧，如小型汽车、载重车板簧，扭杆簧，低于 350 °C 的耐热弹簧
55CrMn	0.52~0.60	0.65~0.95	0.17~0.37	0.65~0.95		830~860（油）	460~510	1 225	$R_{p0.2}$ 1 080	9	20	
60CrMn	0.56~0.64	0.70~1.00	0.17~0.37	0.70~1.00		830~860（油）	460~520	1 225	$R_{p0.2}$ 1 080	9	20	
50CrV	0.46~0.54	0.50~0.80	0.17~0.37	0.80~1.10	V0.1~0.2	850（油）	500	1 130	1 275	10	40	
60CrMnB	0.56~0.64	0.70~1.00	0.17~0.37	0.70~1.00		830~860（油）	460~520	1 225	$R_{p0.2}$ 1 080	9	20	
30W4Cr2V	0.26~0.34	≤0.40	0.17~0.37	2.00~2.50	W4.0~4.5 V0.5~0.8	1 050~1 100（油）	500	1 470	1 325	7	40	

热成型制造板簧的工艺路线如下：

扁钢剪断→加热压弯成型→余热淬火＋中温回火→喷丸→装配

（2）冷成型弹簧

小尺寸弹簧用冷拔弹簧钢丝或钢片卷成。其制造方法有：

① 铅淬冷拔钢丝或钢片，冷拔前进行"淬铅"处理，即加热到 A_{c_3} 以上，在 $450 \sim 550\,℃$ 的熔融铅中等温淬火，获得适于冷拔的索氏体组织。经多次冷拔至所需尺寸时，弹簧钢丝的屈服强度可达到 1 600 MPa 以上。弹簧卷成后不再淬火，只进行消除应力的低温退火（$200 \sim 300\,℃$），使弹簧定型。

② 油淬回火钢丝，冷拔至要求尺寸后，利用淬火加中温回火来进行强化，再冷绕成型，并进行去应力回火。最终组织为回火屈氏体。

③ 退火钢丝，经过退火后，冷绕成弹簧，再进行淬火加中温回火强化处理。

弹簧的寿命对表面缺陷很敏感，任何表面脱碳层、氧化皮、折叠、斑痕和裂纹都会显著降低弹簧的疲劳强度。为了提高弹簧的寿命，常在热处理后附加喷丸处理，使弹簧表面产生残余压应力，即可抑制表面疲劳裂纹的萌生与扩展。如 60Si2Mn 制作的汽车板簧经喷丸处理后，使用寿命可提高 5～6 倍。

6.2.5　滚动轴承钢

在汽车、机床等高速旋转的机械中，滚动轴承是它们实现旋转的关键部件。用于制造滚动轴承套圈和滚动体的钢种称为滚动轴承钢。此钢种也用来制造量具、模具等耐磨件。这类钢在工作时承受峰值很高的交变接触压应力，同时滚动体与内、外套圈之间还产生强烈的摩擦，并受到冲击载荷作用、大气和润滑油介质的腐蚀作用。所以要求这类钢具有高而均匀的硬度和耐磨性，高的接触疲劳强度，足够的韧性、淬透性和对大气、润滑剂的耐蚀能力。

6.2.5.1　成分特点

高碳：滚动轴承钢中的碳含量为 0.95%～1.05%，高的含碳量一部分保证了钢的淬透性，即淬火后马氏体内有足够的碳含量，使钢获得高的接触疲劳强度；其余碳还可以与碳化物形成元素形成一定量的碳化物，使钢获得高硬度和高耐磨性。

主加合金元素 Cr：加入的 Cr 部分溶入固溶体中，提高了钢的淬透性；部分 Cr 溶入渗碳体中形成合金渗碳体 $(Fe,Cr)_3C$，可提高钢的回火稳定性和钢的硬度，使钢具有高的接触疲劳强度和耐磨性。Cr 还可提高钢的耐腐蚀性能。传统轴承钢中含铬 0.40%～1.65%，若超过此范围，会增加淬火组织中残余奥氏体的量，降低钢的硬度和疲劳强度。

辅加 Si、Mn、Mo、V 等：对于大型轴承钢，加入硅、锰、钼、钒等进一步提高强度和淬透性。钒能提高耐磨性并防止过热，Mo 能提高高温强度。

严格限制 S、P 含量：轴承钢中一般要求 w_S、$w_P < 0.025\%$，同时尽量减少 O、N、H 等有害气体含量和非金属夹杂物的数量，改善夹杂物的类型、形态、大小和分布，以保证接触疲劳强度。故轴承钢一般要采用电炉冶炼和真空去气等炉外精炼处理。

6.2.5.2 常用钢种

轴承钢大部分都含有铬，分为高碳铬轴承钢、渗碳轴承钢、高碳铬不锈轴承钢、高温轴承钢四大类。常用轴承钢的牌号、性能、用途见表 6.14。

表 6.14　常用轴承钢的牌号、性能、用途

类别	钢　号	化学成分/%						用途举例
		C	Si	Mn	Cr	Mo	Ni	
高碳铬轴承钢	GCr4	0.95 ~ 1.05	0.15 ~ 0.30	0.15 ~ 0.30	0.35 ~ 0.50	≤0.08	≤0.25	小尺寸的各类滚动体
	GCr15	0.95 ~ 1.05	0.15 ~ 0.35	0.25 ~ 0.45	1.40 ~ 1.65	≤0.10	≤0.25	中等尺寸的各类滚动体和套圈
	GCr15SiMn	0.95 ~ 1.05	0.45 ~ 0.75	0.95 ~ 1.25	1.40 ~ 1.65	≤0.10	≤0.25	
	GCr15SiMo	0.95 ~ 1.05	0.65 ~ 0.85	0.20 ~ 0.40	1.40 ~ 1.70	0.30 ~ 0.40	≤0.25	大型或特大型轴承套圈和滚动体
	GCr18Mo	0.95 ~ 1.05	0.20 ~ 0.40	0.25 ~ 0.40	1.65 ~ 1.95	0.15 ~ 0.25	≤0.25	
渗碳轴承钢	G20CrMo	0.17 ~ 0.23	0.20 ~ 0.35	0.65 ~ 0.95	0.35 ~ 0.65	0.08 ~ 0.15	—	承受冲击载荷的中小型滚子轴承，如发动机主轴承
	G20CrNiMo	0.17 ~ 0.23	0.15 ~ 0.40	0.60 ~ 0.90	0.35 ~ 0.65	0.15 ~ 0.30	0.40 ~ 0.70	
	G20CrNi2Mo	0.17 ~ 0.23	0.15 ~ 0.40	0.40 ~ 0.70	0.35 ~ 0.65	0.20 ~ 0.30	1.60 ~ 2.00	承受高冲击载荷和高温下的轴承，如发动机高温轴承
	G20Cr2Ni4	0.17 ~ 0.23	0.15 ~ 0.40	0.30 ~ 0.60	1.25 ~ 1.75	—	3.25 ~ 3.75	承受大冲击的特大型轴承及承受大冲击、安全性高的中小轴承
不锈轴承钢	95Cr18	0.90 ~ 1.00	≤0.80	≤0.80	17.0 ~ 19.0	—	—	制造耐水、水蒸气和硝酸腐蚀的轴承及微型轴承
	102Cr17Mo	0.95 ~ 1.10	≤0.80	≤0.80	16.0 ~ 18.0	0.40 ~ 0.70	—	
高温轴承钢	W18Cr4V	0.73 ~ 0.83	0.20 ~ 0.40	0.10 ~ 0.40	3.80 ~ 4.50	W17.20 ~ 18.70	—	制造高温轴承，如发动机主轴轴承
	8Cr4Mo4V	0.75 ~ 0.85	≤0.35	≤0.35	3.75 ~ 4.25	4.0 ~ 4.50	V0.90 ~ 1.10	

（1）高碳铬轴承钢：GB/T 18254—2016《高碳铬轴承钢》规定了高碳铬轴承钢的牌号、化学成分、低倍组织、显微组织、非金属夹杂物、碳化物不均匀性等技术要求和试验方法等。典型钢种为 GCr15 钢，它是用量最大的轴承钢，其工作温度低于 180 ℃，多用于制造中小型轴承，也常用来制作冷冲模、量具、丝锥等。

（2）渗碳轴承钢：主要用于制作大型轧机、发电机及矿山机械上的大型（外径大于250 mm）或特大型（外径大于 450 mm）轴承。这些轴承的尺寸很大，在极高的接触应力下工作，频繁地经受冲击和磨损，因此对大型轴承除应有对一般轴承的要求外，还要求心部有足够的韧性和高的抗压强度及硬度，所以选用低碳的合金渗碳钢来制造。经渗碳淬火和低温回火后，表层坚硬耐磨，心部保持高的强韧性，同时表面处于压应力状态，对提高疲劳寿命

有利。GB/T 3203—2016《渗碳轴承钢》规定了渗碳轴承钢的牌号及化学成分等，见表 6.14。这类轴承钢采用合金结构钢的牌号表示方法，仅在牌号头部加符号"G"。

（3）高碳铬不锈轴承钢：是适应现代化学、石油、造船等工业发展而研制的，如 90Cr18。在各种腐蚀环境中工作的轴承必须有高的耐蚀性能，一般含铬量的轴承钢已不能胜任，因此发展了高碳高铬不锈轴承钢。GB/T 3086—2019《高碳铬不锈轴承钢》规定了高碳铬不锈轴承钢的牌号及化学成分等，见表 6.14。铬是此类钢的主要合金元素，其平均铬含量约 18%，属于高合金钢，采用不锈钢的牌号表示方法，牌号头部不加符号"G"。

（4）高温轴承钢：航空发动机、航天飞行器、燃气轮机等装置中的轴承是在高温高速和高负荷条件下工作的，其工作温度在 300 ℃ 以上。低合金轴承钢的工作温度也只能在 250 ℃ 以下，如果温度再升高，则会导致硬度急剧下降而失效。因此在较高温度下工作的轴承，应采用具有足够高的高温硬度、高温耐磨性、高温接触疲劳强度及高的抗氧化性等性能轴承钢。高温轴承钢采用耐热钢的牌号表示方法。

6.2.5.3　高碳铬轴承钢的热处理特点

轴承钢正常锻轧后的组织为细片状的珠光体 + 二次碳化物，硬度较高，需进行球化退火以降低钢的硬度，以利于切削加工，更重要的是获得细小的球状珠光体和均匀分布的细粒状碳化物，为零件的最终热处理做组织准备。常用的球化退火工艺有缓冷球化法和等温球化法。缓冷球化的加热温度为 770 ~ 810 ℃，而 790 ℃ 被认为是最适宜的温度，保温 2 ~ 4 h，以 20 ℃/h 冷至 650 ℃ 出炉空冷；等温球化则是在（790 ± 10）℃ 保温 2 ~ 4 h，快冷至（720 ± 10）℃ 保温 3 ~ 4 h。

滚动轴承钢的最终热处理为淬火 + 低温回火。GCr15 钢的淬火温度范围为 830 ~ 860 ℃，淬火后要求硬度达 64 ~ 66 HRC，奥氏体晶粒度为 5 ~ 8 级，显微组织为隐晶马氏体基体 + 均匀细小的碳化物 + 残余奥氏体，基体碳含量为 0.5% ~ 0.6%，铬含量为 0.8% 左右，有 7% ~ 9% 的未溶碳化物。低温回火温度范围为（160 ± 50）℃，保温 2 ~ 4 h，回火组织为回火马氏体 + 细粒状碳化物 + 残余奥氏体。

6.2.6　渗碳钢及氮化用钢

渗碳钢是指渗碳处理后使用的钢种，主要用于制造汽车、拖拉机中的变速齿轮，矿山机器中的轴承，内燃机上的凸轮轴、活塞销等机器零件。这类零件在工作中遭受强烈的摩擦磨损，同时又承受较大的交变载荷，特别是冲击载荷。如汽车齿轮在啮合过程中，齿面相互成线接触并有滑动，其间存在接触疲劳和磨损作用；行车中离合器突然接合或刹车时，齿牙还受到较大的冲击。因此要求齿轮用钢应有高的弯曲疲劳强度和接触疲劳强度，高的耐磨性，还应有较高的强韧性，以防止齿轮断裂。所以渗碳零件的寿命取决于表层和心部性能的良好配合。

根据使用特点，渗碳钢应具有如下性能要求：

① 表面渗碳层硬度高，以保证优异的耐磨性和接触疲劳抗力，同时具有适当的塑性和韧性。

② 心部具有高的韧性和足够高的强度。心部韧性不足时，在冲击载荷或过载作用下容易断裂；强度不足时，则较脆的渗碳层因缺乏足够的支撑而易碎裂、剥落。

③ 有良好的热处理工艺性能。在 900~950 ℃ 渗碳温度下，奥氏体晶粒不易长大，并有良好的淬透性。

6.2.6.1　渗碳钢的化学成分

低碳：渗碳钢的碳含量一般在 0.10%~0.25% 内，也就是渗碳零件心部的含碳量，用来保证零件心部有足够的塑性和韧性。如果含碳量过低，不但导致心部强度不足，而且使表层至心部的碳浓度梯度过陡，表面的渗碳层就易于剥落；如果含碳量过高，则心部的塑性、韧性会下降，还会减小表层有利的残余压应力，降低钢的弯曲疲劳强度。

主加提高淬透性的合金元素：常加入 Cr、Ni、Mn 等。对于心部性能要求高的零件，低碳钢由于淬透性不够，心部组织不能满足要求。若加入提高淬透性的合金元素，使钢的淬透性足够时，经热处理后心部得到低碳马氏体，就能提高心部的强度和韧性。Cr 还能细化碳化物、提高渗碳层的耐磨性，Ni 则对渗碳层和心部的韧性非常有利。另外，微量硼也能显著提高淬透性。据统计，$w_B = 0.001\%$ 可以代替 $w_{Ni} = 2\%$、$w_{Cr} = 0.5\%$ 或 $w_{Mo} = 0.35\%$ 提高淬透性的作用。硼的这种作用随着钢的含碳量降低而增加，这一点对低碳的渗碳钢非常有利。

辅加阻碍奥氏体晶粒长大的元素：渗碳工艺一般是在 900~950℃ 高温下进行的，此时钢处于奥氏体状态，由渗碳介质分解出来的活性碳原子被钢表面所吸收，然后向内层扩散，形成一定的碳浓度梯度，但渗碳温度高、时间长，容易导致奥氏体晶粒长大。当钢加入少量强碳化物形成元素 Ti、V、W、Mo 等时，形成稳定的长条状或网状分布的合金碳化物，除了能阻止渗碳时奥氏体晶粒长大外，还能增加渗碳层硬度，提高耐磨性。

中等碳化物形成元素铬、钼、钨等增大了钢表面吸收碳原子的能力，降低了碳原子在奥氏体中的扩散系数，对渗碳的影响表现在增大表层碳浓度，使渗碳层碳含量分布变陡，铬还易使碳化物呈粒状分布，韧性不明显下降，并能改善钢的耐磨性和接触疲劳抗力；非碳化物形成元系镍、硅的作用则相反，加速了碳原子的扩散，降低了表层碳浓度，有利于形成由表及里较平缓的碳浓度梯度。但硅使表层碳化物形态也呈长条状或网状分布，增大了表层的脆性。在渗碳钢中合理搭配加入碳化物形成元素和非碳化物形成元素，有利于钢的渗碳性能改善，达到既能加快渗碳速度，较快获得需要的表面碳浓度及渗碳层厚度，又能避免表层含碳量过高而形成过陡的碳浓度梯度或有害的块状碳化物。

渗碳钢中合金元素的总量通常小于 7.5%，过多会对碳原子的扩散不利。

6.2.6.2　渗碳钢的热处理

渗碳钢只有在渗碳、淬火之后才能使其表面具有高硬度和良好的耐磨性。渗碳钢的热处理工艺一般在渗碳前都要进行预备热处理，即正火，得到铁素体和细片状珠光体组织。一些合金元素含量较高的钢种，正火后硬度偏高，应在正火后再进行一次高温回火，降低硬度，改善被切削加工性能。

渗碳处理的温度一般在 930 ℃ 左右，时间根据渗碳方法而定。对渗碳时容易过热的钢种如 20Cr、20Mn2 等，渗碳之后需先正火，以消除过热组织，然后再进行淬火。

淬火方法因钢种而异。对于过热敏感性不高的低合金渗碳钢（20CrV、20CrMnTi 等），可采用降温预冷直接淬火，这样能减小淬火变形，提高钢件表层的硬度和疲劳强度，预冷的温度应高于钢的 A_{r3}，以防止心部析出铁素体。

对于碳素渗碳钢（15、20 钢）或易于过热的合金渗碳钢（如 20Mn2、20Mn2B、20Cr 等），适宜采用一次淬火法，即在渗碳后缓冷至室温再重新加热至略高于心部 A_{c3} 温度淬火，其目的在于细化心部晶粒并消除表层网状组织。

对于性能要求很高的工件，可采用二次淬火，将零件渗碳后缓冷至室温，再重新加热至不同的温度进行两次淬火，第一次加热至心部 A_{c3} 以上进行完全淬火，细化心部组织，消除表层网状碳化物，第二次则加热至表层的 A_{c1} 以上进行不完全淬火，使表层得到高硬度、高耐磨的组织。此种方法工艺复杂，成本较高，目前已不多用。

淬火以后直接在 150～230 ℃进行 1～2 h 的低温回火。

热处理后可获得高硬度的表层及强韧的心部组织，从零件表面至心部具有由高碳（$w_C = 0.8\% \sim 1.1\%$）至低碳（$w_C = 0.1\% \sim 0.25\%$）连续过渡的化学成分，表面渗碳层的组织由合金渗碳体与回火马氏体及少量残余奥氏体组成，硬度为 60～62 HRC。心部组织与钢的淬透性及零件截面尺寸有关，完全淬透时为低碳回火马氏体，硬度为 40～48 HRC；多数情况下是屈氏体、回火马氏体和少量铁素体，硬度为 25～40 HRC。心部韧性一般都高于 700 kJ/m²。

6.2.6.3 渗碳钢的常用钢种

我国常用的渗碳钢牌号及化学成分见表 6.15，通常按照钢的淬透性高低将渗碳钢分级。

表 6.15 常用渗碳钢的牌号、成分、热处理、性能及用途

类别	钢号	主要化学成分/%				热处理/℃			机械性能（不小于）			用途
		C	Mn	Si	Cr	渗碳	淬火	回火	R_m /MPa	$R_{p0.2}$ /MPa	A /%	
低淬透性	15	0.12～0.19	0.35～0.65	0.17～0.37		930	770～800 水	200	≥500	≥300	15	活塞销等
	20Mn2	0.17～0.24	1.40～1.80	0.20～0.40		930	770～800 油	200	820	600	10	小齿轮、小轴、活塞销等
	20Cr	0.17～0.24	0.50～0.80	0.20～0.40	0.70～1.00	930	800 水，油	200	850	550	10	齿轮、小轴、活塞销等
	20MnV	0.17～0.24	1.30～1.60	0.20～0.40		930	880 水，油	200	800	600	10	齿轮、小轴、活塞销等，也用作锅炉、高压容器管道
	20CrV	0.17～0.24	0.50～0.80	0.20～0.40	0.80～1.10	930	800 水，油	200	850	600	12	齿轮、小轴、顶杆、活塞销、耐热垫圈
中淬透性	20CrMn	0.17～0.24	0.90～1.20	0.20～0.40	0.90～1.20	930	850 油	200	950	750	10	齿轮、轴、蜗杆、活塞销、摩擦轮
	20CrMnTi	0.17～0.24	0.80～1.10	0.20～0.40	1.00～1.30	930	860 油	200	1 100	850	10	汽车、拖拉机上的变速箱齿轮
	20Mn2TiB	0.17～0.24	1.50～1.80	0.20～0.40		930	860 油	200	1 150	950	10	代替 20CrMnTi
	20SiMnVB	0.17～0.24	1.30～1.60	0.50～0.80		930	780～800 油	200	≥1 200	≥100	≥10	代替 20CrMnTi
高淬透性	18Cr2Ni4WA	0.13～0.19	0.30～0.60	0.20～0.40	1.35～1.65	930	850 空	200	1 200	850	10	大型渗碳齿轮和轴类件
	20Cr2Ni4A	0.17～0.24	0.30～0.60	0.20～0.40	1.25～1.75	930	780 油	200	1 200	1 100	10	大型渗碳齿轮和轴类件
	15CrMn2SiMo	0.13～0.19	2.0～2.40	0.4～0.7	0.4～0.7	930	860 油	200	1 200	900	10	大型渗碳齿轮、飞机齿轮

（1）低淬透性渗碳钢：以 20Cr 为代表，常用的有 15、20、20Mn2、20MnV、15Cr、20CrV 等，水淬临界淬透直径为 20 ~ 35 mm，适用于制造受冲击载荷不大，对心部强度要求不高的小型渗碳零件，如小轴、活塞销、小型齿轮、柴油机凸轮轴等。

（2）中淬透性渗碳钢：以 20CrMnTi 为代表，常用钢种有 20MnVB、20Mn2B、20CrMn 等，油淬临界淬透直径为 25 ~ 60 mm，适用于高速、中等动载荷、截面较大的抗冲击和耐磨零件，如汽车变速箱齿轮、爪形离合器、蜗杆、花键轴等。这类钢有良好的机械性能和工艺性能，淬透性较高，过热敏感性较小，渗碳过渡层比较均匀。

（3）高淬透性渗碳钢：以 18Cr2Ni4WA 为代表，常用的钢种有 12Cr2Ni4、20Cr2Ni4 等，油淬临界淬透直径大于 100 mm，属于空冷也能淬成马氏体的钢。这类钢的心部强度较前两类渗碳钢高，含有较多的 Cr、Ni 等元素，不但淬透性很高，而且具有很好的韧性，特别是低温冲击韧性，可用于制作大截面、重载荷、高耐磨及良好强韧性的重要零件，如航空发动机齿轮、坦克曲轴、内燃机车主动牵引齿轮等。

20CrMnTi 制作汽车变速齿轮工艺流程为锻造→正火→加工齿形→非渗碳部位镀铜保护→渗碳→预冷直接淬火 + 低温回火→喷丸→磨齿（精磨）。

技术要求：渗碳层厚 1.2 ~ 1.6 mm，表面碳质量分数为 1.0%；齿顶硬度为 58 ~ 60 HRC，心部硬度为 30 ~ 45 HRC。

根据热处理技术要求，制定热处理工艺曲线，如图 6.9 所示。

（a）

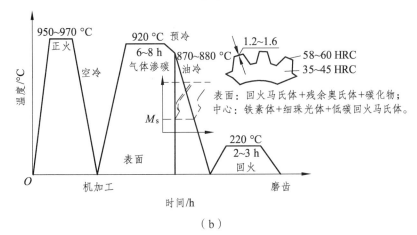

（b）

图 6.9 汽车变速齿轮及热处理工艺

6.2.6.4　氮化用钢

氮化用钢是使氮原子渗入钢的表面，钢件表面形成富氮层的钢种。氮化的目的是提高钢件表面的硬度、耐磨性、疲劳强度和抗蚀性。

氮化用钢通常是合金钢，氮溶入铁素体和奥氏体中，与铁形成 Fe_4N 和 Fe_3N。氮化后钢表面硬度高达 1 000 ~ 1 200 HV，并在 600 ℃ 左右保持不下降，故具有很高的耐磨性和热硬性；氮化后钢表面形成压应力，以提高抗疲劳性；氮化表面的 Fe_3N 相具有耐蚀性，能在水、蒸汽和碱中长期保持光亮。

目前广泛应用的是气体氮化，氮化温度一般为 500 ~ 600 ℃，因此零件在氮化前必须进行调质处理，以改善机械加工性能和获得均匀的回火索氏体组织，保证强韧性。氮化温度若超过调质处理的回火温度，则调质无效。对于形状复杂、精度要求高的零件，精加工后还要进行去应力退火。通常氮化时间长达几十小时。若要缩短时间，可采用二段氮化法。氮化后一般不再进行热处理。

碳钢氮化时形成的氮化物不稳定，加热时容易分解并聚集粗化，致使硬度下降。为了克服这个缺点，常加入 Al、Cr、Mo、W、V 等合金元素，它们的氮化物都很稳定，并在钢中均匀分布，使钢的硬度在 600 ~ 650 ℃ 也不降低。常用氮化钢有 38CrMoAlA，38CrWVAlA 等，由于氮化工艺复杂，时间长，成本高，所以只用于耐磨性和精度都要求较高的零件，或要求抗热、抗蚀的耐磨件，如发动机的气缸、排气阀、精密机床丝杠、镗床主轴、汽轮机阀门、阀杆等。随着新工艺的发展，其他氮化方法如软氮化、离子氮化，越来越得到广泛应用。

6.3　合金工具钢

合金工具钢按用途分类，可分为刃具钢、模具钢、量具钢三大类。

6.3.1　刃具钢

刃具钢是用来制造各种切削加工工具的钢种。刃具的种类繁多，如车刀、铣刀、钻头、丝锥等。

刃具工作时，主要承受压应力、弯曲应力、扭转应力，还会受到冲击、振动等作用，同时受工件及切屑的强烈摩擦作用。摩擦产生的大量热量使刃具温度升高。切削速度越快，刃具温度越高。有时刀刃温度可达 600 ℃。

刃具较普遍的失效形式是磨损；有时会有崩刃和折断的现象。

刃具钢的性能要求是：高硬度，足够的耐磨性；足够的塑、韧性和强度；高的红硬性。"红硬性"是指钢在受热条件下仍能保持足够高的硬度和切削能力的性能。

合金刃具钢按成分特点可以分为低合金工具钢和高速工具钢。下面分别介绍它们的牌号、成分、性能、热加工及热处理的特点。

6.3.1.1 低合金工具钢

低合金工具钢的牌号及化学成分见表 6.16。

表 6.16　合金工具钢的牌号、化学成分及退火态硬度（摘自 GB/T 1299—2014）

牌　号	化学成分/%					退火态硬度/HB（不大于）
	C	Si	Mn	Cr	W	
9SiCr	0.85 ~ 0.95	1.20 ~ 1.60	0.30 ~ 0.60	0.95 ~ 1.25	—	241 ~ 197
8MnSi	0.75 ~ 0.85	0.30 ~ 0.60	0.80 ~ 1.10	—	—	≤229
Cr06	1.30 ~ 1.45	≤0.40	≤0.40	0.50 ~ 0.70	—	241 ~ 187
Cr2	0.95 ~ 1.10	≤0.40	≤0.40	1.30 ~ 1.65	—	229 ~ 179
9Cr2	0.80 ~ 0.95	≤0.40	≤0.40	1.30 ~ 1.70	—	217 ~ 179
W	1.05 ~ 1.25	≤0.40	≤0.40	0.10 ~ 0.30	0.80 ~ 1.20	229 ~ 187

从表 6.16 中可见合金工具钢的成分特点为：含碳 0.75% ~ 1.5%；合金元素总量 < 5%，在低合金范围；主要加入的合金元素有铬、硅、锰、钨等，它们的主要作用是提高钢的淬透性，同时强化马氏体基体，提高回火稳定性；铬、锰等可溶入渗碳体，形成合金渗碳体，有利于提高钢的耐磨性；钨还有细化晶粒的作用。

与碳素工具钢相比，淬透性较好，热处理变形和开裂倾向小；耐磨性和红硬性也较高。但淬火温度较高，脱碳倾向较大。

合金工具钢热加工时，锻压比一般要大于 4，终锻温度在 A_{cm} 以下，以 800 °C 较适宜。热加工后应快速冷至 600 ~ 700 °C 后再缓冷，以避免析出粗大或网状碳化物。

合金工具钢的预先热处理一般采用球化退火，最终热处理为淬火低温回火。只是淬火温度比碳钢高，范围较宽，时间稍长，一般采用油冷或熔盐冷却，回火温度也偏高一点。合金工具钢的热处理参数见表 6.17。

表 6.17　合金工具钢的热处理参数

牌号	退　火		淬　火			回　火	
	加热温度/°C	等温温度/°C	温度/°C	淬火介质	硬度/HRC	温度范围/°C	硬度值/HRC
9SiCr	790 ~ 810	700 ~ 720	860 ~ 880	油	62 ~ 65	180 ~ 200	62 ~ 62
						200 ~ 220	58 ~ 62
8MnSi	—	—	800 ~ 820	油	> 60	100 ~ 200	60 ~ 64
						200 ~ 300	60 ~ 63
Cr06	750 ~ 790	680 ~ 700	780 ~ 800	油	62 ~ 65	150 ~ 200	60 ~ 62
			800 ~ 820	水			
Cr2	770 ~ 790	680 ~ 700	830 ~ 850	油	62 ~ 65	150 ~ 170	60 ~ 62
						180 ~ 220	56 ~ 60
9Cr2	800 ~ 820	670 ~ 680	820 ~ 850	油	61 ~ 63	160 ~ 180	59 ~ 61
W	780 ~ 800	650 ~ 680	800 ~ 820	水	62 ~ 64	150 ~ 180	59 ~ 61

合金工具钢中最常用的钢种是 9SiCr。9SiCr 的 $A_{c1} = 770 \sim 780\ ℃$，$A_{cm} = 910 \sim 930\ ℃$，$A_{r1} = 730\ ℃$，$M_s = 170\ ℃$。9SiCr 适宜作形状复杂、变形小的刀具，特别是薄刃刀具，如板牙、丝锥（见图 6.10）、钻头等。

图 6.10　丝锥

9SiCr 丝锥刀刃的硬度要求为 60 ~ 63 HRC。其球化退火工艺曲线见图 6.11，淬火回火工艺曲线见图 6.12。

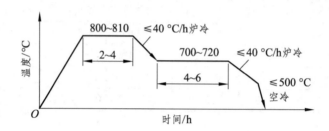

图 6.11　9SiCr 钢的等温球化退火工艺曲线

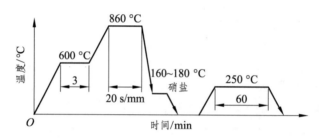

图 6.12　9SiCr 钢的淬火、回火工艺曲线

6.3.1.2　高速钢

在高速切削过程中，刃具的刃部温度可达 600 ℃ 以上，合金工具钢刃具已不能满足这种要求。较好的 9SiCr 在工作温度高于 300℃时，硬度便降到 60 HRC 以下。必须选用合金元素含量高的高速钢，它在 600 ℃ 时，仍能使硬度保持 60 HRC 以上，从而保证其切削性能和耐磨性。高速钢刀具的切削速度比碳工钢和合工钢刀具增加 1 ~ 3 倍，而耐磨性增加 7 ~ 14 倍，因此，高速钢在机械制造工业中被广泛采用。

常用高速钢的牌号及化学成分见表 6.18。从表 6.18 中可见高速钢的成分特点为：高速钢是一种高碳且含有大量碳化物形成元素的高合金钢。

碳的作用：保证马氏体的含碳量，以及形成足够数量的碳化物。淬火加热时，一部分碳化物溶入奥氏体，保证马氏体的含量。正常淬火时基体含碳量要达到 0.5%，既提高钢的淬透性，又可获得高碳马氏体。获得高碳马氏体，可提高硬度，还可在回火时析出足够数量的细小弥散的碳化物，以产生二次硬化效应，提高钢的红硬性。另一部分未溶碳化物，可防止奥氏体晶粒长大，细化晶粒。

表 6.18　高速工具钢的牌号和化学成分（摘自 GB/T 9943—2008）

牌　号	化学成分（质量分数）/%								
	C	W	Mo	Cr	V	Co	Al	Mn	Si
W18Cr4V	0.73 ~ 0.83	17.5 ~ 19.0	—	3.80 ~ 4.50	1.00 ~ 1.20			≤0.40	≤0.45
W6Mo5Cr4V2	0.80 ~ 0.90	5.50 ~ 6.75	4.50 ~ 5.50	3.80 ~ 4.40	1.75 ~ 2.20			0.15 ~ 0.40	0.20 ~ 0.45
CW6Mo5Cr4V2	0.95 ~ 1.05	5.50 ~ 6.75	4.50 ~ 5.50	3.80 ~ 4.40	1.75 ~ 2.20			0.15 ~ 0.40	0.20 ~ 0.45
W6Mo5Cr4V3	1.0 ~ 1.1	5.0 ~ 6.75	4.50 ~ 6.50	3.75 ~ 4.50	2.25 ~ 2.75			0.15 ~ 0.40	0.20 ~ 0.45
CW6Mo5Cr4V3	1.15 ~ 1.25	5.0 ~ 6.75	4.75 ~ 6.50	3.75 ~ 4.50	2.25 ~ 2.75			0.15 ~ 0.40	0.20 ~ 0.55
W6Mo5Cr4V2Co5	0.80 ~ 0.90	5.5 ~ 6.5	5.50 ~ 6.50	3.75 ~ 4.50	1.75 ~ 2.25	5.50 ~ 6.50		0.15 ~ 0.40	0.20 ~ 0.45
W7Mo4Cr4V2Co5	1.05 ~ 1.15	6.25 ~ 7.00	3.25 ~ 4.25	3.75 ~ 4.50	1.75 ~ 2.25	4.75 ~ 5.75		0.20 ~ 0.60	0.15 ~ 0.50
W2Mo9Cr4VCo8	1.05 ~ 1.20	1.05 ~ 1.85	9.0 ~ 10.0	3.50 ~ 4.25	0.95 ~ 1.35	7.75 ~ 8.75		0.15 ~ 0.40	0.15 ~ 0.65
W6Mo5Cr4V2Al	1.05 ~ 1.20	5.5 ~ 6.75	4.50 ~ 5.50	3.80 ~ 4.40	1.75 ~ 2.20		0.80 ~ 1.20	0.15 ~ 0.40	0.20 ~ 0.60

合金元素的作用如下：

W：造成高速钢红硬性的主要元素之一，W 在钢中能生成大量 M_6C 型$[(Fe,W)_6C]$，淬火加热时，7% ~ 8% 的 W 溶入奥氏体，强化马氏体基体，提高回火时马氏体的稳定性，11% ~ 12% 的 W 留在碳化物中，防止奥氏体晶粒长大；高温回火时，大量析出 W_2C 引起硬化，W_2C 不易聚集，使高速钢有高的红硬性。

V：与 W 相同，与 C 的亲和力比 W 大，V 溶于 M_6C 型碳化物中，淬火加热时随碳化物溶入奥氏体中。在高温回火时，析出细小的 V_4C_3 质点，其弥散度比 W_2C 还高，且不易聚集长大，对马氏体产生弥散硬化作用，以提高红硬性。V 还有细化晶粒的作用。

Cr：淬火加热时，全部溶入奥氏体，以提高钢的淬透性和基体中的碳含量，从而提高淬硬性。含量 4% 最好，若大于此值，则会使残余奥氏体量增多，稳定性增加，需增加回火次数来消除残余奥氏体。

Mo：1.0%Mo 代替 1.6% ~ 2.0%W 时，钢的组织与性能很相似，但有其特点：含 Mo 碳化物比含 W 碳化物细小，分布较均匀；Mo 在奥氏体中的溶解量较多，以提高马氏体的合金化程度；含 Mo 高速钢的塑性良好，韧性也较高；适宜的淬火温度低 60 ~ 70 ℃，劳动条件改善，设备寿命长；密度小，价格便宜。

高速钢的含碳量不算太高，但合金元素含量很高，使 E 点严重左移。铸造后，钢中出现鱼骨状的莱氏体组织，属莱氏体钢。

铸锭缓慢冷却后的平衡组织应为：莱氏体 + 珠光体 + 碳化物。

实际铸锭条件下，合金元素来不及扩散，形成的铸态组织为：鱼骨状莱氏体、中心黑色 δ-共析体以及白亮的马氏体及残余奥氏体（见图 6.13）。

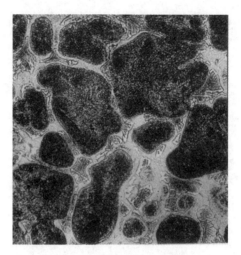

图 6.13　高速钢的铸态组织

高速钢的铸态组织中，碳化物含量多达 18% ~ 27%，且分布极不均匀，必须经过热加工，把莱氏体打碎，使其均匀分布在基体内。钢厂供应的高速钢钢材，虽经开坯轧制破碎了粗大的莱氏体，但其碳化物分布仍然不佳，往往呈严重带状、网状、大颗粒、大块堆集等，仍然需要经过反复锻粗和拔长，以改善碳化物分布的均匀性。总锻造比一般为 10。

高速钢锻后须进行球化退火，返修工件二次淬火前也须球化退火。

W18Cr4V 的 $A_{c1} = 820 ~ 840\ ℃$，退火温度通常为 860 ~ 880 ℃，保温时间 2 ~ 3 h。常用工艺有普通的缓冷球化法及等温球化法。缓冷球化法是在保温后以 15 ~ 20 ℃/h 的速度，冷至 500 ~ 550 ℃后，出炉空冷；等温球化法是在保温后打开炉门冷至 740 ~ 750 ℃，保温 4 ~ 6 h，再炉冷至 600 ~ 650 ℃，出炉空冷。等温球化法可缩短退火时间。球化退火后的组织为：索氏体 + 粒状碳化物，硬度为 207 ~ 255 HB。此时的碳化物类型有 M_6C 型[(Fe,W)6C]、$M_{23}C_6$ 型（$Cr_{23}C_6$）、MC 型（VC）及 M_7C_3 型（Cr_7C_3）。

常用高速钢的热处理参数见表 6.19。图 6.14 是 W18Cr4V 钢的热处理工艺曲线。

表 6.19　常用高速钢的热处理参数

牌　号	预热温度 /℃	淬火温度/℃		淬火剂	回火温度 /℃	回火硬度/HRC 不小于
		盐浴炉	箱式炉			
W18Cr4V	820 ~ 870	1 270 ~ 1 285	1 270 ~ 1 285	油	550 ~ 570	63
W6Mo5Cr4V2	730 ~ 840	1 210 ~ 1 230	1 210 ~ 1 230	油	540 ~ 560	63（箱式炉）
						64（盐浴炉）
CW6Mo5Cr4V2	730 ~ 840	1 190 ~ 1 210	1 200 ~ 1 220	油	540 ~ 560	65
W6Mo5Cr4V3	730 ~ 840	1 190 ~ 1 210	1 200 ~ 1 220	油	540 ~ 560	64
CW6Mo5Cr4V3	730 ~ 840	1 190 ~ 1 210	1 200 ~ 1 220	油	540 ~ 560	64
W6Mo5Cr4V2Co5	730 ~ 840	1 190 ~ 1 210	1 190 ~ 1 210	油	540 ~ 560	64
W7Mo4Cr4V2Co5	730 ~ 840	1 180 ~ 1 200	1 190 ~ 1 210	油	530 ~ 550	66
W6Mo5Cr4V2Al	820 ~ 870	1 230 ~ 1 240	1 230 ~ 1 240	油	540 ~ 560	65

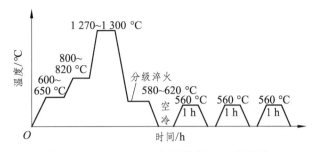

图 6.14　W18Cr4V 钢的热处理工艺曲线

从图 6.14 中可以看出高速钢淬火加热的特点，即淬火温度相当高，且要预热。

高速钢淬火加热的温度相当高：W18Cr4V 加热温度范围为 1 260 ~ 1 300 ℃，最适宜温度 1 280 ℃；W6Mo5Cr4V2 加热温度范围为 1 200 ~ 1 240 ℃，最适宜温度 1 220 ℃。采用如此高的淬火加热温度，主要是为了使碳及合金元素充分溶入奥氏体，淬火后得到含碳量及合金度很高的马氏体，在随后的回火中才能析出足够的特殊碳化物，使高速钢具有良好的红硬性和耐磨性。

高速钢退火组织中的碳化物 $Cr_{23}C_6$ 于 900 ~ 1 100 ℃ 可完全溶解，而 M_6C 型 $[(Fe,W)_6C]$ 则在高于 1 160 ℃ 时才有较大的溶解度，VC 在 1 050 ℃ 以上才开始溶解，1 150 ℃ 以上才开始加快溶解。正常淬火后剩余碳化物只有 M_6C 和 VC。

高速钢加热到相当高的温度时，晶粒还可以保持细小，这是因为此时还有大量难以溶解的碳化物，能阻碍晶粒的长大。

高速钢淬火加热到一定温度下，有一最合适的时间。加热时间过长或过短，红硬性都会降低。普通高速钢在盐浴中加热的加热系数为 8 ~ 15 s/mm。

高速钢系高合金钢，导热性差，并且淬火温度相当高，淬火加热时容易脱碳，因此要预热，以减小热应力和减少高温加热时间。形状简单、尺寸较小的工件，于 800 ~ 850 ℃ 预热一次即可，预热时间为高温加热时间的两倍；凡直径大于 30 mm 和形状复杂的工具采用两次预热，第一次预热温度为 600 ~ 650 ℃，第二次预热温度为 800 ~ 850 ℃。

高速钢淬透性极好，空冷即可得到马氏体，因此高速钢的淬火冷却方式有多种，常用的有以下几种：

（1）空冷：适用于尺寸为 3 ~ 5mm 的小工件。

（2）油控冷：为避免开裂，直径小于 30 mm 的工件可采用油冷，但不能在油中直接冷至室温，而是要冷到工件出油时，附在工件表面的油能冒烟着火为宜，此时工件在 200 ℃ 以上。

（3）分级淬火：形状较复杂的工件可采用 580 ~ 620 ℃ 的中性盐浴冷却，此种冷却方式应用较广。

（4）二次分级：直径大于 40 mm 或形状更复杂的工件，在 580 ~ 620 ℃ 的中性盐浴保温一段时间后，再转入 350 ~ 400 ℃ 硝盐中冷却，缓冷至 150 ℃ 应及时回火。

（5）等温淬火：有内孔的工件或尺寸在 60 mm 以上的工件等，可于 260 ~ 280 ℃ 等温处理，得到下贝氏体，以提高钢的强度和韧性。

（6）冷处理：在 −70 ~ 80 ℃ 进行冷处理，可减少残余奥氏体量，减少回火次数。冷处理应在淬火后立即进行，淬火后的停留时间不能超过 60 min。

高速钢淬火组织为 60%～65% 的马氏体 + 25%～30% 的残余奥氏体 + 10% 的碳化物,见图 6.15。

为了消除淬火应力,稳定组织,减少残余奥氏体的数量,达到所需要的性能,高速钢一般要进行三次 560 ℃ 保温 1 h 的回火处理。

550～570 ℃ 回火时,淬火马氏体和残余奥氏体中将弥散析出 W_2C、Mo_2C、VC 等碳化物,使钢的硬度达到最大值,即出现二次硬化现象。残余奥氏体中析出部分碳化物后,合金元素及碳含量减少,M_s 点回升,在回火冷却中将转变为马氏体,即出现二次淬火现象,但此时仍有 10% 左右的残余奥氏体未转变,需经两次回火后,才能使其低于 5%。再需进行第三次回火,以消除第二次回火冷却时产生的淬火应力。高速钢的回火组织为 60%～65% 的回火马氏体 + 5% 的残余奥氏体 + 20%～25% 的碳化物,见图 6.16。

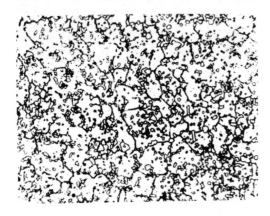 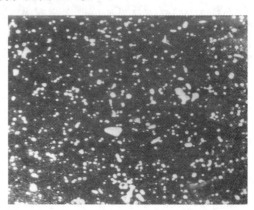

图 6.15 高速钢的淬火组织 　　　　图 6.16 高速钢的回火组织

6.3.2 模具钢

模具是机械制造、冶金、电机电器制造及无线电、电工仪表等行业中,制造零件的主要加工工具。模具钢就是用来制造这类加工工具的钢种。根据模具的使用性质,可将模具钢分为两大类:

冷作模具钢:指使金属在冷状态下变形的模具钢,其工作温度一般小于 250 ℃。

热作模具钢:指使金属在加热状态或液态下成型的模具钢,其模腔表面温度高于 600 ℃。

6.3.2.1 冷作模具钢

冷变形模具包括拉延模、拔丝模、压弯模、冲裁模(落料、冲孔、修边模、冲头、剪刀模等)、冷镦模和冷挤压模等。

冷作模具钢在工作时,由于被加工材料的变形抗力较大,模具工作部分,特别是刃口受到强烈的摩擦和挤压,工作过程中还受到冲击力的作用,正常失效形式是磨损,也有断裂、崩刃及变形超差等失效形式。

所以冷作模具钢的性能要求是:高的硬度、强度及耐磨性,较好的淬透性和韧性。

与刃具钢相比,冷作模具钢在淬透性、耐磨性及韧性等方面的要求较高,而在红硬性方面的要求较低或基本没有要求。

模具的工作寿命还与模具设计和操作等因素有关。忽视这一点，即使选用优质的钢材制作模具，钢材的性能也得不到充分发挥。

常用的冷作模具钢种有：

（1）碳素工具钢：如 T8、T10、T12，用于制作小尺寸、形状简单、载荷较轻的模具。其特点是加工性好，价格便宜，但淬透性低，耐磨性差，淬火变形大。

（2）低合金工具钢：如 9Mn2V、CrWMn、9CrWMn 等，用于制作尺寸较大、形状复杂、载荷轻的模具。其特点是淬透性较好，淬火变形小，具有较好的耐磨性。

（3）Cr12 型模具钢：如 Cr12、Cr12MoV、Cr12Mo1V1，用于制作尺寸大、形状复杂、重载的模具。其特点是淬火变形小，淬透性好，耐磨性高。

（4）耐冲击工具钢：如 4CrW2Si、5CrW2Si、6CrW2Si，用于制作刃口单薄，受冲击负荷的切边模、冲载模等。其特点是冲击韧性高。

碳素工具钢的成分、热加工、热处理及应用举例在前一节已经介绍。我国现行的国家标准 GB/T 1299—2014 对冷作模具用低合金工具钢、Cr12 型模具钢及其他类型冷作模具钢的牌号及化学成分都做了规定，见表 6.20。

表 6.20　常用冷作模具钢的牌号和化学成分（摘自 GB/T 1299—2014）

牌　号	化学成分（质量分数）/%							
	C	Si	Mn	Cr	W	Mo	V	其他
Cr12	2.00 ~ 2.30	≤0.40	≤0.40	11.50 ~ 13.00	—	—	—	—
Cr12Mo1V1	1.40 ~ 1.60	≤0.60	≤0.60	11.00 ~ 13.00	—	0.70 ~ 1.20	0.50 ~ 1.10	—
Cr12MoV	1.45 ~ 1.70	≤0.40	≤0.40	11.00 ~ 12.50	—	0.40 ~ 0.60	0.15 ~ 0.30	Co：≤1.10
Cr5Mo1V	0.95 ~ 1.05	≤0.50	≤1.00	4.75 ~ 5.50	—	0.90 ~ 1.40	0.15 ~ 0.50	—
9Mn2V	0.85 ~ 0.95	≤0.40	1.70 ~ 2.00	—	—	—	0.10 ~ 0.25	—
CrWMn	0.90 ~ 1.05	≤0.40	0.80 ~ 1.10	0.90 ~ 1.20	1.20 ~ 1.60	—	—	—
9CrWMn	0.85 ~ 0.95	≤0.40	0.90 ~ 1.20	0.50 ~ 0.80	0.50 ~ 0.80	—	—	—

冷作模具用低合金工具钢的成分、热加工及热处理特点与刃具量具用合金工具钢相似，不再详述。下面重点介绍 Cr12 型模具钢的成分及热处理特点等。

Cr12 型模具钢的成分特点是高碳高铬。其目的是获得高碳马氏体和足够数量的碳化物，并能在淬火及高温回火后，产生二次硬化作用，以使钢具有高的硬度和高的耐磨性。Cr12 含碳 2.00% ~ 2.30%，是含碳量最高的钢，Cr12MoV 和 Cr12Mo1V1 含碳量都在 1.40% 以上，是含碳量仅次于 Cr12 的钢。它们的含铬量都在 12% 左右，属于高合金钢。加入 Mo 和 V，可进一步提高钢的回火稳定性，增加淬透性，还能细化组织，改善韧性。

与高速钢相似，Cr12 型模具钢也属于莱氏体钢，铸态组织中有网状共晶莱氏体组织，存在大量的共晶碳化物，主要为 $(Cr,Fe)_7C_3$ 型，且分布不均匀。

Cr12 型冷作模具钢在机加工成型前，坯料须合理锻造，一般要经过两次或三次以上的镦粗和拔长，以破碎共晶碳化物，使碳化物尽量分布均匀。

最后形成的锻坯，要求碳化物排列方向垂直于工件的工作面，锻后应缓冷。

坯料在锻造后应及时进行球化退火，退火后的组织为索氏体 + 粒状碳化物，硬度为 207 ~ 269 HB。

由于钢中大量铬的存在，使 A_1 温度升高到 800 ~ 820 ℃，因此球化退火工艺为，加热温度 850 ~ 870 ℃，保温 3 ~ 4 h，炉冷至 720 ~ 740 ℃，等温 6 ~ 8 h 后，炉冷至 500 ℃ 出炉空冷。

Cr12 型钢具有很高的淬透性，空冷即可淬硬，但生产中一般采用油控冷淬火，即在油中冷至 180 ~ 200 ℃ 后出油空冷。淬火后的组织为马氏体 + 碳化物 + 残余奥氏体。

Cr12 型钢在淬火后于不同的温度回火，所得到的硬度不同。图 6.17 是回火温度对油淬 Cr12MoV 钢硬度的影响。淬火温度高于 1 010 ℃，可看出明显的二次硬化效应，而且淬火温度越高，这种效应越显著。因此 Cr12 型钢的淬火及回火工艺，有一次硬化和二次硬化两种方法。

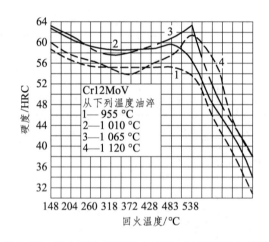

图 6.17 回火温度对油淬 Cr12MoV 钢硬度的影响

一次硬化法：采用较低的温度淬火进行低温回火。选用较低的淬火温度，晶粒较细，钢的强度和韧性较好，热处理变形较小。Cr12 钢淬火加热温度选用 950 ~ 980 ℃，Cr12MoV 淬火加热温度选用 980 ~ 1 030 ℃，260 ℃ 硝盐分级淬火或采用油控冷淬火。这样处理后，钢中的残余奥氏体量在 20% 左右。回火温度一般在 200 ℃ 左右。

二次硬化法：采用高的温度淬火，然后进行多次高温回火，以达到二次硬化的目的。此工艺方法使钢有较高的红硬性和耐磨性，但强度和韧性下降，工艺上也较复杂，适用于工作温度较高（400 ~ 500 ℃），且受载荷不大或淬火后表面需要氮化的模具。Cr12 钢淬火加热温度选用 1 080 ~ 1 100 ℃，Cr12MoV 淬火加热温度选用 1 080 ~ 1 120 ℃，500 ~ 520 ℃ 回火 2 ~ 3 次后，硬度为 60 ~ 61 HRC。

Cr12MoV 钢制造冲孔落料模工艺路线为锻造→退火→机加工→淬火 + 回火→精磨或电火花加工→成品。制定的热处理工艺曲线如图 6.18 所示。

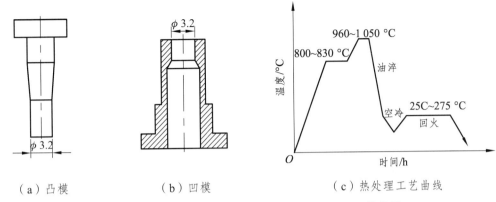

| （a）凸模 | （b）凹模 | （c）热处理工艺曲线 |

图 6.18　Cr12MoV 钢制造的冲孔落料模及热处理工艺曲线

6.3.2.2　热作模具钢

热作模具钢共同的工作条件是模腔表层金属受热，且有热疲劳。锤锻模工作时的温度为 400～450 ℃，热挤压模模腔表面温度为 500～800 ℃，压铸模模腔表面温度约 1 000 ℃。

热作模具钢共同的性能要求是：高温硬度、高温强度较高；高的热塑性变形抗力，即回火稳定性高；高的热疲劳抗力。因此要求钢的导热性高，临界点（A_{c1} 等）高，热疲劳倾向小。热作模具钢的含碳量为 0.3%～0.6%。

锤锻模在工作过程中受到比较高的单位压力和冲击负荷，以及热金属对锻模型腔的摩擦作用。锤锻模用钢对塑性变形抗力及韧性要求高；锤锻模截面尺寸大，钢的淬透性要高。锤锻模用钢的成分和性能要求都与调质钢很接近，但强度、硬度要求更高些。常用钢种有 5CrNiMo、5CrMnMo、4CrMnSiMoV 等。

热挤压模在工作过程中加载速度较慢，模腔受热温度较高，热挤压模用钢以高温强度、高热疲劳性能为主，对冲击韧性及淬透性的要求可适当降低。常用钢种有 3Cr2W8V、4Cr5MoSiV、4Cr5MoSiV1、4Cr5W2SiV 等。

压铸模的工作条件及性能要求与热挤压模相近，主要要求高的回火稳定性与高的热疲劳抗力。压铸锌合金采用 40Cr、30CrMnSi、40CrMo 即可。压铸铝合金、镁合金采用 4Cr5MoSiV。压铸铜合金采用 3Cr2W8V。压铸黑色金属则需采用钼基合金和镍基合金。

常用热作模具钢的牌号及化学成分见表 6.21。

表 6.21　常用热作模具钢的牌号及化学成分（摘自 GB/T 1299—2014）

牌　号	化学成分（质量分数）/%							
	C	Si	Mn	Cr	W	Mo	V	其他
5CrMnMo	0.50～0.60	0.25～0.60	1.20～1.60	0.60～0.90	—	0.15～0.30	—	—
5CrNiMo	0.50～0.60	≤0.40	0.50～0.80	0.50～0.80	—	0.15～0.30	—	Ni1.40～1.80
3Cr2W8V	0.30～0.40	≤0.40	≤0.40	2.20～2.70	7.50～9.00	—	0.20～0.50	—
4Cr5MoSiV	0.33～0.43	0.80～1.20	0.20～0.50	4.75～5.50	—	1.10～1.60	0.30～0.60	—
4Cr5MoSiV1	0.32～0.45	0.80～1.20	0.20～0.50	4.75～5.50	—	1.10～1.75	0.80～1.20	—
4Cr5W2VSi	0.32～0.42	0.80～1.20	≤0.40	4.50～5.50	1.60～2.40	—	0.60～1.00	—

（1）5CrNiMo 和 5CrMnMo

含碳量 0.50%~60%，属中碳范围，既保证一定硬度又有较高的韧性；Cr 主要提高淬透性，1.5%Ni 显著提高强度和韧性，Mn 代替 Ni 时，钢的强度不降，但塑、韧性有所降低。Mo 主要是提高回火稳定性，减轻回火脆性，细化晶粒。

要经过各向锻造，并交替进行镦粗和拔长 2~3 次，使组织、性能均匀。锻造加热温度 1 150~1 180 ℃，终锻温度 850~880 ℃，锻后应缓冷，大件应进行防白点的等温处理（600 ℃ 炉内等温，再冷至 150~200 ℃ 后空冷）。

退火加热温度为 780~820 ℃，保温时间 4~6 h，炉冷至 500 ℃ 后空冷。组织为细片状珠光体 + 铁素体。

淬火加热温度为 820~860 ℃，淬火加热时为了保护模面和模尾，可在专用铁盘上铺一层旧渗碳剂等保护剂，锻模以模面向下放入，再用耐火泥密封。淬火冷却介质为锭子油或机油，冷却过程中须使油循环冷却，油温不得超过 70 ℃，油中冷却至 150~200 ℃ 取出，立即回火，不允许冷至室温。淬火后的组织为马氏体。

回火后应油冷，以避免回火脆性。回火后组织为回火索氏体。

用 5CrMnMo 制造扳手热锻模的生产工艺路线为锻造→退火→粗加工→成型加工→淬火 + 高温回火→精加工（修型、抛光）。

技术要求：要求硬度 351~387 HBW，$\sigma_b = 1\ 200~1\ 400$ MPa，$A_k = 32~35$ J。

根据技术要求，制定的热处理工艺曲线如图 6.19 所示。

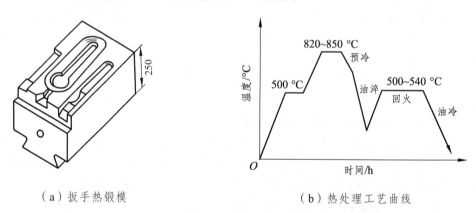

（a）扳手热锻模　　　　　　　　（b）热处理工艺曲线

图 6.19　5CrMnMo 制造扳手热锻模及其热处理工艺曲线

（2）4Cr5MoSiV、4Cr5MoSiV1、4Cr5W2SiV

这类钢含有大约 5% 的 Cr，并加入钼、钨、钒、硅。由于含铬较高，有较高的淬透性，加入 1% 的 Mo 时，淬透性更高，尺寸很大的模具淬火时可以空冷。因含铬、硅，这类钢的抗氧化性较好，硅、铬还提高钢的临界点，有利于提高其抗热疲劳性能。钒可加强钢的二次硬化效果，增加热稳定性。

表 6.22 是这类钢热处理后的力学性能。从表 6.22 中可见，淬火和高温回火后，这类钢具有很高的强度和韧性，可作为超高强度结构钢使用，牌号相应表示为 40Cr5MoSiV、40Cr5MoSiV1、40Cr5W2SiV。

表 6.22　部分热作模具钢的力学性能

钢号	热处理	硬度/HRC	R_m/MPa	$R_{p0.2}$/MPa	A/%	Z/%	a_k/(J/cm^2)
4Cr5MoSiV	1 000 ℃ 淬火，580 ℃ 二次回火	51	1 745	—	13.5	45	55
4Cr5MoSiV1	1 010 ℃ 淬火，566 ℃ 二次回火	51	1 830	1 670	9	28	19
4Cr5W2SiV	1 050 ℃ 淬火，580 ℃ 二次回火	49	1 870	1 660	9.5	42.5	34

6.3.3　量具钢

量具是用来计量工件尺寸的工具，如卡尺、千分尺、块规、塞规、样板等，因而要求量具具有精确而稳定的尺寸。量具在使用过程中经常受到工件的摩擦与碰撞，量具钢则须具备如下性能要求：

高硬度和高耐磨性，使用时不能因磨损而发生尺寸的改变，量具表面硬度一般为 58～64 HRC；尺寸要稳定，热处理后因自然时效而发生的尺寸变化要小；高的表面光洁度，钢的冶金质量要高。此外，还要求量具钢的热膨胀系数要适当，具有一定的淬透性，淬火时变形要小，有时还要求有耐腐蚀性。

量具钢可以分为以下几类：

（1）碳素工具钢：适用于制作尺寸小，形状简单，精度较低的卡尺、样板等量具。

（2）低合金工具钢及轴承钢：适用于制作精度要求高，尺寸要求稳定的量具，如块规、螺纹塞头、千分尺螺杆等

（3）氮化用钢：38CrMoAl 调质之后进行精加工，氮化后只需进行研磨，可用于制造尺寸稳定性很好，耐磨性高，在潮湿空气中可以防腐蚀的形状复杂的量具。

（4）不锈钢：为了使量具具有抗腐蚀能力，可使用不锈钢 9Cr18。

（5）Cr12 型工具钢：制作形状复杂、尺寸大、使用频繁的量具或块规等基准量具。

（6）低碳钢（15、20、20Cr）渗碳和中碳钢（55，65）高频表面淬火，多用于易受冲击的量具。

工具钢制作量具时，淬火时加热温度宜取下限，以减少时效因素。淬火冷却一般采用油冷，淬火后要进行冷处理，以尽量减少残余奥氏体量。冷处理在淬火后的 15～20 min 进行，温度 –80～–70 ℃ 可满足要求。

对精度要求特别高的量具，在淬火、回火后，还应在 120～130 ℃ 度下进行时效处理，时效时间根据量具的精度要求而定，可在几小时至几十小时之间选择。

6.4　特殊性能钢

不锈钢、耐热钢、耐磨钢等具有特殊的物理、化学及力学性能，统称为特殊性能钢。

6.4.1 特殊性能钢的牌号表示方法

GB/T 221—2008 规定了不锈钢和耐热钢的牌号表示方法。在碳含量规定上、下限时，碳含量及合金元素的表示方法与合金结构钢相同；在只规定碳含量上限时，当碳含量上限不大于 0.10%，以其上限的 3/4 表示碳含量；当碳含量上限大于 0.10%，以其上限的 4/5 表示碳含量；对超低碳不锈钢（即碳含量不大于 0.030%），用三位阿拉伯数字表示碳含量最佳控制值（以十万分之几计），合金元素的表示方法仍与合金结构钢相同，钢中有意加入的铌、钛、锆、氮等合金元素，虽然含量很低，也应在牌号中标出。

例如：碳含量为 0.15%~0.25%，铬含量为 14.00%~16.00%，锰含量为 14.00%~16.00%，镍含量为 1.50%~3.00%，氮含量为 0.15%~0.30% 的不锈钢，牌号为 20Cr15Mn15Ni2N。碳含量不大于 0.08%，铬含量为 18.00%~20.00%，镍含量为 8.00%~11.00% 的不锈钢，牌号为 06Cr19Ni10。碳含量不大于 0.25%，铬含量为 24.00%~26.00%，镍含量为 19.00%~22.00% 的耐热钢，牌号为 20Cr25Ni20。碳含量不大于 0.030%，铬含量为 16.00%~19.00%，钛含量为 0.10%~1.00% 的不锈钢钢，牌号为 022Cr18Ti。碳含量上限为 0.20%，碳含量以 16 表示；碳含量上限为 0.15%，碳含量以 12 表示；碳含量上限为 0.020%，碳含量以 015 表示。

6.4.2 不锈钢

不锈钢是以不锈、耐蚀性为主要特性，且铬含量至少为 10.5%，碳含量最大不超过 1.2% 的钢。不锈钢在空气、水、盐的水溶液、酸及其他腐蚀介质中具有高度化学稳定性，是化肥、石油、化工、国防等工业部门中广泛使用的材料。

不锈钢是在腐蚀介质中承受或传递载荷的，因此不锈钢的性能要求是：高的耐蚀性、良好的力学性能、良好的工艺性和好的经济性。

6.4.2.1 金属腐蚀的基本知识

按腐蚀过程进行的机理，金属腐蚀分为化学腐蚀和电化学腐蚀两类。化学腐蚀是指金属与化学介质直接发生纯化学反应造成的腐蚀，如 Fe 在高温下的氧化腐蚀。电化学腐蚀是由于不同金属或金属的不同相之间，电极电位不同，构成了原电池而产生的腐蚀，如 Fe 在室温下的腐蚀。电化学腐蚀是金属腐蚀更重要更普遍的形式。

产生电化学腐蚀的条件是：有两个不同电极电位的金属或同一金属中有不同电极电位的区域，以形成正、负电极；有电传导（电极之间有导线相接或电极之间相接触发生了短路）；电极之间存在电解液。

化学腐蚀与电化学腐蚀的区别是：在电化学腐蚀中，有电流产生；而在化学腐蚀中，无电流产生。

在原电池中，电极电位相对较低者，作为负极（阳极），本身要发生电化学反应（阳极反应），失去电子，被腐蚀；而电极电位较高者，获得电子将产生氢气（阴极析氢）。

同一金属内不同电极电位的两个相组成的原电池，称为微电池。在合金中，化合物（如第二相、夹杂物等）都较固溶体的电极电位高，因而固溶体将被腐蚀。例如用硝酸酒精腐蚀珠光体组织，其中的铁素体被腐蚀，而渗碳体不被腐蚀，结果铁素体的条带凹陷，渗碳体的条带凸起，在光学显微镜的照明下，可以看到清晰的珠光体条纹。

从金属腐蚀的机理中，可找出提高抗蚀能力的途径。

提高合金基体（一般都是固溶体）的电极电位；使合金得到单一固溶体，尽量减少微电池的数量；使合金的表面形成稳定的表面保护膜，阻止合金与水溶液等电解质接触。

实现提高耐蚀性几条途径的主要方法是在钢中加入合金元素，加入不同的元素，可在一条或几条途径上产生作用，使钢耐蚀。

（1）加入 Cr，提高基体的电极电位：图 6.20 所示为 Cr 对 Fe-Cr 合金电极电位的影响。从图中可见，当 Cr 量达 12.5% 原子比（即 1/8）时，电极电位由 − 0.56 V 提高到了 + 0.2 V，此时，钢已能耐大气、水溶液和稀硝酸的腐蚀。当 Cr 量达 25% 原子比（即 2/8）时，电极电位由 + 0.2 V 提高到了 + 1.6 V，可耐更强烈腐蚀介质的腐蚀。

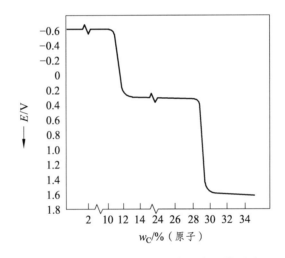

图 6.20　Cr 对 Fe-Cr 合金电极电位的影响

（2）加入 Cr、Si、Al 形成致密的氧化膜：在钢中加入 Cr、Si、Al 等合金元素，能在钢的表面形成致密的 Cr_2O_3、SiO_2、Al_2O_3 等氧化膜，能阻止腐蚀介质与基体金属的进一步接触，从而可以提高钢的耐蚀性。

（3）加入 Cr、Ni、Mn、N 等形成单相奥氏体组织等：当 $w_{Cr} > 18\%$，$w_{Ni} > 8\%$ 时，就能获得单相奥氏体；$w_{Ni} > 3\%$，$w_{Cr} > 18\%$，得到奥氏体-铁素体双相不锈钢。获得单相铁素体钢，需很高的含 Cr 量，低的含 Ni 量。

（4）加入 Ti、Nb 等元素，形成碳化物，防止晶间腐蚀。

（5）加入 Mo、Cu 等，提高不锈钢在非氧化性酸中抗点蚀的能力。

常用不锈钢的牌号及化学成分见表 6.23，热处理制度、力学性能及应用举例见表 6.24。

表 6.23　常用不锈钢的牌号与化学成分（摘自 GB/T 1220—2007）

类型	统一数字代号	新牌号	旧牌号	化学成分（质量分数）/%										
				C	Si	Mn	P	S	Ni	Cr	Mo	Cu	N	其他元素
奥氏体型	S35350	12Cr17Mn6Ni5N	1Cr17Mn6Ni5N	0.15	1.00	5.50~7.50	0.050	0.030	3.50~5.50	16.00~18.00	—	—	0.05~0.25	—
	S30210	12Cr18Ni9	1Cr18Ni9	0.15	1.00	2.00	0.045	0.030	8.00~10.00	17.00~19.00	—	—	0.10	—
	S30408	06Cr19Ni10	0Cr18Ni9	0.08	1.00	2.00	0.045	0.030	8.00~11.00	18.00~20.00	—	—	—	—
	S30403	022Cr19Ni10	00Cr19Ni10	0.03	1.00	2.00	0.045	0.030	8.00~12.00	18.00~20.00	—	—	—	—
	S30908	06Cr23Ni13	0Cr23Ni13	0.08	1.00	2.00	0.045	0.030	12.00~15.00	22.00~24.00	—	—	—	—
	S31008	06Cr25Ni20	0Cr25Ni20	0.08	1.50	2.00	0.045	0.030	19.00~22.00	24.00~26.00	—	—	—	—
	S31608	06Cr17Ni12Mo2	0Cr17Ni12Mo2	0.08	1.00	2.00	0.045	0.030	10.00~14.00	16.00~18.00	2.00~3.00	—	—	—
	S31668	06Cr17Ni12Mo2Ti	0Cr18Ni12Mo3Ti	0.08	1.00	2.00	0.045	0.030	10.00~14.00	16.00~18.00	2.00~3.00	—	—	Ti≥5C
	S32168	06Cr18Ni11Ti	0Cr18Ni10Ti	0.08	1.00	2.00	0.045	0.030	9.00~12.00	17.00~19.00	—	—	—	Ti5C~0.70
	S33778	06Cr18Ni11Nb	0Cr18Ni11Nb	0.08	1.00	2.00	0.045	0.030	9.00~12.00	17.00~19.00	—	—	—	Nb10C~1.10
奥氏体-铁素体型	S21860	14Cr18Ni11Si4AlTi	1Cr18Ni11Si4AlTi	0.10~0.18	3.40~4.00	0.80	0.035	0.030	10.00~12.00	17.50~19.50	—	—	—	Ti0.40~0.70 Al0.10~0.30
	S21953	022Cr19Ni5Mo3Si2N	00Cr18Ni5Mo3Si2	0.030	1.30~2.00	1.00~2.00	0.035	0.030	4.50~5.50	18.00~19.50	2.50~3.00	—	0.05~0.12	—
铁素体型	S11348	06Cr13Al	0Cr13Al	0.08	1.00	1.00	0.040	0.030	(0.60)	11.50~14.50	—	—	—	Al0.10~0.30
	S11203	022Cr12	00Cr12	0.03	1.00	1.00	0.040	0.030	(0.60)	11.00~13.50	—	—	—	—
	S11710	10Cr17	1Cr17	0.12	1.00	1.00	0.040	0.030	(0.60)	16.00~18.00	—	—	—	—

续表

类型	统一数字代号	新牌号	旧牌号	化学成分（质量分数）%										
				C	Si	Mn	P	S	Ni	Cr	Mo	Cu	N	其他元素
铁素体型	S11717	10Cr17Mo	1Cr17Mo	0.12	1.00	1.00	0.040	0.030	(0.60)	16.00~18.00	0.75~1.25	—	—	—
	S12791	008Cr27Mo	00Cr27Mo	0.01	0.40	0.40	0.030	0.020	—	25.00~27.50	0.75~1.50	—	0.015	—
马氏体型	S41008	06Cr13	0Cr13	0.08	1.00	1.00	0.040	0.030	(0.60)	11.50~13.50	—	—	—	—
	S41010	12Cr13	1Cr13	0.08~0.15	1.00	1.00	0.040	0.030	(0.60)	11.50~13.50	—	—	—	—
	S42020	20Cr13	2Cr13	0.16~0.25	1.00	1.00	0.040	0.030	(0.60)	12.00~14.00	—	—	—	—
	S42030	30Cr13	3Cr13	0.26~0.35	1.00	1.00	0.040	0.030	(0.60)	12.00~14.00	—	—	—	—
	S42040	40Cr13	4Cr13	0.36~0.45	0.60	0.80	0.040	0.030	(0.60)	12.00~14.00	—	—	—	—
	S43110	14Cr17Ni2	1Cr17Ni2	0.11~0.17	0.80	0.80	0.040	0.030	1.50~2.50	16.00~18.00	—	—	—	—
	S44090	95Cr18	9Cr18	0.90~1.00	0.80	0.80	0.040	0.030	(0.60)	17.00~19.00	—	—	—	—
	S45990	102Cr17Mo	9Cr18Mo	0.95~1.10	0.80	0.80	0.040	0.030	(0.60)	16.00~18.00	0.40~0.70	—	—	—
	S46990	90Cr18MoV	9Cr18MoV	0.85~0.95	0.80	0.80	0.040	0.030	(0.60)	17.00~19.00	1.00~1.30	—	—	V0.07~0.12
沉淀硬化型	S51740	05Cr17Ni4Cu4Nb	0Cr17Ni4Cu4Nb	0.07	1.00	1.00	0.040	0.030	3.00~5.00	15.50~17.50	—	3.00~5.00	—	Nb0.15~0.45
	S51770	07Cr17Ni7Al	0Cr17Ni7Al	0.09	1.00	1.00	0.040	0.030	6.50~7.75	16.00~18.00	—	—	—	Al0.75~1.50
	S51570	07Cr15Ni7Mo2Al	0Cr15Ni7Mo2Al	0.09	1.00	1.00	0.040	0.030	6.50~7.75	14.00~16.00	2.00~3.00	—	—	Al0.75~1.50

注：表中所列成分除标明范围外，均为最大值。括号内数值为可加入或许有含有的最大值。

表 6.24 常用不锈钢的热处理、力学性能及应用举例（摘自 GB/T 1220—2007）

类型	统一数字代号	新牌号	旧牌号	热处理 固溶温度/℃	热处理 退火温度/℃	热处理 淬火温度/℃	热处理 回火温度/℃	力学性能 $R_{p0.2}$/(N/mm²)	力学性能 R_m/(N/mm²)	力学性能 A/%	力学性能 Z/%	力学性能 HBW	力学性能 A_{ku2}/J	应用举例
奥氏体型	S35350	12Cr17Mn6Ni5N	1Cr17Mn6Ni5N	1 010~1 120				≥275	≥520	≥40	≥45	≤241	—	旅馆、厨房用具、水池、交通工具
	S30210	12Cr18Ni9	1Cr18Ni9	1 010~1 150				≥205	≥520	≥40	≥60	≤187	—	建筑外表装饰、无磁及低温装置部件
	S30408	06Cr19Ni10	0Cr18Ni9	1 010~1 150				≥205	≥520	≥40	≥60	≤187	—	深冲成型部件；输酸管道、容器、结构件；无磁、低温设备和部件
	S30403	022Cr19Ni10	00Cr19Ni10	1 030~1 180				≥175	≥480	≥40	≥60	≤187	—	需焊接且焊接后不能固溶的耐蚀设备
	S30908	06Cr23Ni13	0Cr23Ni13	1 010~1 150				≥205	≥520	≥40	≥60	≤187	—	耐蚀性比06Cr19Ni10好，又耐热
	S31008	06Cr25Ni20	0Cr25Ni20	1 030~1 180				≥205	≥520	≥40	≥50	≤187	—	耐点蚀和耐应力腐蚀能力优于0Cr18Ni8型
	S31608	06Cr17Ni12Mo2	0Cr17Ni12Mo2	1 010~1 150				≥205	≥520	≥40	≥60	≤187	—	海水及还原介质中耐点蚀材料
	S31668	06Cr17Ni12Mo2Ti	0Cr18Ni12Mo2Ti	1 000~1 100				≥205	≥530	≥40	≥55	≤187	—	耐晶间腐蚀性好、焊接部件
	S32168	06Cr18Ni11Ti	0Cr18Ni10Ti	920~1 150				≥205	≥520	≥40	≥50	≤187	—	耐高温、抗氢腐蚀部件
	S33778	06Cr18Ni11Nb	0Cr18Ni11Nb	980~1 150				≥205	≥520	≥40	≥50	≤187	—	火电厂和石油化工容器、管道、热交换器、轴类等，也可作为焊接材料使用
铁素体-奥氏体型	S21860	14Cr18Ni11Si4AlTi	1Cr18Ni11Si4AlTi	930~1 050				≥440	≥715	≥25	≥40	—	≥63	抗高温、浓硝酸介质的零件和设备
	S21953	022Cr19Ni5Mo3Si2N	00Cr18Ni5Mo3Si2	920~1 150				≥390	≥590	≥20	≥40	≤290	—	适用于含氯离子的环境，炼油、化肥、石油、化工业的热交换器、冷凝器等
铁素体型	S11348	06Cr13Al	0Cr13Al		780~830			≥175	≥410	≥20	≥60	≤183	≥78	石油精制装置、压力容器衬里、蒸汽透平叶片和复合钢板
	S11203	022Cr12	00Cr12		700~820			≥195	≥360	≥22	≥60	≤183	—	锅炉排烟装置、汽车排气处理装置、锅炉燃烧室等

类型	统一数字代号	新牌号	旧牌号	热处理 固溶温度/℃	退火温度/℃	淬火温度/℃	回火温度/℃	力学性能 $R_{p0.2}$/(N/mm²)	R_m/(N/mm²)	A/%	Z/%	HBW	A_{ku2}/J	应用举例
铁素体型	S11710	10Cr17	1Cr17		780~850			≥205	≥450	≥22	≥50	≤183	—	生产硝酸、硝铵的吸收塔、热交换器、储槽、厨房器具
	S11717	10Cr17Mo	1Cr17Mo		780~880			≥205	≥450	≥22	≥60	≤183	—	汽车轮毂、紧固件、汽车外装饰
马氏体型	S41008	06Cr13	0Cr13		800~900	950~1000	700~750	≥345	≥490	≥24	≥60	≤183	—	汽轮机叶片、结构件、衬里
	S41010	12Cr13	1Cr13		800~900	950~1000	700~750	≥345	≥540	≥22	≥55	≤200	≥78	刀具、叶片、水压机阀
	S42020	20Cr13	2Cr13		800~900	920~980	600~750	≥440	≥640	≥20	≥50	≤223	≥63	汽轮机叶片、轴和轴套、餐具
	S42030	30Cr13	3Cr13		800~900	920~980	600~740	≥540	≥735	≥12	≥40	≤235	≥24	300℃以下工作的弹簧、400℃以下工作的轴、阀门、轴承
	S42040	40Cr13	4Cr13		800~900	1050~1100	200~300					≤235	—	外科医疗用具、轴承、弹簧
	S43110	14Cr17Ni2	1Cr17Ni2		680~700	950~1050	275~350		≥1080	≥10		≤285	≥35	耐硝酸、有机酸的轴类、活塞杆、泵
	S44090	95Cr18	9Cr18		800~920	1000~1050	200~300					≤255	≥55	耐蚀高强耐磨部件，如轴、泵、阀件
	S45990	102Cr17Mo	9Cr18Mo		800~900	1000~1050	200~300					≤269	≥55	承受摩擦并在腐蚀介质中工作的部件
	S46990	90Cr18MoV	9Cr18MoV		800~920	1050~1075	100~200					≤269	≥55	高强度部件、叶片、刀具、量具、刀具
沉淀硬化型	S51740	05Cr17Ni4Cu4Nb	0Cr17Ni4Cu4Nb	1020~1060	480℃时效，470~490空冷			≥1180	≥1310	≥10	≥40	≥373	—	要求耐弱酸、碱、盐腐蚀的高强度部件，如汽轮机叶片，以及在腐蚀环境下，工作温度低于300℃的结构件
					550℃时效，540~560空冷			≥1000	≥1070	≥12	≥45	≥331	—	
					580℃时效，570~590空冷			≥865	≥1000	≥13	≥45	≥302	—	
					620℃时效，610~630空冷			≥725	≥930	≥16	≥50	≥277	—	

注：$R_{p0.2}$—规定非比例延伸强度；R_m—抗拉强度；A—断后伸长率；Z—断面收缩率；HBW—布氏硬度；A_{ku2}—冲击吸收功；马氏体型不锈钢的硬度为退火后的硬度。

6.4.2.2 马氏体不锈钢

马氏体不锈钢的主要钢种类型有：低碳及中碳的 Cr13 型钢，如 12Cr13、20Cr13、30Cr13、40Cr13 等；低碳高铬低镍钢，如 14Cr17Ni2 钢；高碳的 Cr18 型钢，如 95Cr18、90Cr18MoV。

在马氏体不锈钢中，随着含碳量的提高，强度提高，而耐蚀性将降低。随着含铬量的增加，耐蚀性提高。加入 Ni 的目的是提高耐蚀性、强度及韧性，加入 Mo、V 则是为了提高硬度。

马氏体不锈钢在氧化性介质（如大气、水蒸气、氧化性酸）中耐蚀，在非氧化性介质（如盐酸、碱、硫酸）中不耐蚀。

马氏体不锈钢因含碳量较高，有较高的强度和耐磨性，而其耐蚀性、塑性、焊接性能等，则较奥氏体、铁素体不锈钢差。在马氏体不锈钢中含碳较低的钢，如 12Cr13、20Cr13、14Cr17Ni2 等，类似于调质钢，主要用作耐蚀机械零件，如汽轮机叶片、水压机阀等。而含碳较高的钢，如 30Cr13、40Cr13、95Cr18 等，类似于工具钢，主要用于医用手术工具、不锈钢弹簧、轴承等。

Cr13 是价格最低廉的不锈钢。由于 Cr13 型马氏体类钢能淬火产生马氏体转变，可以获得优越的热处理强化，所以这类钢可进行多种热处理，以控制和调节这种相变，满足不同的力学性能的要求。

12Cr13、20Cr13 一般用于耐蚀结构件，使用调质态，以获得高的综合力学性能。

12Cr13 的淬火温度为 980~1050 ℃，油冷，淬火后的组织为少量铁素体 + 低碳板条马氏体，硬度约 43 HRC。淬火后及时于 700~750 ℃ 回火，回火后应快冷，组织为回火索氏体。

20Cr13 的淬火温度为 1000~1050 ℃，油冷，淬火后的组织为板条马氏体 + 少量残余奥氏体，硬度约 50 HRC。淬火后及时于 700~750 ℃ 回火，回火后应油冷，组织为保留马氏体位向的回火索氏体。

40Cr13、95Cr18、90Cr18MoV 用于高硬度和高耐磨零件，其热处理采用淬火低温回火处理。40Cr13 可加热到 1050~1100 ℃ 淬火，油冷或硝盐分级淬火以减少变形，淬火后组织为马氏体 + 碳化物 + 少量残余奥氏体。回火温度为 200~300 ℃，空冷，回火组织为回火马氏体 + 碳化物。

6.4.2.3 铁素体不锈钢

铁素体不锈钢的成分特点是含碳量较低，最高含碳量 ≤0.12%；按含铬量，钢种类型分为 3 组，Cr13 型、Cr17 型、Cr27~30；7 个牌号的钢中有 3 个加入了钼，目的是提高不锈钢抗有机酸及氯离子腐蚀的能力，加入铝是为了提高钢的抗氧化能力。

铁素体不锈钢在室温下的平衡组织为：铁素体 + $Cr_{23}C_6$ 型碳化物。铁素体不锈钢中无 γ 相变，从高温到低温，基体组织一直保持为 α-铁素体组织。

铁素体不锈钢的耐蚀性较好，特别在硝酸、氨水中有较高的耐蚀性，同时其抗氧化性也较好，而强度较低，主要用于受力不大的耐酸结构和抗氧化钢，如生产硝酸、氮肥的设备和化工管道等。

铁素体不锈钢在热加工后常进行退火处理，一般采用空冷或水冷来避免 475 ℃ 脆性。

6.4.2.4　奥氏体不锈钢

奥氏体不锈钢的成分特点如下：

（1）含碳量很低。最高含碳量也小于 0.15%，有些钢种的含碳量小于 0.030%。

（2）利用 Cr、Ni 配合获得单相奥氏体组织等。奥氏体不锈钢的基本成分为 $w_{Cr} \geq 18\%$，$w_{Ni} \geq 8\%$，因而简称为 18-8 型不锈钢。镍、铬对形成奥氏体来说是相辅相成的，镍是奥氏体形成元素，镍量为 8% ~ 25%，铬量为 1% ~ 18%，都促进奥氏体的形成；Cr 提高钢的电极电位，遵循 $n/8$ 规律，镍也有助于钝化，当 Cr、Ni 总量 = 18 + 8 = 26 时，不锈钢的耐蚀电位接近 $n/8$ 规律中 $n = 2$ 时的电位值，既得到了单相奥氏体，又得到了很高的基体电极电位，使耐蚀性达到了较高的水平。典型钢号如 1Cr18Ni9、0Cr18Ni9。

（3）加入 Mo、Cu 等，提高不锈钢在硫酸、盐酸和某些有机酸中耐腐蚀性能以及提高钢的抗点蚀能力。Mo 是铁素体形成元素，需增加 Ni 量，获得奥氏体组织。典型钢号如 06Cr17Ni12Mo2 等，也有 Mo、Cu 复合加入的，如 06Cr18Ni12Mo2Cu2 等。

（4）加入 Nb、Ti 等，提高不锈钢抗晶间腐蚀的能力，Nb、Ti 等也是铁素体形成元素，需增加 Ni 量，获得奥氏体组织，如 06Cr18Ni11Ti、06Cr18Ni11Nb 等。

（5）加入 Mn、N 等代替 Ni，以节约 Ni，如 12Cr17Mn6Ni5N、12Cr18Mn8Ni5N 等。

在奥氏体不锈钢中还有各类元素同时加入，以提高钢的综合性能，典型钢号如 06Cr18Ni12Mo3Ti 等。

奥氏体不锈钢在平衡状态下的组织为奥氏体 + 铁素体 + 碳化物。而在实际使用状态下，经固溶处理后的组织，为单相奥氏体组织。

在所有不锈钢中，奥氏体不锈钢的耐蚀性最好，塑性最好，易于加工成各种形状的钢材，具有良好的焊接性能、韧性，特别是低温韧性最好，且无磁性。

但奥氏体不锈钢含有大量的合金元素，价格昂贵，容易加工硬化，使切削加工较难进行。此外，奥氏体钢线膨胀系数高，导热性差，在加热及冷却时应注意这一点。

奥氏体不锈钢是应用最广泛的耐酸钢，约占不锈钢产量的 2/3，主要用于制造生产硝酸、硫酸等化工设备的构件，冷冻工业用低温设备构件。因其无磁性，形变强化后可作钟表发条等零件。

奥氏体不锈钢在 450 ~ 850 ℃ 保温或缓冷时，以及焊接热影响区会出现晶间腐蚀现象。产生晶间腐蚀的原因是，富 Cr 的 $Cr_{23}C_6$ 在此温度区间沿晶界析出，使其周围基体产生贫铬区，贫铬区的电极电位将陡降，在形成微电池时，成为阳极，而沿晶界边缘发生腐蚀。防止措施有：降低钢中碳量，碳降至 0.03% 以下，将不会产生晶间腐蚀；加入 Ti、Nb 等形成稳定碳化物（TiC 或 NbC），避免在晶界上析出富 Cr 的 $Cr_{23}C_6$；采用适当热处理工艺。

奥氏体不锈钢因不能相变强化，只能形变强化，且可冷拉成细丝，冷轧成很薄的钢带或钢管。经过大量变形后，钢的强度大为提高，尤其是在 0 ℃ 以下轧制时，σ_b 可达 2 000 MPa 以上。这是因为除加工硬化外，还叠加了应力诱发马氏体转变，但也产生了铁磁性。

奥氏体不锈钢经 1 000 ~ 1 150 ℃ 的固溶处理，能消除焊接、热加工和其他工艺操作造成的应力和晶间腐蚀倾向。奥氏体不锈钢均要经过固溶处理，以获得单相奥氏体。

固溶处理后，加热到 850 ~ 950 ℃ 保温后空冷。含 Ti、Nb 的钢，在加热保温中，Cr 的碳化物溶解，Ti、Nb 的碳化物不完全溶解，并且在冷却过程中，充分析出，使碳不可能再形成 Cr 的碳化物，因而有效地消除了晶间腐蚀倾向。不含 Ti、Nb 的钢，在加热保温中，使奥氏体-碳化物晶界的 Cr 浓度提高，消除了贫 Cr 区，提高了不锈钢抗晶间腐蚀的能力。

6.4.3 耐热钢

在高温下具有良好化学稳定性或较高强度的钢称为耐热钢。高温工作条件与室温不同，工件会在远低于材料的抗拉强度的应力下破断，其原因：一是高温下钢被急剧地氧化，形成氧化皮，因受力截面逐渐缩小而导致破坏；二是温度升高，使钢的强度急剧降低而导致破坏。

耐热钢按性能可分为热稳定钢和热强钢两类。

热稳定钢（抗氧化钢）：在高温下长期工作不致因介质腐蚀而破坏的钢。

热强钢：在高温下仍具有足够的强度不会大量变形或破断的钢。

耐热钢按显微组织可分为四类。

珠光体型耐热钢：这类钢一般在正火—高温回火后使用，主要用作热强钢，工作温度为 350 ~ 620 ℃，常用作锅炉零件等。

马氏体型耐热钢：这类钢一般在淬火—高温回火后使用，主要用作热强钢，由马氏体型不锈钢发展而来，主要用作汽轮机叶片、阀门钢等

铁素体型耐热钢：这类钢主要用作抗氧化钢，系高铬钢加入硅、铝等元素形成，由铁素体型不锈钢发展而来，可用作加热炉的炉底板、炉栅等。

奥氏体型耐热钢：这类钢是由奥氏体型不锈钢发展而来；用作热强钢，工作温度为 600 ~ 810 ℃；用作抗氧化钢，工作温度可达 1 200 ℃。奥氏体耐热钢可作燃气涡轮、航空发动机、工业炉耐热构件的高温材料。

耐热钢在高温下工作，因而对它的性能要求是：抗氧化性（耐热不起皮性）好；抗蠕变性、热强性、抗热松弛性和抗热疲劳性好；在高温下的组织稳定性好，以及强化机制在高温下的有效性好；耐热钢在高温温度场中要有大的热传导性，小的热膨胀性；好的铸造性、锻造性及焊接性，良好的成批生产性和经济性。

常用耐热钢的牌号及化学成分见表 6.25。

6.4.3.1 金属的抗氧化性

金属在高温下的氧化是典型的化学腐蚀，即介质与金属直接接触而发生化学反应产生的腐蚀，腐蚀产物即氧化膜附着在金属表面。若能在金属表面形成一层致密的、完整的并能与金属表面牢固结合的氧化膜，则金属将不再被氧化。

碳钢不具备这种氧化膜。碳钢的氧化膜为

560 ℃ 以下：基体 + Fe_3O_4 + Fe_2O_3；

560 ℃ 以上：基体 + FeO + Fe_3O_4 + Fe_2O_3。

各层氧化膜的厚度比为 FeO ： Fe_3O_4 ： Fe_2O_3 = 100 ： 10 ： 1。

高温下最厚的氧化膜是 FeO，FeO 是 Fe 原子的缺位固溶体，属于简单立方点阵，存在空隙，Fe^{2+} 易通过 FeO 层向外扩散，O 原子也易于向内扩散，加剧 Fe 的氧化。

从钢的高温氧化机理可知：要提高钢在高温下的抗氧化性，则有防止 FeO 的形成，或提高其形成温度两条途径。实现这条途径的基本方法则是采用合金化的方法。

表 6.25　常用耐热钢的牌号与化学成分、热处理、力学性能及应用举例（摘自 GB/T 1221—2007）

类型	统一数字代号	新牌号	旧牌号	化学成分（质量分数）/%									热处理				力学性能						应用举例
				C	Si	Mn	P	S	Ni	Cr	Mo	其他元素	固溶温度/℃	退火温度/℃	淬火温度/℃	回火温度/℃	$R_{p0.2}$/(N/mm²)	R_m/(N/mm²)	A/%	Z/%	HBW	A_{ku2}/J	
奥氏体型	S33750	26Cr18Mn12Si2N	3C18Mn12Si2N	0.22~0.30	1.40~2.20	8.00~10.00	0.040	0.030	—	17.00~19.00		N0.22~0.33	1100~1150				≥390	≥685	≥35	≥45	≤248	—	渗碳炉构件，加热炉传送带、料盘
	S30408	06Cr19Ni10	0Cr18Ni9	0.08	1.00	2.00	0.045	0.030	8.00~11.00	18.00~20.00			1100~1150				≥205	≥520	≥40	≥60	≤187	—	可承受 870℃以下反复加热
	S30908	06Cr23Ni13	0Cr23Ni13	0.08	1.00	2.00	0.045	0.030	12.00~15.00	22.00~24.00			1030~1150				≥205	≥520	≥40	≥60	≤187	—	可承受 980℃以下反复加热
	S31020	20Cr25Ni20	2Cr25Ni20	0.25	1.50	2.00	0.040	0.030	19.00~22.00	24.00~26.00			1030~1180				≥205	≥590	≥40	≥50	≤201	—	可承受 1035℃以下反复加热
	S38148	06Cr18Ni13Si4	0Cr18Ni13Si4	0.08	3.00~5.00	2.00	0.045	0.030	11.50~15.00	15.00~20.00			1010~1150				≥205	≥520	≥40	≥60	≤207	—	汽车排气净化装置
	S38240	16Cr20Ni14Si2	1Cr20Ni14Si2	0.20	1.50~2.50	1.50	0.040	0.030	12.00~15.00	19.00~22.00			1080~1130				≥295	≥590	≥35	≥50	≤187	—	承受应力的各种炉用构件
铁素体型	S11348	06Cr13Al	0Cr13Al	0.08	1.00	1.00	0.040	0.030	-	11.50~14.50		Al0.10~0.30		780~830			≥175	≥410	≥20	≥60	≤183	—	逐平压缩机叶片，退火箱
	S11710	10Cr17	1Cr17	0.12	1.00	1.00	0.040	0.030	-	16.00~18.00				780~850			≥195	≥360	≥22	≥60	≤183	—	900℃以下耐氧化部件
	S12550	16Cr25N	2Cr25N	0.20	1.00	1.50	0.040	0.030	-	23.00~27.50		N0.25 Cu(0.30)		780~880			≥275	≥510	≥20	≥40	≤201	—	1082℃以下耐氧化部件
马氏体型	S41010	12Cr13	1Cr13	0.08~0.15	1.00	1.00	0.040	0.030	(0.60)	11.50~13.50				800~900	950~1000	700~750	≥345	≥540	≥22	≥55	≤159	≥78	800℃以下耐氧化部件
	S42020	20Cr13	2Cr13	0.16~0.25	1.00	1.00	0.040	0.030	(0.60)	12.00~14.00				800~900	920~980	700~750	≥440	≥640	≥20	≥50	≤192	≥63	汽轮机叶片
	S45710	13Cr13Mo	1Cr13Mo	0.08~0.18	0.60	1.00	0.040	0.030	(0.60)	11.50~14.00	0.30~0.60			830~900	950~1000	700~750	≥490	≥690	≥20	≥60	≤192	≥78	汽轮机叶片、高压蒸汽机部件
	S46010	14Cr11MoV	1Cr11MoV	0.11~0.18	0.60	0.80	0.035	0.030	0.60	10.00~11.50	0.50~0.70	V0.25~0.40			1050~1100	720~740	≥490	≥685	≥16	≥55	≤200	≥47	逐平叶片及向叶片
	S48040	42Cr9Si2	4Cr9Si2	0.35~0.50	2.00~3.00	0.70	0.035	0.030	0.60	8.00~10.00					1020~1040	700~780	≥590	≥885	≥19	≥30	≤269	—	发动机排气阀
	S48140	40Cr10Si2Mo	4Cr10Si2Mo	0.35~0.45	1.90~2.60	0.70	0.035	0.030	0.60	9.00~10.50	0.70~0.90				1010~1040	700~800	≥685	≥885	≥10	≥35	≤269	—	排气阀、鱼重、火塞部件

注：表中所列成分除标明范围外，均为最大值。括号内数值为可加入或允许含有的最大值。

主要用于提高钢抗氧化性的合金元素是：Cr、Si、Al，这些元素形成的氧化膜致密，并能与钢基体牢固结合，能提高钢的抗氧化性。

6.4.3.2　钢的热强性能（高温机械性能）

金属在高温下长时间承受载荷时，工件在远低于抗拉强度的应力下会产生破断；在工作应力远低于屈服应力的情况下，会连续缓慢地发生塑性变形。

在短时加载试验时，随着温度的提高，钢的强度、硬度逐渐降低，塑性逐渐提高；但随着载荷作用时间的延长，钢的高温强度不断降低，塑性也降低，而且温度越高，降低越多。

温度升高，晶粒和晶界强度都要下降，但是晶界缺陷较多，原子扩散较晶内快，故晶界强度下降比晶粒快。到一定温度，原来室温下晶界强度高于晶内的状况，会转变为晶界强度低于晶内强度。晶内和晶界强度相等的温度称为等强温度。

当零件工作温度高于等强温度时，金属的断裂形式将由低温时的穿晶断裂转变为晶间断裂，即由韧性断裂转变为脆性断裂。

与常温下的 σ_s 相似，表征材料在高温长期载荷作用下对塑性变形的抵抗能力的指标是蠕变极限。蠕变极限有两种表示方式：一种是在给定温度下，使试样产生规定蠕变速率的应力值；另一种是在给定温度下和规定时间内，使试样产生一定蠕变伸长率的应力值。

与常温下的 σ_b 相似，表征材料高温长期载荷作用下对断裂的抵抗能力的指标是持久强度。金属的持久强度，是在给定温度下和规定时间内材料断裂所能承受的最大应力值。

以下几条途径可以提高热强性：

（1）基体的固溶强化：基体的熔点高，耐热性提高。基体的强度取决于原子结合力的大小，高温时，奥氏体钢比铁素体钢热强性高。加入合金元素形成单相固溶体，可提高基体金属的热强性。Cr、Mo、W、Nb 等都有固溶强化作用。加入原则应为少量多元。

（2）晶界强化：在钢中加入 B、稀土等与晶界偏聚的 S、P 等形成高熔点化合物，以净化晶界，可使晶界得到强化。减少晶界也可提高钢的热强性，晶粒度应控制在 2~4 级内，晶粒过于粗大，则钢的脆性将增大。加入 B、Ti、Zr 等元素以填充晶界上的空位，降低晶界上的扩散，可提高钢的蠕变抗力。在晶界上沉淀出不连续的强化相，也可提高钢的热强性。

（3）弥散相（第二相）强化：时效析出的弥散强化相，如难熔合金的碳化物 MC、M_6C 碳化物等和热稳定性更高的金属间化合物 Ni_3Ti、Ni_3Al、Ni_3（Ti、Al）等，它们在高温下能长期保持细小均匀的弥漫状态，对提高钢在高温下的强度有重要作用。

实际应用时，一般都综合采用了以上方法。

6.4.3.3　抗氧化钢（热稳定性钢）

（1）铁素体型抗氧化钢

铁素体型抗氧化钢是在铁素体型不锈钢基础上进行抗氧化合金化而形成的钢种。这类钢具有单相铁素体基体，表面容易获得连续的保护性氧化膜。其特点是无相变，有晶粒长大倾向，韧性较低，不宜做承受冲击负荷的零件，但它们的抗氧化性强，在含硫的气氛中有好的耐蚀性，适宜制作各种承受应力不大的炉用构件，如退火炉罩、热交换器等。

铁素体型抗氧化钢一般在 700~850 ℃退火后使用。

（2）奥氏体型抗氧化钢

奥氏体型抗氧化钢是在奥氏体型不锈钢的基础上进一步经 Si、Al 抗氧化合金化形成的钢种，比铁素体型抗氧化钢有更好的工艺性和热强性。

低碳 Cr-Ni 系的 06Cr19Ni10，是应用很广的不锈耐氧化钢，06Cr23Ni13、06Cr25Ni20 的抗氧化性随铬含量的增加而提高。高碳 Cr-Ni 系的钢使用温度与相同铬镍含量的低碳 Cr-Ni 系钢相同，强度较高些。Cr-Ni-Si 系的 06Cr18Ni13Si4 抗氧化性与 06Cr25Ni20 相当，而 16Cr20Ni14Si2、16Cr25Ni20Si2 则有较高的高温强度，适宜制作承受应力的各种炉用构件。Cr-Mn-Si-N 系的 26Cr18Mn12Si2N 钢和 22Cr20Mn10Ni2Si2N 钢，以 Mn、N 部分或完全代替 Ni，具有较高的高温强度和一定的抗氧化性，并且具有较好的抗硫及抗增碳性，可用作渗碳炉构件等。22Cr20Mn10Ni2Si2N 还可用于盐浴炉坩埚等。

奥氏体型抗氧化钢与奥氏体型不锈钢一样，均在固溶处理后使用。

6.4.3.4　热强钢

热强钢有珠光体型、马氏体型和奥氏体型三类。

（1）珠光体型热强钢

珠光体型热强钢是指在正火状态下，显微组织由珠光体加铁素体所组成的耐热钢。它的合金元素含量少，工艺性能好，广泛用作在 600 ℃ 以下工作的动力工业和石油工业的构件。

珠光体热强钢按含碳量的高低可分为两类：

低碳珠光体型热强钢：主要用作锅炉管等，工作温度范围为 500～600 ℃；

中碳珠光体型热强钢：主要用作耐热紧固件、汽轮机转子等（包含轴、叶轮）。

高压锅炉管用珠光体型热强钢的成分见表 6.26。由表可见其成分特点是：低碳，0.08%～0.20% 的低含碳量，首先使钢具有良好的加工性能。主加合金元素为 Cr、Mo，主要作用是固溶强化铁素体，提高热强性和再结晶温度，并有阻止珠光体球化和石墨化的作用。辅加合金元素为 V、Ti、W，主要作用是形成稳定碳化物，阻止 Cr、Mo 向碳化物中转移，保持固溶体的强化特性，同时阻止珠光体球化和石墨化。

表 6.26　高压锅炉管用珠光体型热强钢的牌号和化学成分（摘自 GB 5310—2008）

钢号	化学成分（质量分数）/%							
	C	Mn	Si	Cr	Mo	V	P	S
15MoG	0.12～0.20	0.40～0.80	0.17～0.37	—	0.25～0.35	—	≤0.025	≤0.015
20MoG	0.15～0.25	0.40～0.80	0.17～0.37		0.44～0.65	—	≤0.025	≤0.015
12CrMoG	0.08～0.15	0.40～0.70	0.17～0.37	0.40～0.70	0.40～0.55	—	≤0.025	≤0.015
15CrMoG	0.12～0.18	0.40～0.70	0.17～0.37	0.80～1.10	0.40～0.55	—	≤0.025	≤0.015
12Cr2MoG	0.08～0.15	0.40～0.60	≤0.50	2.00～2.50	0.90～1.20	—	≤0.025	≤0.015
12Cr1MoVG	0.08～0.15	0.40～0.70	0.17～0.37	0.90～1.20	0.25～0.35	0.15～0.30	≤0.025	≤0.010

低碳珠光体型热强钢一般在正火或正火＋高温回火后使用。正火温度一般选择较高，为

A_{c3} + 50 ℃（900~1 020 ℃），以使碳化物完全溶解并均匀分布。回火温度则应高于使用温度 100~150 ℃，（常用 720~740 ℃，2~3 h），以提高使用温度下的组织稳定性。

高温紧固件及汽轮机转子用珠光体型热强钢的成分见表 6.27。由表可见其成分特点是：含碳量 0.17%~0.35%，较锅炉管用钢含碳量高，因而强度更高，工艺上主要采用热锻成型。其合金化原理与低碳珠光体型相同，以 Cr、Mo、Ni 为主要合金元素，固溶强化铁素体，V、Ti、Nb、W 等为辅加合金元素，形成稳定碳化物，B 强化晶界，以提高热强性。

表 6.27　高温紧固件及汽轮机转子用钢的牌号和化学成分（摘自 DL/T 439—2018、JB/T 7022—2014）

钢　号	化学成分（质量分数）/%								
	C	Mn	Si	Cr	Mo	V	Ni	P	S
20CrMo	0.17~0.24	0.40~0.70	0.20~0.40	0.80~1.10	0.15~0.25	—	—	≤0.040	≤0.040
35CrMo	0.32~0.40	0.40~0.70	0.17~0.37	0.80~1.10	0.15~0.25			≤0.030	≤0.030
25Cr2MoV	0.22~0.29	0.40~0.70	0.17~0.37	1.50~1.80	0.25~0.35	0.15~0.30		≤0.030	≤0.030
25Cr2Mo1V	0.22~0.29	0.50~0.80	0.17~0.37	2.10~2.50	0.90~1.10	0.30~0.50		≤0.030	≤0.030
34CrNi3Mo	0.30~0.40	0.50~0.65	0.17~0.37	0.70~1.10	0.25~0.40	—	2.75~3.25	≤0.015	≤0.018
25CrNiMoV	0.22~0.28	0.30~0.60	≤0.30	1.00~1.30	0.25~0.45	0.05~0.15	1.00~1.50	≤0.015	≤0.018

25Cr2Mo1V 采用二次正火 + 回火的松弛稳定性较淬火 + 回火后高，是因为正火获得了部分贝氏体组织。第一次正火温度较高（1 030~1 050 ℃），使碳化物溶解较完全，以提高抗松弛能力，第二次正火温度较低（950~970 ℃），使晶粒度细些，以改善缺口敏感性。

35CrMoV、34CrNi3Mo 等钢一般采用淬火 + 高温回火的热处理方式，热处理后的组织为回火索氏体。

（2）马氏体型热强钢

马氏体型热强钢主要有两类：一类是 Cr12 型钢，主要用作汽轮机叶片用钢；另一类是铬硅型钢，主要用作排气阀钢。

Cr12 型叶片用钢是在 Cr13 型不锈钢的基础上进一步合金化，提高了热强性的钢种。其成分特点是，主加合金元素为 Cr、Mo，Cr、Mo 主要溶入固溶体中，以提高固溶强化效果来提高热强性。加入 V、W、Nb 等强碳化物形成元素，优先与碳形成碳化物，有利于 Cr、Mo 溶入固溶体，同时有析出强化效应，进一步提高了热强性和使用温度。叶片的工作温度在 450~620 ℃，叶片用钢则需在调质态下使用，回火温度需高于工作温度。例如，14Cr11MoV 的淬火温度为 1 050~1 100 ℃，回火温度为 720~740 ℃。这类钢的淬透性很强，淬火空冷可得马氏体，回火组织则为回火屈氏体 + 回火索氏体。

内燃机排气阀阀端处在燃烧室中，工作温度为 600~800 ℃，最高 850 ℃，且要求抗燃气中的 PbO、V_2O_5、Na_2O、SO_2 等的腐蚀。阀门的高速运动和频繁的启动，还使阀门受到机械疲劳和热疲劳，阀门对冲刷的燃气和阀门座的相对运动，还使阀门受冲刷腐蚀磨损以及摩擦磨损。因此，阀门钢应有高的热强性、硬度、韧性、高温下的抗氧化性、耐腐蚀性，以及高温下的组织稳定性和良好的工艺性等。

气阀钢的含碳量在 0.40% 左右，以提高综合力学性能和耐磨性；Cr、Si 复合合金化，以提高抗氧化、抗热疲劳及回火稳定性；加入 Mo，以减轻回火脆性，提高热强性。

典型钢种有 42Cr9Si2、40Cr10Si2Mo 等。

气阀钢在淬火高温回火后使用。42Cr9Si2 经 1 020 ~ 1 040 ℃ 油淬后的组织为马氏体 + 碳化物；经 700 ~ 780 ℃ 回火，油冷后的组织则为回火索氏体 + 碳化物，用于工作温度低于 700 ℃ 的排气阀。

40Cr10Si2Mo 经 1 010 ~ 1 040 ℃ 油淬后的组织也为马氏体 + 碳化物；经 720 ~ 760 ℃ 回火空冷后的组织为回火索氏体 + 碳化物，用于工作温度低于 750℃ 的排气阀。

（3）奥氏体型热强钢

奥氏体型热强钢的工作温度为 600 ~ 800℃，高于珠光体型及马氏体型热强钢，其主要原因是，γ-Fe 的原子结合力较 α-Fe 大，合金元素在 γ-Fe 中的扩散系数小，γ-Fe 的再结晶温度约 800 ℃，也高于 α-Fe 450 ~ 600 ℃ 的再结晶温度。另外，奥氏体型钢的塑、韧性好，焊接性及冷加工等工艺性能也好于珠光体型及马氏体型热强钢。虽然奥氏体型钢的切削加工性较差，但由于热强性的优点，奥氏体型钢仍得到充分的发展和广泛的应用。

6.4.4 耐磨钢

铁路道岔、坦克履带、球磨机的衬板等构件的共同特点是工作时其表面受到剧烈冲击、强摩擦、高压力。这类零件制造用钢必须具有表面硬度高而耐磨、心部韧性好和强度高的特点。

通常用高锰钢制造这类零件，常用高锰钢的牌号、成分、热处理及用途见表 6.28。

表 6.28 常用高锰钢的牌号、化学成分、热处理、力学性能及用途

牌号	化学成分/%					热处理		力学性能				用 途
	C	Si	Mn	S	P	淬火温度/℃	冷却介质	A/%	R_m/MPa	a_k/(J/cm²)	HBW	
								不小于		不大于		
ZGMn13-1	1.00 ~ 1.50	0.30 ~ 1.00	11.00 ~ 14.00	≤0.050	≤0.090	1 060 ~ 1 100	水	20	327	—	229	用于结构简单、要求以耐磨为主的低冲击铸件，如衬板、齿板、滚套、铲齿等
ZGMn13-2	1.00 ~ 1.4	0.30 ~ 1.00	11.00 ~ 14.00	≤0.050	≤0.090	1 060 ~ 1 100	水	20	327	147	229	
ZGMn13-3	0.90 ~ 1.30	0.30 ~ 0.80	11.00 ~ 14.00	≤0.050	≤0.080	1 060 ~ 1 100	水	35	735	147	229	用于结构复杂、要求以韧性为主的高冲击铸件，如履带板等
ZGMn13-4	0.90 ~ 1.20	0.30 ~ 0.80	11.00 ~ 14.00	≤0.050	≤0.070	1 060 ~ 1 100	水	35	735	147	229	

由表 6.28 可见，高锰钢的成分特点是高锰、高碳。碳含量达 0.9% ~ 1.3%，碳在高锰钢中有两个作用：一是促使形成单相奥氏体组织；二是固溶强化，以保证高的力学性能，但不能过高，容易引起韧性下降。锰是稳定奥氏体的元素，保证完全获得奥氏体组织，在高锰钢

中含量高达 11% ~ 14.5%，其作用主要是提高强度、塑性和冲击韧性，但不利于加工硬化，降低了耐磨性。硅可改善钢水的流动性，并起固溶强化的作用，含量为 0.3% ~ 0.8%。

高锰钢铸态组织是奥氏体为基体，晶内和晶界有大量块状、条状和针状的碳化物，晶界上还有网状碳化物存在，基体上有大量珠光体。其性能是强度低、塑性韧性差，一般不能直接使用。经热处理后可获得单相奥氏体组织。单相奥氏体组织韧性、塑性很好。开始投入使用时硬度很低、耐磨性差，当工作中受到强烈的挤压、撞击、摩擦时，钢件表面迅速产生强烈的加工硬化，同时伴随奥氏体向马氏体的转变以及碳化物沿滑移面析出，从而使钢件表面硬度提高到 50 HRC 以上，获得耐磨层，而心部仍保持原来的组织和高韧性状态。所以高锰钢必须伴随外来压力和冲击作用才能耐磨。

高锰钢不易切削加工，而铸造性能较好，故生产零件一般用铸造方法，而且必须经水韧处理后才能使用。水韧处理是为了改善某些奥氏体的组织以提高韧性，将钢件加热到 A_{cm} 以上保温一段时间，使铸态组织全部消除，得到化学成分均匀的单相奥氏体组织，然后在水中快速冷却得到奥氏体固溶体组织。例如高锰钢 ZGMn13 的水韧工艺为：加热温度 1 060 ~ 1 100 °C，保温 1 ~ 2 h，在温度低于 30 °C 的水中淬火。水韧处理后可根据铸件要求和复杂程度进行回火，但回火温度不得高于 250 °C。

高锰钢广泛应用于制造既耐磨损又耐冲击的零件，如铁道上的辙岔、辙尖及挖掘机、拖拉机的履带板、主动轮等。由于高锰钢是非磁性的，也用于既耐磨又抗磁化的零件，如吸料器的电磁铁罩。另外，高锰钢在寒冷的条件下仍有良好的力学性能，不会冷脆。

本章小结

工业用钢按成分分为碳素钢和合金钢，按用途分为结构钢和工具钢。

碳素钢价格便宜，但淬透性较差，性能较低，一般用于尺寸较小、受力不大的简单零件及工模具。

在钢中加入合金元素形成合金钢。合金元素不仅与铁和碳有相互作用，还对 Fe-Fe₃C 相图和钢的热处理相变过程产生明显的影响，可明显提高钢的淬透性，进而提高钢的综合性能。

合金结构钢包括低合金高强度结构钢、调质钢、弹簧钢、滚动轴承钢、渗碳钢等。低合金高强度结构钢的强度较普通碳素结构钢高，可用于大型钢结构件。调质钢、弹簧钢、滚动轴承钢、渗碳钢等，主要加入提高淬透性的合金元素，其淬透性、强度和塑韧性大大优于优质碳素结构钢，可用来制造重要的轴类、螺栓、弹簧、滚动轴承、齿轮等零件。

合金工具钢包括刃具钢、冷作模具钢、热作模具钢和量具钢。合金工具钢一般含有较高的碳，主要加入碳化物形成元素，因而具有高硬度和高耐磨性，同时还有较高的淬透性、红硬性和回火稳定性，常用于制作尺寸较大、形状复杂的各类刃具、拉丝模、冷冲压模具、热锻模等。

特殊性能钢包括不锈钢、耐热钢和耐磨钢。为了提高钢的耐腐蚀性和耐热性，不锈钢及耐热钢加入了较多的铬、镍等元素，根据组织的不同，可分为铁素体钢、奥氏体钢和马氏体钢等，广泛用于化工设备、管道、汽轮机叶片、医疗器械、加热炉部件等。耐磨钢含有较高的锰，经水韧处理后，获得单相奥氏体组织，硬度较低，但在强烈冲击载荷和较大压力作用下，将产生强烈的加工硬化，并伴随奥氏体向马氏体的转变，获得耐磨层，使钢件表面硬度提高，心部仍保持原来的组织和高韧性状态，广泛应用于制造既耐磨损又耐冲击的零件，如铁道上的辙岔、坦克履带板等。

思考与练习

一、名词解释

红硬性　高速钢　固溶体的 $n/8$ 定律　二次硬化　二次淬火

二、判断题

1. 低碳钢采用正火，目的是提高其硬度，以便切削加工。　　　　　　（　　　）
2. 提高铁素体不锈钢强度的有效途径是冷塑性变形。　　　　　　　　（　　　）
3. 调质钢高温回火后油冷是为了二次硬化。　　　　　　　　　　　　（　　　）
4. 耐磨钢固溶处理时快冷是为了获得高硬度的马氏体。　　　　　　　（　　　）
5. 高速钢制作的刀具具有高的红硬性。　　　　　　　　　　　　　　（　　　）
6. 要提高奥氏体不锈钢的强度，只能采用冷塑性变形予以强化。　　　（　　　）
7. ZGMn13 加热到高温后水冷，其目的是获得高硬度的马氏体组织。　（　　　）
8. 调质钢合金化的目的是提高其红硬性。　　　　　　　　　　　　　（　　　）
9. 高速钢反复锻造是为了打碎鱼骨状共晶碳化物，使其均匀地分布在钢基体中。（　　　）

三、选择题

1. 直径为 10 mm 的 45 钢钢棒，加热到 850 ℃ 水淬，其显微组织应为（　　　）。
   A. M 　　　　　　　B. M + F 　　　　　C. M + A′ 　　　　D. M + P
2. 退火状态下，T8 钢的强度（　　　）T12 钢的强度。
   A. 大于 　　　　　　B. 等于 　　　　　　C. 小于 　　　　　D. 略小于
3. 普通低合金刃具钢的预备热处理特点是：（　　　）。
   A. 正火 　　　　　　　　　　　　　B. 淬火 + 低温回火
   C. 调质 　　　　　　　　　　　　　D. 球化退火
4. 06Cr18Ni11Ti 钢进行固溶处理的目的是（　　　）。
   A. 提高强度 　　　B. 增加塑性 　　　C. 提高耐蚀性 　　　D. 改善切削加工性
5. 过共析钢球化退火之前通常要进行（　　　）。
   A. 调质处理 　　　B. 去应力退火 　　　C. 再结晶退火 　　　D. 正火处理
6. 拖拉机和坦克履带受到严重的磨损与强烈的冲击，其选材和热处理应为（　　　）。
   A. 20CrMnTi 渗碳淬火 + 低温回火　　　B. ZGMn13 水韧处理
   C. W18Cr4V 淬火 + 低温回火　　　　　D. GCr15 淬火 + 冷处理 + 低温回火
7. T12 钢正常淬火后的组织是（　　　）。
   A. M + A′ 　　　　　　　　　　　　B. M + A′ + 粒状碳化物
   C. M + 粒状碳化物 　　　　　　　　D. M + 二次渗碳体
8. T12 钢正常淬火后的硬度是（　　　）。
   A. 30 ~ 40 HRC 　　　　　　　　　　B. 40 ~ 50 HRC
   C. 50 ~ 60 HRC 　　　　　　　　　　D. 60 ~ 70 HRC
9. 改善低碳钢切削加工性能常用的热处理方法是（　　　）。

A. 完全退火   B. 不完全退火   C. 正火   D. 调质

10. 退火状态下，T12 钢的强度低于 T8 钢的强度是因为（   ）。

     A. T12 的渗碳体量多   B. T8 不含二次渗碳体

     C. T8 的组织是 100% 珠光体   D. T12 钢的二次渗碳体沿原奥氏体晶界分布

11. 过共析钢正火的目的是（   ）。

     A. 调整硬度，改善切削加工性能   B. 细化晶粒，为淬火做组织准备

     C. 消除网状二次渗碳体   D. 消除内应力，防止淬火变形和开裂

12. 45 钢的室温平衡相是（   ）。

     A. 铁素体 + 珠光体   B. 铁素体 + 珠光体 + 渗碳体

     C. 铁素体 + 渗碳体   D. 珠光体 + 渗碳体

13. 45 钢的室温平衡组织是（   ）。

     A. 铁素体 + 珠光体   B. 铁素体 + 珠光体 + 渗碳体

     C. 铁素体 + 渗碳体   D. 珠光体 + 渗碳体

14. 工具钢在淬火前需要进行（   ）预处理。

     A. 正火   B. 回火   C. 球化退火   D. 完全退火

15. 汽车、拖拉机传动齿轮要求表面具有高耐磨性，心部具有良好的强韧性，应选用（   ）。

     A. 20 钢淬火 + 低温回火   B. 40Cr 调质

     C. 45 钢表面淬火 + 低温回火   D. 20CrMnTi 渗碳淬火 + 低温回火

四、填空题

1. 钢中的含碳量和合金元素含量越高，则 M_s 温度越_____，淬火后残余奥氏体的量越_____。

2. 60Si2Mn 钢的平均含碳量为_____，做汽车板簧用的最终热处理是_____、_____，最终组织为_____。

3. 调质钢的含碳量通常为_____，其主加合金元素锰、铬、镍等的作用主要是_____，辅加合金元素钛的作用主要是_____。

4. 碳钢的淬火必须用_____冷，这是因为碳钢的淬透性_____。

5. 调质钢的含碳量通常为_____，其合金元素的作用主要是_____、_____。

6. 钢的质量是按_____和_____的含量高低进行分类的。

五、问答题

1. 合金元素在钢中有哪几种存在形式？这些存在形式对钢的性能有什么影响？

2. 调质钢的成分特点是什么？主加合金元素与辅加合金元素的主要作用是什么？

3. 弹簧钢的成分特点是什么？这样的成分对钢的性能有哪些影响？

4. 工具钢有什么共同的性能要求？不同用途的工具钢各自特殊性能要求是什么？

5. 高速钢淬火时为什么要加热到 1 200 ℃ 以上？为什么要进行 3 次 560 ℃ 回火处理？

6. 指出下列材料的主要用途，常用热处理方法及热处理后的最终组织：

     Q235   65Mn   16Mn   20Cr   GCr15   40Cr   9SiCr   T12   30Cr13

7. 为下列工件选材，给出相应的热处理方法，并指明最终的室温组织。

工件：齿轮变速箱箱体，游标卡尺，汽车板簧，自行车三角架，直径为 30 mm 的传动轴，汽车变速齿轮，高精度磨床主轴，机床床身，桥梁构件，连杆螺栓，沙发弹簧，发动机缸套，耐磨搅拌叶片，机床主轴，变速齿轮，高速车刀，紧固螺栓，外科手术刀，车轮缓冲弹簧，螺丝刀，滚动轴承，汽轮机叶片。

材料：T12A，60Si2Mn，16Mn（Q345），HT250，40Cr，38CrMoAl，HT150，20CrMnTi，45，65，65Mn，HT200，W18Cr4V，9Mn2V，9SiCr，T10，30Cr13，GCr15，12Cr13，W6Mo5Cr4V2，ZGMn13。

8. 为下列工件选材，并说明其热处理特点和热处理后的室温组织。

（1）载重汽车传动齿轮：要求齿轮表面具有高硬度、高耐磨和良好的抗疲劳强度，齿轮心部具有高强韧性。

（2）盘形铣刀：要求高硬度、高耐磨和良好的热硬性。

（3）装载机铲斗齿：要求抗强烈的冲击磨损。

（4）机床床身：要求导轨部分具有高的耐磨性。

（5）机床主轴。

（6）钳工锉刀。

可选材料：20CrMnTi，ZGMn13，W18Cr4V，40Cr，HT150，45，9SiCr，T10A，20，16Mn(Q345)，60Si2Mn，GCr15，W6Mo5Cr4V2。

7 铸 铁

本章提要

　　本章介绍了铸铁的石墨化过程、铸铁的特点及分类。铸铁的石墨化过程直接影响着石墨的形态和铸铁的组织，铸铁的性能主要取决于石墨的形态、大小及分布。铸铁的热处理只能改变钢的基体组织，不能改变石墨的形态。根据石墨形态的不同，本章还分别介绍了灰铸铁、可锻铸铁、球墨铸铁的成分、组织、牌号、性能及用途、孕育处理、球化处理和热处理工艺等，简要介绍了一些合金铸铁的成分特点、性能及用途。

7.1　铸铁概述

　　在铁碳二元系中，含碳量大于 2.11% 的合金称为铸铁。在工业铸铁中还含有许多杂质，特别是含硅量较高，达 1%~3%。工业上常用铸铁的成分范围：含碳量 2.5%~4.0%，含硅量 1.0%~3.0%，含锰量 0.5%~1.4%，含磷量 0.01%~0.5%，含硫量 0.02%~0.15%。为了提高铸铁的力学性能或获得其他特殊性能，有时特地向铸铁中加入其他合金元素，如铬、钼、铜、铝等，或者进一步把铸铁的含硅量提高到 3.0% 以上，形成合金铸铁。

　　铸铁具有许多优良的性能并且生产简便、成本低廉，因而是应用最广泛的金属材料之一。在常规机械中，铸铁占机器总质量的 40%~70%，而在机床和重型机械中铸铁的使用有时高达 80%~90%。

7.1.1　铸铁的石墨化过程

7.1.1.1　Fe-Fe$_3$C 相图和 Fe-G（石墨）相图

　　铸铁中的碳除少量固溶于基体中，主要以化合态的渗碳体和游离态的石墨两种形式存在。石墨具有简单六方晶格（见图 7.1），六方晶格底面上原子之间以共价键结合，间距小，结合力强；而底面间通过分子键结合，间距大，结合力较弱。故结晶时，易形成层片状形态，强度、塑性和韧性都几乎为零，硬度也仅为 3 HBW。

　　渗碳体是亚稳相，石墨是稳定相。在高温长时间加热保温的条件下，渗碳体会分解成铁和石墨：Fe$_3$C→3Fe + C。因此，铁碳合金实际上存在两个相图：亚稳系 Fe-Fe$_3$C 相图和稳定系 Fe-G 相图，将这两个相图放在同一个坐标轴中，称为铁碳双重相图，如图 7.2 所示。图中实线表示 Fe-Fe$_3$C 相图，虚线表示 Fe-G 相图。在成分和结构上石墨与液相（或奥氏体）差别很

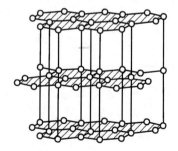

图 7.1　石墨的晶体结构

大，而渗碳体与液相（或奥氏体）的差别较小，因此，从铸铁液相或奥氏体中析出渗碳体比析出石墨较为容易。故图中虚线在实线的上方，要按 Fe-G 相图结晶，需要更慢的冷却速度。根据条件不同，铁碳合金可全部或部分按其中一种相图结晶。

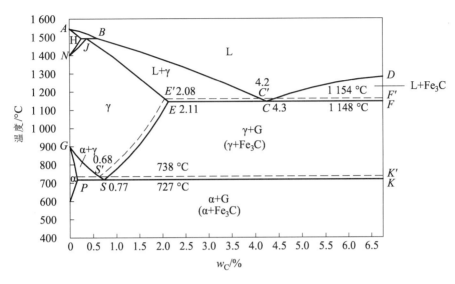

图 7.2　铁碳双重相图

7.1.1.2　铸铁的石墨化过程

铸铁中的石墨可以按照 Fe-G 相图直接从液态或奥氏体中析出，也可以由渗碳体加热时分解得到。铸铁中的碳原子析出石墨的过程称为石墨化。

铸铁的石墨化过程可分为 3 个阶段。

第一阶段石墨化：在 $E'C'F'$ 线及其以上发生的石墨化。按 Fe-G 相图结晶，从过共晶成分液相中析出一次石墨（G_I）和在共晶温度（1 154 ℃）下发生共晶转变析出共晶石墨（$L_{C'} \rightarrow \gamma_{E'} + G_{共晶}$）；或先按 Fe-Fe₃C 相图结晶，然后加热时 Fe_3C_I 和 $Fe_3C_{共晶}$ 分解得到石墨。

第二阶段石墨化：在 $E'C'F'$ 线和 $P'S'K'$ 线之间发生的石墨化。在共晶和共析温度（1 154 ~ 738 ℃）之间冷却时，过饱和奥氏体成分沿 $E'S'$ 变化析出二次石墨（G_{II}）；或加热时 Fe_3C_{II} 分解得到石墨。

第三阶段石墨化：在 $P'S'K'$ 线及其以下发生的石墨化。在共析温度（738 ℃）下发生共析转变析出的共析石墨（$\gamma_{S'} \rightarrow \alpha_{P'} + G_{共析}$）和共析温度以下冷却时从过饱和铁素体中析出的三次石墨（G_{III}）；或加热时 $Fe_3C_{共析}$ 和 Fe_3C_{III} 分解得到石墨。

铸铁在高温冷却时，原子扩散能力较强，石墨化过程能充分进行。因此，一般第一、第二阶段石墨化过程可以进行得较完全，得到全部的 A + G 组织。第三阶段石墨化过程因成分和冷却速度的不同，完全、部分或不进行，最终组织分别为 F + G、F + P + G 和 P + G，如表 7.1 所示。

表 7.1 铸铁的石墨化程度与其组织之间的关系（以共晶铸铁为例）

石墨化进行程度			铸铁的显微组织	铸铁类型
第一阶段石墨化	第二阶段石墨化	第三阶段石墨化		
不进行	不进行	不进行	Ld′	白口铸铁
部分进行	部分进行	不进行	Ld′ + P + G	麻口铸铁
完全进行	完全进行	完全进行	F + G	灰口铸铁
		部分进行	F + P + G	
		不进行	P + G	

7.1.1.3 影响石墨化的因素

1. 化学成分

碳和硅是能强烈促进石墨化的元素，3%的硅相当于1%的碳的作用。铝、铜、镍、钴等元素对石墨化也有一定的促进作用，而硫、锰、铬、钨、钼、钒等元素则阻碍石墨化。

碳、硅的质量分数过低，易出现白口组织，使铸铁的力学性能和铸造性能变差；碳、硅的质量分数过高，石墨片粗大，基体内铁素体增加，珠光体减少，导致铸铁的力学性能降低。磷虽然可促进石墨化，但其质量分数高时易在晶界上形成硬而脆的磷共晶，降低铸铁的强度，因此只有耐磨铸铁中磷的质量分数较高（在0.3%以上）。硫强烈阻碍石墨化过程，同时会降低铸铁的铸造性能和力学性能，因此要严格控制其含量。锰虽然也阻碍石墨化过程，但能与硫形成化合物MnS，减轻硫导致的脆性。

生产中常用碳当量来衡量铸铁石墨化能力的大小和铸造性能的好坏。碳当量指根据铸铁中各元素对共晶点时间碳含量的影响程度，将它们折算成相当总碳量，用下式计算：

$$w(C_E) = w(C_{铁}) + \frac{1}{3}[w(Si) + w(P)]$$

2. 冷却速度

铸铁件冷却速度越慢，碳原子扩散越充分，越有利于石墨化进行。

其他条件相同时，铸铁件壁越厚，冷却速度越慢。因此，铸铁件厚壁处易出现粗大石墨，而薄壁处则易产生白口。在砂型铸造条件下，铸铁中碳和硅的质量分数、冷却速度与铸铁组织的关系如图7.3所示。实际生产中，对于壁厚不同的铸铁件，通过调整化学成分来得到不同基体组织的灰口铸铁，以满足不同的需求。

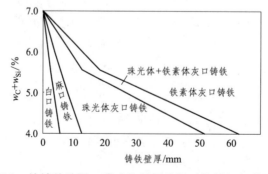

图 7.3 铸铁件壁厚、碳硅的质量分数对铸铁组织的影响

除化学成分和冷却速度外，加热温度、孕育处理等对石墨化也有显著的影响。

7.1.2 铸铁的特点及分类

7.1.2.1 铸铁的特点

工业上使用的铸铁主要是灰口铸铁，其特点有：

1. 组织特点

铸铁的组织由基体和石墨组成，铸态下其基体组织一般有 3 种，即铁素体、珠光体、铁素体加珠光体。铸铁的基体相当于钢的组织，故铸铁的组织（白口铸铁除外）实际上是在钢的基体上分布着不同形状、大小、数量的石墨。

2. 性能特点

（1）力学性能低。石墨的强度、韧性极低，且容易脱落，相当于钢基体中的裂纹或孔洞。它破坏了基体的连续性，减少了铸铁件的有效承载面积；另外，石墨边缘好似尖锐的缺口或裂纹，在外来作用下容易导致应力集中，因而铸铁的抗拉强度、塑性及韧性均低于碳钢。但铸铁的抗压强度很高，可与钢相比。

石墨形状、大小和数量的变化对其力学性能有显著影响。如果能改变石墨的形状，使其由片状变成团絮状甚至球状，则可以减轻石墨对基体的割裂程度，使力学性能得到一定程度的提高。

（2）耐磨性好。由于石墨本身有良好的润滑作用，并且当铸铁表面的石墨脱落后留下孔洞时，可以储存润滑油，提高了铸铁件的耐磨、减摩性。

（3）减振性好。由于石墨组织松软，并且石墨的存在破坏了基体的连续性，不利于振动能量的传递；且石墨能吸收振动能量，产生阻尼效应，故提高了铸铁的消振能力。

（4）铸造性能好。由于铸铁中硅的质量分数高且成分接近于共晶成分，因而流动性好。铸铁件凝固时析出的石墨产生体积膨胀，可减少铸铁件的体积收缩，从而降低了铸铁件的内应力，且不易产生缩孔、疏松缺陷。

（5）切削性能好。由于石墨的存在使切屑容易脆断，不黏刀。

（6）缺口敏感性小。由于大量存在的石墨本身就相当于裂纹和空洞，因而对外加的缺口不再敏感。

7.1.2.2 铸铁的分类

1. 根据铸铁中碳的存在形式分类（见表 7.1）

（1）白口铸铁。即第一、二、三阶段石墨化全部被抑制，完全按照 Fe-Fe$_3$C 相图结晶得到的铸铁。除少量碳固溶于铁素体中，绝大部分碳以渗碳体的形式存在，并且有莱氏体组织。断口呈银白色，故称之为白口铸铁。其性能硬而脆，除用作一些少受冲击的耐磨件外，工业上很少直接应用。

（2）麻口铸铁。即第一、二阶段石墨化未得到充分进行的铸铁。碳大部分以渗碳体形式存在，少部分以游离石墨形式存在，有一定数量的莱氏体组织。断口呈灰白相间的麻点状，故称之为麻口铸铁。麻口铸铁也有较大的硬脆性，极少应用。

（3）灰口铸铁。即第一、二阶段石墨化得到充分进行的铸铁。碳全部或大部分以游离石墨形式存在，断口呈暗灰色，故称之为灰口铸铁。灰口铸铁在工业上有较广泛的应用。

2. 根据灰口铸铁中石墨的形态分类

（1）（普通）灰铸铁和孕育铸铁，石墨呈片状。

（2）可锻铸铁，石墨呈团絮状。

（3）球墨铸铁，石墨呈球状。

（4）蠕墨铸铁，石墨呈蠕虫状。

7.2　灰铸铁

灰铸铁是指石墨呈片状的灰口铸铁。灰铸铁生产工艺简单、价格低廉，是应用最广泛的铸铁，约占铸铁总产量的80%以上。

7.2.1　灰铸铁的化学成分和组织特征

在生产中，为浇注出合格的灰铸铁件，一般应根据所生产的铸铁牌号、铸件壁厚、造型材料等因素来调节铸铁的化学成分，这是控制铸铁组织的基本方法。灰铸铁的大致成分范围是：含碳量为2.6%~3.6%，含硅量为1.2%~3.0%，含锰量为0.5%~1.2%，含磷量小于0.2%，含硫量为0.02%~0.15%。

灰铸铁的组织是由液态铁水缓慢冷却时通过石墨化过程形成的。其基体组织根据第三阶段石墨化进行的程度不同，分别为铁素体、铁素体加珠光体、珠光体3种。灰铸铁的显微组织如图7.4所示。

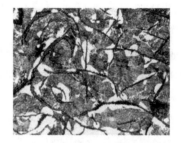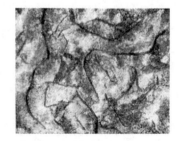

（a）铁素体灰铸铁　　　　　（b）铁素体＋珠光体灰铸铁　　　　（c）珠光体灰铸铁

图7.4　灰铸铁的显微组织

7.2.2　灰铸铁的牌号、性能及用途

灰铸铁的牌号、力学性能及用途如表7.2所示。牌号中"HT"表示"灰铁"，后面的数字表示最低抗拉强度。

表 7.2　灰铸铁的牌号、力学性能和用途

铸铁类型	牌号	铸件壁厚 /mm	力学性能		用　　途
			R_m/MPa	HBW	
普通灰铸铁	HT100	2.5~10	130	110~166	适用于荷载小，对摩擦和磨损无特殊要求的不重要零件，如盖、外罩、油盘、手轮、支架、底板、重锤、小手柄等
		10~20	100	93~140	
		20~30	90	87~131	
		30~50	80	82~122	
	HT150	2.5~10	175	137~205	承受中等荷载的零件，如机座、支架、箱体、刀架、床身、轴承座、工作台、带轮、法兰、泵体、阀体、管路、飞轮、电机座等
		10~20	145	119~179	
		20~30	130	110~166	
		30~50	120	105~157	
	HT200	2.5~10	220	157~236	承受较大荷载和要求一定的气密性或耐蚀性的重要零件，如气缸、齿轮、机座、飞轮、床身、气缸体、气缸套、活塞、齿轮箱、刹车轮、联轴器盘、中等压力阀体等
		10~20	195	148~222	
		20~30	170	134~200	
		30~50	160	129~192	
孕育铸铁	HT250	4.0~10	270	175~262	
		10~20	240	264~247	
		20~30	220	157~236	
		30~50	200	150~225	
	HT300	10~20	290	182~272	承受高荷载、耐磨和高气密性的重要零件，如重型机床、剪床、压力机、自动车床的床身、机座、机架，高压液压件，活塞环，受力较大的齿轮、凸轮、衬套，大型发动机的曲轴、气缸体、缸套、气缸盖等
		20~30	250	168~251	
		30~50	230	161~241	
	HT350	10~20	340	199~298	
		20~30	290	182~272	
		30~50	260	171~257	

　　片状石墨（微裂纹），导致其尖端处应力集中，并且破坏了基体的连续性，使灰铸铁抗拉强度很差、塑性韧性几乎为零。但是，灰铸铁在受压时石墨片破坏基体连续性的有害影响则大为减轻，故其抗压强度很高。灰铸铁常用于制作机床床身、底座等耐压零部件。

　　此外，灰铸铁的流动性良好，收缩率小，因此适宜于铸造结构复杂或薄壁铸件。

　　为提高灰铸铁的力学性能，常在浇注前或浇注时向铁液中加入占铁液总质量为 0.3%~0.8% 的孕育剂（硅铁或硅钙合金）进行孕育处理，以改变铁液的结晶条件，促进非自发形核，使片状石墨明显细化，基体组织也为细珠光体。并且孕育剂使铸铁对冷却速度的敏感性显著减小，使铸件各部位都能得到均匀一致的组织。

　　经孕育处理的灰铸铁称为孕育铸铁。孕育铸铁的抗拉强度、抗弯强度、塑性、韧性等

力学性能比一般灰铸铁高得多，可用于制造受力较大、截面尺寸变化较大的铸件，如表 7.2 所示。

7.2.3 灰铸铁的热处理

对灰铸铁的热处理只能改变其基体组织，不能改变石墨的形态和分布。故利用热处理不能显著改善灰铸铁的机械性能，而主要用来消除铸件内应力、稳定尺寸、改善切削加工性能和表面耐磨性。

1. 消除铸造内应力的退火（又称人工时效）

一些形状较复杂的铸件冷却时，各部分因冷却速度不同而产生较大的内应力，引起铸件变形甚至开裂。某些铸件铸后未变形，但在切削加工后，由于内应力重新分布引起变形，使铸件失去加工精度。故铸件在机加工前常进行去应力退火。具体方法是将铸件缓慢加热至 500 ~ 600 ℃，长时间（一般 4 ~ 8 h）保温后炉冷至 150 ~ 200 ℃ 出炉。

2. 消除铸件局部白口、改善切削加工性的退火

铸件冷却时，其表层和薄壁处冷却速度较快，局部出现白口组织，使铸件硬度和脆性加大，难以切削加工。故把铸件进行高温退火，加热到 850 ~ 900 ℃，保温 2 ~ 5 h，使渗碳体分解成石墨，以降低铸件的硬度，然后炉冷至 400 ~ 500 ℃ 再出炉空冷。

3. 表面淬火

一些表面需要高硬度和高耐磨性的铸件，如机床导轨、缸套内壁等，对其进行表面淬火可使表面得到细小的马氏体和片状石墨。表面淬火可采用高频淬火、火焰淬火、激光淬火等。

7.3 可锻铸铁

可锻铸铁是指石墨呈团絮状的灰口铸铁。可锻铸铁是白口铸铁经长时间退火而获得的一种高强度铸铁。采用石墨化退火得到的是黑心可锻铸铁，采用氧化脱碳退火得到的是白心可锻铸铁。由于白心可锻铸铁截面组织不一致，力学性能差，现已很少生产、使用，我国目前生产的大多为黑心可锻铸铁。

7.3.1 可锻铸铁的化学成分和组织特征

生产可锻铸铁的关键是要先浇注出白口铸铁，如果铸态组织中出现了片状石墨，则在随后的退火过程中，由渗碳体分解出的石墨将沿原来的片状石墨析出而得不到团絮状石墨。因此可锻铸铁的碳、硅含量应较低。但碳、硅含量也不能太低，否则使石墨化退火困难，退火周期长。可锻铸铁的大致成分范围是：含碳量为 2.2% ~ 2.8%，含硅量为 1.2% ~ 2.0%，含磷量为 0.4% ~ 1.2%，含硫量小于 0.2%。

可锻铸铁按热处理方法的不同可分为铁素体基体可锻铸铁和珠光体基体可锻铸铁，其显微组织如图 7.5 所示。

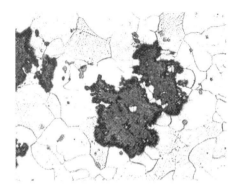 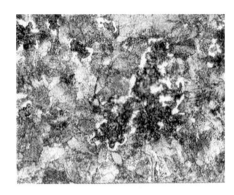

（a）铁素体基体可锻铸铁　　　　　　　　（b）珠光体基体可锻铸铁

图 7.5　可锻铸铁的显微组织

7.3.2　可锻铸铁的牌号、性能及用途

可锻铸铁的牌号、力学性能及用途如表 7.3 所示。牌号中"KT"表示可锻铸铁，"H"表示"黑心"（铁素体基体），"Z"表示珠光体基体，后面的两组数字分别表示最低抗拉强度和最低延伸率。

表 7.3　可锻铸铁的牌号、力学性能和用途

名称	牌号	力学性能				用途举例
		R_m/MPa	R_e/MPa	A/%	HBW	
铁素体可锻铸铁	KTH300-06	300	—	6	不大于150	气密性好，用于承受低动荷载及静荷载、要求气密性好的零件，如管道配件、中低压阀门、弯头、三通等
	KTH330-08	330	—	8		农机上的犁刀、犁柱、车轮壳、机床用的扳手
	KTH350-10	350	200	10		用于承受较高的冲击、振动荷载下工作的零件，如汽车、拖拉机上的前后轮壳、转向节壳、制动器、减速器壳、船用电机壳、机车附件等
	KTH370-12	370	—	12		
珠光体可锻铸铁	KTZ450-06	450	270	6	150～200	韧性低、强度大、硬、耐磨，可制造承受较高荷载、耐磨、要求一定韧性的零件，如曲轴、凸轮轴、连杆、齿轮、摇臂、活塞环、犁刀、耙片、万向接头、棘轮扳手、传动链条、矿车轮等
	KTZ550-04	550	340	4	180～230	
	KTZ650-02	650	430	2	210～260	
	KTZ700-02	700	530	2	240～290	

由于石墨呈团絮状，对基体割裂作用及引起的应力集中较小，所以可锻铸铁比灰铸铁具

有较高的强度、塑性和冲击韧性，接近于铸钢。其机械性能介于灰铸铁和球铁之间，有较好的耐蚀性。但可锻铸铁并不能锻造。

由于可锻铸铁退火时间长，生产效率极低，使用受到限制，常用于制造形状复杂且承受冲击荷载的薄壁小型铸件，如汽车及拖拉机的前后轮壳、管接头、低压阀门等。

7.3.3　可锻铸铁的石墨化退火

可锻铸铁的石墨化退火工艺如图 7.6 所示。将白口铸铁缓慢加热到 900～950 ℃，经长时间保温，使渗碳体分解成奥氏体和团絮状石墨（因石墨化是在固态下进行的，石墨在各个方向上的长大速度相差不大，故石墨呈团絮状），完成第一阶段的石墨化。随后缓慢冷却，使奥氏体不断析出二次石墨进行第二阶段石墨化。随后若在共析温度附近长时间保温，使第三阶段石墨化也充分进行，奥氏体分解成铁素体 + 团絮状石墨，由于表层脱碳而使心部的石墨多于表层，断口心部呈灰黑色，表层呈灰白色，故称为黑心可锻铸铁；若在共析转变温度范围内冷却较快，第三阶段石墨化未进行，奥氏体转变为珠光体，则得到珠光体 + 团絮状石墨。

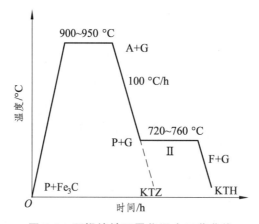

图 7.6　可锻铸铁石墨化退火工艺曲线

7.4　球墨铸铁

球墨铸铁是指石墨呈球状的灰口铸铁。改变石墨形态是大幅度提高铸铁机械性能的根本途径。球状石墨是最理想的一种石墨形态。故球墨铸铁具有优异的力学性能、铸造性能和切削加工性能，是最重要的铸造金属材料，应用非常广泛。

7.4.1　球墨铸铁的化学成分和组织特征

由于球化剂的加入能阻碍石墨化，并使共晶点右移导致流动性降低。故与灰铸铁相比，球铁的碳、硅含量较高；但过高也容易形成石墨漂浮，导致性能下降。锰的含量较低，并严格控制硫、磷的含量。球墨铸铁的大致成分范围是：含碳量为 3.6%～3.9%，含硅量为 2.0%～3.0%，含锰量为 0.6%～0.8%，含磷量小于 0.1%，含硫量小于 0.04%。

球墨铸铁是浇铸前向液态铁水中加入一定量的球化剂和孕育剂,得到石墨呈球状的铸铁,即球墨铸铁,简称"球铁"。常用的球化剂为镁、稀土和稀土镁合金。镁是阻碍石墨化的元素,为了避免白口,并使石墨细小且分布均匀,在球化处理的同时还必须进行孕育处理。球墨铸铁铸态下的基体组织有铁素体、铁素体加珠光体、珠光体3种。球铁铸态下的显微组织如图7.7所示。因为可通过热处理手段控制球铁的不同基体,故球铁的基体还有回火索氏体、下贝氏体等。

　　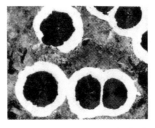　　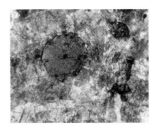

（a）铁素体球铁　　　　　（b）铁素体＋珠光体球铁　　　　（c）珠光体球铁

图 7.7　球墨铸铁的显微组织

7.4.2　球墨铸铁的牌号、性能及用途

球墨铸铁的牌号、力学性能及用途如表7.4所示。牌号中"QT"表示"球铁",后面的两组数字分别表示最低抗拉强度和最低延伸率。

表 7.4　球墨铸铁的牌号、力学性能及用途

牌号	基体组织	力学性能				用途举例
		R_m/MPa	R_e/MPa	A/%	HBW	
		不小于				
QT400-18	铁素体	400	250	18	130~180	承受冲击、振动的零件,如汽车和拖拉机的轴毂、驱动轿壳、差速器壳、拨叉、农机具零件、中低压阀门、上下水及输气管道、压缩机上高低压气缸、电机机壳、齿轮箱、飞轮壳等
QT400-15	铁素体	400	250	15	130~180	
QT450-10	铁素体	450	310	10	160~210	
QT500-7	铁素体＋珠光体	500	320	7	170~230	机器座架、传动轴、飞轮、电动机架、内燃机的机油泵齿轮、铁路机车车辆轴瓦等
QT600-3	珠光体＋铁素体	600	370	3	190~270	荷载大、受力复杂的零件,如汽车和拖拉机的曲轴、连杆、凸轮轴、气缸套,部分磨床、铣床、车床的主轴,机床蜗杆涡轮、轧钢机轧辊、大齿轮、小型水轮机主轴,气缸体、桥式起重机大小滚轮等
QT700-2	珠光体	700	420	2	225~305	
QT800-2	珠光体或回火组织	800	480	2	245~335	
QT900-2	贝氏体或回火马氏体	900	600	2	280~360	高强度齿轮,如汽车后桥螺旋锥齿轮、大减速器齿轮、内燃机曲轴、凸轮轴等

由于球状石墨对基体的割裂作用和产生的应力集中小，基体强度的利用率高达 70% ~ 90%，接近于碳钢，塑性和韧性比灰铸铁和可锻铸铁都高。球铁的冲击韧性不如钢，这往往成为设计人员选用球铁、实现"以铁代钢"的一个顾虑。但实际上，许多构件在工作中承受的是小能量的多次冲击，而球铁的小能量多冲抗力较高。

球墨铸铁的突出特点是屈强比（$R_{r0.2}/R_m$）高，为 0.7 ~ 0.8，而正火中碳钢一般只有 0.3 ~ 0.5。球墨铸铁还具有较高的疲劳强度，接近一般中碳钢。

球铁的流动性与灰铸铁基本相同，但它的收缩率较大，过冷倾向大，容易产生白口组织，故其熔炼和铸造工艺要求较高。此外，球铁的减振能力也不及灰铸铁。但球铁的热处理工艺性较好，凡是钢可进行的热处理，一般都适用于球铁。

在一定条件下，球铁可代替铸钢、锻钢等，用于制造承受重荷载、受力复杂和要求耐磨的铸件，多数带孔和台肩的重要零件可用球墨铸铁代替钢来制造，如曲轴、连杆、轧辊、缸套、阀门等。

7.4.3 球墨铸铁的热处理

球铁的机械性能主要取决于金属基体，通过热处理改变基体组织可显著改善球铁的机械性能。球铁的相变规律同钢相似，但球铁本身的化学成分等决定了其热处理具有一定的特殊性。第一，球铁的共析转变温度较高，并且是在一个温度范围内进行，因此奥氏体化温度较高。第二，石墨的存在相当于碳源，球铁热处理加热时，球状石墨表面的碳又部分溶入奥氏体。控制加热温度可控制奥氏体中的含碳量，从而可控制热处理后的基体组织和球铁的性能。

1. 去应力退火

球铁的去应力退火工艺与灰铸铁相同，此处不再介绍。

2. 退　火

退火的目的是获得铁素体基体。当铸铁组织中存在自由渗碳体时，要采用高温退火，即将铸件加热到 900 ~ 950 ℃，保温 2 ~ 5 h，随炉缓冷至 600 ℃ 后出炉空冷。当铸铁组织中没有自由渗碳体而只有一定量的珠光体时，只需进行低温退火，即将铸件加热到 720 ~ 760 ℃，保温 3 ~ 6 h，随炉缓冷至 600 ℃ 后出炉空冷。

3. 正　火

正火的目的是获得珠光体基体（占基体 75% 以上），并细化组织，以提高球铁的强度、硬度和耐磨性。有时正火是为表面淬火做组织准备。球铁的正火分为高温正火和低温正火。

高温正火是将球铁加热到 870 ~ 940 ℃，保温 1 ~ 3 h，然后出炉空冷、风冷或喷雾冷却，从而获得全部珠光体基体球铁。低温正火是将球铁加热到 820 ~ 860 ℃（共析温度区间），保温 1 ~ 4 h 使球铁组织处于奥氏体、铁素体和球状石墨三相平衡区，然后出炉空冷，得到珠光体加少量铁素体基体球铁。

球铁正火后要在 550 ~ 600 ℃ 回火，以改善韧性、消除内应力。

4. 调　质

调质的目的是获得回火索氏体基体，使尺寸不太大、受力复杂的零件具有良好的综合力学性能。即将球铁加热到 860~900 °C，保温 2~4 h 后油淬，再经 550~600 °C 回火 4~6 h，得到回火索氏体基体球铁。

5. 等温淬火

等温淬火的目的是获得下贝氏体基体，使外形复杂、一般热处理后易变形、开裂的零件具有高的综合力学性能。即将球铁加热到 860~900 °C，保温后迅速移到 250~300 °C 的盐浴中等温 30~90 min，得到下贝氏体基体球铁。等温淬火后应进行低温回火。

7.5　合金铸铁简介

在普通铸铁基础上加入某些合金元素，可使铸铁具有某种特殊性能，如耐磨性、耐热性或耐蚀性，从而制成特殊性能的铸铁（或称合金铸铁）。它与特殊性能钢相比，熔炼简便、成本较低，但脆性较大，综合机械性能不如钢。

7.5.1　耐磨铸铁

7.5.1.1　减摩铸铁

减摩铸铁在有润滑、受黏着磨损条件下工作，如机床导轨、发动机缸套、活塞环、轴承等。减摩铸铁的组织通常是在软基体上牢固地嵌有坚硬的强化相。

一般珠光体灰铸铁能满足这一要求，铁素体是软基体，磨损后形成沟槽，可储存润滑油，以降低磨损；渗碳体是硬质相，起耐磨作用；片状石墨可起储油润滑作用。在普通灰铸铁中加入适量的磷、钒、铬、钼、稀土等元素，可增加珠光体，细化珠光体和石墨，进一步提高硬度和耐磨性。

在普通灰铸铁的基础上，将磷含量提高到 0.4%~0.6%，即形成高磷铸铁。磷可与铁素体或珠光体形成磷共晶（ F + Fe_3P、P + Fe_3P 或 F + P + Fe_3P），呈断续网状分布在基体上，形成在软基体上分布着的硬质相，显著提高了铸铁的耐磨性。由于普通高磷铸铁的强度和韧性较差，常加入铬、钼、钨、铜等合金元素，使其组织细化，进一步提高机械性能和耐磨性。

7.5.1.2　抗磨铸铁

抗磨铸铁在干摩擦及磨粒磨损条件下工作，如轧辊、犁铧、磨球等。这类铸铁不仅受到严重的磨损，而且承受很大的负荷，应具有高而均匀的硬度。

白口铸铁就属于这类铸铁。但其脆性大，不能承受冲击荷载，只能用于制造犁铧、泵体、研磨机械的衬板、磨球等。

生产中常用激冷方法来获得冷硬铸铁，即将铁液注入放有冷铁的金属模成型，铸件表层因冷速快得到一定深度的白口层而获得高硬度、高耐磨性，而心部为灰口铸铁，具有一定的强度和韧性，广泛用来制造轧辊、车轮等耐磨件。

在白口铸铁的基础上加入 14%～20% 的铬和少量的钼、镍、铜等元素形成的高铬铸铁，组织中存在大量富铬的 M_7C_3 型碳化物，其硬度极高，且分布不连续，使铸铁具有很高的耐磨性，其韧性也得到改善，可用于制造大型球磨机的衬板和破碎机的锤头等零件。

$w_{Mn} = 5.0\%～9.5\%$，$w_{Si} = 3.3\%～5.0\%$ 的中锰合金球磨铸铁，组织为马氏体、残余奥氏体、碳化物和球状石墨，具有较高的强度、硬度和冲击韧性，适用于制造在冲击载荷和磨损条件下工作的零件，如犁铧、磨球及拖拉机履带板等，可代替部分高锰钢和锻钢。

7.5.2　耐热铸铁

耐热铸铁是指在高温下具有良好的抗氧化和抗生长能力的铸铁。氧化是铸铁在高温下与周围气氛接触使表层发生化学腐蚀的现象。生长是铸铁在反复加热冷却时产生的不可逆体积长大的现象。铸件"生长"的原因是氧化性气体沿石墨片边界或裂纹渗入铸铁内部发生内氧化；铸件中的渗碳体在高温下分解成密度小的石墨及在加热冷却过程中铸铁基体组织发生相变引起体积的不可逆膨胀。结果将使铸件失去精度和产生微裂纹。

因此，制造高温铸铁件，如加热炉炉底板、换热器、坩埚、废气管道及压铸模等，必须使用耐热铸铁制造。

通常在铸铁中加入铝、硅、铬等合金元素提高铸铁的临界温度，得到单相铁素体基体，消除渗碳体分解造成的生长现象；通常还能形成致密稳定的氧化膜，具有良好的保护作用，阻止铸铁继续氧化和生长。通过加入球化剂和铬、镍等合金元素，促使石墨细化和球化，球状石墨互不连通可防止或减少氧化性气体渗入铸铁内部。

耐热铸铁按其成分可分为硅系、铝系、硅铝系及铬系等。

7.5.3　耐蚀铸铁

在石油化工、造船等工业中，阀门、管道、泵体、容器等各种铸铁件经常在大气、海水及酸、碱、盐等介质中工作，要求具有较高的耐蚀性能。普通铸铁通常是由石墨、渗碳体和铁素体组成的多相合金。在电解质溶液中，石墨的电极电位最高，渗碳体次之，铁素体最低。因此，铁素体将不断被溶解，产生严重的电化学腐蚀。为了提高铸铁基体的电极电位，并使铸铁表面形成一层致密的钝化膜，需加入大量的硅、铝、铬、镍、铜等合金元素。同时应尽量降低耐蚀铸铁中的渗碳体和石墨含量，且组织最好为铁素体加上孤立分布的球状石墨组织。

耐蚀铸铁分为高硅、高铝、高铬耐蚀铸铁等，其中以高硅耐蚀铸铁应用最广。

本章小结

工业上实际应用的铸铁一般指的是碳主要以石墨形式存在的各类灰口铸铁。石墨强度、硬度、塑性和韧性极低，对基体有割裂作用，导致铸铁的抗拉强度、塑性及韧性均低于碳钢，但石墨的存在会有效改善铸铁的润滑性能、切削加工性能、摩擦磨损性能、减振性能和缺口敏感性等。

在一定的化学成分和冷却条件下，铁碳合金可按照 Fe-G 相图直接析出石墨；也可先按 Fe-Fe₃C 相图结晶，再由渗碳体加热时分解得到石墨。铸铁的石墨化可分为 3 个阶段，根据其进行的程度，最终得到 F+G、F+P+G、P+G 组织。

灰铸铁的石墨呈片状，它的抗拉强度、塑性和韧性较差，但抗压强度很高，裂纹敏感性小，铸造性能好，故适宜制造耐压零部件及结构复杂或薄壁铸件。铸造时进行孕育处理，可细化石墨片和基体组织，得到力学性能明显提高的孕育铸铁，可制造受力较大、形状较复杂的凸轮、气缸等重要零件。热处理不会对灰铸铁的力学性能产生明显的影响，但是可以消除内应力，改善切削加工性能和磨损性能。

可锻铸铁的石墨呈团絮状，是白口铸铁经过长时间的石墨化退火得到的。为使铸造时得到全部的白口铸铁，其碳、硅含量受到了控制。可锻铸铁具有较高强度、塑性和冲击韧性，适宜制造形状复杂、承受冲击荷载的薄壁小型铸件。

球墨铸铁的石墨呈球状，铸造时进行了球化处理和孕育处理。它的碳、硅含量比灰铸铁高，锰、硫、磷含量较低。球墨铸铁的强度、塑性、韧性很高，屈强比比碳钢高，铸造性能、加工性能、磨损性能优良，成本低廉，在一定条件下，可代替铸钢、锻钢等，用于制造承受重载荷、受力复杂和要求耐磨的铸件，如曲轴、连杆、活塞等。球墨铸铁可通过退火、正火、调质、等温淬火等热处理手段获得不同的基体，从而改善其机械性能。

合金铸铁是铸铁在熔炼时有意加入某些合金元素，使铸铁具有某种特殊性能，如耐磨性、耐热性、耐蚀性等。它与特殊性能钢相比，熔炼简便、成本较低，但脆性较大，综合机械性能不如钢，可用于制造一些有特殊要求的零件。

思考与练习

1. 白口铸铁和灰口铸铁的组织与性能的主要区别是什么？

2. 铸铁石墨化的条件和过程是什么？不同基体的铸铁石墨化过程有什么不同？

3. 在实际生产中，用灰铸铁制成的薄壁铸件上，常有一层硬度高的表面层，致使机械加工困难，试指出形成高硬度表面层的原因，如何消除？在什么工作条件下应用的铸件，反而希望获得这种表面硬化层？

4. 石墨形态对铸铁性能有什么影响？在生产中如何控制石墨形态？

5. 为什么一般机器的支架、机床的床身常用灰铸铁制造？

6. 指出下列铸件应采用的铸铁种类及热处理方式。

（1）机床床身。

（2）柴油机曲轴。

（3）液压泵壳体。

（4）犁铧。

（5）冷冻机缸套。

（6）球磨机衬板。

8 有色金属

本章提要

本章介绍了铝及铝合金、铜及铜合金和轴承合金的分类、牌号、化学成分、性能特点及主要用途。以铝铜合金为例分析了有色金属的固溶处理和时效强化的过程，分别讨论了纯铝、变形铝合金和铸造铝合金的成分、性能、热处理特点及应用，纯铜、黄铜、青铜和白铜的成分、性能、热处理特点及应用，同时分析了滑动轴承合金的工作条件和性能要求，并分别讨论了锡基、铅基轴承合金的成分、组织、性能特点和应用，简要介绍了铜基和铝基轴承合金。

自然界中存在 80 多种金属元素，铁及其合金称为黑色金属。除钢铁以外的其他金属统称为有色金属。有色金属种类繁多，性能各异。本章主要介绍一般机械制造工业中常用的铝、铜及其合金。重点讨论它们的合金化、热处理原理以及常用的有色金属及其合金的成分、组织与性能。

8.1 铝及铝合金

8.1.1 纯 铝

铝的外观为银白色，是元素周期表中第三周期主族元素，原子序数 $Z=13$ ，化合价为 $+3$ 价，具有面心立方结构，无同素异构转变。铝的密度小，约为铁的 1/3。铝具有优良的导电、导热性，其导电性仅次于金、银和铜。铝无磁性，对光和热的反射能力强，耐核辐射，冲击不产生火花。

铝的化学性能活泼，在大气中极易与氧作用在表面生成一层牢固致密的氧化膜，阻止了氧与内部金属基体的作用，所以铝在大气和淡水中具有良好的耐蚀性，但在碱和盐的水溶液中，表面的氧化膜易破坏，使铝很快被腐蚀。

铝为面心立方点阵，具有很高的塑性和较低的强度，硬度也低。铝的力学性能与纯度和加工状态有关，纯度越高，铝的塑性越好，但强度越低。纯铝具有良好的低温性能，在 $0 \sim -253\,°C$ 塑性和冲击韧性不降低。

纯铝具有一系列优良的工艺性能，易于铸造、切削，还具有很好的焊接性能；由于铝的塑性很好，便于进行各种冷、热压力加工，可加工成厚度为 0.000 6 mm 的铝箔，冷拔成极细的细丝。

我国变形铝及铝合金的牌号在 GB/T 3190—2020 中给予规定。GB/T 3190—2020 中表 1 适用国际牌号，采用四位数字体系，共收录牌号 159 个；表 2 适用为我国特有的四位字符体系牌号，共收录牌号 114 个。两种体系牌号的第一位数字 1 都表示纯铝；牌号的第二位数字或字母表示原始纯铝的改型情况。如果数字是 0 或字母是 A，则表示为原始纯铝，如果是 1 ~ 9 或是 B ~ Y，则表示原始纯铝的改型。牌号的最后两位数字，表示最低铝百分含量中小数点后面的两位。表 8.1 给出了变形铝新、旧牌号的对照关系和化学成分。

表 8.1　变形铝新、旧牌号的对照关系和化学成分（％）

新牌号	1A99	1A97	1A95	1A93	1A90	1A85	1A80	1A80A	1070	1070A	1370
旧牌号	原 LG5	原 LG4	—	原 LG3	原 LG2	原 LG1	—	—	—	代 L1	—
Al	99.99	99.97	99.95	99.93	99.9	99.85	99.8	99.8	99.7	99.7	99.7
新牌号	1060	1050	1050A	1A50	1350	1145	1035	1A30	1100	1200	1235	8A06
旧牌号	代 L2	—	代 L3	原 LB2	—	—	代 L4	原 L4-1	代 L5-1	代 L5	—	原 L6*
Al	99.6	99.5	99.5	99.5	99.5	99.45	99.35	99.3	99	99	99.35	余量

牌号 1A99 ~ 1A85 为工业高纯铝，主要应用于科学试验、化学工业和其他特殊需求。

牌号 1A70A、1060、1050A、1035、1200、8A06 为工业纯铝，主要用于配制铝合金，也能加工成板、箔、管、线等形状，用于制作垫片及电容器、电子管隔离罩、电线保护套管、电缆电线线芯、飞机通风系统零件、化工容器、日用炊具等产品，是目前有色金属中应用最多的一种材料。

8.1.2　铝合金概述

纯铝的力学性能不高，不适宜作承受较大载荷的结构零件。为了提高铝的力学性能，在纯铝中加入某些合金元素，制成铝合金，铝合金仍保持纯铝的密度小和抗腐蚀性好的特点，且力学性能比纯铝高得多。

8.1.2.1　铝合金的分类

目前，用于制造铝合金的合金元素大致分为主加元素（铜、锰、硅、镁、锌、铁、锂）和辅加元素（铬、钛、锆、稀土、钙、镍、钒、硼等）两类。铝与主加元素的二元相图一般都具有如图 8.1 所示的形式。根据该相图可以把铝合金分为变形铝合金和铸造铝合金。相图上最大饱和溶解度点 D 是这两类合金的理论分界线。

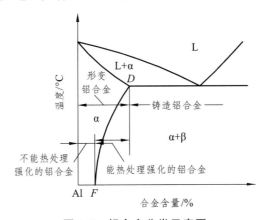

图 8.1　铝合金分类示意图

（1）铸造铝合金：凡成分在 D 点以右的合金，由于有共晶组织存在，其流动性较好，塑性较低，适于铸造，可直接铸成各种形状复杂的零件，甚至是薄壁的成型件，浇注后，只需进行切削加工即可成为成品零件。

（2）变形铝合金：凡成分在 D 点以左的合金，有单相固溶体区，可得到均匀的单相固溶体，其塑性变形能力很好，适合进行锻造、轧制和挤压等压力加工，制成板材、带材、管材、棒材、线材等半成品。

变形铝合金又可分为两类，凡成分在 F 点以左的合金，其固溶体成分不随温度而变化，不能通过时效处理强化合金，故称为不能热处理强化的铝合金。

凡成分在 F、D 之间的合金，其固溶体的成分将随温度而变化，可以进行时效处理强化，故称为能热处理强化的铝合金。

8.1.2.2 铝合金的热处理特点

固态铝无同素异构转变，因此不能像钢一样借助热处理相变强化。合金元素对铝的强化作用主要表现为固溶强化、时效强化。

Zn、Mg、Li、Cu、Mn、Si 等合金元素能与 Al 形成有限固溶体，且有较大溶解度，能起固溶强化作用。

单纯的固溶强化效果是有限的，因此铝合金要想获得高的强度，还得配合其他强化手段，时效强化便是其中的主要方法。

能热处理强化的铝合金，其合金元素在铝中有较大的固溶度，且随着温度的降低而急剧减小，故铝合金加热到单相区，保温后在水中急冷（淬火处理），使第二相来不及析出，在室温下将形成过饱和的固溶体，强度提高不明显，而塑性明显提高；过饱和的固溶体放置在室温或加热到一较低的温度，随着时间的延长，其强度和硬度将明显提高，而塑性、韧性则降低的现象即为时效强化。

铝合金的淬火处理，因淬火时不发生晶体结构的转变，故称为固溶处理。室温下合金自然强化的过程称为自然时效，低温加热条件下进行的时效，称为人工时效。

例如 4%Cu-Al 合金，退火态的 R_m = 180 ~ 220 MPa，A = 18%；固溶处理后其 R_m = 240 ~ 250 MPa，A = 20% ~ 22%；时效处理后其 R_m = 400 ~ 420 MPa，A = 18%。由此可见铝合金的时效强化效果非常明显。

铝合金时效强化的基本过程，就是过饱和固溶体分解（沉淀）的过程，以 4%Cu-Al 合金为例，它包含以下 4 个阶段。

第一阶段：Cu 原子偏聚，形成富铜区，称为 GP I 区，其晶体结构类型仍与基体相同，并与基体保持共格关系，但 GP I 区中 Cu 原子浓度较高，引起严重的晶格畸变，阻碍位错运动，因而合金的强度、硬度提高。

第二阶段：富铜区有序化，形成 θ″ 相，称为 GP II 区，其晶体结构变为正方点阵，但仍与基体共格，加重了晶格畸变，对位错运动的阻碍进一步增大，因此时效强化作用更大。GP II 区——θ″ 相析出阶段为合金达到最大强化的阶段。

第三阶段：θ″相转变为过渡相θ′相，其晶体结构仍为正方点阵，但点阵常数发生较大的变化，故当其形成时，与基体共格关系开始破坏，即由完全共格变为局部共格，θ′周围基体的共格畸变减弱，对位错运动的阻碍作用减小，故合金的硬度开始降低。由此可见，共格畸变的存在是造成合金时效强化的重要因素。

第四阶段：θ′相从固溶体中完全脱溶，形成与基体有明显相界面的独立的稳定相CuAl$_2$，称为θ相，其点阵结构也是正方点阵，但点阵常数比θ′相大些。此时θ相与基体的共格关系完全破坏，共格畸变也随之消失，因此θ相的析出导致合金软化，并随时效温度的提高或时间的延长，θ相的质点聚集长大，合金的强度、硬度进一步下降。

以上讨论表明，4%Cu-Al合金时效强化的基本过程（即时效序列）可以概括如下：

过饱和固溶体→形成富铜区（GPⅠ区）→富铜区有序化（GPⅡ区）→形成过渡沉淀相θ′→析出稳定相θ（CuAl$_2$）+平衡的固溶体。

Al-Cu二元合金的时效原理及其一般规律，对其他工业合金也适用。但合金的种类不同，形成的GP区、过渡相以及最后析出的稳定相各不相同，时效强化效果也不一样。

影响时效强化效果的因素除合金元素及强化相的种类外，还有固溶处理和时效处理工艺条件等。

在不过热、过烧的前提下，固溶处理温度高些，保温时间长些，有利于获得最大过饱和度的均匀固溶体；其次，冷却速度越快，所获得的固溶体过饱和程度越大，时效后时效强化效果越大。

固定时效时间，对同一成分的合金，时效温度与时效强化效果（硬度）之间有如图8.2所示的关系，即在某一时效温度时，能够获得最大的强化效果，这个温度称为最佳时效温度。统计表明，最佳时效温度T_a与合金熔点T_m的关系为

$$T_a = (0.5 \sim 0.6)T_m$$

图8.3是硬铝合金的时效曲线，从图中可见，不同时效温度下，达到的最大强度值不同，出现最大强度值的时间也不同，自然时效时，5～15 h内强化速度最快，4～5 d后达到最大值。而人工时效时，时效的温度越高，时效速度越快，所获得的最大强度值越低。当时效温度超过150 ℃，保温一定时间后，合金开始软化，称为"过时效"。

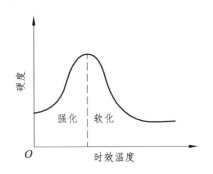

图8.2　时效温度与硬度关系曲线

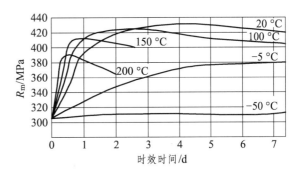

图8.3　含4%Cu的Al-Cu合金的时效曲线

变形铝合金中添加微量钛、锆、铍以及稀土等元素，它们能形成难熔化合物，在合金结晶时，作为非自发晶核，起细化晶粒作用，从而提高了合金的强度和塑性。

8.1.3 变形铝合金

变形铝合金按其性能和使用特点分为防锈铝合金、硬铝合金、超硬铝合金和锻铝合金四类，其中防锈铝合金为不能热处理强化的铝合金，其余三类为能热处理强化的铝合金。

变形铝合金的牌号也在 GB/T 3190—2020 中给予规定。牌号首位数字的意义见表 8.2。常用变形合金的新、旧牌号对照及化学成分见表 8.3。常用变形合金的热处理状态、力学性能及用途见表 8.4。

表 8.2　变形铝及铝合金的牌号表示方法（摘自 GB/T 16474—2011）

组　别	牌号系列	组　别	牌号系列
纯铝（铝含量不小于99.00%）	1×××	以镁和硅为主要合金元素并以 Mg_2Si 相为强化相的铝合金	6×××
以铜为主要合金元素的铝合金	2×××		
以锰为主要合金元素的铝合金	3×××	以锌为主要合金元素的铝合金	7×××
以硅为主要合金元素的铝合金	4×××	以其他为主要合金元素的铝合金	8×××
以镁为主要合金元素的铝合金	5×××	备用合金组	9×××

表 8.3　常用铝合金的牌号和化学成分（摘自 GB/T 3190—2020）

类别	新牌号	旧牌号	化学成分（质量分数）/%							
			Cu	Mn	Mg	Zn	Cr	Si	其他	Al
防锈铝合金	3A21	LF21	—	1.0~1.6	0.05	0.10		—	—	余量
	5A01	LF15	—	0.30~0.7	6.0~7.0	0.25	0.10~0.20	—	Zr0.10~0.20	余量
	5A03	LF3	—	0.30~0.6	3.2~3.8	0.20	—	—	—	余量
	5A05	LF5	—	0.30~0.6	4.8~5.5	0.20				余量
硬铝合金	2A01	LY1	2.2~3.0	0.20	0.20~0.50	0.10				余量
	2A02	LY2	2.6~3.2	0.45~0.7	2.0~2.4	0.10				余量
	2A11	LY11	3.8~4.8	0.40~0.80	0.40~0.80	0.30				余量
	2A12	LY12	3.8~4.9	0.30~0.9	1.2~1.80	0.30				余量
超硬铝合金	7A03	LC3	1.8~2.4	0.10	1.2~1.6	6.0~6.7	0.05		Zr0.02~0.08	余量
	7A04	LC4	1.4~2.0	0.20~0.6	1.8~2.8	5.0~7.0	0.10~0.25			余量
	7A09	LC9	1.2~2.0	0.15	2.0~3.0	5.1~6.1	0.16~0.30			余量
	7A10	LC10	0.50~1.0	0.20~0.35	3.0~4.0	3.2~4.2	0.10~0.20			余量
锻铝合金	2A14	LD10	3.9~4.8	0.40~1.0	0.40~0.8	—		0.6~1.2		余量
	2A50	LD5	1.8~2.6	0.40~0.8	0.40~0.8	—		0.7~1.2		余量
	2B50	LD6	1.8~2.6	0.40~0.8	0.40~0.8	0.01~0.20	0.10	0.7~1.2		余量
	2A70	LD7	1.9~2.5	0.20	1.4~1.8	0.30	Ni0.9~1.5	0.35	Fe0.9~1.5	余量

表 8.4 常用变形铝合金的热处理状态、力学性能及用途

类别	牌号		热处理状态	力学性能			用 途
	新牌号	旧牌号		R_m /MPa	A /%	HBW	
防锈铝合金	3A21	LF21	退火	110	30	28	要求良好可塑性、焊接性的低载荷零件，如油箱、汽油或润滑油导管等
	5A05	LF5	退火	260	22	65	在液体中工作的焊接零件、管道和容器，以及其他零件
硬铝合金	2A01	LY1	固溶＋自然时效	300	24	70	工作温度不超过 100 ℃ 的结构用铆钉
	2A11	LYII	固溶＋自然时效	425	15	105	中等强度零件，冲压连接件，空气螺旋桨叶片，局部镦粗零件，如螺栓、铆钉等。
	2A12	LY12	固溶＋自然时效	470	20	120	高负荷的零件和构件，如飞机上的骨架零件、蒙皮、隔框、翼肋、翼梁、铆钉等
超硬铝合金	7A04	LC4	固溶＋人工时效	570	11	150	承力构件和高载荷零件，如飞机的大梁、桁条、蒙皮、翼肋、接头、起落架零件等
	2A09	LC9	固溶＋人工时效	570	11	150	飞机蒙皮等结构件和主要受力零件
锻铝合金	2A70	LD7	固溶＋人工时效	440	10	120	内燃机活塞和在高温下工作的复杂锻件，如压气机叶轮、鼓风机叶轮等
	2A14	LD10	固溶＋人工时效	485	10	135	形状复杂和中等强度的锻件和冲压件

8.1.3.1 防锈铝合金

这类铝合金的主要性能特点是具有优良的抗腐蚀性能，因而得名防锈铝合金。

防锈铝包括 Al-Mg 系和 Al-Mn 系合金以及工业纯铝。Al-Mg 系合金中，随着 Mg 含量的增加，合金强度、塑性也相应提高，但超过 5% 时，合金抗应力腐蚀性能降低，超过 7%，塑性及焊接性能也将降低。加入少量 Mn，不仅能改善合金的抗腐蚀性，还能提高合金强度；少量 Ti 或 Cr 的主要作用是细化晶粒。

Al-Mg 系合金的密度比铝还小，在航空工业上得到了广泛应用。此外，它们还具有良好的塑性与焊接性能，适宜压力加工和焊接。这类合金不能进行热处理强化，可用冷加工方法使其强化。但由于防锈铝的切削加工工艺性差，故适用制作焊接管道、容器（如油箱等）、铆钉以及冷拉或冷冲压零件。

8.1.3.2 硬铝合金

从表 8.3 中可见，硬铝合金的主要合金元素是 Cu、Mg、Mn 等。Al-Cu-Mg 系合金中能形成强化相 Al_2Cu（θ）相及 Al_2CuMg（S）相，它们有强烈的时效强化作用，使合金经时效处理后具有很高的硬度、强度，故称硬铝合金。Mn 能改善硬铝的抗蚀性，细化合金组织，固溶处理时溶入固溶体起固溶强化作用，还能提高硬铝的耐热性。

硬铝合金还具有优良的加工工艺性能，可以加工成板、棒、管、线、型材及锻件等半成品，广泛应用在国民经济和国防建设中。硬铝合金按其合金元素含量及性能不同，分为低强度硬铝、中等强度硬铝和高强度硬铝。

硬铝合金的耐蚀性比防锈铝要差得多，特别是在海水中的耐蚀性更差，若要在海水中使用，外部需包上一层纯铝。

硬铝合金的热处理特性是强化相的充分固溶温度与三元共晶温度的间隙很窄，淬火加热时的过烧敏感性很大。所以硬铝在淬火时，加热温度要严格控制，一般波动范围不应超过 ± 5 ℃。硬铝合金人工时效状态比自然时效具有更大的晶间腐蚀倾向，所以硬铝合金除高温工作的构件外，一般都采用自然时效。

8.1.3.3 超硬铝合金

从表 8.3 中可见，硬铝合金的主要合金元素是 Zn、Mg、Cu，另外还有少量 Mn、Cr、Ti 或 Zr 等。Al-Zn-Mg-Cu 系合金中的主要强化相为 $MgZn_2$（η）相及 $Al_2Mg_3Zn_3$（T）相，它们在铝中都有很大的溶解度变化，具有显著的时效强化效果，但 Zn、Mg 含量过高时，会降低塑性和抗腐蚀性能。加入一定量的 Cu，可以改善合金的抗应力腐蚀性能，同时 Cu 还能形成 Al_2Cu（θ）相和 Al_2CuMg（S）相，起补充强化作用，从而提高了合金强度。少量 Mn 和 Cr 可以提高合金的固溶和时效强化效果，同时改善合金的抗应力腐蚀性能。

超硬铝合金是目前室温强度最高的一类铝合金，其强度超过高强度硬铝 2A12（LY12），故称为超硬铝合金。超硬铝合金具有良好的热加工性能，在相同强度水平下，合金的断裂韧性优于硬铝，在航空航天工业中得到了广泛应用，是各种飞行器的主要结构材料。超硬铝合金的主要缺点是抗疲劳性和抗蚀性较差，对应力腐蚀比较敏感。超硬铝合金主要用于工作温度不超过 120 ~ 130℃ 的受力较大的结构件，如飞机蒙皮、整体壁板、大梁等。

超硬铝与硬铝相比，淬火温度范围比较宽。由于超硬铝自然时效要经 50 ~ 60 天才能达到最大强化效果，时间很长，且应力腐蚀倾向较大，因此超硬铝均采用人工时效处理。采用分级人工时效，可进一步消除内应力，提高抗应力腐蚀性能。

8.1.3.4 锻铝合金

从表 8.3 中可见，锻铝合金可分为 Al-Mg-Si-Cu 系和 Al-Cu-Mg-Fe-Ni 系两类。

Al-Mg-Si-Cu 系合金中的主要强化相是 Mg_2Si（β）相和 W（$Cu_4Mg_5Si_4Al_x$）相，当合金中铜含量较高时，还有数量不同的 θ（Al_2Cu）相和 S（Al_2CuMg）相。合金中加入少量 Mn 能提高合金的淬火温度上限，阻止再结晶退火时的晶粒粗化。

这类合金具有优良的锻造工艺性能，故称为锻铝合金。锻铝合金的强度与硬铝相当，主要用于要求中等强度、较高塑性及抗蚀性的锻件和模锻件，如各种叶轮、接头、框架、支杆等零件。

Al-Cu-Mg-Fe-Ni 系锻铝属耐热锻铝合金。合金中的主要耐热相为 S（Al_2CuMg）相和 $FeNiAl_9$ 相。Cu、Mg 保证形成足够数量的 S（Al_2CuMg）相，从而得到良好的热强性。Fe、Ni 的加入比例应接近 1 : 1，以便形成 $FeNiAl_9$ 相，而又不涉及合金中的 Cu 含量，使 Cu 能够充分形成 S 相。这类合金主要用于在 150 ~ 225 ℃ 条件下工作的零件。

锻铝合金均采用淬火加人工时效进行强化，且淬火后应立即进行时效处理，淬火后在室温停留时间越长，人工时效强化效果越差。

8.1.4　铸造铝合金

铸造铝合金除要求具备一定的使用性能外，还要求具有优良的铸造工艺性能。成分处于共晶点的合金具有最佳铸造性能，但由于此时合金组织中出现大量硬脆的化合物，使合金的脆性急剧增大。因此，实际使用的铸造合金并非都是共晶合金。它们与变形铝合金相比较，只是合金元素含量高一些。铸造铝合金的力学性能虽然不如变形铝合金，但由于可制成各种形状复杂的零件，可通过热处理改善铸件的力学性能，并且熔炼工艺和设备比较简单，成本低，仍在许多工业领域获得广泛应用。

铸造铝合金中常用的合金元素有 Si、Mg、Cu、Zn、Ni 及稀土等，以合金中所含主要合金元素的不同，铸造铝合金可以分为 Al-Si 系、Al-Cu 系、Al-Mg 系、Al-Zn 系四类，具体牌号、代号及化学成分、力学性能及用途等见表 8.5。

牌号表示方法："Z" + "Al" + 主要合金元素符号 + 主要合金元素名义百分含量（ + 辅助合金元素符号 + 辅助合金元素名义百分含量）。

合金元素名义百分含量，以 1% 为一个单位，合金元素含量小于 1% 时，一般不标注；优质合金在牌号后标注大写字母 "A"。

代号表示方法："ZL" + 三位数字。

第一位数字代表合金系，1 ~ 4 依次代表 Al-Si、Al-Cu、Al-Mg、Al-Zn 合金系，另两位数字为顺序号。

8.1.4.1　Al-Si 系铸造铝合金

Al-Si 系铸造铝合金俗称 "硅铝明"。这类合金中最简单者为 ZAlSi12（ZL102），含 Si 量10% ~ 13%，相当于共晶成分（Al-Si 二元共晶点成分为 11.7%），它最大的优点是铸造性好，但强度低，用 Na 等进行变质处理，可细化组织，提高合金的力学性能。由于 Si 在 Al 中的溶解度变化很小，所以该合金不能热处理强化，但添加了合金元素 Cu、Mg、Mn、Zn、Ni 等，就可通过固溶 + 时效处理进行强化。ZL101、ZL104、ZL105、ZL106 等合金都是可以进行时效强化的合金。

Al-Si 系铸造铝合金主要用于形状复杂、负荷不大的零件。

8.1.4.2　Al-Cu 系铸造铝合金

Al-Cu 系铸造铝合金含 Cu 量不低于 4%，由于 Cu 在 Al 中有较大的固溶度，且随着温度改变而改变，这类合金可通过固溶强化及时效强化提高力学性能。这类合金的主要特点是具有较高的热强性能，但密度较大，耐蚀性及铸造性均不如 Al-Si 系铸造合金，主要用于制造在 200 ~ 300 ℃ 条件下工作的要求较高强度的零件，如增压器的导风叶轮、静叶片等。

表 8.5　铸造铝合金的牌号和化学成分、力学性能及用途（摘自 GB/T 1173—2013 等）

序号	合金牌号	合金代号	主要元素（质量分数）/%						铸造方法	热处理状态	力学性能			用途
			Si	Cu	Mg	Mn	其他	Al			R_m/MPa	A/%	HBW	
1	ZAlSi7Mg	ZL101	6.5~7.5	—	0.25~0.45	—	—	余量	S,J,B	固溶+人工时效	230	1.0	70	形状复杂、中等载荷零件，如水泵、壳体、抽水机壳体、仪器仪表壳体等
3	ZAlSi12	ZL102	10.0~13.0	—	—	—	—	余量	S,J,B	退火	140	4.0	50	形状复杂、低载荷零件，如船舶仪表壳体、机器盖等
5	ZAlSi5Cu1Mg	ZL105	4.5~5.5	1.0~1.5	0.4~0.6	—	—	余量	S,J	固溶+人工时效	230	0.5	70	形状复杂、承受高静载荷零件，如气缸头、气缸盖及曲轴箱等
9	ZAlSi2Cu2Mg1	ZL108	11.0~13.0	1.0~2.0	0.4~1.0	0.3~0.9	—	余量	J	固溶+人工时效	260	—	90	汽车、拖拉机发动机活塞和在250℃以下工作的零件
12	ZAlSi9CuMg	ZL111	8.0~10.0	1.3~1.8	0.4~0.6	0.10~0.35	Ti0.10~0.35	余量	S	固溶+人工时效	340	4.	90	形状复杂、要求高气密性的大型零件及高压、大型泵体，如转子发动机缸体、缸盖、大型泵叶轮等
16	ZAlCu5Mn	ZL201	—	4.5~5.3	—	0.6~1.0	Ti0.15~0.35	余量	J	固溶+人工时效	320	2.0	90	适用于（175~300℃）承受高载荷，形状简单的零件，及低温（0~-70℃）承受高负荷零件等
18	ZAlCu4	ZL203	—	4.0~5.0	—	—	—	余量	S,J	固溶+人工时效	230	3.0	70	中等载荷、形状简单的零件，如托架
22	ZAlMg10	ZL301	—	—	9.5~11.0	—	—	余量	S	固溶+自然时效	280	9.0	60	高静载荷和冲击载荷及要求耐蚀，工作环境温度≤200℃的铸件，如雷达座、起落架等
23	ZAlMg5Si1	ZL303	0.8~1.3	—	4.5~5.5	0.1~0.4	—	余量	S,J		150	1.0	55	工作温度低于200℃，承受中等载荷的船舶、航空、内燃机等零件
25	ZAlZn11Si7	ZL401	6.0~8.0	—	0.1~0.3	—	Zn9.0~13.0	余量	S,J	直接人工时效	250	1.5	90	工作温度≤200℃，形状复杂的零件，多用于汽车零件，医药机械，仪器仪表等
26	ZAlZn6Mg	ZL402	—	—	0.5~0.65	—	Zn5.0~6.5 Cr0.4~0.6 Ti0.15~0.25	余量	S,J	直接人工时效	240	4.0	70	高静载荷、冲击载荷及要求耐蚀的零件，如高速整铸叶轮、精密机械、空压机活塞、精密仪器等

ZAlRE5Cu3Si（ZL207）实际上是以稀土为主要合金元素的铸造铝合金，它是铸造铝合金中耐热性最好的合金，具有优良的铸造工艺性能，适宜铸造在 400 °C 以下长期使用的复杂零件。

8.1.4.3　Al-Mg 系铸造铝合金

Al-Mg 系铸造铝合金的特点是：具有最小的密度和较高的强度，比其他铸造铝合金的抗蚀性好，且抗冲击和切削加工性良好，但流动性差，铸造性不好，耐热性较差，主要用于受冲击、耐海水或大气腐蚀、外形简单、承受较大负荷的零件，也可以用来代替某些耐酸钢及不锈钢零件。

8.1.4.4　Al-Zn 系铸造铝合金

Al-Zn 系铸造铝合金是最便宜的一类铸造铝合金，由于含有较多的锌，密度较大，耐蚀性差，但其工艺性能良好，在铸态下即具有较高的强度。因此，这类合金可以在不经热处理的铸态下直接使用。

8.2　铜及铜合金

8.2.1　纯　铜

铜是人类最早使用的金属之一。纯铜的外观为紫红色，所以又称紫铜。铜在元素周期表中位于第四周期、第一副族，原子序数为 29，常见化合价为 +2 价和 +1 价，具有面心立方晶格，无同素异构转变。铜属于重金属，密度为 8.93 g/cm^3，熔点为 1 084 °C。纯铜的导电、导热性优良，仅次于银，而居于第二位。纯铜无磁性。

纯铜具有很高的化学稳定性，在大气和淡水中均有优良的耐腐蚀性，在大多数非氧化性的酸溶液（如氢氟酸、盐酸等）中几乎不被腐蚀。但在海水中的耐蚀性较差，在氧化性的 HNO_3、浓 H_2SO_4 以及各种盐类（如氨盐、氯化物、碳酸盐等）溶液中耐腐蚀性差。

纯铜的塑性极好，但强度较低。抗拉强度 R_m 只有 240 MPa，硬度为 45 HBW，伸长率 A 可达 50%，断面收缩率 Z 达 70%。因此，纯铜具备优良的加工成型性，冷、热压力加工均可。冷加工后，R_m 可提高到 500 MPa，硬度达 120 HBW，但塑性降低，伸长率 A 只有 6%。

纯铜只能以冷作硬化的方式进行强化，因此纯铜的热处理只限于再结晶软化退火。实际退火温度一般为 500 ~ 700 °C，退火铜应在水中快速冷却，以使退火加热时形成的氧化皮爆脱，得到纯洁的表面。

工业纯铜一般用作导电、导热、耐蚀器材，如电线、电缆、散热器、冷凝器及各种管道等；无氧铜主要用作电真空仪器仪表器件；磷脱氧铜主要用作汽油或气体输送管、排水管、冷凝管等。

加工纯铜的牌号、成分和应用见表 8.6。

表 8.6 加工纯铜的牌号、成分和应用

| 组别 | 牌 号 | | 化学成分% | | | 应 用 |
	名 称	代 号	Cu + Ag	P	Ag	
纯铜	一号铜	T1	99.95	0.001	—	用于导电、导热、耐蚀器材,如电线、电缆、导电螺钉、爆破用雷管、化工用蒸发器、贮藏器及各种管道等
	二号铜	T2	99.90	—	—	
	三号铜	T3	99.70	—	—	用于一般铜材,如电气开关、垫圈、垫片、铆钉、油管等
无氧铜	零号无氧铜	TU0	Cu99.99	0.000 3	0.002 5	主要用作电真空仪器仪表器件
	一号无氧铜	TU1	99.97	0.002	—	
	二号无氧铜	TU2	99.95	0.002	—	
磷脱氧铜	一号脱氧铜	TP1	99.90	0.004 ~ 0.012	—	用作汽油或气体输送管、排水管、冷凝管、水雷用管、冷凝器、蒸发器、热交换器等
	二号脱氧铜	TP2	99.9	0.015 ~ 0.040	—	
银铜	0.1 银铜	TAg0.1	Cu99.5	—	0.06 ~ 0.12	用于耐热、导电器材,如电机整流子片、发电机转子用导体、点焊电极、通信线、引线、导线、电子管材料等

8.2.2 铜合金

纯铜的强度不高,要满足制作结构件的要求,必须进行合金化,才能得到高强度铜合金。铜的合金化原理类似于 Al 和 Mg,主要是为了实现固溶强化、时效强化及过剩相强化。

用于铜合金固溶强化的元素主要有:Zn、Al、Sn、Mn、Ni 等,它们在铜中的溶解度均 > 9.4%,有显著固溶强化效果。最大的固溶效果可使铜的 σ_b 由 240 MPa 上升到 650 MPa。

用于时效强化的元素有:Be、Ti、Zr、Cr 等,它们的溶解度随温度的降低而剧烈减小,因而具有时效强化效果。

过剩相强化在铜合金中应用也很普遍,如黄铜和青铜中的 CuZn 相、Cu31Sn3 相、Cu9Al4 相均有较高的过剩相强化作用。

铜合金按照生产方法可分为压力加工产品和铸造产品两类。按照化学成分,铜合金可以分为黄铜、青铜及白铜三大类。

黄铜是以 Zn 为主要合金元素的铜合金,按其余合金元素的种类可分为普通黄铜、特殊黄铜。加工普通黄铜的代号用"H"("黄"字汉语拼音字头) + 铜含量表示;加工特殊黄铜用"H" + 主要添加合金元素符号 + 铜含量 + "-" + 添加元素含量表示。如 H62 表示平均 Cu 含量为 62%,Zn 为余量的加工黄铜;HMn58-2 表示含 Cu 量为 58%,含 Mn 量为 2%,Zn 为余量的加工黄铜。常用加工黄铜的牌号、化学成分、力学性能及应用见表 8.7。

表 8.7　常用加工黄铜、青铜及白铜的牌号、成分、力学性能和应用（摘自 GB/T 5231—2012 等）

组别	代号	化学成分/%	力学性能			应用举例
			R_m/MPa	A/%	HBW	
普通黄铜	H96	Cu95.0～97.0，余量 Zn	450	2	—	导管、冷凝管、散热器管、散热片、汽车水箱带以及导电零件等
	H80	Cu79.0～81.0，余量 Zn	680	5	145	造纸网、薄壁管、皱纹管及房屋建筑用品
	H68	Cu67.0～70.0，余量 Zn)	660	3	150	复杂冷冲件和深冲件，如散热器外壳、导管、波纹管、弹壳、雷管
	H62	Cu60.5～63.5，余量 Zn	600	3	164	深拉深零件，如销钉、螺母、导管、气压表弹簧、散热器零件等
镍黄铜	HNi65-5	Cu64.0～67.0，Ni5.0～6.5，余量 Zn	700	4	—	压力表管、造纸网、船舶用冷凝管等
铅黄铜	HPb63-3	Cu62.0～65.0，Pb2.4～3.0，余量 Zn	650	4	88	要求可加工性极高的钟表结构零件及汽车拖拉机零件
锡黄铜	HSn70-1	Cu69.0～71.0，Sn0.8～1.3，As0.03～0.06，余量 Zn	700	4	—	海轮上耐蚀零件，与海水、蒸汽、油类接触的导管，热工设备零件
铝黄铜	HAl 59-3-2	Cu57.0～60.0，Al2.5～3.5，Ni2.0～3.0，余量 Zn	650	15	150	发动机和船舶业及其他在常温下工作的高强度耐蚀件
锰黄铜	HMn58-2	Cu57.0～60.0，Mn1.0～2.0，余量 Zn	700	10	175	腐蚀条件下工作的重要零件和弱电流工业用零件
铁黄铜	HFe59-1-1	Cu57.0～60.0，Fe0.6～1.2，Mn0.5～0.8，Sn0.3～0.7，Al0.1～0.5，余量 Zn	700	10	—	制造在摩擦和受海水腐蚀条件下工作的结构零件
硅黄铜	HSi80-3	Cu79.0～81.0，Si2.5～4.0，余量 Zn	600	4	460	船舶零件、蒸汽管和水管配件
锡青铜	QSn6.5-0.1	Sn6.0～7.0，P0.10～0.25，余量 Cu	800	12	200	导电性好的弹簧接触片，精密仪器中的耐磨零件和抗磁零件，如齿轮、电刷盒、振动片、接触器
	QSn7-0.2	Sn6.0～8.0，P0.10～0.25，余量 Cu	360	64	75	中等负荷、中等滑动速度下承受摩擦的零件，如抗磨垫圈、轴承、轴套、蜗轮等，还可用作弹簧、簧片等

组别	代号	化学成分/%	力学性能			应用举例
			R_m/MPa	A/%	HBW	
铝青铜	QA19-4	Al8.0~10.0，Fe2.0~4.0，余量Cu	1 000	5	200	高负荷下工作的抗磨、耐蚀零件，如轴承、轴套、齿轮、阀座等
	QA110-3-1.5	Al8.5~10.0，Fe2.0~4.0，Mn1.0~2.0，余量Cu	900	12	200	高温条件工作的耐磨零件和各种标准件，如齿轮、轴承、衬套、圆盘、导向摇臂、飞轮、固定螺母等
铍青铜	QBe2	Be1.80~2.1，Ni0.2~0.5，余量Cu	1 250	4	330	精密仪表、仪器中的弹性元件，耐磨零件，高速、高压和高温下工作的轴承、衬套，矿山和炼油厂用的冲击不生火花的工具、深冲零件
	QBe1.9	Be1.85~2.1，Ni0.2~0.4，Ti0.10~0.25，余量Cu	1 400	2	HV400	重要用途的弹簧、精密仪表的弹性元件、敏感元件；承受高变向载荷的弹性元件
普通白铜	B5	Ni+Co4.4~5.0，余量Cu	400	10		用作船舶耐蚀零件
	B19	Ni+Co18.0~20.0，余量Cu	400	3		在蒸汽、淡水和海水中工作的仪表零件、化工机械零件、医疗器具、钱币
锰白铜	BMn40-1.5	Ni+Co39.0~41.0，Mn1.0~2.0，余量Cu	600	—	—	900℃以下的热电偶，工作温度500℃以下的加热器（电炉的电阻丝）和变阻器
	BMn43-0.5	Ni+Co42.0~44.0，Mn0.10~1.0，余量Cu	—	—	—	补偿导线和热电偶的负极以及工作温度不超过600℃的电热仪器
铁白铜	BFe30-1-1	Ni+Co29.0~32.0，Fe0.5~1.0，Mn0.5~1.2，余量Cu	—	—	—	海船上高温、高压和高速条件下工作的冷凝器和恒温器的管材
锌白铜	BZn15-20	Ni+Co13.5~16.5，Cu62.0~65.0，余量Zn	650	1		潮湿条件、强腐蚀介质中工作的仪表零件、医疗器械、工业器皿、电信工业零件、蒸汽配件、弹簧等

　　白铜是以 Ni 为主要合金元素的铜合金，按其余合金元素的种类可分为普通白铜、特殊白铜。加工普通白铜的代号用"B"（"白"字汉语拼音字头）+镍含量表示；加工特殊白铜用"B"+主要添加合金元素符号+Ni 含量+"-"+添加元素含量表示。如 B30 表示平均 Ni 含量为 30%，Cu 为余量的加工白铜；BMn40-1.5 表示 Ni 含量为 40%，含 Mn 量为 1.5%，Cu 为余量的加工白铜。各种加工白铜的牌号、化学成分、力学性能及应用见表 8.7。

　　青铜是除 Zn、Ni 以外的其他元素为主要合金元素的铜合金。青铜按所含主要合金元素的种类分为锡青铜、铝青铜、铍青铜、硅青铜、锰青铜、锆青铜、铬青铜等。加工青铜的代号用"Q"（"青"字汉语拼音字头）+主要合金元素符号+主要合金元素含量+"-"+添加元素含量表示。如 QSn4-3 表示平均 Sn 含量为 4%，Zn 含量为 3%，余量为 Cu 的加工锡青铜；QAl9-2 表示 Al 含量为 9%，含 Mn 量为 2%，Cu 为余量的加工铝青铜；QBe2 表示 Be 含量为 2%，余量为 Cu 的加工铍青铜。各种加工青铜的牌号、化学成分、力学性能及应用见表 8.7。

8.2.3 黄 铜

黄铜是以 Zn 为主要合金元素的铜合金，铜中加入 Zn 后，颜色由紫红色变成黄色，随着 Zn 含量的增加，黄铜的颜色由黄红色变为淡黄色。黄铜具有良好的力学性能，易加工成型，并且对大气、海水有相当好的耐蚀性。另外，黄铜还具有价格低廉、色泽美丽等优点，是应用最广的重要有色金属材料。

工业上使用的黄铜的 Zn 含量均在 50% 以下，合金的室温组织为 α 和 β′ 相。

α 相是 Zn 溶解于铜中的固溶体，晶格类型与纯铜相同，为面心立方晶格。α 相的抗蚀性、塑性均与纯铜接近。β 相是以 CuZn（电子化合物）为基的固溶体，电子浓度为 3/2，呈体心立方晶格。高温下的 β 相为无序固溶体，塑性极高，适于热压力加工。低温下的 β 相为有序固溶体，又称 β′ 相，塑性差，脆性大，冷加工困难。

随着 Zn 含量的增加，黄铜的导电、导热性降低。黄铜的力学性能与 Zn 含量的关系如图 8.4 所示。当 Zn 含量小于 32% 时，Zn 完全溶于 α 固溶体中，起固溶强化作用，使黄铜的强度和塑性随 Zn 含量的增加而提高。当 Zn 含量超过 32% 时，由于组织中出现脆性的 β′ 相，使塑性降低，而强度继续提高。当 Zn 含量达 45%~47% 时，由于组织中几乎全部由 β′ 相组成，其强度和塑性急剧降低，没有使用价值。

实际生产中使用的黄铜，按其组织分为 α 单相黄铜和 α+β 两相黄铜。含 Zn 量小于 32% 时，为 α 单相组织，含 Zn 量为 32%~45% 时，为 α+β 两相黄铜。

单相黄铜的抗蚀性比两相黄铜好，室温下的塑性较后者好，但强度低。单相黄铜适于冷压力加工。两相黄铜适于热压力加工，热加工温度应选择在该合金所处的 β 相区。

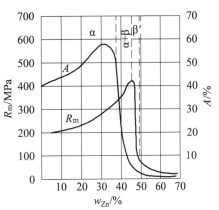

图 8.4 Zn 含量对黄铜力学性能的影响

黄铜在干燥大气及一般介质中，耐蚀性比铁及钢好。但含 Zn 量大于 7%（尤其是大于 20%）经过冷加工的黄铜，在潮湿的大气中，特别是在含有氨的情况下，会产生自动破裂，这种现象称为黄铜的"自裂"。黄铜自裂现象的实质是经冷加工变形的黄铜制品残留有内应力，在周围介质的作用下，产生了应力腐蚀，又称"应力破裂"。防止应力破裂的方法是在 260~300 ℃ 的低温下，进行 1~3 h 的去应力退火，以降低或消除内应力。

工业上应用较多的普通黄铜为 H62、H68、H80。其中 H62 被誉为"商业黄铜"，广泛用于制作水管、油管、散热器垫片及螺钉等。H68 强度较高，塑性特别好，适于经冷冲压或深冲拉伸制造各种形状复杂的零件，大量用作枪弹壳和炮弹筒，故有"弹壳黄铜"之称。H80 因色泽美观，故多用于装饰品。

在普通黄铜的基础上，再加入铝、锰、硅、铅等元素的黄铜，称为特殊黄铜。这些合金元素加入量较少时，一般不与铜形成新的组织，而是同 Zn 一样，只影响 α 相和 β 相的量比，即相当于代替一部分 Zn 的作用。只有 Fe 和 Pb 由于在铜中的溶解度极小，因而常呈铁相和铅粒，独立存在于黄铜的显微组织中。它们加入的目的，主要是提高黄铜的某些性能，如力学性能、耐蚀性能、耐磨性能等。

8.2.4　青　铜

8.2.4.1　锡青铜

锡青铜是 Cu-Sn 合金，颜色呈青灰色，是人类历史上最早应用的一种合金。

图 8.5 是 Cu-Sn 合金的力学性能与 Sn 含量和组织之间的关系。Sn 含量在 6% 以下时，Sn 溶于铜中形成单相固溶体 α 相，α 相呈面心立方晶格，具有良好的冷、热变形能力，合金的强度随着 Sn 含量的增加而升高。但当 Sn 含量超过 6% 后，合金组织中出现了硬脆相 δ（Cu31Sn8），塑性急剧降低。

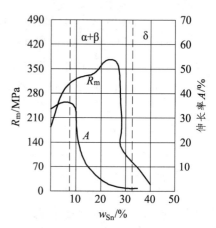

图 8.5　锡含量对锡青铜力学性能的影响

但一定量的 δ 相可以起过剩相强化作用，强度继续升高。当含 Sn 量达到 25% 左右时，由于合金中含有的 δ 相数量过多，强度急剧下降。工业上所用的锡青铜含锡量大多在 3%～12% 内，压力加工锡青铜含 Sn 量不超过 9%，铸造锡青铜含 Sn 量不超过 12%。

锡青铜的耐蚀性比纯铜和黄铜都高。不论在潮湿大气、蒸汽、淡水、海水中都具有良好的耐蚀性，广泛用于制作蒸汽锅炉、海船的零件。

锡青铜中还可以加入其他合金元素以改善性能。加入 Zn，可以改善流动性，并可通过固溶强化作用提高合金的强度；加入 Pb，可以改善锡青铜的耐磨性和切削加工性能；加入 P，可改善锡青铜的流动性，提高强度、疲劳极限、弹性极限和耐磨性，用作轴承、轴套、齿轮等耐磨零件和弹性零件等。

8.2.4.2　铝青铜

铜与铝形成的合金称为铝青铜。铝含量对铝青铜力学性能的影响如图 8.6 所示。Al 含量在 4%～5% 以下，随着 Al 含量的增加，强度和塑性明显提高；但 Al 含量超过 4%～5% 时，塑性开始降低，但强度继续增加；Al 含量超过 10%～11% 时，合金中出现含有脆性相的共析体，不仅塑性很低，而且强度也降低。所以工业用铝青铜的铝含量均不超过 12%。

铝青铜与黄铜和锡青铜比较，具有更高的强度、硬度，在大气、海水、碳酸以及大多数有机酸中的耐腐蚀性也高于黄铜和锡青铜，但在过热蒸汽中不稳定。同时，铝青铜具有耐磨性好，在冲击下不产生火花等特点。所以，铝青铜是无锡青铜中用途最广的一种，主要用于制造耐磨、耐蚀和弹性零件，如齿轮、蜗轮、轴套、摩擦片、弹簧以及船舶制造中的特殊设备等。

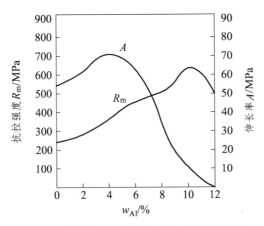

图 8.6　铝含量对铝青铜力学性能的影响

8.2.4.3　铍青铜

Cu-Be 合金称为铍青铜。工业用铍青铜的铍含量一般为 0.2% ~ 2.1%。Be 在固态铜中的溶解度随温度的降低而急剧减小，室温时仅能溶解 0.16%，所以铍青铜是典型的时效硬化型合金。

铍青铜经淬火时效处理后，具有很高的强度、硬度，接近中强度钢的水平，同时弹性极限、疲劳极限也高。铍青铜的耐磨性、耐蚀性、导电导热性能优良，无磁性，受冲击时不产生火花，故在工业中被广泛用作各种重要的弹性元件、耐磨零件及防爆电器、工具等。

铍青铜的强化热处理工艺一般是在保护气氛或真空中加热到 780 ~ 800 ℃，保温 8 ~ 25 min，水冷，320 ℃ 时效。对于要求硬度和耐磨性为主的零件，时效时间 1 ~ 2 h，对于弹性元件，时效时间 2 ~ 3 h。

8.2.5　白　铜

含 Ni 低于 50% 的铜镍合金称为白铜。Cu 与 Ni 无限互溶，各种 Cu-Ni 合金均为单相组织，不能热处理强化，只能固溶强化和加工硬化。

图 8.7 和图 8.8 是 Ni 含量对合金力学性能和物理性能的影响。由图可见，随着 Ni 含量的升高，合金的硬度、抗拉强度、热电势和电阻率均增加，合金的伸长率和电阻温度系数下降。

Cu-Ni 二元合金称为简单白铜。简单白铜具有高的抗腐蚀疲劳性，也有高的抗海水冲蚀性和抗有机酸的腐蚀性。另外，它还有优良的冷、热加工性能，广泛用来制造在蒸汽、淡水和海水中工作的精密仪器、仪表零件和冷凝器以及热交换器管等。

在铜镍二元合金的基础上加入其他合金元素的铜基合金，称为特殊白铜。白铜以加入合金元素的种类不同，可分为锰白铜、锌白铜、铝白铜等。

锰白铜具有极高的电阻，非常小的电阻温度系数，被广泛用于制造电阻器、热电偶、热电偶补偿导线以及变阻器、加热器等。

BMn40-1.5 又称"康铜"，BMn43-0.5 又名"考铜"，它们具有良好的耐热性和耐蚀性，与 Cu、Fe 和 Ag 等配偶时，有高的热电势，是制造工作温度低于 500 ℃ 的热电偶和变阻器及加热器的良好材料。

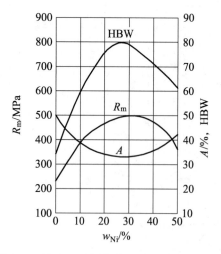 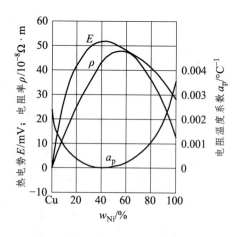

图 8.7　镍含量对铜镍合金力学性能的影响　　图 8.8　镍含量对铜镍合金物理性能的影响

锌有固溶强化作用，并能提高耐蚀性。锌含量为 13% ~ 30%，其中以 BZn15-20 锌白铜应用最广，呈银白色，有相当好的耐蚀性和力学性能，且密度小，成本低。

8.2.6　铸造铜合金

部分青铜和黄铜可以在铸态下使用，其牌号、化学成分和应用见表 8.8。牌号表示方法："Z" + "Cu" + 主要合金元素符号 + 主要合金元素名义百分含量（ + 辅助合金元素符号 + 辅助合金元素名义百分含量）。

合金元素名义百分含量，以 1% 为一个单位，合金元素含量小于 1% 时，一般不标注。

表 8.8　铸造铜合金的牌号和化学成分（摘自 GB/T 1176—2013 等）

合金名称	牌　号	化学成分/%	应　用
3-8-6-1 锡青铜	ZCuSn3Zn8Pb6Ni1	Sn2.0 ~ 4.0，Zn6.0 ~ 9.0，Pb4.0 ~ 7.0，Ni0.5 ~ 1.5，余量 Cu	在各种液体燃料以及海水、淡水和 < 225 ℃ 蒸气中工作的零件，压力不大于 2.5 MPa 的阀门和管配件
10-1 锡青铜	ZCuSn10Pb1	Sn9.0 ~ 11.5，Pb0.5 ~ 1.0，余量 Cu	高负荷（20 MPa 以下）和高滑动速度（8 m/s）下工作的耐磨零件，如连杆、衬套、轴瓦、齿轮、蜗轮等
10-10 铅青铜	ZCuPb10Sn10	Pb8.0 ~ 11.0，Sn9.0 ~ 11.0，余量 Cu	表面压力高又存在侧压力的滑动轴承，如轧辊、车辆轴承以及活塞销套、摩擦片等
20-5 铅青铜	ZCuPb20Sn5	Pb18.0 ~ 23.0，Sn4.0 ~ 6.0，余量 Cu	高滑动速度的轴及破碎机、水泵、冷轧机轴承、负荷达 40 MPa 的零件，抗腐蚀零件，双金属轴承

合金名称	牌 号	化学成分/%	应 用
30 铅青铜	ZCuPb30	Pb27.0~33.0，余量 Cu	高滑动速度的双金属轴瓦、减摩零件等
8-13-3 铝青铜	ZCuAl8Mn13Fe3	Al7.0~9.0，Mn12.0~14.5，Fe2.0~4.0，余量 Cu	制造重型机械用轴套，以及要求强度高、耐磨、耐压零件，如衬套、法兰、阀体、泵体等
38 黄铜	ZCuZn38	Cu60.0~63.0，余量 Zn	结构件和耐蚀件，如法兰、阀座、支架和螺母等
31-2 铝黄铜	ZCuZn31Al2	Cu66.0~68.0，Al2.0~3.0，余量 Zn	适于压力铸造，如电机、仪表等压铸件及造船和机械制造业的耐蚀件

铸造锡青铜的含锡量、含铅量，可较加工青铜高，耐磨、耐腐蚀性较高，主要用于同时需要耐磨和耐蚀的零件。铸造铅青铜的自润滑性好，常用作滑动轴承零件。

8.3 钛及钛合金

8.3.1 纯 钛

钛在地壳中的蕴藏量仅次于铝、铁、镁，居金属元素的第四位。早在 18 世纪末人们就发现了钛，但因其熔点高，化学性质活泼，使得钛的冶炼较困难，长期未能作为结构材料使用。20 世纪 50 年代，航空及航天工业对高性能轻质结构材料的迫切需求，才使钛及钛合金得到迅速发展和应用。

钛是第四周期第四族中的过渡族元素，密度 4.509 g/cm^3，介于铝和铁之间。钛的熔点为（1 668 ± 10）℃。钛在固态下具有同素异构转变，在 882.5 ℃以上为体心立方晶格的 β-Ti，在 882.5 ℃以下为密排六方晶格的 α-Ti，当发生转变时有 5.5% 的体积变化。

钛与氧和氮能形成稳定性极高的、致密的氧化物和氮化物保护膜，因此钛不仅在大气、潮湿气体中有极高的抗蚀性，在淡水和海水中也有极高的抗蚀性，钛在海水中的抗蚀性比铝合金、不锈钢、镍基合金都好。

钛在室温下对不同浓度的硝酸、铬酸均有极高的稳定性，在碱溶液及大多数有机酸中都有高的抗蚀性。但钛在任何浓度的氢氟酸中，均能迅速溶解。

钛在 550 ℃以下抗蚀性好。但在 550 ℃以上，钛能与氧、氮、碳等气体强烈反应（如在 N_2 中加热能燃烧），造成严重污染，并使钛迅速脆化，无法使用。

高纯钛的强度不高，塑性很好。钛中常见杂质（氧、碳、氮等）的存在，会使钛的强度升高，塑性降低。

制备钛的原料矿石的主要成分是 TiO_2。制备钛的第一步，是将 TiO_2 氯化成 $TiCl_4$，然后用镁或钠还原 $TiCl_4$ 制得粒状的海绵钛，再将海绵钛在自耗电极电弧炉中熔炼后，可制备出纯度达 99.5% 的工业纯钛。

若将海绵钛制成 TiI_4 后进行热分解，以形成气相沉积的结晶棒，此法制得的钛，纯度可达 99.9%，又称为高纯钛或碘法钛。

加工钛的牌号和化学成分见表 8.9。

表 8.9　加工钛的牌号和化学成分（摘自 GB/T 3620.1—2016）

合金牌号	名义化学成分	化学成分（质量分数）/%							
		主要成分	杂质（不大于）						
		Ti	Fe	C	N	H	O	其他元素	
								单一	总和
TA1	工业纯钛	余量	0.20	0.08	0.03	0.015	0.18	0.10	0.40
TA2	工业纯钛	余量	0.30	0.08	0.03	0.015	0.25	0.10	0.40
TA3	工业纯钛	余量	0.30	0.08	0.05	0.015	0.35	0.10	0.40
TA4	工业纯钛	余量	0.50	0.08	0.05	0.015	0.40	0.10	0.40

由于高纯度钛的强度较低，作为结构材料应用意义不大，故在工业中很少使用。目前在工业中广泛使用的是工业纯钛和钛合金。

工业纯钛与化学纯钛不同之处是，它含有较多量的氧、氮、碳及多种其他杂质元素（如铁、硅等），它实质上是一种低合金含量的钛合金。与化学纯钛相比，由于含有较多的杂质元素后其强度大大提高，它的力学性能和化学性能与不锈钢相似。

工业纯钛的特点是：强度不高，但塑性好，易于加工成型，冲压、焊接、可切削加工性能良好；在大气、海水、湿氯气及氧化性、中性、弱还原性介质中具有良好的耐蚀性，抗氧化性优于大多数奥氏体不锈钢；但耐热性较差，使用温度不宜太高。

工业上常用的工业纯钛是 TA2，其耐蚀性能和综合力学能适中。对耐磨和强度要求较高时可采用 TA3。要求较好的成型性能时可采用 TA1。

工业纯钛主要用作工作温度 350 ℃ 以下，受力不大但要求塑性的冲压件和耐蚀结构零件，如飞机的骨架、蒙皮、发动机附件，船舶用耐海水腐蚀的管道、阀门、泵及水翼、海水淡化系统零部件，化工上的热交换器、泵体、蒸馏塔、冷却器、搅拌器、三通、叶轮、紧固件、离子泵、压缩机气阀以及柴油发动机活塞、连杆、叶簧等。

TA1、TA2 在铁含量为 0.095%、氧含量为 0.08%、氢含量为 0.006 2% 时，具有很好的低温韧性和高的低温强度，可用作 − 253 ℃ 以下的低温结构材料。

8.3.2　钛的合金化

8.3.2.1　钛合金中合金元素的分类

钛合金中合金元素是按它们与 α 钛和 β 钛的相互作用，以及对同素异构转变温度的影响进行分类的，可分为 相稳定元素、β 相稳定元素及中性元素三类。

α 稳定元素：这类元素能提高 α-Ti→β-Ti 的转变温度，扩大 α 相区并增加 α 相在热力学上的稳定性。它们在 α 钛中有较大的固溶度，在 α+β 双相合金中优先溶于 α 相，是强化 α 相的主要组元。它们主要有铝、镓、硼，其中只有铝在配制合金的生产中得到广泛应用。Al 可固溶强化 α 相，少量溶于 β 相，提高 α+β 的时效能力，提高合金的室温、高温强度，改善抗氧化性。各类钛合金中，几乎都添加了 Al，但含量不超过 7%。

β 稳定元素：这类元素降低 α-Ti→β-Ti 的转变温度，扩大 β 相区并增加 β 相在热力学上的稳定性。它们在 β 钛中可无限互溶或有较大的溶解度，在 α+β 双相合金中优先溶于 β 相内，是强化 β 相的主要组元。这类合金元素主要有 Mo、V、Nb、Ta、Cr、Fe、Mn、Co、Cu、Ni、Si、W 等。

中性元素：凡是在 α 钛和 β 钛中均有很大溶解度，并且在实用含量范围内，对 α-Ti→β-Ti 的转变温度影响不大的合金元素，称为中性元素，它们主要有 Sn、Zr、Hf 等。

8.3.2.2　钛合金的分类及牌号

钛合金是按退火状态的组织分类的。

α 型钛合金：这类钛合金不含或只含极少量的 β 稳定元素，退火态的组织为单相的 α 固溶体或 α 固溶体加微量的金属间化合物。α 型钛合金的牌号用"TA"加顺序号表示。

β 型钛合金：这类钛合金中含有大量的 β 稳定元素，退火或固溶状态得到单相的 β 固溶体组织。β 型钛合金的牌号用"TB"加顺序号表示。

α+β 型钛合金：这类钛合金都含有 α 稳定元素 Al，还含有一定量的 β 稳定元素，退火态的组织为 α+β 固溶体。α+β 型钛合金用"TC"加顺序号表示。

钛合金的牌号及化学成分见表 8.10。

8.3.2.3　合金化原则

钛的合金化原理，主要是采用多元固溶强化，时效强化起辅助作用。

α 型钛合金：主要加入 α 稳定元素 Al，其次加入中性元素 Sn 和 Zr，它们主要起固溶强化作用，在提高强度的同时，不明显降低合金的塑性，Sn 和 Zr 还能显著提高合金的抗蠕变能力。有时还加入少量 β 稳定元素，如 Mo、Ni 等。

β 型钛合金：首先加入足够数量的 β 稳定元素，如 Mo、V、Cr、Fe 等，以保证合金在退火状态或淬火状态下为 β 单相组织，辅助加入一定数量的 α 稳定元素 Al。

α+β 型钛合金：同时加入 β 稳定元素（如 V、Mn、Cr、Fe、Mo、Si、Nb、Cu 等）和 α 稳定元素 Al，有时还加入中性元素 Sn、Zr。加入的 β 稳定元素，不仅可固溶强化 β 相，提高 β 相的强度，而且有利于进行时效弥散强化，其中 V 在提高合金强度的同时，还能保持良好的塑性，Mo 能减少钛合金的氢脆倾向，V 和 Mo 还能提高合金的抗蠕变能力和热稳定性，Cu 能提高合金的热稳定性和热强性，Si 可有效提高钛合金的热强性和抗蠕变能力，但降低了热稳定性，含量应控制，不超过 0.40%。加入 Al、Sn、Zr 等合金元素，不仅可以固溶强化 α 相，提高 α 相的强度，而且可以提高时效组织的弥散度，显著增强时效强化的效果。

表 8.10 加工钛合金的牌号和化学成分（摘自 GB/T 3620.1—2016）

合金牌号	化学成分组	化学成分（质量分数）/%									
		主要成分									其他
		Ti	Al	Sn	Mo	V	Cr	Fe	Si	Zr	
TA5	Ti-4Al-0.005B	余量	3.3~4.7	—	—	—	—	—	—	—	B0.005
TA6	Ti-5Al	余量	4.0~5.5	—	—	—	—	—	—	—	—
TA7	Ti-5Al-2.5Sn	余量	4.0~6.0	2.0~3.0	—	—	—	—	—	—	—
TA7ELI	Ti-5Al-2.5SnELI	余量	4.50~5.75	2.0~3.0	—	—	—	—	—	—	—
TA8	Ti-0.05Pd	余量	—	—	—	—	—	—	—	—	Pd0.04~0.08
TA9	Ti-0.2Pd	余量	—	—	—	—	—	—	—	—	Pd0.12~0.25
TA10	Ti-0.3Mo-0.8Ni	余量	—	—	0.2~0.4	—	—	—	—	—	Ni0.6~0.9
TA11	Ti-8Al-1Mo-1V	余量	7.35~8.35	—	0.75~1.25	0.75~1.25	—	—	—	—	—
TA12	Ti-5.5Al-4Sn-2Zr-1Mo-1Nd-0.25Si	余量	4.8~6.0	3.7~4.7	0.75~1.25	—	—	—	0.2~0.35	1.5~2.5	Nd0.6~1.2
TA13	Ti-2.5Cu	余量	—	—	—	—	—	—	—	—	Cu: 2.0~3.0
TA14	Ti-2.3Al-11Sn-5Zr-1Mo-0.2Si	余量	2.0~2.5	10.52~11.5	0.8~1.2	—	—	—	0.1~0.5	4.0~6.0	—
TA15	Ti-6.5Al-1Mo-2Zr	余量	5.5~7.1	—	0.5~2.0	0.8~2.5	—	—	≤0.15	1.5~2.5	—
TA16	Ti-2Al-2.5Zr	余量	1.8~2.5	—	—	—	—	—	≤0.12	2.0~3.0	—
TA17	Ti-4Al-2V	余量	3.5~4.5	—	—	1.5~3.0	—	—	≤0.15	—	—
TA21	Ti-1Al-1Mn	余量	0.4~1.5	—	—	—	—	—	≤0.11	≤0.30	Mn0.5~1.3
TA22	Ti-3Al-1Mo-1Ni-1Zr	余量	2.5~3.5	—	0.5~1.5	—	—	—	≤0.15	0.8~2.0	Ni0.3~1.0

合金牌号	化学成分组	化学成分（质量分数）/% 主要成分									
		Ti	Al	Sn	Mo	V	Cr	Fe	Si	Zr	其他
TA23	Ti-2.5Al-2Zr-1Fe	余量	2.2~3.0	—	—	—	—	0.8~1.2	≤0.15	1.7~2.3	—
TA24	Ti-3Al-2Mo-2Zr	余量	2.5~3.5	—	1.0~2.5	—	—	—	≤0.15	1.0~3.0	—
TB2	Ti-3Al-5Mo-5V-8Cr	余量	2.0~3.3	—	4.7~5.7	4.7~5.7	7.5~8.5	—	—	—	—
TB3	Ti-3.5Al-10Mo-8V-1Fe	余量	2.7~3.7	—	9.5~11.0	7.5~8.5	—	0.8~1.2	—	—	—
TB4	Ti-4Al-7Mo-10V-2Fe-1Zr	余量	3.0~4.5	—	6.0~7.8	9.0~10.5	—	1.5~2.5	—	0.5~1.5	—
TB5	Ti-15V-3Al-3Cr-3Sn	余量	2.5~3.5	2.5~3.5	—	14.0~16.0	2.5~3.5	—	—	—	—
TB6	Ti-10V-2Fe-3Al	余量	2.6~3.4	—	—	9.0~10.0	—	1.6~2.2	—	—	—
TB7	Ti-32Mo	余量	—	—	32.0~34.0	—	—	—	—	—	—
TB8	Ti-15Mo-3Al-2.7Nb-0.25Si	余量	2.5~3.5	—	14.0~16.0	—	—	—	—	0.15~0.25	Nb2.4~3.2
TB9	Ti-3Al-8V-6Cr-4Mo-4Zr	余量	3.0~4.0	—	3.5~4.5	7.5~8.5	5.5~6.5	—	3.5~4.5	—	—
TB10	Ti-5Mo-5V-2Cr-3Al	余量	2.5~3.5	—	4.5~5.5	4.5~5.5	1.5~2.5	—	—	—	—
TB11	Ti-15Mo	余量	—	—	14.0~16.0	—	—	—	—	—	—
TC1	Ti-2Al-1.5Mn	余量	1.0~2.5	—	—	—	—	—	—	—	Mn0.7~2.0
TC2	Ti-4Al-1.5Mn	余量	3.5~5.0	—	—	—	—	—	—	—	Mn0.8~2.0
TC3	Ti-5Al-4V	余量	4.5~6.0	—	—	3.5~4.5	—	—	—	—	—
TC4	Ti-6Al-4V	余量	5.5~6.75	—	—	3.5~4.5	—	—	—	—	—
TC4ELI	Ti-6Al-4VELI	余量	5.5~6.5	—	—	3.5~4.5	—	—	—	—	—

合金牌号	化学成分组	化学成分（质量分数）/% 主要成分									
		Ti	Al	Sn	Mo	V	Cr	Fe	Zr	Si	其他
TC6	Ti-6Al-1.5Cr-2.5Mo-0.5Fe-0.3Si	余量	5.5~7.0	—	2.0~3.0	—	0.8~2.3	0.2~0.7	—	0.15~0.40	—
TC8	Ti-6.5Al-3.5Mo-0.25Si	余量	5.8~6.8	—	2.8~3.8	—	—	—	—	0.20~0.35	—
TC9	Ti-6.5Al-3.5Mo-2.5Sn-0.3Si	余量	5.8~6.8	1.8~2.8	2.8~3.8	—	—	—	—	0.2~0.4	—
TC10	Ti-6Al-6V-2Sn-0.5Cu-0.5Fe	余量	5.5~6.5	1.5~2.5	—	5.5~6.5	—	0.35~1.0	—	—	Cu 0.35~1.0
TC11	Ti-6.5Al-3.5Mo-1.5Zr-0.3Si	余量	5.8~7.0	—	2.8~3.8	—	—	—	0.8~2.0	0.20~0.35	—
TC12	Ti-5Al-4Mo-4Cr-2Zr-2Sn-1Nb	余量	4.5~5.5	1.5~2.5	3.5~4.5	—	3.5~4.5	—	1.5~3.0	—	Nb 0.5~1.5
TC16	Ti-3Al-5Mo-4.5V	余量	2.2~3.8	—	4.5~5.5	4.0~5.0	—	—	—	—	—
TC17	Ti-5Al-2Sn-2Zr-4Mo-4Cr	余量	4.5~5.5	1.5~2.5	3.5~4.5	—	3.5~4.5	—	1.5~2.5	—	—
TC18	Ti-5Al-4.75Mo-4.75V-1Cr-1Fe	余量	4.5~5.7	—	4.0~5.5	4.0~5.5	0.5~1.5	0.5~1.5	≤0.30	≤0.15	—
TC19	Ti-6Al-2Sn-4Zr-6Mo	余量	5.5~6.5	1.75~2.25	5.5~6.5	—	—	—	3.5~4.5	—	—
TC20	Ti-6Al-7Nb	余量	5.5~6.5	—	—	—	—	—	—	—	Nb 6.5~7.5
TC21	Ti-6Al-2Mo-1.5Cr-2Zr-2Sn-2Nb	余量	5.2~5.8	1.5~2.5	2.2~3.3	—	0.9~2.0	—	1.6~2.5	—	Nb 1.7~2.3
TC22	Ti-6Al-4V0.05Pd	余量	5.5~6.75	—	—	3.5~4.5	—	—	—	—	Pd 0.04~0.08
TC23	Ti-6Al-4V0.1Ru	余量	5.5~6.75	—	—	3.5~4.5	—	—	—	—	Ru 0.08~0.14
TC24	Ti-4.5Al-3V-2Mo-2Fe	余量	4.0~5.0	—	1.8~2.2	2.5~3.5	—	1.7~2.3	—	—	—

8.3.3 钛合金的热处理

钛合金的热处理方式有退火、固溶及时效、形变热处理、化学热处理等。下面仅介绍退火、淬火和时效的原理和工艺。

钛合金的退火是为了使组织和相成分均匀，降低硬度，提高塑性，以及消除压力加工、焊接或机加工所引起的内应力。退火的形式有消除应力退火、完全退火、双重退火。

消除应力退火温度应低于合金的再结晶温度，完全退火温度应高于合金的再结晶温度。常用钛合金的退火工艺参数见表 8.11。

表 8.11 加工钛及钛合金的热处理工艺参数

牌号	消除应力退火		完全退火		淬火（固溶处理）			时效处理		
	温度/°C	时间/min	温度/°C	时间/min	温度/°C	时间/min	冷却方式	温度/°C	时间/h	冷却方式
TA2	500～600	15～60	680～720	30～120	—	—	—	—	—	—
TA5	550～650	15～60	800～850	30～120	—	—	—	—	—	—
TA7	550～650	15～120	750～800	30～120	—	—	—	—	—	—
TB2	480～650	15～240	800	30	800	30	水或空冷	500	8	空冷
TC4	550～650	30～240	700～800	60～120	850～950	30～60	水冷	480～560	4～8	
TC9	550～650	30～240	600	60	900～950	60～90	水冷	500～600	2～6	
TC10	550～650	30～240	760	120	850～900	60～90	水冷	500～600	4～12	

双重退火包括高温及低温两次退火处理，其目的是使合金组织更接近平衡状态，保证在高温及长期应力作用下的组织和性能的稳定性，特别适用于耐热钛合金。

部分钛合金的淬火和时效工艺见表 8.11。

对于 $\alpha+\beta$ 型钛合金，因其临界温度较高，淬火加热温度一般选在（$\alpha+\beta$）两相区的上部范围，而不是加热到 β 单相区，以防止晶粒粗大，引起韧性降低。对于 β 型钛合金，其临界温度较低，淬火加热温度既可以选择在（$\alpha+\beta$）两相区的上部范围，也可选择在 β 单相区的低温段。

淬火加热保温时间，主要根据工件的截面厚度而定，淬火冷却方式可以是水冷，也可以是空冷。

钛合金在时效过程中，主要借助过冷 β 相中析出的弥散 α 相而使合金强化，因此其时效强化效果除与淬火加热温度有关外，还取决于时效温度和时效时间的选择。淬火加热温度决定了过冷 β 相的成分和数量，而时效温度和时间直接控制着 α 析出相的形貌、分布和析出数量，进而影响钛合金的强度和塑性。

大多数钛合金在 450～480 °C 时效之后出现最大的强化效果，但塑性低，实际采用比较高的时效温度（500～600 °C），以获得更好的塑性。时效时间根据合金类型一般在 2～12 h。

8.3.4　常用加工钛合金的特性及应用

α型钛合金的特点是不能热处理强化，通常在退火状态下使用，具有良好的热稳定性和热强性以及优良的焊接性，在惰性气体保护下可以进行各种方法的焊接。但室温强度较低，而且由于α型钛合金具有六方晶格结构，塑性变形时滑移系少，故塑性变形能力较其他类型钛合金差，α型钛合金的力学性能见表8.12，应用举例见表8.13。

表8.12　加工钛及钛合金的力学性能

合金牌号	类型和状态	试验温度 /°C	抗拉强度 R_m /MPa	屈服强度 $R_{p0.2}$ /MPa	断后伸长率 A/%	冲击韧度 a_k/(J/cm²)	弹性模量 E/GPa
TA2	棒材，退火	20	500	—	31	90	105
TA4	锻件	20 300	730 370	640 320	22 26	80 180	— —
TA7	板材，退火	20 500	750~950 520~450	650~850 300~400	10 20	40 —	105~120 58.5
TB2	棒材，淬火时效	20	1 400	—	7	15	—
TC4	棒材，退火	20 400	950 640	860 500	15 17	40 —	113
TC6	棒材，淬火时效	20 400	1 100 750	1 000 600	12 15	40 —	115
TC9	棒材，退火	20 500	1 200 870	1 030 600	11 14	30 —	118 95
TC10	棒材，退火	20 450	1 100 800	1 050 600	12 19	40 —	108 90
TC11	棒材	20 500	1 110 780	1 014 600	17 22	30 —	123 99

表8.13　加工钛及钛合金的特性和应用

组别	牌号	主要特性	应用举例
α型钛合金	TA4	这类合金在室温和使用温度下呈α型单相状态，不能热处理强化（退火是唯一的热处理形式），主要依靠固溶强化。室温强度一般低于β型和α+β型钛合金（但高于工业纯钛），而在高温（500~600 °C）下的强度和蠕变强度却是三类钛合金中最高的；且组织稳定，抗氧化性和焊接性能好，耐蚀性和可切削加工性能也较好，但塑性低（热塑性仍然良好），室温冲压性能差。其中使用最广的是TA7，它在退火状态下具有中等强度和足够的塑性，焊接性良好，可在500 °C以下使用；当其间隙杂质元素（氧、氢、氮等）含量极低时，在超低温时还具有良好的韧性和综合力学性能，是优良的超低温合金之一	抗拉强度比工业纯钛稍高，可做中等强度范围的结构材料。国内主要用作焊丝
	TA5 TA6		用于400 °C以下在腐蚀介质中工作的零件及焊接件，如飞机蒙皮、骨架零件、压气机壳体、叶片、船舶零件等
	TA7		500 °C以下长期工作的结构件和各种模锻件，短时使用可到900 °C，也可用作超低温（−253 °C）部件（如超低温用的容器）

组别	牌号	主要特性	应用举例
β型钛合金	TB2	这类合金的主要合金元素是钼、铬、钒等β稳定化元素，在正火或淬火时很容易将高温β相保留到室温，获得介稳定的β单相组织，故称β型钛合金。 β型钛合金可热处理强化，有较高的强度，焊接性能和压力加工性能良好；但性能不够稳定，熔炼工艺复杂，故应用不如α型、α+β型钛合金广泛	在350 ℃以下工作的零件，主要用于制造各种整体热处理（固溶、时效）的板材冲压件和焊接件；如压气机叶片、轮盘、轴类等重载荷旋转件，以及飞机的构件等。 TB2合金一般在固溶处理状态下交货，在固溶、时效后使用
α+β型钛合金	TC1 TC2	这类合金在室温呈α+β型两相组织，因而得名α+β型钛合金。它具有良好的综合力学性能，大都可热处理强化（但TC1、TC2、TC7不能热处理强化），锻造、冲压及焊接性能均较好，可切削加工；室温强度高，150~500 ℃以下有较好的耐热性；有的（如TC1、TC2、TC3、TC4）具有良好的低温韧性和良好的抗海水应力腐蚀及抗热盐应力腐蚀能力；缺点是组织不够稳定。 这类合金以TC4应用最为广泛，用量约占现有钛合金生产量的一半。该合金不仅具有良好的室温、高温和低温力学性能，且在多种介质中具有优异的耐蚀性，同时可焊接、冷热成型，并可通过热处理强化，因而在宇航、船舰、兵器以及化工等工业部门均获得广泛应用	400 ℃以下工作的冲压件、焊接件以及模锻件和弯曲加工的各种零件。这两种合金还可用作低温结构材料
	TC3 TC4		400 ℃以下长期工作的零件，结构用的锻件，各种容器、泵、低温部件、船舰耐压壳体、坦克履带等。强度比TC1、TC2高
	TC6		可在450 ℃以下使用，主要用作飞机发动机结构材料
	TC9		500 ℃以下长期工作的零件，主要用在飞机喷气发动机的压气机盘和叶片上
	TC10		450 ℃以下长期工作的零件，如飞机结构零件、起落支架、蜂窝连接件、导弹发动机外壳、武器结构件等

β型钛合金中含有大量的β稳定元素，在淬火后能得到介稳定的β相组织，因此β型钛合金的特点是在淬火态具有很好的塑性，可以冷成型，淬火时效后具有很高的强度，可焊性好，以及在高的屈服强度下具有高的断裂韧性值，但热稳定差。β型钛合金的力学性能见表8.12，应用举例见表8.13。

α+β型钛合金的特点是具有较高的力学性能和优良的高温变形能力，能较顺利地进行各种热加工，并能通过淬火和时效处理，使合金的强度大幅度提高。但是，这类合金的热稳定性差，焊接性能不如α型钛合金。α+β型钛合金的力学性能见表8.12，应用举例见表8.13。

TC1和TC2合金为Ti-Al-Mn系合金，由于Mn含量低，在合金组织中β相数量少，故不能热处理强化，通常只在退火态下使用。退火后塑性接近于工业纯钛并有优良的低温性能，强度比工业纯钛高，可作低温材料使用。

TC3、TC4和TC10合金为Ti-Al-V系合金，合金中Al和V都是主要合金元素。该系合金的特点是具有良好的综合力学性能，没有脆性的第二相，组织稳定性高，可在较宽的温度范围使用，因此获得广泛应用。其中TC4（Ti-6Al-4V）合金应用最广，其产量占世界各国钛合金总产量的 60%，可用作火箭发动机外壳、航空发动机压气机盘、叶片、结构件和紧固件等。TC10 合金是在 TC4 合金基础上加入 2%Sn、0.5%Cu 和 0.5%Fe，目的是提高合金的强度和热强性。

TC9、TC11 和 TC12 合金为 Ti-Al-Mo 系合金，Mo 代替 V 的主要目的是减少钛合金的氢脆倾向，同时加入 Sn、Zr 提高合金的时效强化效果，加入少量 Si、Nb 提高合金的热强性，使钛合金的室温强度达到 1 200 MPa，500 ℃ 时的抗拉强度达到 870 MPa，可以用作 500 ℃ 以下长期工作的零件，如用作飞机喷气发动机的压气机盘和叶片。

8.3.5 铸造钛及钛合金

钛及钛合金也可以直接浇注成铸件。铸造钛及钛合金的牌号用"ZTi" + 合金元素符号 + 合金元素的名义含量表示，代号用"ZT"加 A、B 或 C（分别表示 α 型、β 型和 α + β 型钛合金）加顺序号表示，顺序号与同类型加工钛合金的表示方法相同。具体牌号和化学成分见表 8.14。钛及钛合金铸件的力学性能见表 8.15。铸造钛及钛合金一般都在退火状态下使用，具体工艺参数见表 8.16。

表 8.14　铸造钛及钛合金的牌号和化学成分（摘自 GB/T 15073—2014）

铸造钛及钛合金		化学成分（质量分数）/%												
		主要成分						杂质（不大于）						
牌号	代号	Ti	Al	Sn	Mo	V	其他	Fe	Si	C	N	H	O	其他元素
														单一	总和
ZTi1	ZTA1	余量	—	—	—	—	—	0.25	0.10	0.10	0.03	0.015	0.25	0.10	0.40
ZTi2	ZTA2	余量	—	—	—	—	—	0.30	0.15	0.10	0.05	0.015	0.35	0.10	0.40
ZTi3	ZTA3	余量	—	—	—	—	—	0.40	0.15	0.10	0.05	0.015	0.40	0.10	0.40
ZTiAl4	ZTA5	余量	3.3 ~ 4.7	—	—	—	—	0.30	0.15	0.10	0.04	0.015	0.20	0.10	0.40
ZTiAl5 Sn2.5	ZTA7	余量	4.0 ~ 6.0	2.0 ~ 3.0	—	—	—	0.50	0.15	0.10	0.05	0.015	0.20	0.10	0.40
ZTiPd0.2	ZTA9	余量	—	—	—	—	Pd0.12 ~ 0.25	0.25	0.10	0.10	0.05	0.015	0.40	0.10	0.40
ZtiMo0.3Ni0.8	ZTA10	余量	—	—	0.2 ~ 0.4	—	Ni0.6 ~ 0.9	0.30	0.15	0.10	0.05	0.015	0.25	0.10	0.40
ZtiAl6Zr2Mo1V1	ZTA15	余量	5.5 ~ 7.0	—	0.5 ~ 2.0	0.8 ~ 2.5	Zr1.5 ~ 2.5	0.30	0.15	0.10	0.05	0.015	0.20	0.10	0.40
ZtiAl4V2	ZTA17	余量	3.5 ~ 4.5	—	—	1.5 ~ 3.0	—	0.25	0.15	0.10	0.05	0.015	0.20	0.10	0.40
ZTiMo32	ZTB32	余量	—	—	30.0 ~ 34.0	—	—	0.30	0.15	0.10	0.05	0.015	0.15	0.10	0.40
ZTiAl6V4	ZTC4	余量	5.50 ~ 6.75	—	—	3.5 ~ 4.5	—	0.40	0.15	0.10	0.05	0.015	0.25	0.10	0.40
ZTiAl6Sn4.5 Nb2Mo1.5	TC21	余量	5.5 ~ 6.5	4.0 ~ 5.0	1.0 ~ 2.0	—	Nb 1.5 ~ 2.0	0.30	0.15	0.10	0.05	0.015	0.20	0.10	0.40

表 8.15　钛及钛合金铸件的力学性能（摘自 GB/T 6614—2014）

牌　号	代　号	抗拉强度 R_m/MPa	规定残余伸长应力 $R_{p0.2}$/MPa	断后伸长率 A/%	硬度 /HBW
		不小于			不大于
ZTi1	ZTA1	345	275	20	210
ZTi2	ZTA2	440	370	13	235
ZTi3	ZTA3	540	470	12	245
ZTiAl4	ZTA5	590	490	10	270
ZTiAl5Sn2.5	ZTA7	795	725	8	335
ZTiMo32	ZTB32	795		2	260
ZTiAl6V4	ZTC4	895	825	6	365
ZTiAl6Sn4.5Nb2Mo1.5	TC21	980	850	5	350

表 8.16　铸造钛及钛合金的退火制度（摘自 GB/T 6614—2014）

牌　号	代　号	温度/°C	保温时间/min	冷却方式
ZTi1、ZTi2、ZTi3	ZTA1、ZTA2、ZTA3	500～600	30～60	炉冷
ZTiAl4	ZTA5	550～650	30～90	
ZTiAl5Sn2.5	ZTA7	550～650	30～120	
ZTiAl6V4	ZTC4	550～600	20～240	

8.4　滑动轴承合金

　　滑动轴承与滚动轴承比较，具有承压面积大、工作平稳、无噪声以及装拆方便等优点，广泛用于磨床的主轴轴承、发动机轴承等。滑动轴承的结构一般由轴承体和轴瓦所构成。轴瓦直接支持转动的轴。为了提高轴瓦的耐磨性，往往在钢质轴瓦的内侧浇铸或轧制一层耐磨合金，形成一层均匀的内衬。用来制造轴承内衬的耐磨合金，称为轴承合金。

8.4.1　滑动轴承的工作条件及性能要求

　　滑动轴承直接与轴颈配合使用，当轴高速转动时，轴瓦与轴颈之间有强烈的摩擦磨损，并承受轴传递的交变载荷和冲击。因此，根据轴承的工作条件，对轴承材料提出了一定的性能要求：良好的承压能力，冲击韧性和疲劳强度好，一定的硬度，良好的耐磨性，减摩性好，导热、抗蚀性好，强度塑性良好配合，与轴颈的磨合性能优秀。

　　为满足滑动轴承在使用过程中对耐磨性的要求，轴承合金的组织应为软基体上均匀分布着硬质点或硬基体上均匀分布软质点。这样的组织在轴承工作时，很快就能磨合，软的组织被磨损后形成凹坑，可以储存润滑油，有利于形成连续的油膜，以保证轴承在较好的润滑条件和低的摩擦系数下工作。

8.4.2 滑动轴承合金的分类与牌号

采用的轴承合金有锡基、铅基、铜基、铝基合金等。其中锡基、铅基合金为低熔点轴承合金，又称巴氏合金。

轴承合金一般在铸态下使用。因此轴承合金的牌号表示方法：Z + 基体元素符号 + 主加元素符号 + 主加元素质量分数 + 辅加元素符号 + 辅加元素质量分数……

例如：ZSnSb12Pb10Cu4 表示含 Sb 量为 12%，含 Pb 量为 10%，含 Cu 量为 4% 的锡基轴承合金。

8.4.3 常用的滑动轴承合金

8.4.3.1 锡基轴承合金

锡基轴承合金是一种性能优秀，使用历史悠久的轴承合金。常用锡基轴承合金的牌号、成分和用途见表 8.17。

表 8.17　部分锡基和铅基轴承合金的牌号、成分、力学性能及用途

组别	代号	化学成分/%				力学性能			熔点/°C	用途
		Sn	Sb	Pb	Cu	R_m/MPa	A/%	HBW		
锡基轴承合金	ZSnSb11Cu6	余量	10.0～12.0	—	5.5～6.5	90	6.0	27	241	1 470 kW 以上的高速汽轮机，367.5 kW 的涡轮机，高速内燃机轴承
	ZSnSb8Cu4	余量	7.0～8.0	—	3.0～4.0	80	10.6	24	—	一般大机械轴承及轴衬，重载、高速汽车发动机轴承
	ZSnSb4Cu4	余量	4.0～5.0	—	4.0～5.0	80	7.0	20	—	涡轮机及内燃机高速轴承及轴衬
铅基轴承合金	ZPbSb16Sn16Cu2	15.0～17.0	15.0～17.0	余量	1.5～2.0	78	0.2	30	240	汽车、轮船发动机等轻载高速轴承
	ZPbSb6Sn6	5.5～6.5	～6.5	余量	—	67	12.7	16.9	—	较重载荷高速机械轴衬
	ZPbSb15Sn10	9.0～11.0	14.0～16.0	余量	—	60	1.8	24	—	中等压力的高温轴承

锡基合金是在锡-锑合金的基础上添加铜的合金，其组织由典型的软基体加硬质点组成。ZSnSb11Cu6 的显微组织见图 8.9。锑在锡中的固溶体 α 相为软基体，白方块是 β′ 相（SnSb 化合物）硬质点，白色针状组织是 Cu_6Sn_5 硬质点。

图 8.9　ZSnSb11Cu6 合金的显微组织

锡基轴承合金的摩擦系数和热膨胀系数小，塑形、导热性和抗蚀性良好，适宜用作汽轮机、发动机等大型机器的高速轴承。但锡基合金的疲劳强度较低，使用温度不高于 150 ℃。

8.4.3.2　铅基轴承合金

铅基轴承合金是以铅-锑为基的合金。其室温组织由锑在铅中的固溶体 α 相和铅在锑中的固溶体 β 相组成。铅的强度和硬度很低，故 α 相是软相。而锑的性能硬而极脆，所以 β 相也很脆，铅的比重（11.34）比锑（6.68）大得多，比重偏析严重，故二元铅-锑合金的性能不好。通常在铅-锑合金中加锡和铜。锡既能溶于 α 相，提高强度、硬度，又能形成化合物 SnSb 硬质点，提高合金的耐磨性。铜是为了形成 Cu_6Sn_5 化合物，防止比重偏析，同时也起硬质点的作用。

常用铅基轴承合金的牌号、成分和用途见表 8.17。ZPbSb16Sn16Cu2 的显微组织为（α + β）+ β + Cu_6Sn_5，如图 8.10 所示。（α + β）共晶体为软基体，白色方块为 β（SnSb）硬质点，白色针状晶体为 Cu_6Sn_5。

铅基合金与锡基合金相比，强度、硬度和耐磨性及冲击韧性都比较低，但价格便宜，通常用于低速、低负荷轴承。

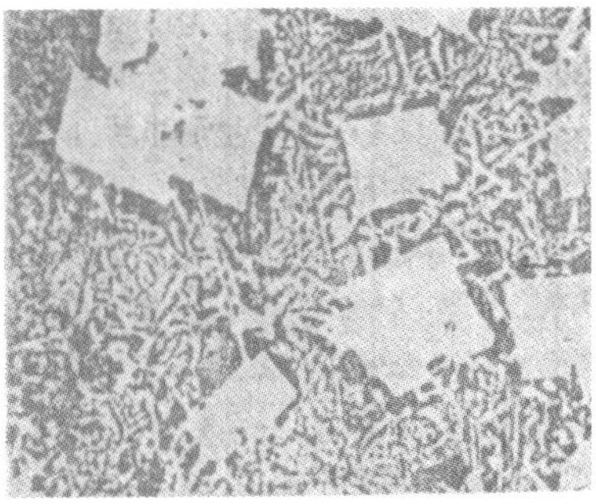

图 8.10　ZPbSb16Sn16Cu2 合金的
显微组织

8.4.3.3　以其他金属为基的轴承合金

（1）Cu 基轴承合金

铜基轴承合金有铅青铜、锡青铜等铸造铜基合金。常用的有 ZCuPb30、ZCuSn10Pb1 等。

ZCuPb30 的成分为 30%Pb，其余为 Cu。铅在固态不溶于铜中，其组织特点是硬的铜基体上分布着铅的软质点。铅青铜与巴氏合金相比，具有高的疲劳强度和承载能力、优良的减摩性、高的导热性，工作温度可达 320 ℃，主要用作大载荷、高速度的轴承，如航空发动机、高速柴油机的轴承等。

（2）铝基轴承合金

铝基轴承合金是一种新型减摩材料，基本特点是比重小、导热性好、承载强度和疲劳强度高、耐蚀性好，并且价格低廉。但其线膨胀系数大，运转过程中易与轴咬死。

高锡铝基轴承合金的成分为 17.5%~22.5%Sn、0.75%~1.25%Cu，其余为 Al。在固态时锡在铝中的溶解度极小，合金经轧制与再结晶退火后，显微组织为铝基体（硬基体）上均匀分布着软的锡质点。加入少量铜可固溶强化基体。该合金也用 08 钢为衬背，轧制成双合金带。高锡铝基轴承合金具有高的疲劳强度和承载压强，具有良好的耐热、耐磨及抗蚀性，可用作压强为 28 MN/m² 滑动速度在 13 m/s 以下工作的轴承，在汽车、拖拉机、内燃机上广泛使用。

本章小结

除钢铁以外的其他金属统称为有色金属。有色金属种类繁多，性能各异，是现代工业必不可少的材料。本章仅对机械制造工业中常用的铝、铜及其合金以及轴承合金作了简要介绍。

纯铝的密度小、抗腐蚀性好，有很高的塑性，但强度、硬度很低，不适宜作承受较大载荷的结构零件。在纯铝中加入硅、铜、镁、锌等合金元素，制成铝合金，通过固溶强化及时效强化，其力学性能可大幅度提高。铝合金可分为变形铝合金和铸造铝合金。变形铝合金包括防锈铝、硬铝、超硬铝及锻铝合金，在加热到高温时，可以形成单相固溶体，塑性较高，能进行冷、热加工，常用作飞机结构件。铸造铝合金包括 Al-Si 系、Al-Cu 系、Al-Mg 系、Al-Zn 系等，合金元素含量较变形铝合金高，组织中有低熔点的共晶，流动性好，适宜铸造成型，常用作汽车发动机零件等形状复杂的零件。

纯铜为紫红色，又称紫铜，其导电性、导热性仅次于银，塑性极好，但强度较低。Zn、Al、Sn、Mn、Ni 等元素对铜有显著的固溶强化作用，Be、Ti、Zr、Cr 等元素对铜有时效强化效果。黄铜是以 Zn 为主要合金元素的铜合金，白铜是以 Ni 为主要合金元素的铜合金，青铜是除 Zn、Ni 以外的其他元素为主要合金元素的铜合金。青铜按所含主要合金元素的种类分为锡青铜、铝青铜、铍青铜、硅青铜、锰青铜、锆青铜、铬青铜等。铜合金的加工性能良好，黄铜及青铜还具有良好的铸造性能。铜合金的强度较高、塑形较好，还具较高的弹性、耐蚀、耐磨性能，常用于仪表、船舶零件等。

用来制造滑动轴承内衬的耐磨合金，称为轴承合金。轴承合金有锡基、铅基、铜基、铝基合金等。其中锡基、铅基合金为低熔点轴承合金，又称巴氏合金。轴承合金一般在铸态下使用。为满足滑动轴承在使用过程中对耐磨性的要求，轴承合金的组织应为软基体上均匀分布着硬质点或硬基体上均匀分布软质点。轴承合金常用作汽轮机、发动机等大型机器的高速轴承。

思考与练习

一、名词解释

硅铝明　黄铜　紫铜　锌白铜

二、判断题

1. 所有铝合金都可通过热处理予以强化。　　　　　　　　　　　　　　　（　　）

2. 单相黄铜的强化可以通过冷塑性变形来实现。　　　　　　　　　　　　（　　）

三、选择题

1. 强化铸造铝合金的途径是（　　　）。
   - A. 淬火
   - B. 固溶处理＋时效
   - C. 冷变形
   - D. 变质处理

2. 强化单相黄铜的途径是（　　　）。
   - A. 淬火
   - B. 固溶处理＋时效
   - C. 冷变形
   - D. 变质处理

3. LF5 的（　　　）。
   - A. 铸造性能好
   - B. 强度高
   - C. 耐蚀性好
   - D. 时效强化效果好

4. 固态下强化硅铝明的有效途径是（　　　）。
   - A. 塑性变形
   - B. 固溶＋时效
   - C. 淬火＋低温回火
   - D. 变质处理

5. 对于可以用热处理强化的铝合金，其热处理方法是（　　　）。
   - A. 淬火＋低温回火
   - B. 固溶＋时效
   - C. 水韧处理
   - D. 变质处理

四、问答题

1. 铝合金可以分为哪几类？试根据二元铝合金一般相图说明其依据。

2. 硬铝合金的热处理有什么特点？

3. 铜合金可以分为哪几类？

4. 黄铜的力学性能与 Zn 含量有怎样的关系？为什么要选用 H68 作枪弹壳？

5. 钛合金按退火组织分为哪几类？各有什么用途？

6. 滑动轴承在什么条件下工作？对轴承合金有哪些性能要求？

9　非金属材料

本章提要

本章介绍了高分子材料、陶瓷材料和复合材料三大非金属材料。首先简单介绍高分子材料的基本概念、组成与结构特点，重点介绍常用工程塑料、橡胶的性能特点与应用。然后简单介绍陶瓷的典型组织和结构以及几种常用的工业结构陶瓷材料的基本性能和应用。最后简单介绍复合材料的概念、分类、性能特点、复合增强机制、复合原则以及几种常用复合材料的性能和应用。

非金属材料是指除金属材料以外的其他材料。由于它们的各种特殊的性能，例如塑料的成型性、橡胶的高弹性以及陶瓷的高硬度、耐高温和耐蚀性等，在现代工农业生产中应用日益广泛，目前已成为工程材料中不可缺少的、独立的组成部分。常用的非金属材料有高分子材料、陶瓷材料和复合材料三类。

9.1　高分子材料

高分子材料是以高分子化合物为主要组成的有机材料。

高分子材料可分为天然高分子材料和人工合成高分子材料两大类。天然高分子材料包括蚕丝、羊毛、纤维素、油脂、天然橡胶、合成纤维、胶黏剂和涂料等。工程上使用的主要是人工合成的高分子材料。

9.1.1　高分子材料的基础知识

9.1.1.1　高分子化合物的组成

1. 高分子化合物

高分子化合物是指相对分子质量很大的化合物，习惯上将相对分子质量在 500 以下的，称为低分子化合物，相对分子质量在 5 000 以上的，称为高分子化合物。相对分子质量介于 500 ~ 5 000 的化合物是属于低分子还是高分子，这主要由它们的物理、力学性能来决定。

高分子化合物虽然相对分子质量大，但它们都是由一种或几种简单的低分子化合物聚合并以共价键重复连接而成的，因此，高分子化合物又称为高聚物。

2. 单　体

凡能够相互连接成高分子化合物的低分子化合物称为单体。高分子化合物是由单体聚合而成的，单体是高分子化合物的合成原料。例如聚氯乙烯是由许多氯乙烯（$CH_2 = CHCl$）分子聚合而成的，氯乙烯就是聚氯乙烯的单体。

3. 链 节

高聚物的相对分子质量很大，主要呈长链形，长度很大，而截面较小，因此常称大分子链或分子链。组成大分子链的重复结构单元称为链节。例如，聚乙烯大分子链的结构式为

$$-CH_2-CH_2 \vdots CH_2-CH_2 \vdots CH_2-CH_2-\cdots$$

可以简写为 $+CH_2-CH_2+_{n}$。它是由许多结构单元重复连接构成的，这个结构单元就是聚乙烯的链节。

4. 聚合度

链节的重复次数称为聚合度，以 n 表示。聚合度越高，链节数越多，则聚合物的相对分子质量越大。聚合度是衡量高分子大小的指标。链节的分子量与聚合度的乘积即为大分子的相对分子质量。

应该注意，高分子化合物往往是由许多链节相同但长度不同的分子组成的混合物，这种现象称为高分子分子量的多分散性。因此，高分子化合物的相对分子质量是指平均相对分子质量。

高聚物的平均相对分子质量的大小和分布情况，对其性能有很大的影响。一般来说，平均相对分子质量越大，分子之间的结合力越大，强度硬度也越高。但平均相对分子质量过大，高聚物的熔融黏度大，流动性差，成型就比较困难。当平均相对分子质量相同，相对分子质量的分布范围增加时，高聚物的熔融温度范围变宽，这对成型加工有利。当相对分子质量较集中时，高聚物的一些性能较好，如抗裂性较好。

5. 链 段

由若干个链节所组成的具有独立运动能力的最小单元称为链段。链段常包含几个到几十个链节。大分子链内各原子之间由共价键结合，而链与链间则通过分子键结合。当温度较低时，大分子链不能整体运动，但链段往往能运动。

9.1.1.2 高分子化合物的结构

组成大分子链的化学元素有碳、氢、氧、氮、氯、氟、硅、硫等。其中碳是形成大分子链的主要元素。高聚物的性能也取决于其组成与结构。

1. 大分子链的链接排列方式

任何大分子链都是由单体按一定的方式连接而成的。对称的单体，如聚乙烯的连接方式只有一种。不对称的单体，如聚氯乙烯，我们把单体 CH_2CHCl 中 CH_2 看成头，$CHCl$ 看成尾，其连接方式存在头-尾、头-头和尾-尾连接的不同方式。

一个大分子通常含有不同的取代基，根据取代基所处的空间位置不同，又有不同的立体构型。例如，乙烯类高分子链，像聚氯乙烯、聚苯乙烯等，它们的取代基是—Cl、—C_6H_5等，用 R 来代表取代基，一般可见到有以下三种立体构型（见图9.1）：

（1）全同（等规）立构：取代基 R 全部处于主链的一侧。

（2）间同（间规）立构：取代基 R 相间地分布在主链的两侧。

（3）无规立构：取代基 R 在主链两侧作不规则的分布。

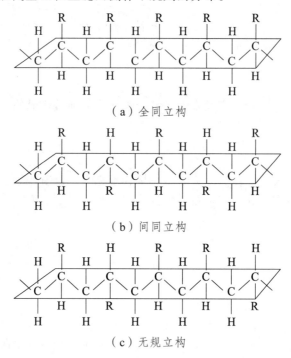

（a）全同立构

（b）间同立构

（c）无规立构

图 9.1　乙烯类高聚物的构型

2. 大分子链的几何结构

高聚物的链结构形成，按其几何形状，可分为线型结构、支链型结构和体型结构 3 种，如图 9.2 所示。

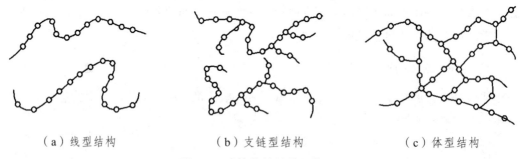

（a）线型结构　　　　　（b）支链型结构　　　　　（c）体型结构

图 9.2　高聚物的结构示意图

（1）线型结构。

线型结构是由许多链节用共价键连接起来的长链，如图 9.2（a）所示。这种细而长的结构，通常卷曲成不规则的线团状，在外力下可以拉直、伸长，外力去除后又能恢复原状，表现出良好的塑性和弹性。在适当的溶剂中能溶解或溶胀，加热可软化或熔化，冷却后变硬，并可反复进行。因此线型高聚物易于加工成型，称为热塑性高聚物。

属于线型结构的高聚物有聚乙烯、聚氯乙烯、聚苯乙烯、聚丙烯、未硫化橡胶等。

（2）支链型结构。

有些高聚物在大分子主链上还带有一些或长或短的支链，如图9.2（b）所示。这些支链的存在使线型高聚物性能发生变化，如熔点升高、黏度增加等。这类高聚物的性能和加工在支链较少时与线性结构分子接近。

属于这类结构的高聚物有高压聚乙烯、耐冲击型聚苯乙烯等。

（3）体型结构。

在这种结构中，分子链之间有许多链节相互交联在一起，形成网状或立体结构，如图9.2（c）所示。具有体型结构的高聚物，由于主链和支链之间相互交联，链段不易运动，因此它的硬度、强度高，弹性、塑性低，不溶于有机溶剂，最多只能溶胀，加热时不能熔化，最多只能软化，呈现不溶不熔的特点，具有良好的耐热性和尺寸稳定性。只能在形成网状结构前进行一次成型，成型后不可逆变，不能重复使用，故称为热固性高聚物。

属于体型结构的高聚物有酚醛塑料、环氧塑料、硫化橡胶等。

3. 大分子链的构象及柔顺性

聚合物的大分子链并不是静止的，它也会不停地运动，这种运动是由单键的内旋转引起的。所谓单键的内旋转，是指大分子链在保持共价键键长和键角不变的前提下进行的自旋转。C—C键的内旋转如图 9.3 所示，如 C—C 键的键长是 0.154 nm，键角是 $109°28'$，在保持键长键角不变的情况下，键 b 可沿以 C_2 为顶点的锥面旋转，即 C_3 可以在 C_2 为顶点的圆锥底边的任意位置出现；同样，C_4 又可能在以 C_3 为顶点的圆锥底边的任一位置出现，依此类推。

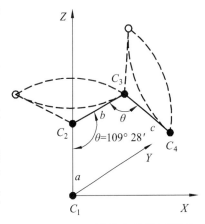

图 9.3　C—C 键的内旋转示意图

大分子链很长，含有成千上万个单键，每个单键都在内旋转，而且频率很高，这就必然造成高分子的形态瞬息万变，因而分子链会出现许多不同的形象。这种由于单键内旋转引起的原子在空间占据不同位置所构成的分子链的各种形象，称为大分子链的构象。由于大分子链构象的频繁变化，表现出对外力有很大的适应性，在外力作用下，大分子链既可扩张伸长，又可卷曲收缩。大分子这种能由构象变化获得不同卷曲程度的特性称为大分子链的柔顺性。这也是聚合物有弹性的原因。

影响大分子链柔顺性的因素主要有主链结构、取代基及交联程度等。当主链全部由单键组成时，分子链的柔顺性最好，在常见的三大主链结构中，以 Si—O 键最好，C—O 键次之，C—C 键再次。主链中含有芳杂环时，由于它不能内旋转，故柔顺性下降而显示出刚性，能耐高温。主链中含有孤立双键时，柔顺性好。例如，聚氯丁二烯橡胶，因含有孤立双键而使柔顺增大。取代基的极性越强，体积越大，分布的对称性越差，柔顺性越低。交联结构的形成，特别是交联度较大（如大于30%）时，限制了单键的内旋转，使大分子链的柔顺性降低。

4. 高分子的聚集态结构

高聚物的性能除了与其相对分子质量有关外，还与大分子链之间的聚集态结构有关。高聚物的聚集态结构，是指高分子材料内部大分子链之间的几何排列和堆砌结构。高聚物按照大分子在空间的排列是否有序，分成晶态和非晶态（无定型）两类。晶态高聚物的分子在空间规则排列，非晶态高聚物的分子在空间无规则排列。

晶态高聚物通常是由晶区和非晶区两部分组成，如图9.4所示，大分子链在一些区域呈规则紧密排列，形成晶区。大分子链在晶区之间呈卷曲无规则排列，形成非晶区。大分子链的尺寸比晶区和非晶区的尺寸大得多，每个大分子链要穿过多个晶区和非晶区。线型结构的分子链在固化时可以结晶，如聚乙烯、聚丙烯、聚四氟乙烯等。

高聚物的结晶程度通常用结晶度表示，结晶度是指高聚物中晶区所占的质量百分数或体积百分数。一般晶态高聚物的结晶度为50%~80%。高聚物的结晶度越高，分子排列越紧密，分子间的作用力越大，高聚物的密度、强度、硬度、刚度、熔点、耐热性、耐化学性、抗液体及气体透过能力等性能越高，而弹性、塑性、韧性等依赖分子链运动的有关性能则下降。

非晶态高聚物的结构，并非完全无规则排列，实际上只是大距离范围内无序，而小距离范围内有序，即远程无序，近程有序，如图9.5所示。对于体型高聚物，分子链间存在大量的交联，难以产生分子的规则排列，大多数是非晶态结构。属于这类结构的高聚物有聚苯乙烯、有机玻璃、聚碳酸酯等。

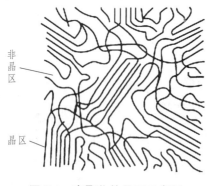 

图9.4　高聚物的晶区示意图　　　图9.5　高聚物的非晶区示意图

9.1.1.3　高聚物的物理状态

同一种高聚物在不同的温度下，分子的运动方式不同，往往表现出不同的物理状态和力学性能。线型非晶态高聚物有3种物理状态（也称为力学状态）：玻璃态、高弹态、黏流态。通常是在恒定的荷载下，测定高聚物的变形量随温度的变化，得到温度-形变曲线，也称为热-力学曲线，图9.6所示为线型非晶态高聚物的温度-形变曲线。

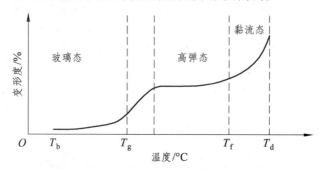

图9.6　线型非晶态高聚物变形度-温度曲线

1. 线型非晶态高聚物的物理状态

（1）玻璃态。

在较低的温度范围（$T_b \sim T_g$）内，由于温度低，原子的动能较小，不仅整个大分子链不能运动，就连链段也不能运动，只有原子在其平衡位置做轻微的振动，整个高分子表现为非晶态的固体，像玻璃那样，所以这种状态称为玻璃态。T_b 为玻璃态的下限温度，称为脆化温度，当低于此温度，原子的振动也被冻结，在外力作用下，大分子链会断裂，高聚物变脆，失去使用价值。T_g 是玻璃态的上限温度，即玻璃态与高弹态之间的转换温度，称为玻璃化温度。从微观上看，T_g 是链段开始运动的最低温度。

高聚物在玻璃态变形量小（<1%），弹性模量大，为普通弹性变形，符合胡克定律，应力与应变成正比，外力去除，变形立即消失。

玻璃态是塑料的使用状态，塑料的 T_g 都应高于室温，对于塑料，T_g 越高越好。处于玻璃态的高聚物有较高的强度、硬度和刚度。

（2）高弹态。

当 $T_g < T < T_f$ 时，原子的动能较大，链段可以运动，但整个大分子链还不能运动，在外力作用下，高聚物会缓慢变形，卷曲的分子链伸展，外力去除后，大分子又恢复原状，这种状态称为高弹态。在这种状态下高聚物能产生很大的弹性变形，可达 100% ~ 1 000%。T_f 是整个大分子链能开始运动的最低温度，也是高弹态与黏流态之间的转换温度，称为黏流温度。

高弹态是橡胶的使用状态。橡胶的 T_g 应低于室温，并且越低越好，这样可使橡胶在较低的温度下仍具有高弹性。

（3）黏流态。

当 $T_f < T < T_d$ 时，分子的动能大大增加，不仅链段能够运动，整个大分子链在外力作用下能够发生相对滑动，产生不可逆流动变形，高聚物成为流体，这种状态称为黏流态。

黏流态是高聚物的成型工艺状态。在黏流态下，高聚物可通过挤压、注射等方法加工成各种制品。

2. 线型晶态高聚物的物理状态

结晶度高的高聚物有两种状态：在晶区熔点 T_m 以下处于晶态，在 T_m 以上处于黏流态。在 T_m 以下，由于结晶度高，分子链排列紧密，链段难以运动，不会出现高弹态。在晶态下，与线型非晶态的高聚物的玻璃态相似，可作为塑料、纤维使用。

结晶度一般的线型高聚物由晶区和数量较多的非晶区组成，非晶区存在玻璃态、高弹态和黏流态，在 T_g 和 T_m 之间，非晶区处于柔韧的高弹态，而晶区处于强硬的晶态，因此高聚物整体上表现为既硬又韧的物理状态，称为皮革态，处于这种状态的塑料称为韧性塑料，在 T_g 以下的塑料性能强硬，称为硬性塑料。

3. 体型高聚物的物理状态

体型高聚物的物理状态与大分子的交联程度有关。当交联程度较低时，还有大量链段可以运动，具有高弹态，表现出弹性好，如轻度硫化的橡胶。当交联度较大时，链段不能运动，此时高聚物只有玻璃态一种状态，性能硬而脆，如酚醛塑料。

9.1.1.4 高分子材料的化学反应

1. 聚合反应

聚合反应是由低分子化合物（单体）结合成高分子化合物的过程，其先决条件是参加反应的单体必须包含有不饱和键或可反应的基团。聚合反应方式有加聚反应和缩聚反应两种。

（1）加聚反应。

加聚反应是指由不饱和键的单体（原子或不饱和原子团），在一定条件下，如光照、加热或用化学药品处理等引发作用，双键被打开，即把含有双键的有机化合物的双键打开，使单体通过单键一个一个地连接聚合起来，一直连成一条大分子链，这种反应称为加聚反应，得到的产物称为加聚物。例如，苯乙烯在化学药品作用下打开双键，逐个连接起来，便成为聚苯乙烯。这种高聚物链节的化学结构与单体的化学结构相同，反应中不产生其他副产品。根据单体种类不同，加聚分为均加聚和共加聚两种。

加聚反应的单体是一种时，其反应称为均加聚反应，所得高聚物为均聚物，如乙烯经过加聚反应生成的聚乙烯即为均聚物。

若加聚反应的单体是两种或两种以上时，其反应称为共加聚反应，所得高聚物为共聚物。例如，丁苯橡胶是由丁二烯单体和苯乙烯单体共聚而成的。

加聚反应是当前高分子合成工业的基础，约有 80% 的高分子材料是由加聚反应得到的。在聚合反应中，适当改变反应物的组成、配比和排列，即可制得多种多样适合于各种用途的高聚物。

（2）缩聚反应。

由一种或几种单体相互结合成高聚物，同时析出其他低分子物质（如水、氨、醇等）的反应，称为缩聚反应，得到的产物称为缩聚物。缩聚反应的单体，一般都是具有两个或两个以上可反应的基团（如 OH、NH_2 等）的低分子有机化合物。缩聚反应也可分为均缩聚和共缩聚两种。

含有两个或两个以上相同或不同基团的一种单体进行的缩聚反应称为均缩聚反应，其产物为均缩聚物，如氨基酸均缩聚得到聚酰胺。

含有不同基团的两种或两种以上单体进行的缩聚反应称为共缩聚反应，其产物为共缩聚物，如己二胺和己二酸经共缩聚反应生成聚酰胺 66。

2. 交联反应

使高分子从线型结构转变为体型结构，大分子结构的这种变化称为交联反应。它使机械性能提高，化学稳定性增加，如树脂的固化、橡胶的硫化等。交联反应一般有两种。

（1）官能团交联反应。

在大分子链的侧基官能团之间或大分子链的侧基官能团与小分子的官能团之间的交联反应称为官能团交联反应。例如，多元酸（酐）、多元胺固化剂使环氧树脂交联就是大分子同小分子官能团的反应。

为了改变某种聚合物的性能，也采用含有反应官能团的大分子作为改性剂，如环氧树脂加入聚酰胺得到改性环氧树脂。

（2）辐射交联反应。

有些聚合物没有参加反应的官能团，可用辐射线照射，使大分子产生交联。辐射线并不能使所有的聚合物都产生交联反应，有时也可能引起裂解反应。

3. 裂解反应

在各种外界因素（如光、热、氧、化学试剂、高能辐射、超声波、机械作用和生物作用等）作用下，发生链的断裂，使相对分子质量下降的反应叫作裂解反应。

4. 聚合物的老化

高分子材料在长期使用过程中，由于受到热、氧气、紫外线、水蒸气、微生物、机械力等因素的长期作用，其结构或组成会发生变化，逐渐失去弹性，出现龟裂、变硬变脆或发黏软化等现象，称为聚合物的老化。目前认为大分子的交联或裂解是引起老化的主要原因。

若以大分子的交联为主时，则表现为失去弹性、变硬变脆、出现龟裂等；若以大分子裂解为主时，则表现为失去刚性、发黏变软、出现蠕变等。

9.1.2　工程塑料

塑料是在玻璃态使用的高分子材料。实际上使用的塑料，是以树脂为基本原料，加入（或不加）各种添加剂，在一定温度和压力条件下可以塑制成一定形状并在常温下保持其形状不变的材料。

9.1.2.1　塑料的组成

塑料的主要成分是合成树脂，添加剂有填料增塑剂、固化剂、稳定剂、增强剂、润滑剂、着色剂等。

1. 树　脂

树脂是由各种单体通过聚合反应合成的高聚物，它在一定温度和压力条件下可软化并塑造成型，有热塑性树脂和热固性树脂两类。树脂是塑料的主要成分，含量较多，一般为30%～80%。树脂种类决定了塑料的基本属性，并起到黏结剂的作用。由于树脂的重要性，大部分塑料都是以树脂的名称来命名。

2. 添加剂

除少数塑料品种，如聚四氟乙烯外，绝大部分塑料都需要加入添加剂，添加剂有改善树脂的性能、扩大产量、降低成本的作用。

（1）填料。

填料的作用是增加或调整塑料的性能，扩大其使用范围。另外，填料的价格较低，加入填料可以降低塑料的成本。例如，加入石棉粉，可提高耐热性；加入磁铁粉，可制成磁性塑料。

（2）增塑剂。

增塑剂是用来增加树脂的可塑性和柔软性的物质，主要使用熔点低的低分子化合物。它能使大分子链间距离增加，降低了分子间的作用力，增加了大分子链的柔顺性，因此，可达到提高塑料成型性能和使用性能的目的。增塑剂品种有甲酸酯类、磷酸酯类、氯化石蜡等，常用的如邻苯二甲酸二辛酯。

（3）固化剂。

固化剂是能使热固性树脂受热时产生交联的物质，由线型结构变成体型结构，用于热固性塑料。常用的固化剂有胺类、酸类和过氧化物类，如在酚醛树脂中加入六次甲基四胺，在环氧树脂中加入乙二胺等。

（4）稳定剂。

稳定剂的作用是防止塑料在加工和使用过程中因热、光、氧、射线的作用而产生老化现象，延长其使用寿命。根据作用机理不同，稳定剂可分为热稳定剂（如金属皂类、有机锡化合物）、光稳定剂（苯甲酸酯类）和抗氧剂（酚类），如聚氯乙烯塑料加入硬脂酸盐，可防止成型时的热分解。

（5）润滑剂。

润滑剂的作用是防止塑料成型过程中产生黏膜，便于脱模，保证制品表面光洁。常用的润滑剂有硬脂酸及其盐类、石蜡等。

另外，塑料中加入的其他添加剂还有着色剂、发泡剂、催化剂、阻燃剂、抗静电剂等。

9.1.2.2 塑料的分类

在工业上，塑料的分类方法有两种。

1. 按照受热的特性分类

（1）热塑性塑料。

组成这类塑料的树脂，其分子具有线型结构或支链型结构，在加热时可软化并熔融，成为可流动的黏稠液体，冷却后即定形，若再次加热，又可软化并熔融，如此反复多次，而化学结构基本不变，性能也不发生显著变化。这类塑料的优点是加工成型方便，具有较高的力学性能，但一般也存在耐热性和刚性差的缺点。常见品种有聚烯烃、聚氯乙烯、聚苯乙烯、ABS（丙烯腈、丁二烯、苯乙烯三种单体的三元共聚物）、聚酰胺、聚甲醛、聚碳酸酯、聚四氟乙烯和有机玻璃等。一些较后开发的品种（如聚酰胺、聚碳酸酯、聚四氟乙烯等）还具有良好的耐热性、耐蚀性、耐磨性等。

（2）热固性塑料。

组成这类塑料的树脂，其分子结构是体型结构。这类塑料在常温或受热后软化，或在固化剂作用下，树脂分子逐渐由线型结构转变为体型结构，最后固化成型。固化后的塑料坚硬、性质稳定，不能溶于有机溶剂，加热也不再软化，只能一次成型。常用的热固性塑料有酚醛塑料、氨基塑料、环氧树脂、有机硅塑料等。

2. 按照使用范围分类

（1）通用塑料。

通用塑料指生产量大、使用范围广、通用性强的塑料品种，主要用于一般工农业和日常生活用品等。常见品种有聚乙烯、聚氯乙烯、聚苯乙烯、聚丙烯、酚醛塑料、氨基塑料，产量占塑料总量的 3/4 以上。

（2）工程塑料。

工程塑料主要指综合性能（包括力学性能、耐热耐寒性能、耐蚀性和绝缘性能等）良好的一类塑料，主要应用于工程领域，用于制造工程结构、机器零件、工业容器和设备，作为结构材料使用。常见品种有聚酰胺、聚碳酸酯、聚甲醛、ABS等。

（3）特种工程塑料。

特种工程塑料也可称耐热塑料，是指能在较高温度下工作的塑料品种，常见的有聚四氟乙烯、有机硅树脂、环氧树脂等。

9.1.2.3　塑料的性能特点

塑料与金属等其他材料相比，塑料的性能特点如下：

1. 密度小

比金属和陶瓷的密度都小，一般只有 $1.0 \sim 2.0 \ g/cm^3$，为钢的 $1/8 \sim 1/4$，铝的 $1/2$。因而有利于制造要求减轻自重的各种结构零件，对车辆、飞机、船舶等运输工具有重大意义。

2. 强度、弹性模量低

塑料的强度、弹性模量比钢低得多，但由于密度小，其比强度、比模量较高。

3. 耐腐蚀强

大多塑料具有很高的化学稳定性，对酸、碱、盐都具有良好的抗腐蚀能力，特别是聚四氟乙烯，在煮沸的"王水"中也不受影响。

4. 电绝缘性好

因无自由电子和离子，大多数塑料具有良好的电绝缘性和较小的介电损耗，是理想的电绝缘材料。大量应用在电动机、电器和电子工业中。

5. 耐磨和减摩性好

大部分塑料摩擦系数小，具有自润滑能力，可以在湿摩擦和干摩擦条件下有效工作，耐磨、减摩性能远优于金属，是制造耐磨件的好材料。

6. 消音和隔热性好

塑料具有优良的消音隔热作用，泡沫塑料可以用作隔音保暖材料，用塑料制成机械零件可以减少噪声，提高运转速度。

7. 良好的工艺性能

大部分塑料都可以直接采用注塑或挤压成型工艺，无须切削，因此生产效率高，成本低。

9.1.2.4　常用塑料品种、性能和用途

1. 热塑性塑料

（1）聚乙烯（PE）。

聚乙烯是由乙烯单体聚合而成，其分子结构式为

$$+CH_2-CH_2+_n$$

常用的合成方法有高压法、中压法和低压法 3 种，其中高压法生产的聚乙烯又称为低密度聚乙烯（LDPE），低压法生产的聚乙烯为高密度聚乙烯（HDPE）。低密度聚乙烯中含有较多的支链，具有较低的密度、相对分子质量和结晶度，因而质地柔软，适用于制造塑料薄膜、包装材料、软管以及绝缘材料、泡沫材料等；高密度聚乙烯中含有很少的支链，具有较高的密度、相对分子质量和结晶度，因而质地坚硬，其力学性能较好，可以作为受力结构材料来使用。高密度聚乙烯具有良好的化学稳定性和电绝缘性，在常温下耐酸、碱，不溶于有机溶剂，仅发生软化溶胀。另外，聚乙烯吸水性极小，具有对各种频率优异的电绝缘性。聚乙烯可以作为化工设备与贮罐的耐腐蚀涂层衬里，化工耐腐蚀管道、阀件、衬套、滚动轴承保持器，以代替铜和不锈钢。由于它的摩擦性能好，可以用来制造小荷载齿轮、轴承等。另外，聚乙烯无毒无味，可制作食品包装袋、奶瓶、食品容器等。

（2）聚丙烯（PP）。

聚丙烯是由丙烯单体聚合而成，其分子结构式为

$$+CH_2-\overset{\overset{\displaystyle CH_3}{|}}{CH}+_n$$

聚丙烯呈白色蜡状，无味、无毒，密度小，是常用塑料中最轻的品种。由于分子链上有侧基 CH_3，不利于分子的规则排列，使刚性增大，其强度、硬度、刚度和耐热性都优于高密度聚乙烯。聚丙烯耐热性良好，长期使用温度可达 $100 \sim 110\ ℃$。聚丙烯几乎不吸水，并有优良的电绝缘性能和化学稳定性，且不易受温度影响，加工性优良，成本低。主要缺点是黏合性、染色性较差，低温易脆化，易受热、光作用变质，易燃，收缩大。聚丙烯常用来制造机器零件、医疗器械和生活用品，如法兰、接头、齿轮、汽车配件、衣架等。

（3）聚氯乙烯（PVC）。

聚氯乙烯是由氯乙烯单体经聚合而成，其分子结构式为

$$+CH_2-\overset{\overset{\displaystyle Cl}{|}}{CH}+_n$$

聚氯乙烯按其加入的增塑剂数量不同可分为硬质聚氯乙烯和软质聚氯乙烯。增塑剂加得少的硬质聚氯乙烯的强度、硬度相对较高，电绝缘性能优良，化学稳定性好；缺点是使用温度低（$-15 \sim 55\ ℃$），线膨胀系数大，可用于制造耐腐蚀的结构材料以及门窗、管道，也可作绝缘材料。加入增塑剂较多的软质聚氯乙烯的强度、电绝缘性能、化学稳定性低于硬质聚氯乙烯，使用温度低，容易老化，但耐油性和成型性能较好，主要用于制造薄膜、软管、低压电线的绝缘层。

（4）聚苯乙烯（PS）。

聚苯乙烯是由苯乙烯单体聚合而成，其分子结构式为

$$+CH_2-\overset{\overset{\displaystyle \bigcirc}{|}}{CH}+_n$$

它密度小，无色、透明，透光率仅次于有机玻璃，有良好的加工性能，吸水率低，着色性能好并有良好的耐蚀性，电绝缘性优良，特别是高频绝缘性能很好；缺点是硬而脆，冲击

韧性低、耐热性差，因此有相当数量的聚苯乙烯与丁二烯、丙烯腈、异丁烯等共聚改性后使用。共聚后的聚合物具有较高冲击韧性、耐热性和耐蚀性。聚苯乙烯可用于制造各种仪表外壳、汽车灯罩、仪器指示灯罩、化工储酸槽、化学仪器零件、电信零件以及日常生活用品等。聚苯乙烯泡沫塑料密度很小，是隔热、隔音、减振、包装、救生等器材的极好材料。

（5）ABS 塑料。

ABS 树脂是以丙烯腈（A）、丁二烯（B）、苯乙烯（S）的三元共聚物为基的塑料，其分子结构式可表示为

$$\left[\left(CH_2-\underset{\underset{CN}{|}}{CH}\right)_x \quad \left(CH_3=CH_3\right)_y \quad \left(CH_2-\underset{\underset{\bigotimes}{}}{CH}\right)_z\right]_n$$

它兼有三种组元的特性，丙烯腈可提高塑料的耐热、耐腐蚀和硬度，丁二烯可提高塑料的韧性和弹性，苯乙烯可提高刚性、成型性能和着色性，具有硬、韧、刚的特点。故 ABS 塑料具有较高的强度和冲击韧性，良好的耐磨性和耐热性，较高的化学稳定性和绝缘性，以及易成型、机械加工性好等优点。此外，ABS 的性能还可根据要求通过改变其组成单体的含量来进行调整。缺点是耐高、低温性能差，易燃、不透明。ABS 塑料主要作为工程塑料，用于制造齿轮、轴承、仪表盘壳、冰箱衬里以及各种容器、管道、飞机舱内装饰板、窗框、隔音板等。

（6）聚酰胺（PA）。

聚酰胺又称尼龙或锦纶，是分子主链上含有重复酰胺基团—CO—NH—的热塑性塑料的总称。聚酰胺是由二元胺与二元酸缩聚而成的，或由氨基酸脱水形成内酰胺再聚合而得到的。其分子结构式分别为

$$\left[NH(CH_2)_m-NHCO-(CH_2)_n-2CO\right]_x \quad 和 \quad \left[NH(CH_2)_{n-1}-CO\right]_x$$

尼龙是使用量最大的工程塑料，品种非常多，常用的有尼龙 6（PA6）、尼龙 66（PA66）、尼龙 610（PA610）、尼龙 1010（PA1010）、增强尼龙和单体浇注尼龙等。尼龙由于含有极性基团的大分子，链间易形成氢键，故分子间作用力大，结晶度高，因此尼龙具有较高的强度和韧性、优良的耐磨性和自润滑性、良好的成型加工工艺性、良好的耐热性和耐低温性能，被大量用于替代有色金属及其合金制造各种零件，如轴承、齿轮、蜗轮、螺钉、螺母。但尼龙容易吸水，吸水后性能及尺寸将发生很大变化，使用时应特别注意。

（7）聚甲醛（POM）。

聚甲醛是由甲醛或三聚甲醛聚合而成。按聚合方法不同，聚甲醛可分为均聚甲醛和共聚甲醛两类。均聚甲醛分子结构式为

$$CH_3-\underset{\underset{O}{\|}}{C}-O\left[CH_2O\right]_n\underset{\underset{O}{\|}}{C}-CH_3$$

共聚甲醛分子结构式为

$$\left[\left(CH_2O\right)_x\left(CH_2O-CH_2O-CH_2\right)_y\right]_n$$

聚甲醛是高度结晶的热塑性塑料，其结晶度可达 75%，具有优良的综合性能。它的突出优点是强度高、硬度大、耐蠕变性和耐疲劳性能好，其强度与金属相近。因为摩擦系数小并

有自润滑性，因而耐磨性好。同时它还有良好的化学稳定性和绝缘性能。其缺点是热稳定性差，阻燃性和耐候性差，易燃，长期在大气中曝晒会老化。

聚甲醛塑料价格低廉，可代替有色金属和合金制作各种结构件，如轴承、衬套、齿轮、凸轮、阀门、仪表外壳、化工容器、叶片、运输带等。

（8）聚碳酸酯（PC）。

聚碳酸酯是一种透明的热塑性工程塑料，分子结构式为

$$\left[O-\left\langle\bigcirc\right\rangle-\overset{\overset{\text{CH}_3}{|}}{\underset{\underset{\text{CH}_3}{|}}{C}}-\left\langle\bigcirc\right\rangle-\overset{\overset{O}{\parallel}}{C}-O\right]_n$$

其透明度为 86% ～ 92%，被誉为"透明金属"。大分子链上有刚性的苯环，又有柔性的醚键，所以它具有优良的综合性能。聚碳酸酯有优异的冲击韧性和尺寸稳定性，有较高的耐热性和耐寒性，使用温度范围为 – 100 ～ + 130 ℃，有良好的绝缘性和加工成型性。缺点是耐疲劳性能较低、自润滑性差、耐磨性较差，容易产生应力开裂，抗溶剂性差。

聚碳酸酯可用来制造受力不大但冲击韧性和尺寸稳定性要求较高的零件，如齿轮、蜗轮、蜗杆、凸轮等，利用透明性好的特点可制造信号灯、风窗玻璃、帽盔等。

（9）聚四氟乙烯（PTEE）。

它是以线型晶态高聚物聚四氟乙烯为基的塑料，是一种热塑性的高度结晶的特种工程塑料（耐高温塑料）。其结晶度为 55% ～ 75%，熔点为 327 ℃，具有优异的耐化学腐蚀性，不受任何化学试剂的侵蚀，即使在高温下及强酸、强碱、强氧化剂中也不受腐蚀，故有"塑料之王"之称。它还具有较突出的耐高温和耐低温性能，在 – 180 ～ + 250 ℃ 内长期使用其力学性能几乎不发生变化。它的摩擦系数小（0.04），有自润滑性，吸水性小，在极潮湿的条件下仍能保持良好的绝缘性，是目前介电常数和介电损耗最小的固体材料，且不受频率和温度的影响。但其强度低、刚性差，加工成型性差，不能用通常的成型方法，只能采用冷压烧结成型的工艺，成本较高。聚四氟乙烯主要用于制作减摩密封件，化工机械的耐腐蚀零件及在高频或潮湿条件下的绝缘材料，常用作化工设备的管道、泵、阀门，各种机械的密封圈、活塞环、轴承及医疗代用血管、人工心脏等。

（10）聚甲基丙烯酸甲酯（PMMA）。

聚甲基丙烯酸甲酯又称为有机玻璃。它由甲基丙烯酸甲酯单体聚合而成，其结构式为

$$\left[\text{CH}_2-\overset{\overset{\text{CH}_3}{|}}{\underset{\underset{\text{COOCH}_3}{|}}{C}}\right]_n$$

聚甲基丙烯酸甲酯是典型的线型非晶态聚合物。它是目前最好的透明材料，透明性比无机玻璃高，透光率达 92% 以上，它的密度小，为 1.18 g/cm^3，仅为后者的一半；它还具有较高的强度和韧性，不易破碎，耐紫外线和防大气老化，易于加工成型等优点。缺点是表面硬度不如无机玻璃高，容易擦伤；导热性差，膨胀系数大，易再在表面和内部引起微裂纹，因而比较脆。此外，它还易溶于有机溶剂。

聚甲基丙烯酸甲酯的主要用途是制作飞机座舱盖、炮塔观察孔盖、仪表灯罩及光学镜片，也可作防弹玻璃、电视和雷达标图的屏幕、汽车风挡、装饰用品、光盘等。

2. 热固性塑料

（1）酚醛塑料（PF）。

酚醛塑料是由酚类与醛类按一定比例，在碱性或酸性催化剂作用下缩聚而成酚醛树脂，再加入填料、润滑剂、着色剂及固化剂等添加剂经固化制成的一种塑料品种。酚醛塑料强度较高，耐磨性好，抗蠕变性优于许多热塑性工程塑料，耐热性较高，绝缘性能和耐腐蚀性好，尺寸稳定，不易变形，价格低；缺点是质地较脆，耐光性差。

酚醛塑料有"电木"之称，常用于制造电器开关、插座、灯头、线路板等，还可以制造受力较大的机械零件，如轴承、齿轮、耐酸泵壳、汽车制动片等。

（2）氨基塑料（UF）。

氨基塑料是以氨基化合物（尿素、三聚氰胺等）与醛类化合物（如甲醛）经缩聚反应制得的氨基树脂为基本组分，加入添加剂制成的塑料。

最常用的是脲-甲醛塑料，简称脲醛塑料。氨基塑料硬度高，电绝缘性良好。氨基树脂无色，加入添加剂可制成各种颜色的塑料制品，色彩鲜艳，有光泽，俗称"电玉"，主要用于制造各种颜色鲜艳的日用品、装饰品、仪表外壳、电话机外壳、开关、插座等。

（3）环氧塑料（EP）。

分子中含有多个环氧基团的线型树脂称为环氧树脂。环氧塑料是环氧树脂加入固化剂等填料制成的塑料。环氧塑料具有坚韧、收缩率小、耐水、耐化学腐蚀和优良的介电性能。它的强度高、韧性好，并具有良好的化学稳定性、绝缘性及耐热耐寒性，长期使用温度为 – 80 ~ 150 °C，成型工艺性好，可制作塑料模具、船体、电子零部件等。

液态环氧树脂对各种工程材料都有突出的黏附力，是极其优良的黏结剂，广泛用来黏结各种结构，制作模具、玻璃钢，还可配制涂料。

（4）不饱和聚酯塑料。

不饱和聚酯塑料是以不饱和聚酯为基础的塑料。不饱和聚酯是由二元醇与不饱和二元酸或部分饱和二元酸经缩聚反应得到的线型聚合物，再在引发剂（如过氧化物）作用下与烯烃类单体（如苯乙烯）共聚交联而成的体型结构的热固性树脂。

不饱和聚酯树脂突出的优点是可在常温常压下固化，液态黏度低，无挥发性溶剂，成型方便，价格较低，主要用途是制作玻璃钢制品，用作承载结构材料。它的比强度高于铝合金，接近钢材，可代替金属，用于汽车、造船、航空、建筑、化工等部门以及日常生活中。

9.1.3 橡 胶

橡胶指具有高弹性的高分子材料，其弹性变形量可达 100% ~ 1 000%。它还有较好的抗撕裂、耐疲劳、不透水、不透气、耐酸碱和绝缘等特性，因而橡胶制品在工程上广泛用于密封、防腐蚀、防渗漏、减振、耐磨、绝缘以及安全防护等方面。

9.1.3.1 橡胶的分类

根据原料来源，橡胶可分为天然橡胶和合成橡胶。天然橡胶是从自然界含胶植物中制取的一种高弹性材料。合成橡胶是用人工方法使单体聚合而成的高分子弹性材料。

合成橡胶种类很多，按应用范围分为通用橡胶和特种橡胶。凡性能与天然橡胶相近，应用范围广，使用量大的合成橡胶称为通用橡胶；凡具有耐寒、耐热、耐油等特殊性能的合成橡胶，称为特种橡胶。

9.1.3.2 橡胶制品的组成

橡胶是以生胶为主要原料，加入适量配合剂而制成的高分子材料。

从橡胶树上采集的胶乳及大多数人工合成的可以制胶的高聚物，还不具备橡胶的各种特性，称为生胶，因此必须经过一系列加工处理工序，如塑炼、加入配合剂混炼、成型、硫化后，才能作为橡胶制品。

生胶是橡胶制品的主要组分，在橡胶制备过程中不但起着黏结其他配合剂的作用，而且是决定橡胶制品性能的重要因素。不同生胶制成的橡胶制品的性能也不同。生胶具有高弹性等一系列优越的性能，但也存在强度低、耐老化性差等缺陷，因此，橡胶制品中一般还需加入各种配合剂。

配合剂是为了提高和改善生胶性能而加入的各种物质，主要有硫化剂、防老剂、软化剂、填充剂、发泡剂及着色剂等。

硫化剂的作用是使生胶分子在硫化处理中产生适度交联而形成网状体型结构，从而大大提高橡胶的强度、耐磨性和刚性，使橡胶具有既不溶解，也不熔融的特性。填充剂可提高橡胶强度，减少生胶用量，降低成本和改善工艺性。橡胶易老化，即在使用或加工过程中出现变色、发黏、发脆、龟裂、力学性能变差等现象，加入防老剂可防止老化现象。

9.1.3.3 常用橡胶材料

1. 天然橡胶（NR）

天然橡胶是由橡胶树流出的胶乳加工而成的，其主要成分是聚异戊二烯，结构式为

$$+CH_2-\underset{\underset{CH_3}{|}}{C}=CH-CH_2\underset{n}{\rightarrow}$$

天然橡胶强度高，弹性、耐撕裂性、耐磨性、耐寒性、气密性、防水性、电绝缘性以及加工性能优良，缺点是耐热性、耐油性和耐老化性差。天然橡胶使用温度为 $-70 \sim 110\,^{\circ}\mathrm{C}$，广泛用于制造轮胎、胶带、胶管、胶鞋等通用制品。

2. 合成橡胶

（1）丁苯橡胶（SBR）。

丁苯橡胶是以丁二烯和苯乙烯为单体形成的共聚物，结构式为

$$+(CH_2-CH=CH-CH_2)_x(CH_2-\underset{\underset{\bigcirc}{|}}{CH})_y\underset{n}{\rightarrow}$$

丁苯橡胶主要品种有丁苯-10、丁苯-30、丁苯-50，其中数字代表苯乙烯在单体总量中的百分含量。苯乙烯含量对丁苯橡胶的性能有很大影响，随着苯乙烯含量的增加，丁苯橡胶的耐磨性、硬度增大而弹性下降。丁苯橡胶具有良好的耐磨性、耐热性和耐老化性，比天然橡

胶质地均匀，价格便宜，但成型较困难，硫化速度慢，制成的轮胎发热量大，弹性差。丁苯橡胶能与天然橡胶以任意比例混合，是应用最广、使用量最大的一种合成橡胶，主要用于制造轮胎、胶布、胶鞋等。

（2）顺丁橡胶（BR）。

顺丁橡胶是由丁二烯聚合而成的，其分子结构式为

$$\left[CH_2-CH=CH-CH_2\right]_n$$

顺丁橡胶的分子链规整，柔顺性非常高，是目前橡胶中弹性最好的一种，耐曲扰性好，生热和滞后损失小，耐老化性较好。顺丁橡胶具有优良的耐磨性，比丁苯橡胶高 26%，耐寒性也是通用橡胶中最好的一种。顺丁橡胶的主要缺点是强度较低，加工性能较差，抗撕裂性差。

顺丁橡胶产量仅次于丁苯橡胶，处于第二位，可制造轮胎、胶带、减振器、橡胶弹簧、电绝缘制品、胶鞋及耐寒制品等。

（3）氯丁橡胶（CR）。

氯丁橡胶是由氯丁二烯聚合而成的，其分子结构式为

$$\left[CH_2-\overset{\overset{\textstyle Cl}{|}}{C}=CH-CH_2\right]_n$$

氯丁橡胶的力学性能与天然橡胶相似，具有高弹性、高绝缘性、较高的强度和高耐碱性，而且耐油性、耐溶剂性、耐氧化性、耐老化性、耐热性、耐燃烧、耐挠曲等性能优于天然橡胶，故有"万能橡胶"之称。缺点是低温下易结晶，耐寒性差，使用温度应高于 − 35 ℃，密度大，相同体积的制品所需的质量大，因而成本较高，生胶稳定性差。氯丁橡胶应用广泛，它既可作为通用橡胶使用，又可作为特种橡胶使用，可用于制造电线和电缆的包皮、耐蚀运输带和胶管、垫圈、门窗嵌条、油罐衬里等。

3. 特种橡胶

（1）丁腈橡胶（NBR）。

丁腈橡胶是由丁二烯和丙烯腈共聚而成的，其分子结构式为

$$\left[CH_2-CH=CH-CH_2-CH_2-CH_2-\overset{\overset{\textstyle CN}{|}}{CH}\right]_n$$

丙烯腈的含量一般为 15%～50%，过高（＞60%）会变硬而失去弹性，过低（≤7%）则不耐油。丁腈橡胶耐油性突出，有时也称为耐油橡胶。此外，它还有较好的耐水性、耐热性、耐磨性和耐老化性能等。丁腈橡胶的缺点是耐寒性差，随丙烯腈的含量增加，耐寒性变差，其脆化温度为 − 20～ − 10 ℃，耐酸性和电绝缘性也较差。丁腈橡胶主要用于制造各种耐油制品，如耐油胶管、耐油输送带、耐油密封圈、油箱、耐油减振制品等。

（2）硅橡胶。

硅橡胶是由二甲基硅氧烷与其他有机硅单体共聚而成的，其分子结构式为

$$\left[\overset{\overset{\textstyle R}{|}}{\underset{\underset{\textstyle R}{|}}{Si}}-O-\overset{\overset{\textstyle R}{|}}{\underset{\underset{\textstyle R}{|}}{Si}}-O-\overset{\overset{\textstyle R}{|}}{\underset{\underset{\textstyle R}{|}}{Si}}-O\right]_n$$

硅橡胶具有很高的耐热性和耐寒性，使用温度范围为 $-70 \sim 300\ ^\circ\mathrm{C}$，耐寒性高是由于它的分子主链是由柔顺性最好的 Si—O 键组成，耐热性高是由于 Si—O 键的键能大，远远超过一般的 C—C 键。硅橡胶还具有优良的耐臭氧性、绝缘性、耐老化性。缺点是强度较低，耐磨性、耐酸性差，价格较贵。硅橡胶主要用于制造各种耐高低温的制品，如管道接头、高温设备的垫圈、衬垫、密封件及高压电线、电缆的绝缘层等。

（3）氟橡胶。

氟橡胶是以碳原子为主链，含有氟原子的高聚物，其分子结构式为

$$\left[\left(\underset{\underset{H}{|}}{\overset{\overset{H}{|}}{C}} - \underset{\underset{F}{|}}{\overset{\overset{F}{|}}{C}} \right)_{x} \cdots \left(\underset{\underset{F}{|}}{\overset{\overset{F}{|}}{C}} - \underset{\underset{F}{|}}{\overset{\overset{F}{|}}{C}} \right)_{y} \right]_{n}$$

氟橡胶具有高的化学稳定性，耐腐蚀性能高于其他橡胶，耐热性也很好，最高使用温度为 $300\ ^\circ\mathrm{C}$。缺点是价格昂贵，耐寒性差，加工性能差。氟橡胶主要用于制造耐腐蚀的制品、高级密封件，如火箭、导弹的密封垫圈。

9.2　陶　瓷

9.2.1　陶瓷材料的分类

陶瓷材料是指以天然矿物或人工合成的各种化合物为基本原料，经粉碎、配料、成型和高温烧结等工序而制成的无机非金属固体材料。它与金属材料、高分子材料一起被称为三大固体材料。

通常将陶瓷分为普通陶瓷和特种陶瓷两类。

普通陶瓷又叫传统陶瓷，它是以天然矿物如黏土、长石和石英为原料，经成型、烧结而成。

特种陶瓷又称新型陶瓷或精细陶瓷、现代陶瓷，是指用高纯的人工合成原料包括氧化物、碳化物、氮化物、硼化物等采用烧结工艺制成的具有特殊性能的陶瓷。按化学组成来分，特种陶瓷又可分为氧化物陶瓷、非氧化物陶瓷、金属陶瓷等。

9.2.2　陶瓷材料的生产

陶瓷的种类繁多，生产制作过程各不相同，但一般都要经历以下三个阶段：原料的准备、坯料的成型与制品的烧成或烧结。

原料的准备是矿物原料如黏土、石英、长石等经过拣选、粉碎、精选（除去杂质）、磨细、配料（保证制品性能）等，最后得到所要求的坯料的工艺过程。根据成型工艺要求，坯料可以是粉料、浆料或可塑泥料。

坯料的成型是将制备好的坯料加工成一定形状和尺寸，并具有必要的强度和一定致密度的半成品。陶瓷制品成型方法很多，按坯料的类型不同可分为三类：可塑成型法、注浆成型法和压制成型法。可塑成型法又叫塑性料团成型法。它是在坯料中加入一定量水分或塑化剂，

使之成为具有良好塑性的料团，通过手工或机械成型，这在传统陶瓷的生产中应用较多。注浆成型法又叫浆料成型法。它是把原料配制成浆料，注入模具中成型。注浆成型法又分为一般注浆成型法和热压注浆成型法，常用于制造形状复杂、精度要求高的普通陶瓷的生产。压制成型法又叫粉料成型法。它是将含有一定水分和添加剂的粉料，在金属模具中用较高的压力压制成型，主要用于特种陶瓷的生产。

陶瓷制品成型后还要进行烧成或烧结，目的是在高温下通过一系列的物理化学变化成瓷并获得所需要的性能。坯件瓷化后，开口气孔率较高，致密度较低时，称之为烧成，如传统陶瓷中的日用陶瓷都采用烧成。瓷化后的制品开口气孔率极低，致密度很高的瓷化过程称之为烧结，特种陶瓷常采用烧结。

9.2.3 陶瓷材料的组成与结构

陶瓷的典型组织是由晶体相、玻璃相和气相组成的。陶瓷的性能取决于各相的结构、数量、形状和分布。

9.2.3.1 晶体相

晶体相是陶瓷最主要的组成相，往往决定了陶瓷的力学性能、物理性能和化学性能。陶瓷中的晶体相通常有多种，可分为主晶体相、次晶体相、第三晶体相等。其中主晶体相的数量最多，对性能影响最大。例如，氧化铝陶瓷（刚玉瓷）的主晶体相是 Al_2O_3 晶体，这种晶体由于氧和铝以很强的离子键结合，结构紧密，所以，氧化铝陶瓷具有强度高、耐高温、抗腐蚀的优良性能，是很好的工具材料和耐火材料。

组成陶瓷晶体相的种类有三种：硅酸盐、氧化物和非氧化物。

1. 硅酸盐结构

硅酸盐是普通陶瓷的主要原料，同时也是陶瓷组织中重要的晶体相。硅酸盐的结合键主要为离子键与共价键的混合键。组成各种硅酸盐结构的基本单元是硅氧四面体（SiO_4），其结构特征是：4 个氧离子紧密排列成四面体，硅离子居于四面体中心的间隙中，如图 9.7 所示。硅氧四面体之间通过共有顶点氧离子以不同方式相互连接起来，形成链状、岛状、层状、骨架状等不同的硅酸盐结构，其间往往含有不同的离子，派生出不同性能的陶瓷。

2. 氧化物结构

氧化物是大多数陶瓷尤其是特种陶瓷的主要组成和晶体相。氧化物结构的特点是较大的氧离子紧密排列成简单立方、面心立方、密排六方晶体结构，构成骨架，较小的金属正离子位于其四面体或八面体的间隙中，依靠强大的离子键，也可能有一定成分的共价键，形成非常稳定的离子晶体。

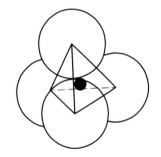

图 9.7　Si—O 四面体结构

3. 非氧化合物结构

非氧化合物指不含氧的金属碳化物、氮化物、硼化物和硅化物等。它们是特种陶瓷特别是金属陶瓷的主要组成和晶体相，主要由共价键结合，但也有一定成分的金属键和离子键。

9.2.3.2　玻璃相

玻璃相是陶瓷在高温烧结时形成的黏度很大的酸性或碱性氧化物熔融液相，在随后较快冷却后获得的一种非晶态固相。

玻璃相的主要作用是将分散的晶体相黏接在一起，填充晶体相之间的空隙，提高陶瓷的致密度，还可降低烧成温度，加速烧结过程，并能阻止晶体转变，抑制晶体长大，使陶瓷保持细晶粒结构。但玻璃相的强度比晶体相低，热稳定性差，在较低温度下便会引起软化。此外，由于玻璃相结构疏松，空隙中常有金属离子填充，因而降低了陶瓷的电绝缘性，增加了介电损耗。所以陶瓷中的玻璃相的含量不能太多，一般为 20% ~ 40%。

9.2.3.3　气　相

气相是陶瓷组织内部残留下来的气孔。由于陶瓷坯体成型时，粉末间不可能达到完全的致密堆积，或多或少会存在一些气孔。在烧成过程中，这些气孔能大大减少，但不可避免会有一些残留。

陶瓷中的气孔对陶瓷性能的影响十分显著。过多的气孔会使陶瓷的强度、热导率及其他性能变差。一般要求气孔数量少，呈细小球形，且分布均匀。普通陶瓷的气孔率为 5% ~ 10%，特种陶瓷气孔率在 5% 以下，金属陶瓷气孔率要求低于 0.5%。但若要求陶瓷材料密度小、隔热保温性好，则希望有一定量的气相存在。

9.2.4　陶瓷材料的性能特点

与其他材料相比，陶瓷材料有许多优异的性能，也存在一些不足，主要性能特点如下：

（1）硬度高，弹性模量大，刚性好。绝大多数陶瓷的硬度和弹性模量远高于金属和高聚物，这是因为陶瓷材料的离子键和共价键的结合强度高于金属键。陶瓷的硬度一般为 1 000 ~ 5 000 HV，而淬火钢为 500 ~ 800 HV，高聚物不超过 20 HV。

（2）抗拉强度很低，而抗压强度、抗弯强度很高。这是由于陶瓷内部存在大量气孔、杂质等各种缺陷，特别是陶瓷晶界中相同电荷离子相互排斥容易形成裂缝，导致陶瓷材料抗拉强度很低，而抗压强度对缺陷敏感性则低得多。

（3）脆性大，塑性和韧性差。这是陶瓷材料的主要缺陷，原因是陶瓷的滑移系少，离子键和共价键具有明显的方向性，当同号离子接近时，容易造成键的断裂；另外，内部还存在大量的气孔。

（4）熔点高，高温强度高，耐热性好，是极好的高温材料。但与金属相比，由于韧性差，耐温度急剧变化的能力较低。

（5）优异的化学稳定性。高温下不氧化，对酸、碱、盐等均有较强的抗腐蚀能力，与许多熔融金属不发生作用，因此，陶瓷材料是极好的耐蚀材料和坩埚材料。

（6）优良的物理性能和特殊的功能性质。大部分陶瓷材料具有良好的电绝缘性，可制造绝缘套管、绝缘子等，也有不少陶瓷材料具有半导体性能，是重要的半导体材料。它还可以用作压电材料、热电材料和磁性材料等。利用特殊的光学性能，可制作激光器材料、光导纤维材料、光存储材料，是一种重要的功能材料。

9.2.5 常用工程结构陶瓷

9.2.5.1 普通陶瓷

普通陶瓷是以黏土（$Al_2O_3 \cdot 2SiO_2 \cdot 2H_2O$）、长石（$K_2O \cdot Al_2O_3 \cdot 6SiO_2$ 或 $Na_2O \cdot Al_2O_3 \cdot 6SiO_2$）和石英（$SiO_2$）为原料，经成型、烧结而成。其组织中主晶相为莫来石（$3Al_2O_3 \cdot 2SiO_2$），占 25%～30%，次晶相为 SiO_2，玻璃相占 35%～60%，气相占 1%～3%，有时还加入 MgO、ZnO 等化合物来进一步改善性能。这类陶瓷质地坚硬，不氧化、耐腐蚀、不导电，能耐一定高温，最高使用温度为 1 200 ℃ 左右，容易加工成型，成本低。但由于含有较多的玻璃相，故结构疏松，在一定的温度下会软化，强度较低，耐高温性能不如特种陶瓷。由于玻璃相中存在碱金属氧化物和杂质，电绝缘性也较低。通常，普通陶瓷广泛用于制作建筑、日用、电气、化工、纺织等行业的结构件和用品。

9.2.5.2 特种陶瓷

1. 氧化物陶瓷

（1）氧化铝陶瓷。

氧化铝陶瓷以 Al_2O_3 为主要成分，其含量在 45% 以上，按 Al_2O_3 的含量不同可分为刚玉瓷、刚玉-莫来石瓷和莫来石瓷，其中刚玉瓷中 Al_2O_3 的含量为 90%～99.5%。

氧化铝陶瓷的熔点高，耐高温，能在 1 600 ℃ 左右长期使用，具有很高的热硬性、耐磨性和较高的高温强度，硬度仅次于碳化硅、立方氮化硼、金刚石、碳化硼，微晶刚玉瓷硬度接近金刚石。此外，它还具有良好的绝缘性和化学稳定性，能耐各种酸碱的腐蚀，还能抵抗金属和玻璃熔体的侵蚀，但氧化铝陶瓷的缺点是热稳定性低。

氧化铝陶瓷广泛用于制造高速切削刀具、量具、拉丝模、高温炉零件（炉管、炉衬、坩埚等）、火箭导流罩、内燃机火花塞等。此外，还可用作真空材料、绝热材料和坩埚材料。

（2）其他氧化物陶瓷。

氧化镁陶瓷主晶体相是 MgO，为离子晶体。它能抵抗各种金属碱性渣的作用，可制作坩埚来熔炼高纯度的铁、钼、镁等金属，也可以制作炉衬的耐火材料。它的缺点是热稳定性差。

氧化铍陶瓷主晶体相是 BeO，为离子晶体。它的优点是导热性好，热稳定性高，可用于制作高频电炉的坩埚和高频绝缘的电子元件，由于消散高能辐射的能力强，可作真空陶瓷和原子反应堆用陶瓷。缺点是强度不高。

氧化锆陶瓷主晶体相是 ZrO_2，为离子晶体。它能耐高温，能抵抗熔融金属的侵蚀，可作为熔炼铂、铑等金属的坩埚。氧化锆可以作为添加剂加入其他陶瓷中，可极大提高其强度和韧性，如氧化锆增韧氧化铝陶瓷。

2. 氮化物陶瓷

（1）氮化硅陶瓷。

氮化硅陶瓷是以 Si_3N_4 为主要成分的陶瓷。碳化硅陶瓷具有很高的硬度，并有自润滑性，耐磨性能良好，热膨胀系数比其他陶瓷材料小，有良好的热稳定性；具有优良的化学稳定性，除氢氟酸外，可耐各种无机酸和碱的腐蚀，并能抵抗熔融金属的侵蚀。它还具有优良的电绝缘性能。

氮化硅陶瓷的制作方法有热压烧结法和反应烧结法。热压烧结氮化硅陶瓷（ β-Si_3N_4 ）主要用于制造形状简单、精度要求不高的零件，如切削刀具、高温轴承等。反应烧结氮化硅陶瓷（ α-Si_3N_4 ）用于制造形状复杂、精度要求高的零件，并要求耐磨、耐蚀、耐热、绝缘等场合，如泵密封环、热电偶保护套、高温轴套、电热塞、增压器转子、缸套、活塞顶、电磁泵管道和阀门等。

（2）氮化硼陶瓷。

氮化硼陶瓷分为低压型和高压型两种。

低压型氮化硼陶瓷具有六方结构，结构类似于石墨，故又称白石墨。它的硬度低，有自润滑性、良好的高温绝缘性、耐热性、导热性和化学稳定性，可用于制造耐热润滑剂、高温轴承、高温模具、热电偶套管等。

高压型氮化硼陶瓷为立方结构,具有极高的硬度,仅次于金刚石,耐热温度可达 $2\,000\,°C$,用于制造磨料、金属切削刀具、高温模具等。

3. 碳化物陶瓷

碳化物陶瓷包括碳化硅、碳化钛、碳化钒等。该类陶瓷具有很高的熔点，极高的硬度（接近金刚石），良好的耐磨性，缺点是高温下较易氧化，脆性较大。

（1）碳化硅陶瓷。

碳化硅陶瓷是以 SiC 为主要成分的陶瓷。它具有优异的高温强度，在 $1\,400\,°C$ 时抗弯强度仍能保持在 $500\sim600$ MPa。它还具有很好的热稳定性、耐磨性、耐蚀性、抗蠕变性。

碳化硅陶瓷可用来制造高温零件，如火箭尾喷管喷嘴、高温轴承、高温炉管、热电偶套管、砂轮磨料等。

（2）碳化硼陶瓷。

碳化硼陶瓷以 BC 为主要成分。它的硬度极高，抗磨粒磨损能力强，高温下很容易氧化，最高使用温度为 $980\,°C$，主要用于磨料，也可作为超硬质工具材料使用。

9.2.6　金属陶瓷

金属陶瓷是由金属与陶瓷组成的非均质材料。金属具有高的热稳定性和韧性，而陶瓷具有高的硬度、耐火度、耐蚀性，将两者结合起来，形成了具有高强度、高韧性、高耐蚀的新型材料。

金属陶瓷中的金属主要有铁、钛、铬、镍、钴及其合金，起黏结作用。常用的陶瓷有各种氧化物（ Al_3O_2 、 ZrO_2 、MgO 等）、碳化物（WC、TiC、SiC 等）、硼化物（TiB、ZrB 等）、氮化物（TiN、BN、 Si_3N_4 ），它们是金属陶瓷的基体。

通常以陶瓷为主的金属陶瓷多用作工具材料，以金属为主的金属陶瓷多用作结构材料。

9.2.6.1 碳化物基金属陶瓷

碳化物基金属陶瓷是用一种或几种难熔的碳化物粉末（WC、TiC 等）与作为黏合剂的金属（Co、Ni）粉末混合，常温加压成型，并在高温下烧结而成。碳化物基金属陶瓷根据金属含量不同可作工具材料，也可用作耐热结构材料。作工具材料时，通常称为硬质合金，常用硬质合金有以下几类：

1. 钨钴类硬质合金

它由 WC 粉末和软的 Co 粉末混合制成，代号以 YG（"硬钴"的汉语拼音字首）表示，常用牌号有 YG3、YG6、YG8 等，牌号后面的数字代表 Co 的百分含量。例如，YG6 是含 Co 量为 6% 的硬质合金，其余为 WC 量。Co 的含量越高，韧性和强度越好，但硬度、耐磨性降低。

这类硬质合金的韧性好，抗弯强度高，但热硬性稍差，主要用作加工铸铁、有色金属及非金属等脆性材料。

2. 钨钴钛类硬质合金

它由 TiC、WC 和 Co 的粉末混合制成，代号以 YT（"硬钛"汉语拼音字首）表示，常用牌号有 YT5、YT10、YT15 等，牌号后面的数字表示 TiC 的百分含量。如 YT10 表示含 TiC 为 10%，其余含量为 WC 和 Co。TiC 含量越高，热硬性越高，但韧性降低。

钨钴钛类硬质合金有很高的硬度、热硬性，优于钨钴类硬质合金，但抗弯强度与冲击韧性比钨钴类低，主要用作加工碳钢、合金钢等塑韧性较好的材料。

3. 通用硬质合金

在 YT 类硬质合金中，用 TaC 或 NbC 取代部分 TiC，也称之为万能硬质合金，代号 YW（"硬万"的汉语拼音字首），牌号有 YW1、YW2，牌号后面的数字表述顺序号。

这类硬质合金具有上述两种硬质合金的优点，可用于加工不锈钢、耐热钢、高锰钢等难加工钢材。

4. 钢结硬质合金

基体相仍是碳化物，但含量少，而黏合剂采用合金钢或高速钢粉末，且含量高。其热硬性与耐磨性比一般硬质合金稍低，但优于高速钢，韧性比普通硬质合金好得多，可像钢一样进行锻造、热处理和切削加工。钢结硬质合金一般用于制造各种形状复杂的刀具，如麻花钻头、铣刀等，也可制造在较高温度下工作的模具和耐磨零件。

9.2.6.2 氧化物基金属陶瓷

在这类金属陶瓷中，应用最多的是氧化铝基金属陶瓷，铬作为黏合剂，但铬的含量不超过 10%。铬表面氧化形成 Cr_2O_3 薄膜，能和 Al_2O_3 形成固溶体，故可将其粉粒牢固地黏接起来，而铬的高温性能较好，抗氧化性和耐腐蚀性较高，所以和氧化铝陶瓷相比，改善了韧性、热稳定性和抗氧化性。

氧化铝基金属陶瓷的特点是热硬性高（达 1 200 ℃）、高温强度高、抗氧化性良好，与被加工金属材料的黏着倾向小，可提高加工精度和降低表面粗糙度，适合高速切削，可用于切削冷硬铸铁和淬火钢，还可切削加工 34 ~ 42 HRC 的长管件，如炮筒、枪管等，也可用作工具材料，制造刃具、模具、喷嘴、密封环、热拉丝模等。

9.3 复合材料

9.3.1 复合材料的概念

复合材料是由两种以上物理化学性质不同的物质组合起来而得到的一种多相固体材料。它是多相体系，一类相作为基体，起黏结作用；另一类相作为增强材料，提高承载能力。复合材料保留了组成材料各自的优点，克服了单一材料的弱点，取长补短，具有优良的整合性能。复合材料已在建筑、交通运输、化工、船舶、航空航天和通用机械等领域得到广泛应用。

9.3.2 复合材料的分类

按基体材料不同，复合材料可分为金属基复合材料、高聚物基复合材料、陶瓷基复合材料等。

按增强材料的形态不同，复合材料可分为纤维增强复合材料、颗粒增强复合材料、层叠复合材料等。

按使用性能不同，复合材料可分为结构复合材料和功能复合材料。结构复合材料是作为承载结构用的复合材料，主要要求有良好的力学性能；功能复合材料是具有特殊物理性能或化学性能的复合材料。

9.3.3 复合材料的性能特点

9.3.3.1 比强度和比模量大

在复合材料中，由于增强相多数是强度很高的纤维，而且组成材料密度较小，所以复合材料的比强度、比模量比其他材料要高得多。如碳纤维增强环氧树脂复合材料的比模量约为钢的 3.5 倍，比强度约为钢的 8 倍。这对宇航、交通运输工具，要求在保证性能的前提下，减轻自重具有重大的意义。

9.3.3.2 疲劳强度高

复合材料的基体中密布着大量的增强纤维，而基体的塑性一般较好，而且增强纤维和基体的界面可阻止疲劳裂纹扩展，从而有效地提高复合材料的疲劳极限，具有较高的疲劳强度。碳纤维增强复合材料的疲劳极限是抗拉强度的 70% ~ 80%，而大多数金属材料的疲劳强度只有抗拉强度的 40% ~ 50%。

9.3.3.3 减振性能好

当外加荷载的频率与结构的自振频率相同时，会产生共振现象，威胁结构的安全。而结构的自振频率除了与其本身的质量、形状有关外，还与材料的比模量的平方根成正比，由于复合材料的比模量大，自振频率很高，不易产生共振，同时纤维与基体的界面具有吸振能力，即使有振动，也会很快衰减，所以复合材料的减振性能好。

9.3.3.4 高温性能好

大多数增强材料熔点高、弹性模量高、高温强度高，因而复合材料的高温性能也比较高。例如，一般铝合金在 400 ℃ 以上时强度仅为室温时的 1/10，弹性模量接近于零，而用碳纤维或硼纤维增强的铝材，在 400 ℃ 时强度和弹性模量几乎和室温一样。

9.3.3.5 断裂安全性高

在纤维增强复合材料截面上分布着相互隔离的众多纤维，当其受力发生过载时，其中部分纤维会发生断裂，但随即进行应力的重新分配，由未断纤维将荷载承担起来，不致造成构件在瞬间完全丧失承载能力而发生脆断，因此复合材料的工作安全性高。

9.3.3.6 工艺性较好

复合材料的制备和复合材料制品的成型往往是同时完成的，减少了工时，节约了材料和能源。

除了上述几种特性外，复合材料还有良好的化学稳定性、自润滑和耐磨、隔热、隔音等特性。

复合材料也有一些缺点，如断裂伸长率小、抗冲击性较差、横向强度较低、成本较高等。

9.3.4 复合材料的增强机制和复合原则

复合材料的增强相主要有粒子和纤维两种形态，增强相的形态不一样，增强机制和复合原则也不相同，下面简单说明。

9.3.4.1 颗粒增强机制和复合原则

在颗粒增强复合材料中，基体承受主要荷载，而颗粒在金属基体中的作用是阻碍位错运动，在高聚物基体中的作用是阻碍分子链运动，使变形抗力增大，从而提高复合体材料的强度。

针对粒子增强的机制，对基体和增强粒子有如下要求：

（1）颗粒应高度弥散均匀地分散在基体中，使其能有效地阻碍位错运动或分子链的运动。

（2）颗粒的大小要合适。颗粒过大，容易引起应力集中或本身破碎导致材料的强度降低，颗粒太小，又起不到大的强化作用。

（3）颗粒的体积含量一般应大于 20%，数量太少，达不到最佳的强化效果。

（4）颗粒与基体之间应有一定的结合强度。

9.3.4.2 纤维增强机制和复合原则

在纤维增强复合材料中，承受荷载的主要是纤维，而相对于纤维而言，基体强度和模量低很多，基体的作用是把纤维黏结为整体，使之能协调工作，分配纤维间的荷载，并使荷载均衡，同时保护纤维免受各种损伤。

根据纤维增强的机制，对基体和纤维有如下要求：

（1）纤维的强度和弹性模量一定要高于基体，即纤维应有高强度和高模量，而基体应有一定的塑性和韧性。

（2）纤维和基体之间应有适当的结合强度。

（3）纤维与基体的热膨胀系数相差不能太大，否则在热胀冷缩的过程中会削弱它们之间的结合强度。

（4）纤维与基体不能发生有害的化学反应，否则会引起纤维性能降低，影响强化效果。

（5）纤维的含量、尺寸和分布要合适。纤维合适的含量一般为 40% ~ 70%，纤维的直径越小，纤维的强度越高，连续纤维的增强作用大于短纤维的作用，短纤维必须大于一定的长度才能显示较好的增强效果。

9.3.5　常用复合材料

9.3.5.1　纤维增强复合材料

1. 玻璃纤维增强树脂复合材料

以玻璃纤维为增强相，以树脂为基体相，两者复合在一起，所得到的复合材料，俗称玻璃钢。按树脂不同，玻璃钢分为热塑性玻璃钢和热固性玻璃钢。

热固性玻璃钢是以玻璃纤维为增强相和以热固性树脂为基体相制成的复合材料。常用的热固性树脂有不饱和聚酯树脂、酚醛树脂、环氧树脂、有机硅树脂等。它具有质量轻、强度高、介电性优越、耐蚀性好及成型工艺性良好等优点，比强度高于铜合金和铝合金，甚至高于某些合金钢。但刚性较差，仅为钢的 1/10 ~ 1/5，耐热性不高（低于 200 ℃），容易老化和蠕变。热固性玻璃钢主要制作要求自重轻的受力构件，如汽车车身、直升机旋翼、氧气瓶、轻型船体等。

热塑性玻璃钢是以玻璃纤维为增强相和以热塑性树脂为基体相制成的复合材料。应用较多的热塑性树脂有尼龙、聚烯烃类、聚苯乙烯、聚碳酸酯。热塑性玻璃钢具有较高的力学性能、介电性能、耐热性和抗老化性能，以及良好的工艺性能。与基体材料相比，热塑性玻璃钢的抗拉强度、疲劳强度、冲击韧性、抗蠕变能力等得到很大的提高，达到或超过了某些金属。这种玻璃钢可用于制造轴承、齿轮、仪表盘、壳体、叶片等零件。

2. 碳纤维增强复合材料

碳纤维增强复合材料是以碳纤维或其织物为增强相，以树脂、金属、陶瓷为基体相制成的复合材料。工业中生产碳纤维的原料为有机纤维（如聚丙烯腈纤维），经预氧化处理、碳化处理工艺而制得高强度碳纤维（即Ⅱ型碳纤维），或再经石墨化处理而获得高弹性模量、高强度的石墨纤维，又称高模量碳纤维（即Ⅰ型碳纤维）。

碳纤维是一种高性能纤维，它的强度高于玻璃纤维，弹性模量更是玻璃纤维的数倍，并在 2 000 ℃ 下强度和弹性模量基本保持不变，在 − 180 ℃ 下也不脆化。比强度和比模量在耐热纤维中也是最高的。

碳纤维增强复合材料中以碳纤维增强树脂复合材料应用最为广泛。常采用的树脂有环氧树脂、酚醛树脂、聚四氟乙烯树脂等。这种复合材料有很高的比强度和比模量，此外，它还具有优良的减摩性、耐蚀性、导热性和较高的疲劳强度。不足之处是碳纤维与树脂的黏结性差而且各向异性，这方面不如金属，但目前已有一些解决方法。

石墨纤维增强铝（或铝合金）复合材料具有高比强度和高温强度，在 500 ℃ 时其比强度比钛合金高 1.5 倍。石墨纤维增强铜或铜镍合金复合材料具有高强度、高导电性、低摩擦系数和高的耐磨性以及在一定温度范围内的尺寸稳定性。

碳纤维增强塑料在航空、航天、航海等领域得到广泛应用，例如，制作宇宙飞行器的外层材料，人造卫星和火箭的机架、壳体等。此外，还可用于制造轴承、齿轮、活塞以及化工零件和容器。

9.3.5.2　层叠复合材料

层叠复合材料是由两层或两层以上不同性质的材料复合而成。常用的层叠复合材料有双层金属复合材料，如钢-黄铜、钢-巴氏合金等；塑料-金属多层复合材料和夹层结构复合材料等。

三层复合材料就是典型的塑料-金属多层复合材料，它是以钢板为基体，烧结铜网为中间层，塑料为表面层的自润滑复合材料。这种材料的力学性能取决于钢基体，摩擦、磨损性能取决于塑料，中间层主要起黏结作用。这种复合材料比单一塑料承载能力提高 20 倍，热导率提高 50 倍，热线膨胀因数下降 75%，改善了尺寸稳定性，可制作工作在无油润滑条件下的轴承以及机床导轨、衬套、垫片等。

夹层结构复合材料是由两层薄而强的面板（或称蒙皮）中间夹着一层轻而弱的芯子组成，面板与芯子用胶接或焊接的方法连接在一起，夹层结构密度小，可减轻构件自重。面板一般由强度高、弹性模量大的材料组成，如金属板、玻璃等。而芯料结构有泡沫塑料和蜂窝格子两大类，这类材料的特点是密度小、刚性和抗压稳定性好、抗弯强度高。这种复合材料有较高的刚度和抗压稳定性，可绝热、隔声、绝缘，常用于航空、船舶、化工等工业，如飞机隔板、船舱隔板、冷却塔、飞机机翼、火车车厢等装备。

9.3.5.3　颗粒复合材料

颗粒复合材料是由一种或多种颗粒均匀分布在基体材料内而制成的。通常颗粒复合材料有两类：一类是颗粒与树脂复合，例如，在塑料中加入银、铜等粉末，可得到导电塑料，橡胶中加入炭粉，可提高其强度、耐磨性；另一类是陶瓷颗粒与金属基体的复合，金属陶瓷就是其中的一种。

9.3.5.4　碳/碳复合材料

碳/碳复合材料是以碳纤维及其制品增强碳基的复合材料，是一种新型的结构材料。它的组成元素只有一种，即碳元素。因此，碳/碳复合材料具有许多碳和石墨的优点，如密度低、高的导热性、低的热膨胀系数、对热冲击不敏感、耐烧蚀等优异的热性能。它还具有优异的力学性能，如高温下的高强度、高模量、高的耐磨性、高的断裂韧性、低的蠕变等，这使它成为目前唯一可用于 2 800 ℃ 高温的复合材料。碳/碳复合材料可用于制造航空航天、军事等领域的防热构件，如导弹头锥、航天飞机机翼前缘、火箭和喷气飞机发动机燃烧室的喷管。碳/碳复合材料具有极好的生物相容性，即与血液、软组织和骨骼能相容，并且有很高的比强度和可挠曲性，可用作生物体整形植入材料，如人工牙齿、人工骨关节等。

本章小结

高分子材料的基本组成是高分子化合物。高分子化合物结构具有多样性，分子链形态有线型结构、支链型结构、体型结构。分子聚集状态有晶态和非晶态两种。线型非晶态高聚物的物理状态有玻璃态、高弹态、黏流态 3 种，玻璃态是塑料的使用状态，高弹态是橡胶的使用状态，而黏流态是高聚物的加工状态。

塑料由树脂和添加剂组成，添加剂有填料、增塑剂、稳定剂、固化剂、润滑剂等。塑料按热性能不同分为热塑性塑料和热固性塑料，按适用范围分为通用塑料、工程塑料和特种工程塑料。与其他材料相比，塑料具有密度小、比强度高、比模量较高、耐腐蚀强、电绝缘性好、耐磨和减摩性好、消音和隔热性好、工艺性能良好、成本低的特点。常见的塑料品种有聚乙烯、聚丙烯、聚氯乙烯、聚苯乙烯、ABS、聚酰胺、聚甲醛、聚碳酸酯、聚四氟乙烯、酚醛塑料、氨基塑料、环氧塑料等。

陶瓷材料是无机非金属材料的总称，由晶体相、玻璃相和气相三部分组成，陶瓷靠离子键和共价键结合在一起，具有熔点高、硬度高、耐磨性好、耐蚀性高、电绝缘性好等特点。陶瓷材料通常分为普通陶瓷、特种陶瓷两类。

复合材料是由两种以上物理化学性质不同的物质组合起来而得到的一种多相固体材料。复合材料按基体不同分为金属基复合材料、树脂基复合材料、陶瓷基复合材料，按增相的形态分为纤维增强复合材料、颗粒增强复合材料、层叠复合材料。复合材料具有比强度和比模量大、疲劳强度高、减振性能好、高温性能好、断裂安全性高等特点，得到越来越多应用。应用最多的是玻璃纤维增强树脂复合材料，即玻璃钢。

思考与练习

1. 解释下列名词。

单体　聚合度　链节　链段　塑料　金属陶瓷　复合材料

2. 说明线型非晶态高聚物三种物理状态的特点。

3. 工程塑料有什么性能特点？

4. 陶瓷中一般存在哪几种相？各相对陶瓷的性能有何影响？

5. 说明陶瓷的性能特点。

6. 要求耐磨、耐油或气密性好的零件各应选用什么橡胶？

7. 与传统材料相比，复合材料的结构有何特点？性能有什么特点？

10　机械零件的失效及典型机械零件的选材

本章提要

　　本章介绍了机械零件失效分析的初步知识，包括各种常见的失效形式，失效分析的方法、原则，为科学选材奠定了基础；同时介绍了零件选材的一般原则，即使用性能原则、工艺性能原则、经济性原则和环保原则。此外，对于典型零件，如轴类、齿轮类、弹簧类、刃具类和箱体类材料，从工作条件、失效形式、性能要求、选材、加工工艺路线方面进行了简单分析。

　　任何机器零件或结构部件都有一定功能，如在载荷、温度、介质等作用下保持一定几何形状和尺寸，实现规定的机械运动，传递力和能等。当零件由于某种原因丧失预定的功能时，即发生了失效。失效分为三种情况：① 零件完全破坏，不能继续工作；② 严重损伤，继续工作不安全；③ 虽能安全工作，但不能起到预期的作用。

　　造成零件失效的原因是多方面的，它涉及结构设计、材料选择、加工制造、装配调整及使用与保养等因素，从本质上看，零件失效都是由外界载荷、温度、介质等的损害作用超过了材料抵抗损害的能力造成的。对于机械设计者来说，为了预防零件失效，必须做到设计正确、选材恰当和工艺合理。为此，要求设计者在设计时，不仅要熟悉零件的工作条件，掌握零件的受力和运动规律，还要把它们和材料的性能结合起来，即从零件的工作条件中找出其对材料的性能要求，然后才能做到正确选择材料和合理制定冷、热加工的技术条件及工艺路线。

10.1　机械零件的失效

　　随着现代材料分析手段的进步，失效分析已变得系统化、综合化和理论化，由此而形成了材料科学与工程中的一个新的学科分支。失效分析的实质是试验研究和逻辑推理的综合应用。对零件的失效分析是十分必要的，有着重要的意义。第一，进行失效分析可以找出系统的不安全因素，发现事故隐患，预测由失效引起的危险，提供优化的安全措施。第二，失效分析是产品维修的理论指导。第三，失效分析的结果，能为零件的设计、选材加工以及使用提供实践依据。第四，失效分析可以产生巨大的经济效益和社会效益。

　　由此可见，失效分析对材料设计、产品结构设计以及使用和管理等诸方面都有十分重要的意义。

10.1.1　机械零件的失效形式

　　根据零件承受载荷的类型和外界条件及失效的特点，失效形式可归纳为三大类：过量变形失效、断裂失效和表面损伤失效，如图 10.1 所示。

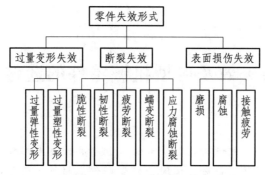

图 10.1　零件失效方式分类

同一种零件可有几种不同的失效形式，对应于不同的失效形式，零件具有不同的抗力，在使用过程中也可能有不止一种失效形式发生作用，但零件在实际失效时一般总是一种失效形式起主导作用，很少同时以两种或两种以上形式失效。究竟哪些是主导因素，应作具体的失效分析。

机器零件最常见的失效形式有以下几种：

（1）塑性变形。零件受大于屈服载荷的外力作用时将发生塑性变形，其位置相对于其他零件发生变化，致使整个机器运转不良，导致失效。例如变速箱中齿轮的齿形发生塑性变形将造成啮合不良，发出振动的噪声，甚至发生卡齿或断齿，引起设备事故。另外，键扭曲、螺栓受载后伸长等，都会引起过量塑性变形而失效。

（2）弹性失稳。零件受外力作用产生弹性变形，如果弹性变形过量，将使设备不能正常工作。如车床主轴工作中发生过量弹性弯曲变形，不仅产生振动，而且会使零件加工质量下降，还会使轴与轴承配合不良而失效。

（3）蠕变断裂。受长期固定载荷的零件，在工作中特别是在高温下发生蠕变。当其蠕变量超过规定范围后则处于不安全状态，严重时可能与其他零件相碰，使设备不能正常工作，产生失效。如锅炉、汽轮机、燃气轮机、航空发动机及其他热机的零部件，常常由于蠕变产生的塑性变形、应力松弛而失效。

（4）磨损。两相互接触的零件相对运动时，表面发生磨损。磨损使零件尺寸变化，精度降低，甚至发生咬合、剥落，不能继续工作。如轴承轴颈部件润滑失效时，可发生擦伤甚至咬死等损伤；齿轮副、凸轮副、滚动轴承的滚动体与外座圈、轮箍与钢轨等可能产生表面疲劳磨损。

（5）快速断裂。受单调载荷的零件可发生韧性断裂或脆性断裂。韧性断裂是屈服变形的结果；脆性断裂时无明显塑性变形，常在低应力下突然发生，它的情况比较复杂，在高、低温下能发生，在静载、冲击载荷时可发生，光滑、缺口构件也可以发生，但最多的是有尖锐缺口或裂纹的构件，在低温或受冲击载荷时发生低应力断裂。

（6）疲劳断裂。在交变应力作用下，虽然零件所承受的应力低于材料的屈服强度，但经过长时间的工作而产生裂纹导致材料断裂，断裂前往往没有明显征兆。如汽车板弹簧在长时间工作下发生疲劳断裂。

（7）应力腐蚀断裂。零件在某些环境中受载时，由于应力和腐蚀介质的联合作用，发生低应力脆性断裂。

10.1.2　机械零件的失效原因

失效的原因有多种，在实际生产中，导致零件失效的情况是很复杂的。失效往往不是单一原因造成的，而是多种原因共同作用的结果。图 10.2 给出了导致零件失效的几个主要原因，归纳起来可分为设计、材料、加工和安装使用四个方面。

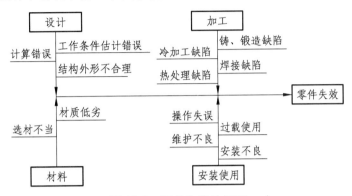

图 10.2　零件失效的原因

（1）设计不合理。设计不合理有两个方面：一是由于设计的结构和形状不合理导致零件失效。例如，过渡圆角太小，存在尖角、尖锐切口等，造成了较大的应力集中。二是设计中对零件的工作条件估计错误。例如，对工作中可能的过载估计不足，导致零件承载能力不够；或者对环境的恶劣程度估计不足，忽略或低估了温度、介质等因素的影响，造成零件实际工作能力降低。

（2）选材错误。选材不当是材料方面导致失效的主要原因。选材错误主要表现为：设计中对零件失效形式的判断错误，使所选用的材料性能不能满足工作条件的要求；选材所根据的性能指标，不能反映材料对实际失效形式的抗力，错误地选择了材料；所用材料的冶金质量太差，材料本身的缺陷，如缩孔、疏松、气孔、夹杂、微裂纹等常常是零件断裂的源头，所以原材料的检验很重要。

（3）加工工艺不当。在零件的加工和成型过程中，由于采用的工艺不正确，可能造成各种缺陷，从而导致材料失效。如热处理工艺控制不当导致过热、脱碳、回火不足等；锻造工艺不良、带状组织、过热或过烧现象等；冷加工工艺不良造成表面光洁度太低、刀痕过深、磨削裂纹等；零件设计引起的零件厚度不均、截面变化大、结构不对称等都可导致零件失效。

（4）安装使用不良。安装时配合过紧或过松、对中不好、固定不紧等，都可能使零件不能正常工作，或工作不安全。使用维护过程中对运转工况参数（载荷、速度等）的监控不准确，定期大、中、小检修的制备不完善，执行不力，也可使零件在不正常的条件下运转导致零件失效。

10.1.3　机械零件的失效分析

机械零件失效的原因非常复杂，它涉及零件结构设计、选材、加工制造、装配调试，以及使用与保养等方面，为了开展失效分析，确定失效形式，找出失效原因，提出预防和补救措施，所采用的一般分析程序是：取样—整理资料—检验分析—写分析报告。

（1）取样。

即收集失效零件的残骸，用肉眼或放大镜来观察失效零件的变形程度、断口的宏观特征，收集表面剥落物和腐蚀产物，确定重点分析的部位和失效发源的部位，记录实况，必要时拍照。

（2）整理资料。

了解机械零件的工作环境条件和失效经过，观察相邻零件的损坏情况，以判断零件损坏次序，初步判断失效类型；进一步收集整理失效零件的有关资料，包括零件的设计、加工、安装、使用维护等系列资料，并收集与该机件相类似失效的国内外有关资料。

（3）检验。

根据需要，选择试验方法对失效样品及与失效零件同类的样品进行检验。检验方法有：

① 采用无损检验法（即用电、磁、超声波等方法）检验有无裂纹等缺陷。

② 采用光学显微镜和电镜进行宏观或微观断口分析，确定裂纹的策源地及失效形式，必要时进行金相分析，检验材料组织是否正常，包括检验裂纹发源地的组织，并鉴别各种组织缺陷。

③ 化学分析，包括分析原材料或渗层的化学成分，以及在失效零件上收集腐蚀产物、沉淀物和磨屑等的化学成分。

④ 力学性能测试，包括拉伸、冲击、硬度等。一般可先测定有关部分硬度值，因为根据硬度值可以推测其他力学性能。

⑤ 应力分析，确定损伤部位是否为最大应力部位，判定零件形状与受力部位是否合理。

⑥ 断裂力学分析，测定断裂部位的最大裂纹尺寸，进行断裂力学计算，以确定发生脆断的可能性。

（4）写分析报告。

在失效分析工作进行到一定阶段或试验工作结束时，综合上述各方面的情况，对所获得的证据、数据进行整理分析，有时还要修订、完善分析计划，在失效分析工作达到预期目的后，应对进行的工作、所获得的全部资料进行集中、整理、分析评价和处理，作出结论，写出报告。

10.2 机械零件选材的一般原则

材料的选用就是在种类繁多的材料中，找出既能满足工程使用要求，又能降低产品总成本获得最大经济利益，同时还能符合使用环境条件、资源供应情况和环保要求的材料。然而选材并不是一件很容易的事情，往往面临很多困难：一是如何使所选用的材料既满足产品的设计功能，又符合技术、经济和美观的要求，以达到产品结构耐久与价廉物美的完美统一；二是在类型和品种繁多的材料中，如何确定可供选择的范围，并最终选定某一种最佳或最合适的材料；三是材料选择可能有多种不同的解决办法而没有唯一正确的答案，往往要求考虑候选材料各自的优点和缺点后，再做必要的折中和判断。因此，要求工程设计人员必须掌握选材的最基本原则。

10.2.1 使用性能原则

使用性能是保证零件完成规定功能的必要条件。在大多数情况下，它是选材首先要考虑的问题。使用性能主要是指零件在使用状态下材料应该具有的力学性能、物理性能和化学性能。材料的使用性能应满足使用要求。对于大量机器零件和工程构件，主要是力学性能；对于一些特殊条件下工作的零件，则必须根据要求考虑到材料的物理、化学性能。

使用性能的要求，是在分析零件工作条件和失效形式的基础上提出来的，零件的工作条件包括以下三个方面：

（1）受力情况。受力情况主要是载荷的类型（如动载荷、静载荷、循环载荷和单调载荷等）和大小；载荷的形式（如拉伸、压缩、弯曲或扭转等）；载荷的特点（如均布载荷和集中载荷等）。

（2）环境情况。环境情况主要是温度特性，如低温、常温、高温或变温等；以及介质情况，如有无腐蚀或摩擦作用等。

（3）特殊要求。特殊要求主要是针对导电性、磁性、热膨胀、密度、外观等的要求。

通过对零件工作条件和失效形式的全面分析，确定零件对使用性能的要求，然后利用使用性能与实验室性能的相互关系，将使用性能具体转化为实验室力学性能指标，如强度、韧性或耐磨性等。这是选材最关键的一步，也是最困难的一步。之后，根据零件的几何形状、尺寸及工作中所承受的载荷，计算出零件中的应力分布。再由工作应力、使用寿命或安全性与实验室性能指标的关系，确定对实验室性能指标要求的具体数值。

按使用性能选材时必须注意以下几个问题。

（1）材料的尺寸效应。

尺寸效应是指材料随截面尺寸增大，力学性能将下降的现象。金属材料，特别是钢材的尺寸效应尤为显著，随着尺寸增大，其强度、塑性、韧性均下降，尤以韧性下降最为明显。淬透性越低的钢，尺寸效应就越明显。例如，45 钢调质状态标准拉伸试样测得屈服强度为 450 N/mm^2，而尺寸为 180 mm 的试样的屈服强度则远小于 450 N/mm^2。

（2）材料的缺口敏感性。

试验过程中所用的试样形状简单，且多为光滑试样。但实际使用的零件中，台阶、键槽、螺纹、焊缝、刀痕、裂纹、夹杂等都是不可避免的，这些皆可看作为"缺口"。在复杂应力作用下，这些缺口处将产生严重的应力集中。因此，当光滑试样拉伸试验时，可能表现出高强度与足够的韧性，而实际零件使用时就可表现为低强度、高脆性，且材料越硬、应力越复杂，表现越敏感。例如，正火态 45 钢光滑试样的弯曲疲劳极限为 280 N/mm^2，用其制造带直角键槽的轴，其弯曲疲劳极限值则为 140 N/mm^2；若改成圆角键槽的轴，其弯曲疲劳极限则为 220 N/mm^2。因此，在应用性能指标时，必须结合零件的实际条件加以修正。必要时可通过模拟试验取得数据作为设计零件和选材的依据。

（3）材料的性能与加工、处理条件的关系。

材料性能是在试样处于内部组织与表面质量确定的状态下测定的，而实际零件在其制造过程中所经历的各种加工工艺有可能引起材料内部或表面缺陷，如铸造、锻造、焊接、热处理及磨削裂纹，过热、过烧、氧化、脱碳缺陷，切削刀痕等。这些缺陷都会导致零件使用性能下降。如调质 40Cr 钢制汽车后轿半轴，若模锻时脱碳，其弯曲疲劳极限仅有 90 ~ 100 N/mm^2，远低于标准光滑试样所测定的疲劳极限值（545 N/mm²）；若将脱碳层磨去（或模锻时防止脱碳），则疲劳极限可上升至 420～490 N/mm²，可见表面脱碳缺陷对疲劳性能有巨大的影响。

（4）硬度值在设计中的作用。

由于硬度值的测定方法既简便又不破坏零件，并且在确定条件下与某些力学性能有近似的换算关系，所以，在设计和实际生产过程中，往往用硬度值作为控制材料性能和质量检验的依据。但应明确，它也有很大的局限性。局限性之一是硬度对材料的组织不够敏感，经不同处理的材料可获得相同的硬度值，而其他力学性能却相差很大，如 65Mn 钢制弹簧，其硬度要求为 43～47 HRC，当热处理出现过热缺陷时，其硬度仍然符合要求，但弹簧的强韧性（尤其是韧性）却大大降低，易发生脆断而不能确保零件的使用安全。所以，设计中在给出硬度值的同时，还必须对处理工艺（主要是热处理工艺）做出明确的规定。

10.2.2　工艺性能原则

材料的工艺性能表示材料的加工难易程度。在选材时，同使用性能相比，工艺性能处于次要地位，但是在某些特殊情况下，工艺性能也可成为影响选材的主要因素。例如，一种材料即使使用性能很好，但若加工极困难，或者加工费用太高，它也是不可取的。因此材料的工艺性能是选材时必须考虑的问题。

材料所要求的工艺性能与零件制造的加工工艺路线有密切关系，具体的工艺性能就是根据工艺路线而提出的。在选材过程中，了解零件制造的各种工艺过程的工艺特点和局限性是非常重要。

（1）金属材料的工艺性能。

金属材料的加工工艺路线远较高分子材料和陶瓷材料复杂，而且变化多，这不仅影响零件的成型，还大大影响零件的最终性能，如图 10.3 所示。金属材料的工艺性能包括铸造性能、压力加工性能、焊接性能、切削加工性能和热处理工艺性能等。

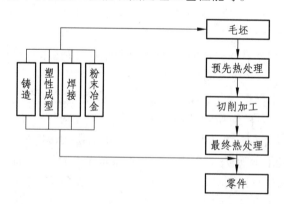

图 10.3　金属材料的加工工艺路线

① 铸造性能：包括流动性、收缩、疏松、成分偏析、吸气性、铸造应力及冷热裂纹倾向等。在二元合金相图上，液-固相线间距越小，接近共晶成分的合金越具有较好的铸造性能。因此，铸铁、铸造铝合金、铸造铜合金的铸造性能优良；在应用最广泛的钢铁材料中，铸铁

的铸造性能优于铸钢；在钢的范围中，中、低碳钢的铸造性能又优于高碳钢，故高碳钢较少用作铸件。

② 压力加工性能。压力加工是指利用材料的塑性，借助外力的作用使金属材料产生变形，从而获得所需形状、尺寸和一定组织性能的零件的方法。通常用材料的塑性（塑性变形能力）和变形抗力及形变强化能力来综合衡量。一般来说，铸铁不可压力加工，而钢可以压力加工但工艺性能有较大差异。随着钢中碳及合金元素质量分数的提高，其压力加工性能变差，故一般高碳钢或高碳合金钢只能进行热压力加工，且热加工性能也较差，如高铬钢、高速钢等。变形铝合金和大多数铜合金，像低碳钢一样具有较好的压力加工性能。

③ 焊接性能。焊接性能是指被焊材料在一定的焊接条件下获得优质焊接接头的难易程度。它包括两个方面的内容：一是焊接接头产生焊接裂纹、气孔等缺陷的倾向性；二是焊接接头的使用可靠性。钢铁材料的焊接性能随其碳和合金元素质量分数的提高而变差，因此钢比铸铁易于焊接，且低碳钢焊接性能最好、中碳钢次之、高碳钢最差。铝合金、铜合金的焊接性能一般不好，应采取一些特殊的施焊措施。

④ 切削加工性能。一般来说材料的硬度越高，冷变形强化能力越强，切屑不易断排，刀具越易磨损，其切削加工性能就越差。在钢铁材料中，易切削钢、灰铸铁和硬度处于 160 ~ 230 HBW 的钢具有较好的切削加工性能；而奥氏体不锈钢、高碳高合金钢（如高铬钢、高速钢、高锰耐磨钢等）的切削加工性能较差。铝合金、镁合金及部分铜合金具有优良的切削加工性能。

⑤ 热处理工艺性能。热处理工艺性能是指材料热处理的难易程度和产生热处理缺陷的倾向。对可热处理强化的材料而言，热处理工艺性能相当重要。合金钢的热处理工艺性能好于碳钢，故形状复杂或尺寸较大，且强度要求高的重要机械零件都用合金钢制造。

（2）高分子材料的工艺性能。

高分子材料的加工工艺路线比较简单（见图 10.4），其中成型工艺主要有热压、注塑、挤压、喷射、真空成型等，它们在应用中有各自不同的特点，如表 10.1 所示。高分子材料的切削加工性能较好，与金属基本相同。但它的导热性较差，在切削过程中不易散热而导致工件温度急剧升高，可使热固性塑料变焦，使热塑性塑料变软。

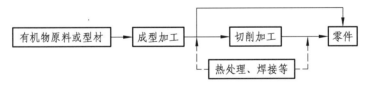

图 10.4 高分子材料的加工工艺路线

表 10.1 高分子材料的成型工艺特点

工 艺	使用材料	形 状	表面粗糙度	尺寸精度	模具费用	生产率
热压成型	范围较广	复杂形状	很 好	好	高	中 等
喷射成型	热塑性塑料	复杂形状	很 好	非常好	很 高	高
热挤成型	热塑性塑料	棒 类	好	一 般	低	高
真空成型	热塑性塑料	棒 类	一 般	一 般	低	低

（3）陶瓷材料的工艺性能。

陶瓷材料加工工艺路线如图 10.5 所示，可以看出，其主要工艺就是成型加工。成型后，受陶瓷加工性能的局限，除了可以用 SiC 或金刚石砂轮磨削加工外，几乎不能进行任何其他加工。因此陶瓷材料的应用在很大程度上也受其加工性能的限制。

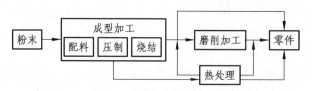

图 10.5　陶瓷材料的加工工艺路线

10.2.3　经济性原则

经济性涉及材料成本的高低、供应是否充分、加工工艺过程是否复杂、成品率高低等。在我国目前情况下，以铁代钢、以铸代锻、以焊代锻是经济的。选材时尽量采用价格低廉、加工性能好的铸铁或碳钢，在必要时选用合金钢。对于一些只要求表面性能高的零件，可选用价廉的钢种，然后进行表面强化处理来达到性能要求。另外，在考虑材料的经济性时，切忌单纯以单价比较材料的优劣，而应当以综合效益（如材料单价、加工费用、使用寿命、美观程度等）来评价材料的经济性高低。

（1）材料的价格。

材料的价格在产品的总成本中占有较大的比例，据有关资料统计，在许多工业部门中可占产品价格的 30%～70%，因此设计人员要十分关心材料的市场价格。

（2）零件的总成本。

零件选用的材料必须保证其生产和使用的总成本最低。零件的总成本与其使用寿命、质量、加工费用、研究费用、维修费用和材料价格有关。如果准确知道了零件总成本与上述因素之间的关系，则可以对选材的影响进行精确分析，并选出使总成本最低的材料。但是，要找出这种关系，只有在大规模工业生产中进行详尽试验分析的条件下才有可能。对一般情况，详尽的试验分析有困难，要利用一切可能得到的资源，逐项进行分析，以确保零件总成本降低，使选材和设计工作做得更合理些。

（3）资源及能源。

随着工业的发展，资源和能源的问题日益突出，选用材料时必须对此有所考虑，特别是对于大批量生产的零件，所用材料应该来源丰富并顾及我国的资源状况。在零件的设计制造过程中，应当采用节省资源和能源的设计方案及工艺路线。还要注意生产所用材料及机械设备的能源消耗，尽量选用耗能低的材料，并注意设备的能耗，达到低碳、节能减排的目的。

10.2.4　环保原则

选材的资源、能源和环保原则要求在材料的生产—使用—废弃的全过程中，对资源和能源的消耗尽可能少，对生态环境影响小，材料在废弃时可以再生利用或不造成环境恶化或可以降解。具体应从以下几个方面考虑：

（1）选择绿色材料。

绿色材料或称环境协调材料、生态材料，是指那些具有良好使用性能或功能，并对资源和能源消耗少，对生态环境污染小，有利于人类健康，再生利用率高或可降解循环利用，即在制备、使用、废弃直至再生循环利用的整个过程中，都与环境协调共存的一大类材料。因为绿色材料具有环境协调性，它将是材料发展史上的一个重要转折点。目前，应尽可能选用环境负荷小的材料。

（2）减少所用材料种类。

使用较少的材料种类，不但可简化产品结构，便于零件的生产、管理和材料的标识、分类及回收，而且在相同的产品数量下，可得到较多的某种回收材料，这无疑对材料回收是非常有益的。如 Whirlpool 公司的包装工程师把用于包装的材料从 20 种减少到 4 种，处理废物的成本下降了 50% 以上，材料成本自然减少了，性能也得到了改善。

（3）选用废弃后能自然分解并为自然界吸收的材料。

废弃产品得不到及时有效的处理会造成严重的环境污染，高分子材料的加工和使用后的废弃物就属此例。中国成功研究出的由可控光塑料复合添加剂生产的一种新型塑料薄膜，在使用后的一定时间内即可降解成碎片，溶解在土壤中被微生物吃掉，从而起到净化环境的作用。

（4）选用不加任何涂镀的原材料。

目前的产品设计为了达到美观、耐用、防腐等要求的目的，大量采用涂镀工艺方法，这不仅给废弃后的产品回收再利用带来困难，而且大部分涂料本身就有毒，涂镀工艺本身也会给环境带来极大污染。如含有溶剂的油漆在其形成薄膜前挥发的溶剂有很大毒性；在电镀时产生的含铬（或其他重金属）的电镀液也严重污染了环境。

（5）选用可回收材料或再生材料。

许多材料如塑料、铝等均可回收利用。因为这些材料回收后的性能基本不变或下降很少。使用可回收材料不但可减少资源的消耗，而且可以减少原材料在提炼加工过程中对环境的污染。如计算机的显示器外壳、键盘等许多零件都可由回收塑料来制造。如果可回收塑料的性能不能满足零件的要求，可考虑在可回收塑料中加入一定比例的新塑料粒子，以改善其性能。如美国设计师利用再生材料制成的双层波纹纸板代替木板制作包装用的托架，与木材相比，同强度的托架的质量减少 3/4，不仅节约了运输成本，而且节约了木材资源，更重要的是其本身还能被再次处理循环利用。

（6）尽可能选用无毒材料。

许多材料如铅及其化合物、镍及其化合物、铬及其化合物，以及许多化学物质如苯、三氯乙烯等都具有毒性。使用有毒材料将给环境及人身造成严重的污染，因此，应尽量避免使用。有毒材料的使用一般有两种方式，一是在产品中直接使用，二是在产品加工过程中用有毒材料来做溶剂、催化剂等。例如，各种便携式计算机一般都用电池来做电源，而电池一般都是使用铅、镍等有毒材料制造的。如果产品中一定要使用有毒材料，则必须对有毒材料进行显著标注，有毒材料应尽可能布局在便于拆卸的地方，以便回收或集中处理。

10.3　典型机械零件的选材

本节以轴类、齿轮、箱体等为代表，说明零件选材及其工艺路线的安排。

10.3.1　轴类零件的选材及工艺路线设计

轴类零件是机床、汽车、拖拉机等机械中的重要零件，用于安装齿轮、涡轮、凸轮等回转体零件，并传递动力和运动。轴的质量直接影响机械的运转精度和工作寿命。

10.3.1.1　轴类零件的工作条件、失效方式及性能要求

（1）轴类零件的工作条件。

大多数轴的工作条件是承受交变的弯曲应力与扭转应力，其工作应力沿轴的横截面上的分布是不均匀的，表面受力最大，中心最小，而少数轴（如船舶推进器轴等）承受着大的拉或压应力，使整个轴截面上承受很大的工作应力。有些轴还受到冲击载荷，常使轴承受一定的过载。装配滑动轴承的轴颈部分则在高的压力和摩擦条件下工作。此外，实际使用的轴，由于结构等方面的要求，往往设计有轴肩、键槽等，因而容易引起应力集中。

（2）轴类零件的失效方式。

根据工作特点，轴类零件的主要失效方式有以下几种：断裂，大多是疲劳断裂；轴颈或花键处过度磨损；发生过量弯曲或扭转变形；此外，有时还可能发生振动或腐蚀失效。

（3）轴类零件的性能要求。

① 良好的综合力学性能，即强度和塑性、韧性有良好的配合，以防止过载或冲击断裂。

② 高的疲劳强度，防止疲劳断裂。

③ 有相对运动的摩擦部位（如轴颈、花键等处）应具有较高的硬度和耐磨性。

④ 良好的工艺性能，如足够的淬透性、良好的切削加工性能等。

⑤ 特殊条件工作下应有的一些特殊性能要求，如高温性能、耐腐蚀性等。

10.3.1.2　轴类零件的选材

轴类零件的选材应根据其工作条件、失效形式及技术要求来确定。由于各种轴的具体工作条件和技术要求相差很远，因此轴类材料及热处理的选择也不一样，不一定都选用调质钢经调质处理，其大致可分为下面几种：

（1）轻载、低速、不重要的轴，可选用 Q235、Q255、Q275 等普通碳钢，这类钢通常不进行热处理。

（2）受中等载荷且转速和精度要求不高、冲击与循环载荷较小的轴类零件，常选用中碳优质碳素结构钢，如 35、40、45、50 钢（其中 45 钢应用最多）经调质或正火处理，为了提高轴表面的耐磨性，还可进行表面淬火及低温回火。

（3）球墨铸铁（包括合金球磨铸铁）越来越多地取代中碳钢（如 45 钢），作为制造轴的材料。球墨铸铁制造成本低，使用效果良好，因而得到广泛应用，如汽车发动机的曲轴、普通机床的主轴等。球墨铸铁的热处理方法主要是退火、正火及表面淬火等，还可进行调质或等温淬火等各种热处理以获得更高的力学性能。

（4）对于承受载荷或要求精度高的轴，以及处于高、低温等恶劣环境下工作的轴，应选用合金钢。合金钢比碳钢具有更好的力学性能和高的淬透性等性能，但对应力集中敏感性较高，价格也较贵，所以只有当载荷较大并要求限制轴的外形、尺寸和质量，或要求提高轴颈的耐磨性等性能时，才考虑采用合金钢。常用于制造轴的合金钢及热处理可分为如下几类：

① 承受中等载荷、转速中等、精度要求较高、有低的冲击和交变载荷的轴类零件，可选用低淬透性合金调质钢经调质处理。性能要求高一些的或要求高的，可选用中或高淬透性合金调质钢经调质处理。为了提高轴表面的耐磨性，还可进行表面淬火及低温回火。

② 要求高精度、高尺寸稳定性及高耐磨性的轴，如镗床主轴，常选用氮化钢如38CrMoAl，并进行调质和氮化处理。还可选用65Mn弹簧钢或9Mn2V、GCr15等高碳合金钢经调质和高频表面淬火处理。

③ 当强烈摩擦，并承受较大冲击和交变载荷作用时，可采用合金渗碳钢制造，如20Cr、20CrMnTi等。

10.3.1.3 典型轴类零件的选材及加工工艺路线

（1）机床主轴。

机床主轴是典型的承受扭转和弯曲作用的零件。对于中等转速、载荷不大、冲击较小的机床主轴，一般可选45钢经调质处理后，再对其要求耐磨性的表面进行表面淬火。对于载荷大一些的主轴，可选低淬透性合金调质钢40Cr或50Mn2等。

选用45钢制造CA6140车床主轴（见图10.6）的加工工艺路线为下料→锻造→正火→机械粗加工→调质→机械半精加工→轴颈、内外锥孔等要求耐磨部位的表面淬火及低温回火→磨削加工。

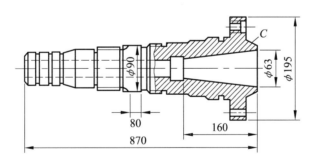

图 10.6　CA6140 卧式车床主轴

正火的目的在于得到合适的硬度，便于切削加工，同时也改善锻造组织，为调质做准备。

调质是为了使主轴得到高的综合力学性能和疲劳强度。为了更好地发挥调质效果，安排在粗加工后进行。

对轴颈和锥孔进行表面淬火和低温回火，旨在提高硬度，增加耐磨性。

常见机床主轴的工作条件、用材及热处理见表10.2。

表 10.2 常见机床主轴的工作条件、用材及热处理

序号	工作条件	材料	热处理及硬度	应用实例
1	① 与滑动轴承配合； ② 中等载荷，心部强度要求不高，但转速高； ③ 精度不太高； ④ 疲劳应力较高，但冲击不大	20Cr； 20MnVB； 20Mn2B	渗碳淬火，58~62 HRC	精密车床、内圆磨床等的主轴
	① 与滑动轴承配合； ② 重载荷，高转速； ③ 高疲劳，高冲击	20CrMnTi； 12CrNi3	渗碳淬火，58~63 HRC	转塔车床、齿轮磨床、精密丝杠车床、重型齿轮铣床等主轴
2	① 与滑动轴承配合； ② 重载荷，高转速； ③ 精度高，轴隙小； ④ 高疲劳，高冲击	38CrMoAl	调质，250~280 HBW； 渗氮，≥900 HV	高精度磨床的主轴、镗床镗杆
3	① 与滑动轴承配合； ② 中轻载荷； ③ 精度不高； ④ 低疲劳，低冲击	45	正火，170~217 HBW 或调质，220~250 HBW； 小规格局部整体淬火，42~47 HRC； 大规格轴颈表面感应淬火，48~52 HRC	龙门铣床、立铣、小型立式车床等小规格主轴、C61100 等大重型车床主轴
	① 与滑动轴承配合； ② 中等载荷，转速较高； ③ 精度较高； ④ 中等冲击和疲劳	40Cr； 42MnVB； 42CrMo	调质，220~250 HBW； 轴颈表面感应淬火，52~61 HRC（42CrMo 取上限，其他钢取中、下限）； 装拆部位表面淬火，48~53 HRC	齿轮铣床、组合车床、车床、磨床砂轮等主轴
	① 与滑动轴承配合； ② 中、重载荷； ③ 精度高； ④ 高疲劳，但冲击小	65Mn； GCr15； 9Mn2V	调质，250~280 HBW； 轴颈表面淬火，≥59 HRC； 装卸部位表面淬火，50~55 HRC	磨床主轴
4	① 与滑动轴承配合； ② 中小载荷，转速低； ③ 精度不高； ④ 稍有冲击	45； 50Mn2	调质，220~250 HBW； 正火，192~241 HBW	一般车床主轴、重型机床主轴

（2）汽车半轴。

汽车半轴是驱动车轮转动的直接驱动件，是一个传递转矩的重要部件，在工作时主要承受扭转力矩、反复弯曲以及一定的冲击载荷。失效形式主要是由于扭转力矩作用，工作时频繁启动、变速、反向（倒车）、路面颠簸和部分磨损而引起的疲劳损坏，断裂位置主要集中在轴杆部或花键根部。半轴材料要求具有高的抗弯强度、疲劳强度和较好的韧性，通常采用调质钢制造。中、小型汽车的半轴一般用 45 钢、40Cr 钢，而重型汽车用 40MnB、40CrNi 或40CrMnMo 等淬透性较好的合金钢制造。

选用 40Cr 制造汽车半轴（见图 10.7）的加工工艺路线为下料→锻造→正火→机械粗加工→调质→盘部钻孔→机械精加工

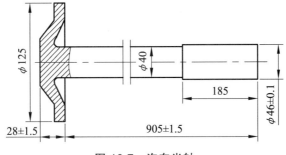

图 10.7　汽车半轴

采用调质处理和局部感应热处理相结合的方式保证零件各部分的性能要求。半轴加工中还常采用喷丸处理及滚压凸缘根部圆角等强化方法。

（3）内燃机曲轴。

曲轴是内燃机中一个重要而形状复杂的零件，如图 10.8 所示，其作用是输出动力，并带动其他部件运动。在工作时承受周期性变化的气体压力和活塞连杆惯性作用力、弯曲应力、扭转应力、拉伸应力、压缩应力、摩擦应力、切力力和小能量多次冲击力等复杂交变负荷及全部功率输出任务，服役条件恶劣。轴颈严重磨损和疲劳断裂是轴颈主要的失效形式。在轴颈与曲柄过渡圆角处易产生疲劳裂纹，向曲柄深处扩展导致断裂。在高速内燃机中，曲轴还受到扭转振动的影响，产生很大的应力。因此，轴颈表面应有高的疲劳强度、优良的耐磨性和足够的硬化层深度，以满足多次修磨；基体应有高的综合力学性能与强韧性配合。

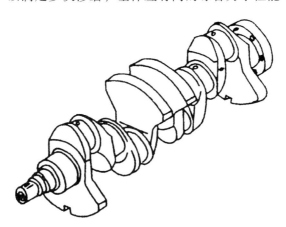

图 10.8　曲轴零件示意图

实践证明曲轴的冲击韧度不需要很高。鉴于此，多用球墨铸铁制造曲轴，从而产生很好的技术经济效益。球墨铸铁曲轴比锻钢曲轴工艺简单、生产周期短、材料利用率高（切削量少），成本只有锻钢曲轴的 20% ~ 40%。目前普遍倾向于只有强化的内燃机曲轴或结构紧凑的内燃机限制曲轴尺寸时采用锻钢。此外，大截面球墨铸铁球化困难，易产生畸变石墨使性能降低，所以大功率内燃机的大截面曲轴多用合金钢制造。下面简述锻钢和球墨铸铁两类曲轴的工艺过程及性能特点。

① 合金钢曲轴。以机车内燃机曲轴为例，12V180 型曲轴选用 42CrMoA 钢，曲轴的性能要求是：抗拉强度≥950 MPa，屈服强度≥750 MPa；断后伸长率≥12%，断面收缩率≥45%；冲击韧度≥70 J/cm²；整体硬度为 30~35 HRC，轴颈表面硬度为 58~63 HRC，硬化层深 3~8 mm。

42CrMoA 钢曲轴生产工艺过程为下料→锻造→退火（消除白点及锻造内应力）粗车→调质→细车→低温退火（消除内应力）→精车→探伤→表面淬火→低温回火→热校直→低温去应力→探伤→镗孔→粗磨→精磨→探伤。

② 球磨铸铁曲轴。130 型汽车球墨铸铁曲轴选用 QT600-2 球墨铸铁，技术要求为抗拉强度≥600 MPa；断后伸长率≥2%；冲击韧度≥15 J/cm²；整体硬度为 250~300 HBW；金属基体金相组织中珠光体占 80%~90%。

QT600-2 球墨铸铁曲轴生产工艺过程为熔铸（含球化处理）→正火→切削加工→表面处理（表面淬火或软氮化或圆角滚压强化）→成品。

铸造是保证这类曲轴质量的关键，例如铸造后的球化情况、有无铸造缺陷、成分及显微组织是否合格等都十分重要。在保证铸造质量的前提下，球墨铸铁曲轴的静强度、过载特性、耐磨性和缺口敏感性都比 45 钢锻钢曲轴好。

10.3.2 齿轮类零件的选材及工艺路线设计

10.3.2.1 齿轮类零件的工作条件、失效方式及性能要求

（1）齿轮类零件的工作条件。

齿轮是各类机械、仪表中应用最多的零件之一，其作用是传递动力、调节速度和运动方向。

① 齿轮工作时，通过齿面接触传递动力，在啮合齿表面存在很高的接触压应力及强烈的摩擦。

② 传递动力时，轮齿就像一根受力的悬臂梁，接触压应力作用在轮齿上，使齿根部承受较高的弯曲应力。

③ 在啮合不良，启动或换挡时，轮齿将承受较高的冲击载荷。

（2）齿轮类零件的失效形式。

齿轮的失效形式主要有以下几种：

① 齿轮断裂。一般情况为轮齿根部所受的脉动弯曲应力引起的疲劳断裂，另一种断裂为短时过载或过大冲击所引起的过载断裂。过载断裂一般发生在轮齿淬透的齿轮或脆性材料制造的齿轮中。

② 齿面点蚀。即齿面接触疲劳损坏的主要形式。在轮齿啮合时，接触区产生很大的接触应力，在这一应力反复作用下，轮齿表面会产生疲劳裂纹。裂纹的扩展，使表层金属成小块状剥落下来，出现小凹坑，即形成点蚀。

③ 齿面胶合。齿面胶合多发生在重载传动中。由于齿面工作区的压力很大，润滑油膜很容易破裂，因此造成金属直接接触，接触区产生瞬时高温，致使两轮齿表面焊合在一起，进而使较软的齿轮齿面金属被撕下，在轮齿工作面上形成沟槽。高速重载齿轮容易产生局部胶合。

④ 齿面磨损。因齿面间滚动和滑动摩擦或外部硬质颗粒的侵入，使齿面产生磨损现象。齿面产生严重磨损后，轮齿不仅失去正确的齿形，并且齿侧间隙增大，甚至因齿厚的减薄而

引起轮齿折断。在开式传动（即齿轮不在封闭的箱体内，润滑条件差）和低速齿轮中，齿面磨损是主要的失效形式。

⑤ 齿面塑性变形。主要是因齿轮强度不足和齿面硬度较低，在低速重载和启动、过载和频繁启动的齿轮传动中容易产生。

（3）齿轮类零件的性能要求。

① 高的抗弯强度、足够的弯曲疲劳强度、适当的心部强度和韧性，防止疲劳、过载及冲击断裂。

② 高的接触疲劳强度、高的表面硬度和耐磨性，防止齿面损伤。

③ 良好的切削加工性和热处理性能，以获得高的加工精度和低的表面粗糙度，提高齿轮抗磨损能力。

此外，在齿轮副中两齿轮齿面硬度应有一定差值。小齿轮的齿很薄，受载次数多，应比大齿轮的硬度高一些。一般差值是：软齿面 30 ~ 50 HBW、硬齿面为 5 HRC 左右。

10.3.2.2　齿轮类零件的选材

齿轮类零件根据不同的使用要求，主要可以分为四类。

（1）低速齿轮。

① 低速大型从动齿轮。如矿山机械中的低速大型从动齿轮，由于大尺寸带来的尺寸效应，淬火不可能淬透。这类齿轮通常不用淬火处理，可选用 ZG45 钢等，在铸态或正火态下使用。

② 低速轻载齿轮。如低速传动齿轮，一般情况下选用 40、50 钢，负荷稍大的可选用 40Cr 与 38CrSi 等钢，经调质处理后，齿面硬度通常为 200 ~ 300 HBW。其加工工艺路线为下料→锻造→正火→粗加工→调质→齿形加工。

对于要求很低的该类齿轮，可用普通碳素结构钢来制造，并以正火代替调质。对于某些受力不大、无冲击、润滑不良的低速运转齿轮，还可选用高强度灰铸铁或球墨铸铁制造，既可满足使用性能和工艺性能要求，制造成本又低。

（2）中速齿轮。

如内燃机车变速箱齿轮和普通机床变速箱齿轮，转速中等、载荷中等，可选用 45、40Cr、42CrMo 等钢经调质和表面淬火后制成，硬度一般在 50 HRC 以上，其加工工艺路线为下料→锻造→正火→粗加工→调质→精加工→表面淬火→低温回火→磨削。

（3）高速齿轮。

① 高速中载受冲击齿轮。如汽车变速箱齿轮、柴油机燃油泵齿轮，速度较高，载荷也较大，承受较大冲击，一般可用 20 钢或 20Cr 钢经渗碳热处理制成，渗碳层厚 0.8 ~ 1.2 mm，表面硬度为 58 ~ 63 HRC，其加工工艺路线为下料→锻造→正火→机械加工→渗碳→淬火→低温回火→磨削。

② 高速重载大冲击动力传动齿轮。如内燃机车的动力牵引齿轮、汽车驱动桥主动或从动齿轮等，由于速度很大，传递很大的扭矩且载荷很重，受冲击也大，因此对强度、韧度、耐磨性、抗疲劳性能等要求都很高，宜采用高淬透性的合金渗碳钢。一般材料可选用 20CrMnTi、20CrMnMo、12CrNi3A 及 12Cr2Ni4A 等钢。其加工工艺路线为下料→锻造→正火→机械加工→渗碳→淬火→低温回火→磨削。

（4）特殊用途齿轮。

① 精密齿轮。如高速精磨齿轮或工作温度较高的齿轮，要求热处理变形较小，耐磨性极好，一般选用38CrMoAl与42CrMo等渗氮钢，经渗氮处理后制成。加工工艺路线为下料→锻造→正火→粗加工→调质→精加工→去应力退火→粗磨→渗氮→精磨。

② 仪表齿轮或轻载齿轮。在仪表中的或接触腐蚀介质的轻载齿轮，常用一些耐蚀、耐磨的非铁金属型材制造，常见的有黄铜（如 H62、HPb60-22 等）、铝青铜（如 QA19-2、QA110-3-1.5 等）、硅青铜（如 QSi3-1 等）、锡青铜（如 QSn6.5-0.4 等）。硬铝和超硬铝（如 2A12、1A97 等）可用于制作质量轻的齿轮。

③ 轻载无润滑齿轮。在轻载、无润滑条件下工作的小型齿轮，可以选用工程塑料制造，常用的有尼龙、聚碳酸酯、夹布层压热固性树脂等。工程塑料具有质量轻、摩擦系数小、减振、工作噪声小等特点，故适于制造仪表和小型机械的无润滑、轻载齿轮。其缺点是强度低，工作温度不能太高，所以不能用于制作承受较大载荷的齿轮。

表 10.3 为常用钢制齿轮的材料、热处理及性能。

表 10.3　常用钢制齿轮的材料、热处理及性能

传动方式	工作条件		小齿轮			大齿轮		
	速度	载荷	材料	热处理	硬度	材料	热处理	硬度
开式传动	低速	轻载、无冲击、非重要齿轮	Q255 Q275	正火	150～190 HBW	HT200	—	170～230 HBW
						HT250		170～240 HBW
		轻载、小冲击	45	正火	170～200 HBW	QT500-5	正火	170～207 HBW
						QT600-3		197～269 HBW
闭式传动	低速	中载	45	正火	170～200 HBW	35	正火	150～180 HBW
			ZG310-570	调质	200～250 HBW	ZG270-500	调质	190～230 HBW
		重载	45	整体淬火	38～48 HBC	ZG270-500	整体淬火	35～40 HBC
	中速	中载	45	调质	200～250 HBW	35	调质	190～230 HBW
				整体淬火	38～48 HBC		整体淬火	35～40 HBC
			40Cr 40MnB 40MnVB	调质	230～280 HBW	45, 50	调质	220～250 HBW
						ZG270-500	正火	180～230 HBW
						35, 40	调质	190～230 HBW
闭式传动	中速	重载	45	整体淬火	38～48 HBC	35	整体淬火	35～40 HBC
				表面淬火	45～52 HBC	45	调质	220～250 HBW
			40Cr 40MnB 40MnVB	整体淬火	35～42 HBC	35, 40	整体淬火	35～40 HBC
				表面淬火	52～56 HBC	45, 50	表面淬火	45～50 HBC
	高速	中载、无猛烈冲击	40Cr 40MnB 40MnVB	整体淬火	35～42 HBC	35, 40	整体淬火	35～40 HBC
				表面淬火	52～56 HBC	45, 50	表面淬火	45～50 HBC
		中载、有冲击	20Cr 20MnVB 20CrMnTi	渗碳淬火	56～62 HBC	ZG310-570	正火	160～210 HBW
						35	调质	190～230 HBW
						20Cr 20MnVB	渗碳淬火	56～62 HBC
		重载、高精度、小冲击	38CrAl 38CrMoAlA	渗氮	>850 HV	35CrMo	调质	255～302 HBW

10.3.2.3 典型齿轮类零件的选材及加工工艺路线

（1）机床齿轮。

机床齿轮属于运转平稳、负荷不大、工作条件较好的一类，一般选用碳钢制造。经高频感应热处理后的硬度、耐磨性、强度和韧性已能满足性能要求。

CM6132 机床中的齿轮选用 45 钢。热处理技术条件为正火，840~860 ℃ 空冷，硬度 160~217 HBW；高频感应加热喷水冷却，180~200 ℃ 低温回火，硬度 50~55 HRC。

加工工艺路线为下料→锻造→正火→粗加工→调质→半精加工→高频淬火及低温回火→精磨。

锻造后正火的目的是改善锻造组织，细化晶粒，便于切削加工。调质的目的是使齿轮具有较高的综合力学性能，提高齿轮心部的强度和韧性，使齿轮能承受较大的弯曲应力和冲击力。此外，调质后的组织为回火索氏体，这使表面淬火时所产生的变形大为减小。采用高频表面淬火，可提高齿轮表面的硬度和耐磨性，并且使齿轮表面产生压应力，增加了对抗疲劳破坏的能力。而低温回火消除了表面淬火应力，防止研磨时发生裂纹，并且提高了冲击抗力。

（2）汽车、拖拉机齿轮。

汽车、拖拉机齿轮主要分装在变速箱和差速器中。在变速箱中，通过齿轮来改变发动机、曲轴和主轴齿轮的转速；在差速器中，通过齿轮来增加扭转力矩，调节左右两轮的转速，并将发动机动力传给主动轮，推动汽车、拖拉机运行。它们传递的功率和承受的冲击力、摩擦力都很大，工作条件比机床齿轮繁重得多。因此，对耐磨性、疲劳强度、心部强度和冲击韧性等都有更高的要求。通常选用 20CrMnTi 制造模数小于 10 的齿轮。对于制造大模数、重载荷、高耐磨性及韧性的齿轮，可采用 12Cr2Ni4A、18Cr2Ni4WA 等高淬透性合金渗碳钢。

载重汽车变速箱变速齿轮（见图 10.9）选用 20CrMnTi 钢，齿轮的热处理技术条件为表层碳含量 0.8%~1.05%，渗碳层深度为 0.8~1.3 mm，齿面硬度 58~62 HRC，心部硬度 33~45 HRC，心部强度 $\geq 1\ 000\ \text{N/mm}^2$，韧性 $\geq 60\ \text{J/cm}^2$。

加工工艺路线为下料→锻造→正火→机械加工（机械粗加工及齿形加工）→渗碳、淬火、低温回火→喷丸处理→磨内孔及换挡槽→装配。

工艺路线中的喷丸处理，不仅是为了消除氧化皮，使表面光洁，更重要的是一种强化手段，即增大表面的压应力，提高疲劳强度。

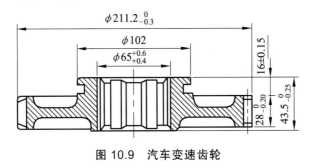

图 10.9　汽车变速齿轮

10.3.3　弹簧类零件的选材及工艺路线设计

弹簧是一种重要的机械零件。它的基本作用是利用材料的弹性和弹簧本身的结构特点，在载荷作用产生变形时，把机械功或动能转变为形变能；在恢复变形时，把形变能转变为动能或机械功。

10.3.3.1 弹簧类零件的工作条件、失效方式及性能要求

（1）弹簧类零件的工作条件。

① 弹簧大多是在冲击、振动或周期性弯曲、扭转等交变应力下工作，利用弹性变形来达到储存能量、吸振、缓和冲击的作用。因此，用作弹簧类零件的材料应具有高的弹性极限和弹性比功，保证弹簧具有足够的弹性变形能力。

② 当承受大载荷时不能发生塑性变形，材料应具有高的疲劳极限，因弹簧工作时一般承受的是变动载荷。

③ 弹簧材料还应具有足够的塑性、韧性，因脆性大的材料对缺口十分敏感，会显著降低疲劳强度。对于特殊条件下工作的弹簧，还有某些特殊性能要求，如耐热性、耐蚀性等。

（2）弹簧类零件的失效形式。

① 塑性变形。在外力作用下，材料内部产生的弯曲应力或扭转应力超过材料本身的屈服应力后，弹簧发生塑性变形。外力去掉后，弹簧不能恢复到原始尺寸和形状。

② 疲劳断裂。在交变应力作用下，弹簧表面缺陷（裂纹、折叠、刻痕、夹杂物）处产生疲劳源，裂纹扩展后造成断裂失效。

③ 快速脆性断裂。某些弹簧存在材料缺陷（如粗大夹杂物、过多脆性相等）、加工缺陷（如折叠、划痕）、热处理缺陷（淬火温度过高导致晶粒粗大，回火温度不足使材料韧性不够）等，当受到过大的冲击载荷时，会发生突然脆性断裂。

④ 腐蚀断裂及永久变形。在腐蚀性介质中使用的弹簧易产生应力腐蚀断裂失效。高温使弹簧材料的弹性模量和承载能力下降，高温下使用的弹簧易出现蠕变和应力松弛，产生永久变形。

（3）弹簧类零件的性能要求。

① 具有高的屈服强度、弹性极限和屈强比，防止使用过程中发生永久变形。

② 具有高的疲劳强度，以免弹簧在长期振动和交变应力作用下产生疲劳断裂。

③ 具有一定的塑性和韧性，因为太脆的材料对缺口十分敏感，会降低疲劳强度。

④ 对特殊弹簧还有特殊要求，例如电器仪表中的弹簧要求有高的导电性，在高温和腐蚀介质中工作的弹簧要求有耐高温性能和耐腐蚀性能等。

⑤ 在工艺性能上，对钢制淬火回火弹簧要求有一定的淬透性、低的过热敏感性、不易脱碳和高的塑性，使其在热状态下容易绕制成型。

⑥ 对冷拔钢丝制造的小弹簧，要求有均匀的硬度和一定的塑性，以便使钢材冷卷成各种形状的弹簧。

10.3.3.2 弹簧类零件的选材

（1）弹簧钢。

根据生产特点的不同，弹簧钢又分为两类：

① 热轧弹簧用钢：通过热轧方法加工成圆钢、方钢、盘条、扁钢，制造尺寸较大，承载较重的螺旋弹簧和板簧。弹簧热成型后要进行淬火和回火处理。

② 冷轧弹簧用钢：以盘条、钢丝或薄钢带（片）供应，用来制作小型冷成型螺旋弹簧、片簧、蜗卷弹簧等。

常用弹簧用钢的特点和用途见表 10.4。

表 10.4　常用弹簧用钢的特点和用途

钢　类	代表钢号	主要特点	用途举例
碳　钢	65；70	经热处理或冷拔硬化后，得到较高的强度和适当的塑性、韧性；在相同表面状态和完全淬透情况下，疲劳极限不比合金弹簧钢差，但淬透性低，尺寸较大	调压调速弹簧，柱塞弹簧，测力弹簧，一般机器上的圆、方螺旋弹簧或拉成钢丝作小型机械的弹簧
锰　钢	65Mn	Mn 提高了淬透性，表面脱碳倾向比硅钢小，经热处理后的综合机械性能略优于碳钢，缺点是有过热敏感性和回火脆性	小尺寸扁、圆弹簧，坐垫弹簧，弹簧发条，也适用于制造弹簧环、气门簧、离合器簧片、刹车弹簧
硅锰钢	55Si2Mn；55Si2MnB；60Si2Mn	Si 和 Mn 提高了弹性极限和屈服比，提高了淬透性以及回火稳定性和抗松弛稳定性，过热敏感性也较小，但脱碳倾向较大	汽车、拖拉机、机车上的减振板簧和螺旋弹簧，气缸安全弹簧，轧钢设备及要求承受较高应力的弹簧
铬钒钢	50CrVA	良好的工艺性能和力学性能，淬透性较高，加入 V，使钢的晶粒细化，降低了过热敏感性，提高了强度和韧性	气门弹簧、喷油弹簧、气缸胀圈、安全阀用簧、中压表弹簧元件、密封装置等，适用于 210 ℃ 条件下工作的弹簧
铬锰钢	50CrMn	较高强度、塑性和韧性，过热敏感性比锰钢低，比硅锰钢高，对回火脆性较敏感，回火后宜快冷	车辆、拖拉机和较重要的板簧、螺旋弹簧

（2）不锈钢。

0Cr18Ni9、1Cr18Ni9、1Cr18Ni9Ti 通过冷轧加工成带或丝材，制造在腐蚀性介质中使用的弹簧。

（3）黄铜、锡青铜、铝青铜、铍青铜。

具有良好的导电性、非磁性、耐蚀性、耐低温性及弹性，用于制造电器、仪表弹簧及在腐蚀介质中工作的弹性元件。

10.3.3.3　典型弹簧类零件的选材及加工工艺路线

（1）汽车板簧。

汽车板簧用于缓冲和吸振，承受很大的交变应力和冲击载荷的作用，需要高的屈服强度和疲劳强度。轻型汽车选用 65Mn、60Si2Mn 钢制造；中型或重型汽车，板簧用 50CrMn、55SiMnVB 钢；重型载重汽车大截面板簧用 55SiMnMoV、55SiMnMoVNb 钢制造。

工艺路线：热轧钢带（板）冲裁下料→压力成型→淬火→中温回火→喷丸强化。

（2）火车螺旋弹簧。

火车螺旋弹簧主要用作机车和车厢的缓冲和吸振，使用条件和性能要求与汽车板簧相近，常用材料为 50CrMn、55SiMnMoV。

工艺路线：热轧钢棒下料→两头制扁→热卷成型→淬火→中温回火→喷丸强化→端面磨平。

（3）气门弹簧。

内燃机气门弹簧是一种压缩螺旋弹簧。其用途是在凸轮、摇臂或挺杆的联合作用下，使气门打开或关闭，承受的应力不是很大，可采用淬透性比较好、晶粒细小、有一定耐磨性的50CrVA钢制造。

工艺路线：冷卷成型→淬火→中温回火→喷丸强化→两端磨平。

气门弹簧也可由冷拔后经油淬及回火后的钢丝制造，绕制后经300～500℃加热消除冷卷弹簧时产生的内应力。

10.3.4　刃具类零件的选材及工艺路线设计

切削加工使用的车刀、铣刀、钻头、锯条、丝锥、板牙等工具统称为刃具。

10.3.4.1　刃具类零件的工作条件、失效方式及性能要求

（1）刃具类零件的工作条件。

① 刃具切削材料时，受到被切削材料的强烈挤压，刃部受到很大的弯曲应力。某些刃具（如钻头、铰刀）还会受到较大的扭转应力作用。

② 刃具刃部与被切削材料强烈摩擦，刃部温度可升到 500～600 ℃。

③ 机用刃具往往承受较大的冲击与振动。

（2）刃具类零件的失效形式。

① 磨损：刃具在使用过程中发生的最主要的失效形式是刃具磨损，即刃具在切削过程中，其前刃面、后刃面上微粒材料被切削或工件带走的现象。刃具磨损常表现在后刃面上形成后角为零的棱带以及前刃面上形成月牙形凹坑。

② 断裂：刃具在冲击力及振动的作用下折断或崩刀。

③ 刃部软化：由于刃部温度升高，若刃具材料的红硬性低或高温性能不足，使刃部硬度显著下降，丧失切削加工能力。

（3）刃具类零件的性能要求。

① 高硬度。刃具材料的硬度必须高于工作材料的硬度，否则切削难以进行，在常温下，一般要求其硬度在 60 HRC 以上。

② 高耐磨性。为承受切削时的剧烈摩擦，刃具材料应具有较强的抵抗磨损的能力，以提高加工精度及使用寿命。

③ 高红硬性。切削时由于金属的塑性变形、弹性变形和强烈摩擦，会产生大量的切削热，造成较高的切削温度，因此刃具材料必须具有高的红硬性，在高温下仍能保持高的硬度、耐磨性和足够的坚韧性。

④ 良好的强韧性。为了承受切削力，冲击和振动，刃具材料必须具备足够的强度和韧性才不致被破坏。

10.3.4.2　刃具类零件的选材

制造刃具的材料有碳素工具钢、低合金刃具钢、高速钢、硬质合金和陶瓷等，根据刃具的使用条件和性能要求不同进行选用。

（1）简单的手用刀具。

手锯锯条、锉刀、木工用刨刀、凿子等简单、低速的手用刀具对红硬性和强韧性要求不高，主要的使用性能是高硬度、高耐磨性。因此可用碳素工具钢制造，如 T8、T10、T12 钢等。碳素工具钢价格较低，但淬透性差。

（2）低速切削、形状较复杂的刀具。

丝锥、板牙、拉刀等可用低合金刀具钢 9SiCr、CrWMn 制造。因钢中加入了 Cr、W、Mn 等元素，使钢的淬透性和耐磨性大大提高，耐热性和韧性也有所改善，可在低于 300℃的温度下使用。

（3）高速切削用的刀具。

① 高速钢。高速钢具有高硬度、高耐磨性、高的红硬性、好的强韧性和高的淬透性等特点，因此在刀具制造中广泛使用，用来制造车刀、铣刀、钻头和其他复杂精密刀具。常见的高速钢有 W18Cr4V、W6Mo5Cr4V2 等。高速钢的硬度为 62～68 HRC，切削温度可达 500～550 ℃，价格较贵。

② 硬质合金。硬质合金是由硬度和熔点很高的碳化物（TiC、WC 等）和金属用粉末冶金方法制成，常用硬质合金的牌号有 YG6、YG8、YT6、YT15 等。硬质合金的硬度很高（89～94 HRC），耐磨性、耐热性好，使用温度可达 1 000 ℃。它的切削速度比高速钢高几倍，但硬质合金制造刀具时的工艺性比高速钢差。一般制成形状简单的刀头，用钎焊的方法将刀头焊接在碳钢制造的刀杆或刀盘上。硬质合金刀具用于高速强力切削和难加工材料的切削。硬质合金的抗弯强度较低，冲击韧性较差，价格较贵。

③ 陶瓷。陶瓷硬度极高、耐磨性和红硬性极好，也用来制造刀具。热压氮化硅陶瓷显微硬度为 5 000 HV，耐热温度可达 1 400 ℃。立方氮化硼的显微硬度可达 8 000～9 000 HV，允许的工作温度达 1 400～1 500 ℃。陶瓷刀具一般为正方形、等边三角形的形状，制成不重磨刀片，装夹在夹具中使用，用于各种淬火钢、冷硬铸铁等高硬度难加工材料的精加工和半精加工。陶瓷刀具抗冲击能力较低，易崩刀。

10.3.4.3 典型刀具类零件的选材及加工工艺路线

（1）齿轮滚刀。

齿轮滚刀是用来生产齿轮的常用刀具，主要加工外啮合的直齿和斜齿渐开线圆柱齿轮。其形状复杂，精度要求高。材料选用 W18Cr4V 高速钢，工艺路线：热轧棒材下料→锻造→退火→机加工→淬火→回火→精加工→表面处理。

锻造的目的一是成型，二是破碎、细化碳化物，使碳化物均匀分布，防止成品刀具崩刃和掉齿；退火的目的是便于机加工，并为淬火做好组织准备；表面处理，例如硫化处理、硫氮共渗、离子碳氮共渗-离子渗硫复合处理，表面涂覆 TiC 或 TiN 涂层等，是为了提高其使用寿命。

（2）板锉。

板锉是钳工常用的工具，用于锉削其他金属，如图 10.10 所示。其表面刃部要求有高的硬度（64～67 HRC），柄部要求硬度小于 35 HRC。材料选用 T12 钢，加工工艺为热轧棒材下料→锻造→球化退火→机加工→淬火→低温回火。

球化退火的目的是使钢中碳化物呈粒状分布，细化组织，降低硬度，改善切削加工性能；同时为淬火做组织准备，使最终成品组织中含有细小的碳化物颗粒，提高钢的耐磨性。

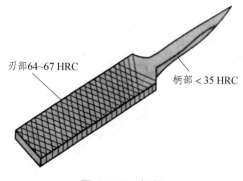

刃部64~67 HRC

柄部＜35 HRC

图 10.10　板锉

10.3.5　箱体类零件的选材及工艺路线设计

10.3.5.1　箱体类零件的工作条件、失效方式及性能要求

（1）箱体类零件的工作条件。

箱体及支承件是机器中的基础零件，机床床身、床头箱、变速箱、进给箱、溜板内燃机缸体等，都是箱体类零件，起着支撑其他零件的作用。轴和齿轮等零件安装在箱体中，以保持相互的位置并协调地运动。机器上各个零部件的重量都是由箱体和支承件承担，因此箱体支承类零件主要受压应力，部分受一定的弯曲应力。此外，箱体还要承受各零件工作时的动载作用力以及稳定在机架或基础上的紧固力。

（2）箱体类零件的失效形式。

从这类零件的受力条件可知，它的失效形式是变形过量、断裂、振动和磨损。

（3）箱体类零件的性能要求。

① 具有足够的强度和刚度。

② 对精度要求高的机器的箱体，要求有较好的减振性及尺寸稳定性。

③ 对于有相对运动的表面要求有足够的硬度和耐磨性。

④ 具有良好的工艺性，以利于加工成型，如铸造性能或焊接性能等。

10.3.5.2　箱体类零件的选材

① 铸铁。铸铁铸造性好，价格低廉，消振性能好，故对于形体复杂、工作平稳、中等载荷的箱体及支承件，一般都采用灰铸铁或球墨铸铁制作，如金属切削机床中的各种箱体。

② 铸钢。载荷较大、承受冲击较强的箱体支承类部件常采用铸钢制造，其中 ZG35Mn、ZG40Mn 应用最多。铸钢的铸造性较差，由于其工艺性的限制，所制部件往往壁厚较大，形体笨重。

③ 有色金属铸造。要求质量轻、散热良好的箱体可用有色金属及其合金制造。例如柴油机喷油泵壳体、飞机发动机上的箱体多采用铸造铝合金生产。

④ 型材焊接。体积及载荷较大、结构形状简单、生产批量较小的箱体，为了减轻质量也可采用各种低碳钢型材拼制成焊接件。常用钢材为焊接性优良的 Q235、20、Q345 钢等。

10.3.5.3 典型箱体类零件的选材及加工工艺路线

选用 HT200 制造机床床身的加工工艺路线为铸造→人工时效（或自然时效）→切削加工。

箱体支承类零件尺寸大、结构复杂、铸造或焊接后形成较大的内应力，在使用期间会发生缓慢变形。因此，箱体类零件毛坯（如一般机床床身），在加工前必须长期放置（自然时效）或进行去应力退火（人工时效）。对于精度要求很高或形状特别复杂的箱体（如精密机床床身），在粗加工以后、精加工以前增加一次人工时效，以消除粗加工所造成的内应力的影响。

部分箱体支承类零件的用材情况如表 10.5 所示。

表 10.5　部分箱体支承类零件用材情况

代表性零件	材料种类及牌号	使用性能要求	处理及其他
机床床身、轴承座、齿轮箱、缸体、缸盖、变速器壳、离合器壳	灰铸铁 HT200	刚度、强度、尺寸稳定性	时效
机床座、工作台	灰铸铁 HT150	刚度、强度、尺寸稳定性	时效
齿轮箱、联轴器、阀壳	灰铸铁 HT250	刚度、强度、尺寸稳定性	去应力退火
差速器壳、减速器壳、后桥壳	球墨铸铁 QT400-15	刚度、强度、韧度、耐蚀	退火
承力支架、箱体底座	铸钢 ZG270-500	刚度、强度、耐冲击	正火
支架、挡板、盖、罩、壳	钢板 Q235、08、10、Q345	刚度、强度	不热处理
车辆驾驶室车厢	钢板 08	刚度	冲压成型

本章小结

根据零件承受载荷的类型和外界条件及失效的特点，失效形式可归纳为三大类：过量变形失效、断裂失效和表面损伤失效。导致零件失效的几个主要原因，归纳起来可分为设计、材料、加工和安装使用四个方面。

为了开展失效分析，确定失效形式，找出失效原因，提出预防和补救措施，所采用的一般分析程序是：取样—整理资料—检验分析—写分析报告。

机械零件选材的一般原则是：使用性能原则、工艺性能原则、经济性原则和环保原则。

思考与练习

1. 何谓零件失效？零件失效的类型有哪些？零件失效的原因是什么？
2. 机械零件选材的一般原则是什么？
3. 简述零件选材的方法和步骤。
4. 齿轮和轴各自可能出现的失效形式有哪些？
5. 尺寸为 $\phi30$ mm×250 mm 的轴用 30 钢制造，经高频表面淬火（水冷）和低温回火，要求摩擦部分表面硬度达 50～55 HRC，但使用过程中摩擦部分严重磨损，试分析失效原因，并提出解决问题的方法。

6. 某载货汽车发动机的气缸盖螺栓，原选用 40Cr 钢，调制处理，硬度为 33～35 HRC；后改用 15MnVB，经 880 ℃ 油淬，200 ℃ 回火后硬度为 38～41 HRC，提高寿命 1.5 倍，试分析原因。

7. 车床主轴要求轴颈部位的硬度为 56～58 HRC，其余地方为 20～24 HRC，其加工路线：锻造→正火→机械加工→轴颈表面淬火→低温回火→磨削。

试问：

（1）主轴应选何种材料？

（2）正火、表面淬火、低温回火的目的及大致工艺是什么？

（3）轴颈表面和其他部位的显微组织是什么？

8. 为下列零件选材并说明理由，制定加工工艺路线，并说明其中各热处理工序的作用。

（1）镗床镗杆。

（2）燃气轮机主轴。

（3）汽车、拖拉机曲轴。

（4）钟表齿轮。

（5）赛艇艇身。

（6）内燃机火花塞。

9. 有一 ϕ10 mm 的杆类零件，受中等交变拉压载荷作用，要求零件沿截面性能均匀一致，供选材料有 Q345、45、40Cr、T12。要求：

（1）选择合适的材料。

（2）编制简明工艺路线。

（3）说明各热处理工序的作用。

（4）指出最终金相组织。

10. 请为下列机械零件、构件选择适宜的材料，并编制简明工艺路线，指出各热处理工序的作用，写出最终金相组织。

（1）汽车板簧（45、60Si2Mn、2A01）。

（2）机床车身（Q235、T10A、HT200）。

（3）受冲击载荷的齿轮（40MnB、20CrMnTi、KTZ450-06）。

（4）桥梁构件（Q345、40、3Cr13）。

（5）滑动轴承（GCr15、ZSnSb11Cu6、耐磨铸铁）。

（6）曲轴（9SiCr、Cr12MoV、50CrMoA）。

（7）螺栓（40Cr、H70、T12A）。

（8）高速切削刀具（W6Mo5Cr4V2、T8MnA、ZGMn13）。

参考文献

[1] 王正品，李炳. 工程材料[M]. 北京：机械工业出版社，2012.

[2] 李涛，杨慧. 工程材料[M]. 北京：化学工业出版社，2012.

[3] 崔忠圻. 金属学与热处理[M]. 北京：机械工业出版社，2010.

[4] 朱张校. 工程材料[M]. 北京：清华大学出版社，2001.

[5] 徐自立，陈慧敏，吴修德. 工程材料[M]. 武汉：华中科技大学出版社，2011.

[6] 宋维锡. 金属学[M]. 北京：冶金工业出版社，1980.

[7] 崔占全，等. 工程材料[M]. 北京：机械工业出版社，2007.

[8] 杨瑞成，等. 机械工程材料[M]. 重庆：重庆大学出版社，2000.

[9] 刘国勋. 金属学原理[M]. 北京：冶金工业出版社，1980.

[10] 王健安. 金属学与热处理[M]. 北京：机械工业出版社，1980.

[11] 王从曾. 材料性能学[M]. 北京：北京工业大学出版社，2001.

[12] 潘强. 工程材料[M]. 上海：上海科学技术出版社，2003.

[13] 陈华辉. 现代复合材料[M]. 北京：中国物资出版社，1998.

[14] 张留成. 高分子材料导论[M]. 北京：化学工业出版社，1999.

[15] 王笑天. 金属材料学[M]. 西安：西安交通大学出版社，1987.

[16] 崔昆. 钢铁材料及有色金属材料[M]. 北京：机械工业出版社，1980.

[17] 胡光立. 钢的热处理（原理和工艺）[M]. 西安：西北工业大学出版社，2015.

[18] 章守华. 合金钢[M]. 北京：冶金工业出版社，1980.

[19] 冶金部信息标准研究院. 世界钢号对照手册[M]. 北京：北京伟地电子出版社，1999.

[20] 王晓敏. 工程材料学[M]. 北京：机械工业出版社，1998.

[21] 闫康平. 工程材料[M]. 北京：化学工业出版社，2001.

[22] 刘锦云. 结构材料学[M]. 哈尔滨：哈尔滨工业大学出版社，2008.

[23] 曾正明. 实用工程材料技术手册[M]. 北京：机械工业出版社，2002.

[24] 王顺兴. 金属热处理原理与工艺[M]. 哈尔滨：哈尔滨工业大学出版社，2009.

[25] 刘智恩. 材料科学基础[M]. 西安：西北工业大学出版社，2003.

[26] 丁厚福，等. 工程材料[M]. 武汉：武汉理工大学出版社，2006.

[27] 储凯，等. 工程材料[M]. 重庆：重庆大学出版社，1998.

[28] 刘新佳. 工程材料[M]. 北京：化学工业出版社，2005.

[29] 潘强，朱美华，童建华. 工程材料[M]. 上海：上海科学技术出版社，2003.

[30] 石德珂. 材料科学基础[M]. 北京：机械工业出版社，2003.

[31] 苏旭平. 工程材料[M]. 湘潭：湘潭大学出版社，2008.

[32] 倪红军. 黄明宇. 张福豹. 何红媛. 工程材料[M]. 南京：东南大学出版社，2016.

[33]   国家质量监督检验检疫总局. GB/T 221—2008   钢铁产品牌号表示方法[S]. 北京：中国标准出版社，2008.

[34]   国家质量技术监督局. GB/T 699—2015   优质碳素结构钢[S]. 北京：中国标准出版社，2015.

[35]   国家质量监督检验检疫总局. GB/T 700—2006   碳素结构钢[S]. 北京：中国标准出版社，2006.

[36]   国家质量技术监督局. GB/T 3077—2015   合金结构钢[S]. 北京：中国标准出版社，2015.

[37]   国家质量监督检验检疫总局. GB/T 1591—2018   低合金高强度结构钢[S]. 北京：中国标准出版社，2018.

[38]   国家质量监督检验检疫总局. GB/T 1298—2008   碳素工具钢[S]. 北京：中国标准出版社，2008.

[39]   国家质量技术监督局. GB/T 1299—2014   合金工具钢[S]. 北京：中国标准出版社，2014.

[40]   国家质量监督检验检疫总局. GB/T 20878—2007   不锈钢和耐热钢牌号及化学成分[S]. 北京：中国标准出版社，2007.

[41]   国家质量监督检验检疫总局. GB/T 1220—2007   不锈钢棒[S]. 北京：中国标准出版社，2007.

[42]   国家质量监督检验检疫总局. GB/T 1221—2007   耐热钢棒[S]. 北京：中国标准出版社，2007.

[43]   国家质量监督检验检疫总局. GB/T 3190—2020   变形铝及铝合金化学成分[S]. 北京：中国标准出版社，2020.

[44]   国家质量监督检验检疫总局. GB/T 16475—2008   变形铝及铝合金状态代号[S]. 北京：中国标准出版社，2008.

[45]   国家质量监督检验检疫总局. GB/T 225—2006   钢淬透性的末端淬火试验方法[S]. 北京：中国标准出版社，2006.

[46]   国家质量监督检验检疫总局. GB/T 231.1—2018   金属材料布氏硬度试验第 1 部分：试验方法[S]. 北京：中国标准出版社，2018.